Ökonomie der Abwasserbeseitigung

Berlin
Heidelberg
New York
Hongkong
London
Mailand
Paris
Tokio

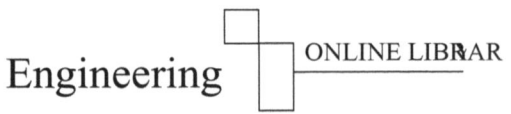

Thomas Sander

Ökonomie der Abwasserbeseitigung

Wirtschaftlicher Betrieb
von kommunalen Abwasseranlagen

Mit 87 Abbildungen und 31 Tabellen

Prof. Dr.-Ing. Thomas Sander
Fachhochschule Hannover
Bürgermeister-Stahn-Wall 9
31582 Nienburg

E-mail: thomas.sander@bauing.fh-hannover.de

ISBN 3-540-00675-3 Springer-Verlag Berlin Heidelberg New York

Bibliografische Information Der Deutschen Bibliothek.
Die Deutsche Bibliothek verzeichnet diese Publikation in der Deutschen Nationalbibliografie; detaillierte bibliografische Daten sind im Internet über <http://dnb.ddb.de> abrufbar.

Dieses Werk ist urheberrechtlich geschützt. Die dadurch begründeten Rechte, insbesondere die der Übersetzung, des Nachdrucks, des Vortrags, der Entnahme von Abbildungen und Tabellen, der Funksendung, der Mikroverfilmung oder der Vervielfältigung auf anderen Wegen und der Speicherung in Datenverarbeitungsanlagen, bleiben, auch bei nur auszugsweiser Verwertung, vorbehalten. Eine Vervielfältigung dieses Werkes oder von Teilen dieses Werkes ist auch im Einzelfall nur in den Grenzen der gesetzlichen Bestimmungen des Urheberrechtsgesetzes der Bundesrepublik Deutschland vom 9. September 1965 in der jeweils geltenden Fassung zulässig. Sie ist grundsätzlich vergütungspflichtig. Zuwiderhandlungen unterliegen den Strafbestimmungen des Urheberrechtsgesetzes.

Springer-Verlag Berlin Heidelberg New York
ein Unternehmen der BertelsmannSpringer Science+Business Media GmbH

http://www.springer.de

© Springer-Verlag Berlin Heidelberg 2003
Printed in Germany

Die Wiedergabe von Gebrauchsnamen, Handelsnamen, Warenbezeichnungen usw. in diesem Werk berechtigt auch ohne besondere Kennzeichnung nicht zu der Annahme, dass solche Namen im Sinne der Warenzeichen- und Markenschutz-Gesetzgebung als frei zu betrachten wären und daher von jedermann benutzt werden dürften.

Sollte in diesem Werk direkt oder indirekt auf Gesetze, Vorschriften oder Richtlinien (z.B. DIN, VDI, VDE) Bezug genommen oder aus ihnen zitiert worden sein, so kann der Verlag keine Gewähr für Richtigkeit, Vollständigkeit oder Aktualität übernehmen. Es empfiehlt sich, gegebenenfalls für die eigenen Arbeiten die vollständigen Vorschriften oder Richtlinien in der jeweils gültigen Fassung hinzuzuziehen.

Satzerstellung durch Autor
Einbandgestaltung: Medio, Berlin
Gedruckt auf säurefreiem Papier 68/3020hu -5 4 3 2 1 0-

Vorwort

Die Idee zu diesem Buch entstand Anfang der neunziger Jahre, als ich mich als junger Ingenieur mit der Durchführung von Privatisierungen im Abwasserbereich beschäftigte. Rechtliche Hintergründe und betriebswirtschaftliche Zusammenhänge waren im Studium kaum behandelt worden. Ich suchte damals ein entsprechendes Buch – und fand kein aus meiner Sicht geeignetes. Auch später, als Betriebsleiter eines kommunalen Entsorgungsunternehmens und dann auch während meiner Tätigkeit als öffentlich bestellter und vereidigter Sachverständiger für Abwasserbeseitigung und Abfallwirtschaft, wünschte ich mir oft ein Nachschlagewerk für die ökonomischen Zusammenhänge meines Tätigkeitsbereiches.

Im Rahmen der Ausbildung zum Ingenieur der Siedlungswasserwirtschaft hat das Thema kommunale Betriebswirtschaft kaum eine Bedeutung. Abweichend davon wurde 1992 an der Fachhochschule Oldenburg eine Vorlesung mit dem Titel „Entsorgungsmanagement" ins Leben gerufen. Prof. Dipl.-Ing. Joachim Lenz, der Gründer und ehemalige Leiter des bekannten Instituts für Rohrleitungsbau an der Fachhochschule Oldenburg, hat mich bei diesem ersten Lehrauftrag – wie auch bei weiteren Schritten meines Werdeganges – sehr hilfreich unterstützt. Ich möchte ihm an dieser Stelle ganz herzlich dafür danken. Mit Beginn meiner Tätigkeit als Professor an der Fachhochschule Hannover 1999 wurde der Name der Vorlesung in „Ökonomie der Abwasserbeseitigung" geändert und der Inhalt entsprechend modifiziert. Aus den Vorlesungsunterlagen ist schließlich dieses Buch entstanden.

Der Springer Verlag ermöglichte die Veröffentlichung. Auf dem Weg dorthin hat mich Dipl.-Ing. Melanie Lücking begleitet, die die Zeichnungen erstellte, sich um das Layout kümmerte und mir viel Fleißarbeit abnahm. Mein Freund Dipl.-Volksw. Jörg Jung hat das Manuskript gelesen und mir viele kritische Anregungen gegeben. Meine Frau Christina Sander hat mich während der Erarbeitung des Buches ertragen und es Korrektur gelesen. Bei allen bedanke ich mich ebenfalls. Meinem Vater Hugo Sander, der mich auf meinem beruflichen Weg so intensiv begleitete und im Juli 2002 verstarb, widme ich dieses Buch von ganzem Herzen.

Ich wünsche mir, dass das Buch vielen Studierenden der Siedlungswasserwirtschaft hilft, einen ersten Einblick in das Thema zu erhalten. Darüber hinaus hoffe ich, dass das Buch den Ingenieuren in Behörden und Ingenieurbüros eine Hilfe zur Bearbeitung ihrer ökonomischen Fragen ist.

Da es sich um die erste Auflage handelt, bin ich besonders an konstruktiver Kritik interessiert. Anregungen können direkt an mich gemailt werden. Den einen oder anderen Fehler bitte ich zu verzeihen.

Nienburg, im Februar 2003					Prof. Dr.-Ing. Thomas Sander

Inhaltsverzeichnis

Symbolverzeichnis XIII

Abbildungsverzeichnis XV

Tabellenverzei chnis XXI

1   Einführung und Gesc hichtliches 1

2   Betriebsformen 3
    2.1   Rechtliche Grundlagen 3
    2.2   Regiebetrieb 7
    2.3   Eigenbetrieb 9
    2.4   Anstalt des öffentlichen Rechts 11
    2.5   Eigengesellschaft 12
    2.6   Verbände 14
    2.7   Privatisierungsformen 16
    2.8   Betriebsführungsverträge 19
    2.9   Abwassereinleitungsverträge 19
    2.10   Vergleich der Betriebsformen und zukünftige Entwicklungen 21

3   Kostenrechnung und Gebühren 25
    3.1   Grundlagen 25
        3.1.1   Abschreibungen 25
        3.1.2   Kameralistik und doppelte Buchführung 27
        3.1.3   Mehrwertsteuer 31
        3.1.4   Wertermittlung in Kommunen 33
    3.2   Kostenrechnung in Kommunen 36
        3.2.1   Kostenstellen, -arten und -träger 36
        3.2.2   Kalkulatorische Abschreibungen 37
        3.2.3   Kalkulatorische Zinsen und Annuitäten 37
        3.2.4   Betriebsnotwendiges Kapital 42
        3.2.5   Haushaltsplan 44
        3.2.6   Entgelte, Gebühren und Preise 46
        3.2.7   Rechtliche Grundlagen der Entgeltberechnung 47
        3.2.8   Abschreibungsrechnung bei der Abwasserbeseitigung 47
        3.2.9   Zinsberechnung bei der Abwasserbeseitigung 51

3.2.10	Gesplitteter Maßstab	51
3.2.11	Verschmutzungsgrad	51
3.2.12	Kostendeckung	52
3.2.13	Einfluss von Beiträgen auf die Gebühren	52
3.2.14	Betriebsabrechnung in der Praxis	52
3.2.15	Besondere Aspekte der Gebührenkalkulation	56
3.2.16	Kosten- und Leistungsrechnung	58
3.3	Bestimmung der Herstellungskosten	59
3.3.1	Einführung	59
3.3.2	Ermittlung mit vorhandenen Abrechnungsunterlagen	60
3.3.3	Mengen-Index-Verfahren	60
3.3.3.1	Vorgehensweise	60
3.3.3.2	Erreichbare Genauigkeit	62
3.4	Kosten- und Gebührenentwicklung	65
4	**Grundlagen der Finanzierungsformen**	**67**
4.1	Außenfinanzierung	67
4.2	Innenfinanzierung	68
4.3	Sonderformen	68
4.3.1	Leasing	69
4.3.2	Factoring/Forfaitierung	69
4.3.3	Cross-Border-Leasing	70
5	**Kosten der Abwasserbeseitigung**	**71**
5.1	Methodik	71
5.2	Grundlagen und Kostenbegriffe	71
5.3	Investitionskostenplanung	76
5.3.1	Kostenverhältnisse bei Abwasseranlagen	76
5.3.2	Ablauf der Investitionskostenplanung	77
5.3.2.1	Begriffe der Kostenplanung	77
5.3.2.2	Integration der Kostenplanung in die Projektplanung	78
5.3.3	Kostengliederungssysteme	81
5.3.3.1	Zonengliederung	82
5.3.3.2	Kostengruppen	84
5.3.4	Kostenplanung mit Kostenkennwerten	89
5.3.4.1	Vorbemerkung	89
5.3.4.2	Kanalisation	90
5.3.4.3	Abwasserpumpwerke	101
5.3.4.4	Kläranlagen	108
5.3.4.5	Schlammbehandlung	128
5.3.4.6	Sonderbauwerke	131
5.3.4.7	Naturnahe Regenwasserentsorgung	132
5.4	Planung der Betriebs- und Instandhaltungskosten	137
5.4.1	Vorbemerkung	137
5.4.2	Bestandteile der Betriebs- und Instandhaltungskosten	137
5.4.3	Kanalisation	138

5.4.4 Abwasserpumpwerke 139
    5.4.4.1 Energiekosten 139
    5.4.4.2 Instandhaltungskosten 139
5.4.5 Kläranlagen 140
    5.4.5.1 Vorbemerkung 140
    5.4.5.2 Energiekosten 142
    5.4.5.3 Instandhaltungskosten 147
    5.4.5.4 Stoffkosten 148
    5.4.5.5 Personalkosten 150
5.4.6 Reststoffbehandlung und -entsorgung 153
    5.4.6.1 Rahmenbedingungen 153
    5.4.6.2 Rechen- und Sandfanggut 153
    5.4.6.3 Klärschlamm 155
    5.4.6.4 Kosten aus der Abwasserabgabe 160
    5.4.6.5 Naturnahe Regenwasserentsorgung 162

6 Grundlagen der Kostenvergleichsrechnung 165
6.1 Wirtschaftlichkeitsrechnungen im Allgemeinen 165
6.2 Methodik der Kostenvergleichsrechnung 167
    6.2.1 Grundlagen 167
    6.2.2 Abgrenzung 169
    6.2.3 Ablauf 171
6.3 Kostenermittlung 172
    6.3.1 Allgemeines 172
    6.3.2 Kostenarten 172
        6.3.2.1 Investitionskosten 172
        6.3.2.2 Betriebs- und Instandhaltungskosten 173
        6.3.2.3 Sonstige Kostenbegriffe 173
    6.3.3 Aufbereitung für die Vergleichsrechnung 174
6.4 Berücksichtigung von Preisentwicklungen 175
    6.4.1 Prinzip der Realbewertung 175
    6.4.2 Aktualisierung von Kostendaten 176
    6.4.3 Berücksichtigung zukünftiger realer Preisänderungen 180
6.5 Kalkulationsgrundlagen 181
    6.5.1 Grundsätzliches Vorgehen 181
    6.5.2 Nutzungsdauer und Untersuchungszeitraum 183
        6.5.2.1 Definitionen der Nutzungsdauer 183
        6.5.2.2 Ansatz der Nutzungsdauer 183
        6.5.2.3 Untersuchungszeitraum 184
    6.5.3 Zinssatz 185
    6.5.4 Projektkostenbarwerte und Jahreskosten 192
    6.5.5 Berücksichtigung von Investitionszuschüssen 193
    6.5.6 Zeitliche Gewichtung von Kostengrößen 194
        6.5.6.1 Umrechnung von Einzelkosten 194
        6.5.6.2 Umrechnung gleichförmiger Kostenreihen 200
        6.5.6.3 Umrechnung progressiv steigender Kostenreihen 206

6.5.7	Unabhängigkeit vom Untersuchungszeitraum	206
6.5.8	Ergebnisbeeinflussung durch Wahl der Eingangsparameter	209
6.6	Kostengegenüberstellung	210
6.7	Empfindlichkeitsprüfung und Bericht	211
6.8	Beispiel für eine Kostenvergleichsrechnung	211
6.8.1	Technische Darstellung der Alternativen	212
6.8.2	Eignung der Kostenvergleichsrechnung	212
6.8.3	Kostenermittlung	212
6.8.4	Finanzmathematische Aufbereitung	213
6.8.5	Kostengegenüberstellung	214
6.8.6	Empfindlichkeitsprüfung	214
6.8.7	Gesamtbeurteilung	214

7 Planung, Ausschreibung und Vergabe ... 215
   7.1 Einflussfaktoren ... 215
   7.2 Planung ... 219
      7.2.1 Ingenieurplanung ... 219
      7.2.2 Planung durch mehrere Ingenieurbüros ... 220
      7.2.3 Ideenwettbewerbe ... 221
   7.3 Ausschreibung ... 222
      7.3.1 Allgemeines ... 222
      7.3.2 Leistungsverzeichnis ... 223
      7.3.3 Leistungsprogramm (Funktionalausschreibung) ... 223
   7.4 Vergabe ... 224
      7.4.1 Losweise Vergabe ... 224
      7.4.2 Vergabe an Generalunternehmer ... 225

8 Qualitätsmanagement in Abwasserbetrieben ... 227
   8.1 Einführung ... 227
   8.2 Gründe für die Einführung von QM-Systemen ... 228
   8.3 Übersicht über QM-Systeme ... 228
      8.3.1 DIN EN ISO 9000 ff. ... 228
      8.3.2 DIN EN ISO 14000 ff. ... 231
      8.3.3 Weitere Systeme ... 232
         8.3.3.1 EMAS ... 232
         8.3.3.2 TQM ... 232
         8.3.3.3 Arbeitsschutzsysteme ... 233
         8.3.3.4 Übergreifende Managementsysteme ... 233
   8.4 Zertifizierung ... 233
   8.5 Umsetzungsstand in Deutschland ... 233

9 Ansätze zur Kosten minimier ung ... 235
   9.1 Beeinflussbarkeit der Kosten ... 235
   9.2 Kläranlagen ... 237
   9.3 Kanalsanierung ... 240
      9.3.1 Sanierungsstrategien ... 240

9.3.2 Kanalrenovierung oder Kanalerneuerung 242
9.4 Zentralisierung und weitere Synergien 242
9.5 Benchmarking 243
9.6 Controlling 244
9.7 Alternative Betriebsformen 245
9.8 Wirtschaftliche Betätigung öffentlicher Unternehmen 247

Anhang 1 249
Finanzmathematische Umrechnungsfaktoren 249

Anhang 2 267
1 Vorbemerkung 268
2 Einleitung 268
3 Grundsätzliches zum verwendeten Datenmaterial 268
4 Strukturierung des Datenmaterials für Kanalneubau 269
    4.1 Grundkosten 269
    4.2 Zuschläge 270
    4.3 Tiefenunabhängige Zuschläge 270
    4.4 Tiefenabhängige Zuschläge 271
5 Verwendetes Datenmaterial für Kanalrenovierung 272
6 Vergleich zwischen Erneuerung und Renovierung 273
7 Programmaufbau 273
8 Programmbeschreibung 277
    8.1 Starten des Programms KanKo / Grundsätzliches 277
    8.2 Beispiel zur Programmbeschreibung 281
        8.2.1 Ermittlung der Erneuerungskosten 281
        8.2.2 Ermittlung der Renovierungskosten 287
        8.2.3 Vergleichsberechnung 290
    8.3 Bearbeitung der Datenblätter für Erneuerung und Renovierung . 292
    8.4 Speichern eines individuellen
        Kanalkostenberechnungsprogramms 295

Glossar 297

Literaturverzeichnis 307

Sachverzeichnis 315

KLT – CONSULT
Klare u. Thöneböhn GmbH
Hannover - Wittenberg - Soest

Die hohen gesellschaftlichen Ansprüche im Umgang mit dem Naturgut "Wasser" erfordern ökologisch und ökonomisch vertragliche Verfahren bei der Wasseraufbereitung und Abwasserbeseitigung.

Dementsprechende Planungen und die sich daraus ergebenden betriebswirtschaftlichen Prüfungen haben bei der KLT einen hohen Stellenwert, um dem Betreiber die jeweils zu erwartenden Kapitaldienste aufzeigen zu können.

Wasserwirtschaft

Abfalltechnik

Verkehrsplanung

Ingenieurbau

Energietechnik

Geotechnik

Projektmanagement

Büro Hannover
Erlenweg 18
30827 Garbsen
Telefon 05131-70850
Telefax 05131-708529
email: mail@klt-consult.de

Symbolverzeichnis

Symbol	Beschreibung	Einheit
a	Abschreibungsquote	-
AFAKE	Akkumulationsfaktor für einmalige Kosten	-
AFAKR	Akkumulationsfaktor für gleichförmige Kostenreihe	-
AHK	Anschaffungs- und/oder Herstellungskosten	€
AR	Annuitätenrate	€/Jahr
BK	Betriebskosten	€/Jahr
BnK	Betriebsnotwendiges Kapital	€
BWVF	Barwertvergleichsfaktor	-
DFAKE	Diskontierungsfaktor für einmalige Kosten	-
DFAKR	Diskontierungsfaktor für gleichförmige Kostenreihe	-
DFAKRP	Diskontierungsfaktor für progressive Kostenreihe	-
DFRW	Diskontierungsfaktor nach Orth	-
EW	Einwohnerwert	-
f	Vorteilhaftigkeitsfaktor für Alternativenvergleich	-
f_x	Einzelbaukostenfaktor	-
GK	Gesamtkosten	€/Jahr
GKBW	Barwert Gestehungskosten	€
I	Inflationsrate (Rate der Geldwertänderung)	-
i	Zinssatz	-
IBP	Baupreisindex	-
IIK	Index für Investitionskosten	-
IK	Investitionskosten	€
IK_{EW}	Spezifische Investitionskosten	€/EW
IKBW	Investitionskostenbarwert	€

Symbol	Beschreibung	Einheit
IKR	Reinvestitionskosten	€
ILK	Index für laufende Kosten	-
JK	Jahreskosten	€/Jahr
K_{Ern}	Kosten der Erneuerung	€
K_{Ren}	Kosten der Renovierung	€
KD	Kapitaldienst	€/Jahr
KFAKR	Kapitalwiedergewinnungsfaktor	-
KK	Kapitalkosten	€/Jahr
l	Länge des Planungshorizonts	Jahre
LK	Laufende Kosten	€/Jahr
LKBW	Kostenbarwert der laufenden Kosten	€
n, m	Zinszeitraum, Zeitraum, Periode, Nutzungsdauer	Jahre
ND	Nutzungsdauer	Jahre
PKBW	Projektkostenbarwert	€
q	Zinsfaktor	-
r	Preissteigerungsrate	-
r_n	Nominale Preisänderungsrate	-
r_r	Reale Preisänderungsrate	-
s	Preissteigerungsrate	-
SF	Preissteigerungsfaktor	-
t	Alter	Jahre
Z	Marktüblicher Zinssatz	-
Z	Zuwendung	€

Abbildungsverzeichnis

Abb. 2.1	Regiebetrieb der Abwasseranlagen im Verhältnis zur Gemeinde und zum Bürger	8
Abb. 2.2	Schematische Darstellung eines Eigenbetriebes Abwasser	11
Abb. 2.3	Schematische Darstellung einer Eigengesellschaft	13
Abb. 2.4	Schematische Darstellung eines Verbandes	15
Abb. 2.5	Schematische Darstellung eines Betreibermodells	17
Abb. 2.6	Schematische Darstellung eines Kooperationsmodells	18
Abb. 2.7	Unternehmensformen in der Abwasserentsorgung 1997	22
Abb. 2.8	Vergleich der Unternehmensformen zwischen 1997 und 2001, bezogen auf die erfassten Einwohner	23
Abb. 2.9	Organisationsformen bei der Durchführung der Abwasserbeseitigung bezogen auf die erfassten Einwohner (Wasserwirtschaftsbericht 2001)	23
Abb. 3.1	Geldfluss der Einnahmen und Ausgaben der Abwasserbeseitigung	46
Abb. 3.2	Kostenverteilung einer Kanalbaumaßnahme (beispielhaft)	61
Abb. 3.3	Erreichbare Genauigkeit in Abhängigkeit der untersuchten Haltungen (Beispielkanalnetz nach Brandt, 2002)	63
Abb. 4.1	Vertragsbeziehungen beim US-LILO	70
Abb. 5.1	Unterscheidung von Bereitschafts- und Leistungskosten	74
Abb. 5.2	Investitionskosten von Neubauten kommunaler Kläranlagen in Deutschland, Belebungsverfahren, Kostenbasis 1999, netto (nach Günthert und Reicherter (2001)	77
Abb. 5.3	Phasen der Kostenplanung (1993)	79
Abb. 5.4	Detaillierungsgrad und Aussagesicherheit bei der Investitionskostenplanung nach Bohn (1993)	81
Abb. 5.5	Verhältnisse der Investitionskosten einer Kläranlage mit einer Ausbaugröße von 100.000 EW (nach Bohn 1993)	87
Abb. 5.6:	Bestandteile von Grundkosten und Zuschlägen	92
Abb. 5.7	Grundkosten bei Kanalisationen DN 200 – DN 2000 (50%-Wert)	94
Abb. 5.8	Verteilung der Kosten auf die Nennweitenklassen für weniger dicht besiedelte Gemeinden, nach Dudey (1993)	95
Abb. 5.9	Verteilung der Kosten auf die Nennweitenklassen für Großstädte nach Dudey (1993)	96
Abb. 5.10	Altersverteilung der Kanäle 2001 nach ATV-DVKW	96
Abb. 5.11	Materialverteilung im Entwässerungsnetz nach Dyk, Lohaus (1998)	97

Abb. 5.12	Profilverteilung nach Dyk, Lohaus (1998)	97
Abb. 5.13	Kostenverhältnisse bei Sanierungsmaßnahmen von Kanälen nach Günthert und Reicherter (2001)	98
Abb. 5.14	Kosten für Schlauchrelining in €/lfm nach Günthert und Reicherter (2001)	99
Abb. 5.15	Kosten für Kurzschlauchrelining in € / Stück bei Stücklängen 0,5 m – 1,0 m nach Günthert und Reicherter (2001)	99
Abb. 5.16	Kosten für Instandsetzung mit Roboter in € / Stück nach Günthert und Reicherter (2001)	100
Abb. 5.17	Kosten für Schachtsanierung in €/Schacht nach Günthert und Reicherter (2001)	100
Abb. 5.18	Kostenkennwertfunktion für den Bauteil von Pumpwerken (Preisbasis 1994; netto), nach Rudolph und Nelle (1996)	105
Abb. 5.19	Kostenkennwertfunktion für den Maschinenteil von Pumpwerken (Preisbasis 1994; netto), nach Rudolph und Nelle (1996)	106
Abb. 5.20	Gesamtinvestitionskosten für Pumpwerke in Abhängigkeit vom Förderstrom nach Baumbach et al. (2001)	107
Abb. 5.21	Investitionskosten Abwasserpumpwerke für M und E nach Günthert und Reicherter (2001)	108
Abb. 5.22	Spezifische Investitionskosten von neu gebauten Kläranlagen in €/EW nach Günthert und Reicherter (2001)	109
Abb. 5.23	Spezifische Investitionskosten für Hebewerke in €/(l/s) nach Günthert und Reicherter (2001)	109
Abb. 5.24	Kostenkennwertfunktion für Rechenanlagen (Preisbasis 1992; netto), nach Bohn (1993)	110
Abb. 5.25	Spezifische Investitionskosten für Rechenanlagen in €/EW nach Günthert und Reicherter (2001)	111
Abb. 5.26	Kostenkennwertfunktion belüftete Langsandfänge mit Leichtstoffab- scheider als Funktion des Volumens (Preisbasis 1992), nach Bohn (1993)	112
Abb. 5.27	Kostenkennwertfunktion belüftete Langsandfänge mit Leichtstoffab-scheider als Funktion des Zuflusses (Preisbasis 1992), nach Bohn (1993)	113
Abb. 5.28	Spezifische Investitionskosten für Sandfänge in €/(l/s) nach Günthert und Reicherter (2001)	113
Abb. 5.29	Kostenkennwertfunktion für rechteckige Belebungsanlagen zur Nitrifikation und vorgeschalteter Denitrifikation (Preisbasis 1992; netto), nach Bohn (1993)	115
Abb. 5.30	Kostenkennwertfunktion für eine Höchstlastbelebung mit Zwischenklärung (Preisbasis 1996), nach Böhnke et al. (1998)	116
Abb. 5.31	Investitionskosten von Belebungsbecken in €/m³ nach Günthert und Reicherter (2001)	116
Abb. 5.32	Entwicklung der spezifischen Investitionskosten in Abhängigkeit des NO_3- N_D/BSB_5-Verhältnisses und der Ausbaugröße (Preisbasis 1994, brutto), nach Bohn und Wagner (1995)	117

Abb. 5.33	Kostenkennwertfunktion für rechteckige, horizontal durchströmte Vorklärbecken (Preisbasis 1992; netto), nach Bohn (1993)	119
Abb. 5.34	Kostenkennwertfunktion für runde, horizontal durchströmte Nachklärbecken (Preisbasis 1992; netto), nach Bohn (1993)	120
Abb. 5.35	Investitionskosten für Sedimentationsbecken nach Bohn (1993) und Beckereit (1998)	121
Abb. 5.36	Investitionskosten für Vor- und Nachklärbecken in €/m³ nach Günthert und Reicherter (2001)	122
Abb. 5.37	Investitionskosten für Betriebsgebäude in €/EW nach Günthert und Reicherter (2001)	122
Abb. 5.38	Kostenfunktion für Faulbehälter (Preisbasis 1992; netto), nach Bohn (1993)	129
Abb. 5.39	Kostenfunktion für Durchlaufeindicker und Trockengasbehälter (Preisbasis 1992; netto), nach Bohn (1993)	129
Abb. 5.40	Kostenfunktionen für Schlammentwässerungsanlagen (Preisbasis 1992), Vergleich Kammerfilterpresse, Siebbandpresse und Dekantierzentrifuge, nach ATV-Handbuch (1996)	130
Abb. 5.41	Investitionskosten für Schlammstapelbehälter in €/m³ nach Günthert und Reicherter (2001)	131
Abb. 5.42	Investitionskosten Regenüberlaufbecken für M und E in €/m³ nach Günthert und Reicherter (2001)	131
Abb. 5.43	Investitionskosten Regenüberlaufbecken für Bau in €/m³ nach Günthert und Reicherter (2001)	132
Abb. 5.44	Vergleich der Investitionskosten verschiedener Versickerungssysteme bezogen auf die angeschlossene befestigte Fläche A_{red} (ohne Zuleitungen) nach Hamacher (2000)	135
Abb. 5.45	Elektroenergiekosten EK in €/a in Abhängigkeit vom Förderstrom und von der Förderhöhe	139
Abb. 5.46	Betriebs- und Instandhaltungskosten kommunaler Kläranlagen	142
Abb. 5.47	Anteile der Verfahrensstufen am Energiebedarf von Belebungsanlagen nach Bohn (1993)	143
Abb. 5.48	Energiebedarf von Druckbelüftungssystemen in Abhängigkeit der Ausbaugröße und der Art des Lufteintrages nach Bohn (1993)	145
Abb. 5.49	Durchschnittliche Anteile der Tätigkeitsgruppen an den Personalkosten nach Bohn (1993)	151
Abb. 5.50	Aufwandswerte zur Personalkostenermittlung bei Belebungsanlagen	152
Abb. 5.51	Behandlung/Entsorgung von Rechengut und Sandfanggut nach Wolf (1999)	154
Abb. 5.52	Entwicklung der Entsorgungskosten für Rechengut nach Wolf (1999)	155

Abb. 5.53	Spezifische Entwässerungskosten für Schlammentwässerungsanlagen (Preisbasis 1992), Vergleich der Systeme ohne Berücksichtigung der Entwässerungsleistung	157
Abb. 5.54	Spezifische Entwässerungskosten für Schlammentwässerungsanlagen (Preisbasis 1992), Vergleich der Systeme bei Entwässerung auf min TS = 35 % mit Transport	157
Abb. 5.55	Klärschlammverbleib in Deutschland 1991 bis 1996 nach Esch und Thaler (1998)	158
Abb. 5.56	Häufige Verschärfung der gesetzlichen Anforderungen am Beispiel der Werte für Kläranlagen über 100.000 EW in den Jahren 1976 - 1996	160
Abb. 6.1	Schematische Darstellung einer Zentralisierung von kleineren Abwasseranlagen	170
Abb. 6.2	Ablaufschema für eine Kostenvergleichsrechnung nach LAWA	171
Abb. 6.3	Preisindizes für Kläranlagen, Ortskanäle und Wohngebäude (statistisches Bundesamt)	177
Abb. 6.4	Grundbegriffe der zeitlichen Kostenverteilung nach LAWA	182
Abb. 6.5	Äquivalente Investitionskostenreihen der Alternativen 1 und 2	185
Abb. 6.6	Zinssatz i als Funktion der Nutzungsdauer für eine korrekte Realbewertung	191
Abb. 7.1	Kostenbeeinflussbarkeit in Abhängigkeit von Projektphasen	215
Abb. 7.2	Einflussfaktoren auf die Projektkosten nach Bucksteeg (2001)	216
Abb. 7.3	Verfahren zur Findung der optimalen technischen und wirtschaftlichen Lösung	217
Abb. 7.4	Planung durch mehrere Ingenieurbüros	220
Abb. 7.5	Durchführung eines Ideenwettbewerbs zur Erstellung einer Abwasseranlage	221
Abb. 7.6	Forfaitierungsmodell	226
Abb. 8.1	Erweitertes Prozessmodell der DIN EN ISO 9000:2000	229
Abb. 8.2	Die Hierarchie der QM-Dokumentation	231
Abb. 9.1	Kostenverteilung auf Abwasserableitung und -behandlung nach Bellefontaine et al. (1999)	235
Abb. 9.2	Kostenverteilung bei den Betriebskosten der Abwasserbehandlung nach Bode (2001)	236
Abb. 9.3	Kosten-Nutzen-Verhältnis der Sanierungsvarianten 1 bis 3 nach Jacobi (2001)	241
Abb. 9.4	Optimaler Radius eines Abwasserentsorgungsgebietes in Abhängigkeit der Ausbaugröße der alternativen Einzelkläranlagen nach Sander et al. (1993)	243
Abb. 9.5	Verteilung der Schadensursachen in Deutschland nach BRD (2002)	245
Abb. A.1	Schematische Darstellung des Programmablaufes für eine Kanalerneuerung	274
Abb. A.2	Schematische Darstellung einer Kanalrenovierung	275
Abb. A.3	Schematische Darstellung des Vergleichs einer Kanalerneuerung mit einer Kanalrenovierung	276

Abb. A.4	Interne Aktivierung der Arbeitsflächen	277
Abb. A.5	Starten des Programms	278
Abb. A.6	Beschreibung des Hauptmenüs	279
Abb. A.7	Informationsschaltfläche	280
Abb. A.8	Ermittlung der Grundkosten	281
Abb. A.9	Ermittlung der Kosten für die Wasserhaltung	282
Abb. A.10	Ermittlung der tiefenunabhängigen Zuschläge	283
Abb. A.11	Ermittlung der tiefenabhängigen Zuschläge	284
Abb. A.12	Programmfenster Zusätzliche Kosten	284
Abb. A.13	Zusätzliche Kosten hinzufügen oder ändern	285
Abb. A.14	Programmfenster Zusätzliche Kosten	286
Abb. A.15	Programmfenster Haltungskosten	286
Abb. A.16	Übersicht der Erneuerungskosten auf dem Excel-Berechnungsblatt DN 400 Ern (mit Explorer)	287
Abb. A.17	Programmfenster zur Berechnung der Renovierungskosten DN 400	288
Abb. A.18	Zusätzliche Kosten bei der Renovierung DN 400	289
Abb. A.19	Übersicht der Renovierungskosten auf dem Excel-Berechnungsblatt DN 400 Ren (mit Explorer)	290
Abb. A.20	Eingabefenster der Vergleichsparameter für DN 400	291
Abb. A.21	Vergleichsübersicht auf Excel-Berechnungsblatt DN 400 Verg	291
Abb. A.22	Infobox	292
Abb. A.23	Datenblatt für Erneuerung DN 400	293
Abb. A.24	Preisänderung bei Erneuerung DN 400	294
Abb. A.25	Speicherung eines Programms zum Erhalt der geänderten Daten	295

Tabellenverzeichnis

Tabelle 2.1	Aufbau des Wasserhaushaltsgesetzes	3
Tabelle 2.2	Aufbau des Niedersächsischen Wassergesetzes	4
Tabelle 2.3	Beispielhafter Aufbau einer Abwasserbeseitigungssatzung	7
Tabelle 3.1	Haushaltsplan für die Abwasserbeseitigung 2004	28
Tabelle 3.2	Bestandskonto für Eröffnungsbilanz	29
Tabelle 3.3	Gewinn- und Verlustrechnung nach einer Periode	30
Tabelle 3.4	Bilanz am Ende einer Periode	30
Tabelle 3.5	Beispiel für die Wirkungsweise der Mehrwertsteuer bei einer	31
Tabelle 3.6	Entwicklung des Anlagevermögens eines Abwasser-Regiebetriebes zum Ende eines Betrachtungszeitraumes (z.B. Jahr)	35
Tabelle 3.7	Anlagenkartei zur Übung	36
Tabelle 3.8	Lösung zur Übung „Anlagenkartei"	36
Tabelle 3.9	Annuitäten- oder Kapitalwiedergewinnungsfaktoren	38
Tabelle 3.10	Zinsberechnung für Ratenmethode	40
Tabelle 3.11	Zinsen und Tilgung Ratendarlehen	41
Tabelle 3.12	Zinsen und Tilgung Annuitätendarlehen	41
Tabelle 3.13	Nutzungsdauerangaben für abwassertechnische Anlagen nach LAWA	49
Tabelle 3.14	Betriebsabrechnung Schmutzwasser	53
Tabelle 3.15	Ausschnitt Anlagenkartei	55
Tabelle 3.16	Ausschnitt Betriebskostenabrechnung	55
Tabelle 3.17	Ausschnitt Anlagenkartei mit BnK	56
Tabelle 3.18	Gebührenkalkulation	56
Tabelle 3.19	Kostenberechnung mit dem Mengenverfahren	61
Tabelle 5.1	Schema einer Zonengliederung	82
Tabelle 5.2	Investitionskostengliederung nach DIN 276 mit Ergänzungsvorschlägen nach Bohn (1993) und Bohn (1997)	84
Tabelle 5.3	Grobelementgliederung nach ÖNORM B 1801	86
Tabelle 5.4	Bezugseinheiten von Grobelementen (beispielhaft)	87
Tabelle 5.5	Bezugseinheiten von Funktionselementen (beispielhaft)	88
Tabelle 5.6	Auszug aus dem Katalog für Konstruktionselemente (beispielhaft)	88
Tabelle 5.7	Auszug aus dem Katalog Leitpositionen Baukonstruktion (beispielhaft)	88
Tabelle 5.8	Auszug aus dem Katalog Leitpositionen Ausrüstung (beispielhaft)	89

Tabelle 5.9	Grundkosten DN 200 – 800 in €/lfm in Abhängigkeit der Tiefe für ein Modell der Kostenschätzung nach Günthert und Reicherter (2001)	93
Tabelle 5.10	Zuschläge DN 200 – 800	93
Tabelle 5.11	Kostenrichtwerte von bayerischen Ingenieurbüros für die Sanierung von Kanalisationen nach Günthert, Reicherter (2001)	102
Tabelle 5.12	Ausgewählte Anhaltswerte für Investitionskosten von Kläranlagen	123
Tabelle 5.13	Investitionskosten für befestigte Versickerungsflächen nach Hamacher (2000)	134
Tabelle 5.14	Investitionskosten für dezentrale Versickerungsanlagen (ohne Zuleitung) nach Hamacher (2000)	134
Tabelle 5.15	Investitionskosten für die Zuleitung zur Versickerungsanlage nach Hamacher (2000)	135
Tabelle 5.16	Nutzungsdauern von Versickerungsanlagen nach Hamacher (2000)	136
Tabelle 5.17	: Energiebedarf einzelner Verfahrensstufen nach Bohn (1993)	143
Tabelle 5.18	Funktionen spezifischer Energiebedarfe nach ATV-Handbuch (1996)	144
Tabelle 5.19	Umrechnungsfaktoren auf verschiedene Einheiten bei der Schlammentsorgung für grobe Abschätzungen nach ATV (1999)	156
Tabelle 5.20	(Jahres-)Kostenkennwerte für verschiedene Verfahrensschritte der Klärschlammentsorgung	159
Tabelle 5.21	Mindestanforderungen nach der Abwa-VO vom März 1997 (Anhang 1)	161
Tabelle 5.22	Instandhaltungskosten von Versickerungsanlagen je Arbeitsgang nach Hamacher (2000)	163
Tabelle 6.1	Ausgewählte Indizes zur Aktualisierung von Investitions- und laufenden Kosten (Statistisches Bundesamt)	179
Tabelle 6.2	Begriffe der dynamischen Kostenvergleichsrechnung	182
Tabelle 6.3	Akkumulationsfaktor für einmalige Kosten AFAKE(i; n)	196
Tabelle 6.4	Diskontierungsfaktor für einmalige Kosten DFAKE(i; n)	198
Tabelle 6.5	Diskontierungsfaktor für gleichförmige Kostenreihen DFAKR (i; n)	202
Tabelle 6.6	Akkumulationsfaktor für gleichförmige jährliche Kostenreihen AFAKR(i;n)	204
Tabelle 6.7	Zusammenstellung der Kosten für die Alternativen A1 und A2	212
Tabelle 6.8	Berechnung der Projektkostenbarwerte PKBW für die Alternativen A1 und A2	213
Tabelle 7.1	Durchführung der Ausschreibung nach VOF	223
Tabelle A.1	Diskontierungsfaktor für eine progressiv jährlich steigende Kostenreihe r = 0,5 %	250
Tabelle A.2	Diskontierungsfaktor für eine progressiv jährlich steigende Kostenreihe r = 1,0 %	252
Tabelle A.3	Diskontierungsfaktor für eine progressiv jährlich steigende Kostenreihe r = 1,5 %	254

Tabelle A.4	Diskontierungsfaktor für eine progressiv jährlich steigende Kostenreihe r = 2,0 %	256
Tabelle A.5	Diskontierungsfaktor für eine progressiv jährlich steigende Kostenreihe r = 2,5 %	258
Tabelle A.6	Diskontierungsfaktor für eine progressiv jährlich steigende Kostenreihe r = 3,0 %	260
Tabelle A.7	Diskontierungsfaktor für eine progressiv jährlich steigende Kostenreihe r = 3,5 %	262
Tabelle A.8	Diskontierungsfaktor für eine progressiv jährlich steigende Kostenreihe r = 4,0 %	264

Kosten senken – Effizienz erhöhen

Seit 1997 beraten wir kommunale Unternehmen im Schnittpunkt von Technik und Ökonomie:

- Entwicklung von alternativen Betreibermodellen,
- Reorganisation von Betrieben,
- Beratung bei der zielorientierten Kostensenkung,
- Planungsbegutachtung und -optimierung,
- Ausschreibungsverfahren und Kostenvergleichsrechnungen,
- Planung von Bau- und Betriebshöfen
- und vieles mehr in der kommunalen Wirtschaft.

Schwerpunkte :

- Abwasser,
- Abfall und Straßenreinigung,
- Stadtwerke,
- Werkstätten,
- Bau- und Betriebshöfe
- und angrenzende Sektoren.

g e k i m
Gesellschaft für kommunales Infrastrukturmanagement mbH
Wirtschafts- und Ingenieurwesen für den kommunalen Bereich

www.gekim.de   Telefon: 0471 / 80 61 000

Nutzen Sie das Know-how der konsequenten Spezialisierung!

1 Einführung und Geschichtliches

Die Geschichte des Abwasserwirtschaft beginnt mit der Schmutzwasserableitung. Die ersten Kanäle fand man in Mohenjo-daro, einer Stadt der frühesten indischen Hochkultur, aus der Zeit um 3.000 v.Chr. in aus Ziegeln gemauerter Form. Sie leiteten das Schmutzwasser aus den Häusern ab.

Von den Sumerern, Hethitern, Babyloniern und Ägyptern sind umfangreiche Anlagen zur Fortleitung des Abwassers bekannt. Auf Kreta wurden Aborteinrichtungen zur Wasserspülung entdeckt, die ca. 4.000 Jahre alt sind.

In Athen und Rom wurden bereits große Abwasserkanäle benutzt. Die cloaca maxima, die noch im 20. Jahrhundert in Betrieb war, geht auf die Etrusker zurück. Auch aus Köln und Trier sind Kanalisationen aus der Römerzeit bekannt.

Das Wissen um die Abwassertechnik ging im Mittelalter nahezu verloren. Erst im 19. Jahrhundert bildeten sich aus der Not des allgegenwärtigen Drecks und der Seuchengefahr, zwischen denen endlich der Zusammenhang erkannt wurde, Vereine und Verbände mit dem Ziel, Auswege zu finden. Das häusliche und gewerbliche Abwasser wurde in vorhandene Regenwasserkanäle eingeleitet und es wurde mit dem Bau neuer Entwässerungsleitungen begonnen.

In Hamburg entstand ab 1842 das erste Kanalisationsnetz. Die anderen Städte zogen bald nach. Die Zeit einer geregelten Abwasserentsorgung in Deutschland begann.

Im Zusammenhang mit der geregelten Abwasserbeseitigung wurde auch die Frage nach der Bezahlung der Leistungen aufgeworfen. Bis ins Mittelalter hinein wurde die Arbeit der Entsorgung im Allgemeinen von Kriegsgefangenen, Sklaven, Strafgefangenen etc. erledigt. Zuvor waren in Rom bereits Beamte mit der Organisation der Abwasserbeseitigung beschäftigt, die aus Mitteln einer Sondersteuer, des cloacariums, bezahlt wurden. Auch bei uns wurden im Laufe der Zeit Sondersteuern eingeführt und wieder verworfen. Mit Beginn der geregelten städtischen Entsorgungswirtschaft wurden im 18. Jahrhundert z.B. in Frankfurt und Wien städtische Arbeiter eingestellt, die angemessen entlohnt wurden.

Nach der Gründung des Deutschen Reiches 1871 brach 1872 eine Choleraepidemie aus, die die Notwendigkeit einer Städtekanalisierung erneut unter Beweis stellte. Man bemühte sich danach um ein Gesetz, das den Stadtverwaltungen das Recht verleihen sollte, die ihnen durch den Bau von Entwässerungsnetzen und dem Betrieb der Müllabfuhr und Straßenreinigung entstandenen Kosten in Form von Gebühren und Beiträgen auf die Nutznießer umzulegen. Der Entwurf wurde lange umkämpft. Erst 1895 schuf das Kommunalabgabengesetz die wirtschaftlichen Voraussetzungen für die Einrichtung stadteigener Betriebe. Das Kommunalabgabengesetz ist heute noch gültig. Es sagt vom Grundsatz her aus, dass alle anfallenden Kosten entsprechend der Nutzung der Leistung auf die Nutzer umgelegt werden müssen. Es dürfen dabei keine Gewinne erwirtschaftet werden.

Die Organisationsform der Abwasserbeseitigung ging also seit dieser Zeit von den Kommunen aus. Es bildeten sich städtische Ämter, Betriebe und Verbände auf hoheitlicher Basis, die die Abwasserentsorgung durchführten. Neben dem Bau der Kanalisationen wurden die ersten Kläranlagen gebaut.

Steigende Abwassergebühren waren im Hinblick auf die politische Durchsetzung immer ein Problem. Mit extrem steigenden Anforderungen an die Abwasserreinigung und dem damit verbundenen Kostendruck wurden in den 80er Jahren zunächst Rufe lauter, die Abwasserbeseitigung zu privatisieren bzw. alternative Betreibermodelle zu entwickeln. In der täglichen Praxis des verwaltenden und planenden Ingenieurs gewann die Frage der Wirtschaftlichkeit der Abwasserbeseitigung zunehmend an Bedeutung.

Bis heute verpflichten die Wassergesetze fast aller Bundesländer die Kommunen zur Beseitigung des auf ihrem Gebiet anfallenden Abwassers. Dabei ist der Anteil der Regiebetriebe rückläufig, während die Eigenbetriebe kontinuierlich zunehmen. Abwasserzweckverbände, Eigengesellschaften, Betreiber- und Kooperationsmodelle gewinnen zunehmend an Bedeutung. Bemerkenswert ist, dass die Änderung der Organisationsform aus ökonomischen Gründen keine neue Erfindung ist. Seit dem Mittelalter wechselten sich in der Entsorgungswirtschaft die Übertragung der Aufgaben auf den Bürger, die Übernahme durch die Gemeinde und die Privatisierung ständig ab. Fast alle Modelle wurden nach einer gewissen Zeit wieder verworfen und der Erfolg in einer anderen Form gesucht. Historisch gesehen sind mehr als 100 Jahre gut funktionierende kommunale Abwasserwirtschaft in Deutschland ungewöhnlich lang. Nach Erfahrung und Auffassung des Autors bringen Strukturveränderungen nicht notwendigerweise einen wirtschaftlichen, ökologischen oder technischen Erfolg. Es sollte immer auch nach dem wirklichen Grund für Veränderungen gefragt werden.

„Wir übten mit aller Macht, aber immer, wenn wir begannen, zusammengeschweißt zu werden, wurden wir umorganisiert. Ich habe später gelernt, dass wir oft versuchten, neuen Verhältnissen durch Umorganisation zu begegnen. Es ist eine phantastische Methode! Sie erzeugt die Illusion des Fortschritts, wobei sie gleichzeitig Verwirrung schafft, die Effektivität vermindert und demoralisierend wirkt." (Gajus Petronius, römischer Offizier in Köln, ca. 100 Jahre nach Christus)

In diesem Buch werden die Grundlagen der ökonomischen Zusammenhänge, die für die Abwasserbeseitigung sowie in Teilen für vergleichbare Fachgebiete der kommunalen Infrastruktur gelten, dargestellt. Das Buch richtet sich an werdende und an praktizierende Ingenieure der Siedlungswasserwirtschaft. Ein Glossar mit den wichtigsten Fachbegriffen befindet sich am Ende des Buches.

2 Betriebsformen

2.1 Rechtliche Grundlagen

Laut Grundgesetz steht dem Bund das Recht zum Erlass von Rahmenvorschriften, hier zum Beispiel in Bezug auf den Wasserhaushalt, zu. Das Wesen dieser so genannten Rahmengesetzgebung besteht darin, dass der Bund lediglich allgemeine Regelungen treffen darf und die Einzelheiten der Regelungen den Landesgesetzgebern entsprechend deren Situationen und Möglichkeiten überlassen muss. Der Aufbau des Rahmengesetzes „Wasserhaushaltsgesetzes " (WHG) wird in Tabelle 2.1 gezeigt.

Tabelle 2.1   Aufbau des Wasserhaushaltsgesetzes

Teil	Bestimmung
Erster Teil	Gemeinsame Bestimmungen für die Gewässer
Zweiter Teil	Bestimmungen für oberirdische Gewässer
Dritter Teil	Bestimmungen für die Küstengewässer
Vierter Teil	Bestimmungen für das Grundwasser
Fünfter Teil	Wasserwirtschaftliche Planung; Wasserbuch
Sechster Teil	Bußgeld- und Schlussbestimmungen

Die Bundesländer haben den durch das Wasserhaushaltsgesetz vorgegebenen Rahmen durch eigene Landesgesetze ausgefüllt und ergänzt. Die Abwasserbeseitigung ist danach eine hoheitliche, öffentlich-rechtliche Aufgabe, die den Gemeinden obliegt. Diese Zuweisung der Abwasserbeseitigungspflicht an die Gemeinden ergibt sich aus der verfassungsrechtlichen Grundentscheidung des Art. 28 Grundgesetz: Dieser gewährleistet den Gemeinden und Gemeindeverbänden das Recht, die Angelegenheiten der örtlichen Gemeinschaft im Rahmen der Gesetze in eigener Verantwortung zu regeln. Dazu gehören auch die Aufgaben der so genannten Daseinsvorsorge in der Wasserwirtschaft. Der Aufbau eines Landeswassergesetzes wird am Beispiel des Niedersächsischen Wassergesetzes in Tabelle 2.2 gezeigt. Die Regelungen zur Abwasserbeseitigung befinden sich im fünften Teil, Kapitel II.

Tabelle 2.2 Aufbau des Niedersächsischen Wassergesetzes

Bestimmung	Kapitel	Inhalt
Erster Teil		
Gemeinsame Bestimmungen	Kapitel I	Benutzung der Gewässer
	Kapitel II	Wasserschutzgebiete
	Kapitel III	Gewässerkundlicher Landesdienst
	Kapitel IV	Entschädigung
	Kapitel V	Gewässeraufsicht
	Kapitel VI	Haftung
Zweiter Teil		
Bestimmungen für oberirdische Gewässer	Kapitel I	Eigentum
	Kapitel II	Erlaubnisfreie Benutzung
	Kapitel III	Stauanlagen
	Kapitel IV	Regelung des Wasserabflusses und Reinhaltung
	Kapitel V	Unterhaltung und Ausbau
Dritter Teil		
Bestimmungen für Küstengewässer		
Vierter Teil		
Bestimmungen für das Grundwasser, Heilquellenschutz	Kapitel I	Erlaubnisfreie Benutzung, Reinhaltung, Erdaufschlüsse
	Kapitel II	Heilquellenschutz
Fünfter Teil		
Wasserversorgung, Abwasserbeseitigung	Kapitel I	Wasserversorgung
	Kapitel II	Abwasserbeseitigung
Sechster Teil		
Anlagen für wassergefährdende Stoffe	Kapitel I	Rohrleitungsanlagen zum Befördern wassergefährdender Stoffe
	Kapitel II	Anlagen zum Umgang mit wassergefährdenden Stoffen
Siebter Teil		
Behörden, Zuständigkeit, Datenverarbeitung, Gefahrenabwehr	Kapitel I	Allgemeine Vorschriften
	Kapitel II	Gefahrenabwehr
Achter Teil		
Zwangsrechte		
Neunter Teil		
Wasserwirtschaftliche Planung, Wasserbuch	Kapitel I	Wasserwirtschaftliche Planung
	Kapitel II	Wasserbuch
Zehnter Teil		
Bußgeldbestimmungen		
Elfter Teil		
Übergangs- und Schlussbestimmungen		

Darüber hinaus haben die Länder festgelegt, dass neben den Gemeinden sondergesetzliche Wasserverbände oder Wasser- und Bodenverbände als Körperschaften des öffentlichen Rechts die Pflicht zur Abwasserbeseitigung wahrnehmen können. In Nordrhein-Westfalen obliegt den zehn großen sondergesetzlichen Wasserverbänden die Abwasserbeseitigungspflicht für Abwasseranlagen, die für mehr als 500 Einwohner bemessen sind. Neben den genannten Körperschaften können auch die Landkreise unter bestimmten Voraussetzungen die Abwasserbeseitigungspflicht übernehmen.

Durch die 6. Novelle zum Wasserhaushaltsgesetz im Jahre 1996 ist das Organisationsrecht der Abwasserbeseitigung in wesentlichen Teilen neu gestaltet worden. So blieb es zwar bei dem Grundsatz, dass die Länder regeln, welche Körperschaften des öffentlichen Rechts zur Abwasserbeseitigung verpflichtet sind. Darüber hinaus wird den Gemeinden aber die Möglichkeit der Aufgabenübertragung (nicht Pflichtübertragung) auf private Dritte eingeräumt (§18a WHG im ersten Teil). Dies hat zu zahlreichen Privatisierungen von Abwasseranlagen geführt. Im folgenden Absatz wird der § 18a des WHG zitiert. Hier ist auch die Definition der Abwasserbeseitigung aufgeführt (kursiv):

§ 18a des WHG:

Pflicht und Pläne zur Abwasserbeseitigung

(1) Abwasser ist so zu beseitigen, dass das Wohl der Allgemeinheit nicht beeinträchtigt wird. Dem Wohl der Allgemeinheit kann auch die Beseitigung von häuslichem Abwasser durch dezentrale Anlagen entsprechen. *Abwasserbeseitigung im Sinne dieses Gesetzes umfasst das Sammeln, Fortleiten, Behandeln, Einleiten, Versickern, Verregnen und Verrieseln von Abwasser sowie das Entwässern von Klärschlamm in Zusammenhang mit der Abwasserbeseitigung.*

(2) Die Länder regeln, welche Körperschaften des öffentlichen Rechts zur Abwasserbeseitigung verpflichtet sind und die Voraussetzungen, unter denen anderen die Abwasserbeseitigung obliegt. Weist ein für verbindlich erklärter Plan nach Absatz 3 andere Träger aus, so sind diese zur Abwasserbeseitigung verpflichtet. Die zur Abwasserbeseitigung Verpflichteten können sich zur Erfüllung ihrer Pflichten Dritter bedienen.

(2a) Die Länder können regeln, unter welchen Voraussetzungen eine öffentlich-rechtliche Körperschaft ihre Abwasserbeseitigungspflicht auf einen Dritten ganz oder teilweise befristet und widerruflich übertragen kann. Zu diesen Voraussetzungen gehört insbesondere, dass

1. der Dritte fachkundig und zuverlässig sein muss,
2. die Erfüllung der übertragenen Pflichten sicherzustellen ist,
3. der Übertragung keine überwiegenden öffentlichen Interessen entgegenstehen dürfen.

(3) Die Länder stellen Pläne zur Abwasserbeseitigung nach überörtlichen Gesichtspunkten auf (Abwasserbeseitigungspläne). In diesen Plänen sind insbesondere die Standorte für bedeutsame Anlagen zur Behandlung von Abwasser, ihr Einzugsbereich, Grundzüge für die Abwasserbehandlung sowie die Träger der

Maßnahmen festzulegen. Die Festlegungen in den Plänen können für verbindlich erklärt werden.

Entsprechende Regelungen sind in den allen Landeswassergesetzen mit ggf. vorhandenen Abweichungen zu finden.

Die Übertragung der Aufgabe bedeutet, dass der Private das Eigentum an den Anlagen erwerben und den Betrieb der Anlagen selbstständig durchführen kann. Die Pflicht der Abwasserbeseitigung verbleibt aber bei der Gemeinde. Dies setzt ein sorgfältig zu erstellendes Vertragsverhältnis zwischen Gemeinde und Privatem voraus. Bis zum Jahre 2002 haben lediglich die Länder Sachsen und Baden-Württemberg ihren Gemeinden die Möglichkeit eingeräumt, auch die Pflicht an einen privaten Dritten zu übertragen. Durchgeführt wurde eine solche Übertragung bis dahin aber nicht.

Die Abwasserentsorgung ist also eine Pflichtaufgabe der kommunalen Selbstverwaltung und durch die Gemeinde in der Regel kostendeckend zu gewährleisten, das heißt, dass alle Kosten der Abwasserentsorgung durch die Verursacher des Abwassers bzw. die Benutzer des Abwassersystems getragen werden müssen. Ob und in welchen Teilen dies in Form von Anschlussbeiträgen für die bloße Bereitstellung bestimmter kommunaler Einrichtungen und Anlagen oder in Form von Abwassergebühren, die an konkrete und individualisierte Leistungen der Gemeinde geknüpft sind, geschieht, bleibt der Kommune überlassen. Die Rechtsgrundlagen für dieses kommunale Abgabenrecht finden sich im Gebührengesetz (GebG) sowie im jeweiligen (Landes-) Kommunalabgabengesetz (KAG), ergänzt durch die kommunale Finanzhoheit und die kommunale Befugnis zum Erlass von Satzungen (Satzungsbefugnis).

Das rechtliche Kernstück der kommunalen Abwasserentsorgung bilden die Satzungen , die oft in Form von Ortsentwässerungssatzungen als Grundlage für ortsrechtliche Abgabetatbestände in Ortsgebühren- und beitragssatzungen konkretisiert sind und in ihren Strukturen große Gemeinsamkeiten aufweisen. Sie haben den Charakter von Gesetzen (Ortsgesetzen), sind also für den Bürger der Gemeinde bindend. Auf den Satzungen beruht also zum Beispiel auch der Anschluss- und Benutzungszwang im Zusammenhang mit den Abwasseranlagen. Tabelle 2.3 zeigt beispielhaft den Aufbau einer Abwasserbeseitigungssatzung (Ortsentwässerungssatzung).

Aus steuerlicher Sicht fällt die Abwasserbeseitigung als hoheitliche Aufgabe nicht unter den Anwendungsbereich des Körperschaftssteuergesetzes (§ 1 Abs. 1 Nr. 6 i.V.m. § 4 Abs. 5 KStG). Dies wirkt sich auch auf die umsatzsteuerliche Beurteilung der Abwasserbeseitigung aus, da die Gemeinden gemäß § 2 Abs. 3 UStG nur im Rahmen ihrer Betriebe gewerblicher Art und nicht mit ihren Hoheitsbetrieben der Umsatzsteuer (Mehrwertsteuer) unterliegen (vgl. Abschn. 3.1.3). Dies betrifft Regiebetriebe, Eigenbetriebe, Verbände und Anstalten des öffentlichen Rechts. Wenn die Abwasserbeseitigung durch eine Kapitalgesellschaft (GmbH, AG) durchgeführt wird, entsteht automatisch die Steuerpflicht , und zwar unabhängig davon, wer Eigentümer der Kapitalgesellschaft ist. Die Steuerpflicht entsteht also auch zum Beispiel in einer Abwasser-GmbH, die zu 100% der Gemeinde gehört.

Tabelle 2.3 Beispielhafter Aufbau einer Abwasserbeseitigungssatzung

Allgemeines	Allgemeines	
	Begriffsbestimmungen	
	Anschlusszwang	
	Benutzungszwang	
	Befreiung	
	Entwässerungsgenehmigung	
	Entwässerungsantrag	
Zentral	Anschlusskanal	
	Grundstücksentwässerungsanlage	
	Überwachung der Grundstücksentwässerungsanlage	
	Benutzungsbedingungen	
	Betrieb der Vorbehandlungsanlagen	
Dezentral	Entleerungsmöglichkeit	
	Einbringungsverbote	
	Entleerung	
Schlussvorschriften	Maßnahmen an der öffentlichen Abwasseranlage	
	Anzeige- und Auskunftspflichten	
	Altanlagen	
	Befreiungen	
	Zwangsmittel	
	Ordnungswidrigkeiten	
	Beiträge und Gebühren	
	Übergangsregelungen	
	Inkrafttreten	

Die finanztechnischen Zusammenhänge werden in Abschn. 3.2 beschrieben.

2.2 Regiebetrieb

Die klassische Betriebsform für die Abwasserbeseitigung ist die des kommunalen Regiebetriebes.

Regie bedeutet Leitung. Etwas in eigener Regie zu machen bedeutet, es in eigener Leitung bzw. Verantwortung zu tun. Der Abwasserregiebetrieb einer Gemeinde übt die Durchführung der Abwasserbeseitigung in der Regie der Gemeinde aus. Es handelt sich beim Regiebetrieb nicht um ein Unternehmen im Rechtssinne, also nicht um eine eigene Rechtspersönlichkeit wie zum Beispiel eine GmbH als juristische Person . Der Regiebetrieb „Abwasser" ist ein Amt der Stadtverwaltung bzw. Teil eines Amtes. Alle personellen, betrieblichen und organisatorischen Angelegenheiten werden wie in der übrigen Stadtverwaltung gehandhabt. Der Regiebetrieb hat also keine eigenständige Organisationsform. Im Wesentlichen bedeutet dies, dass er keine betriebsspezifische Leitung und kein eigenes Personal hat.

Abbildung 2.1 zeigt, wie die Abwasseranlagen in die Kommunalverwaltung eingebunden sind. Der Bürger erhält die Leistung der Abwasserbeseitigung und entgeltet sie in Form von Gebühren und Beiträgen.

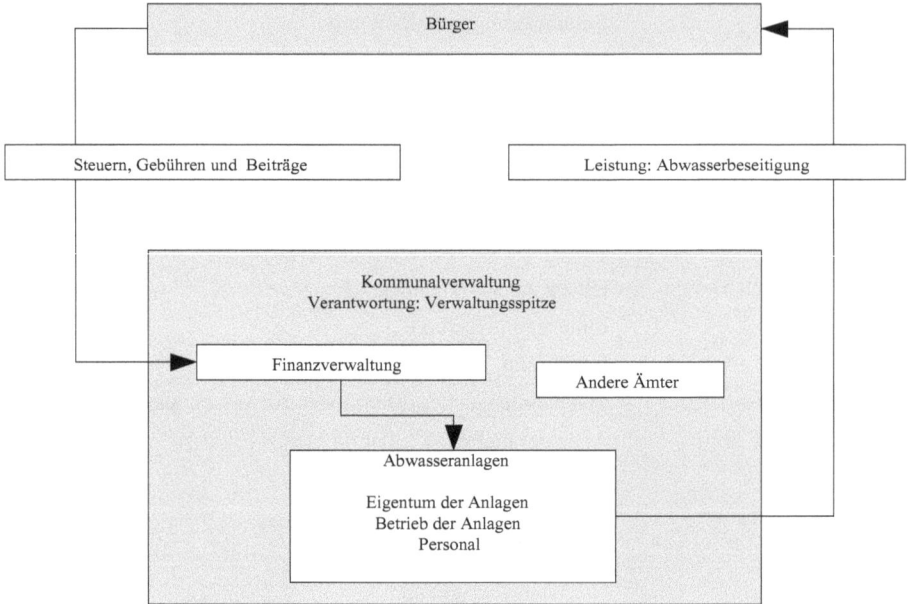

Abb. 2.1   Regiebetrieb der Abwasseranlagen im Verhältnis zur Gemeinde und zum Bürger

Der Begriff „Eigenregie" findet aber noch in einer anderen Form Verwendung, wobei es im Hinblick auf den Regiebetrieb oft zu Verwechslungen kommt. Jede Organisationsform, ob Regiebetrieb, Eigenbetrieb, Eigengesellschaft oder andere kann die von ihr durchzuführende Aufgabe mit überwiegend eigenen Mitteln und Personal erledigen. Dann führt dieser Betrieb die Arbeit in „Eigenregie" aus. Für alle Organisationsformen ist aber auch denkbar, dass die Arbeiten weitestgehend an Dritte, in den meisten Fällen private Unternehmen, vergeben werden. Ein so praktizierender Betrieb macht wenig in „Eigenregie". Auch ein Regiebetrieb kann mehr oder weniger in Eigenregie durchführen. Im Extremfall kann ein Regiebetrieb nur aus einer Person bestehen. Der andere Extremfall ist der, dass ein Abwasserbetrieb sogar eine eigene Bauabteilung hat, also fast alles in Eigenregie leistet.

Die Finanzen des Regiebetriebes werden als Teil des Gesamthaushaltes der Kommune behandelt. Die Kommune erzielt Einnahmen, z.B. aus Steuern und Gebühren, und hat Ausgaben, z.B. für Personal, Zinsen, Betriebsmittel etc.. Im Rahmen der z.Z. noch überwiegend von den Kommunen praktizierten Kameralistik (vgl. Abschn. 3.1.2) müssen die Ausgaben den Einnahmen zahlenmäßig innerhalb des Haushaltsjahres entsprechen. Dabei gilt das Gesamthaushaltsdeckungsprinzip. Das Ergebnis, ein Überschuss oder Fehlbetrag, muss nicht gesondert ausgewiesen werden. Erwirtschaftete Abschreibungen und Eigenkapitalzinsen werden im Haushalt der Gemeinde nicht gesondert ausgewiesen. Die im Zusammenhang mit der Abwasserbeseitigung stehenden Kosten müssen aber getrennt ermittelt werden, weil sich die Gebührenhöhe exakt nach den Kosten richten muss. Die so ermittelten Gebühren werden wiederum dem Gesamthaushalt zugeführt.

Investitionen können nur im Rahmen der Ansätze im Vermögensplan des Haushaltsplans vorgenommen werden (vgl. Abschn. 3.2.5). Es besteht keine Kreditermächtigung, d.h., der Regiebetrieb darf keine eigenen Kredite für die Investitionen im Abwasserbereich aufnehmen.

Die Gemeinde kann für einen Regiebetrieb Abwasserbeseitigung unter Beachtung landesrechtlicher Vorgabe entweder öffentlich-rechtliche Entgelte (Kommunalabgaben in Form von Gebühren und Beiträgen) oder privatrechtliche Entgelte erheben (vgl. Abschn. 3.2.6).

Der Regiebetrieb ist nicht steuerpflichtig. Deshalb wird insbesondere auch keine Mehrwertsteuer auf die Leistungen erhoben. Das hat besondere Auswirkung auf die Entgelthöhe im Vergleich zu anderen Betriebsformen.

Der Regiebetrieb ist zwar immer noch sehr verbreitet, wird aber zunehmend von anderen Betriebsformen verdrängt (vgl. Abschn. 2.10). Die Ursachen sind vielfältig und auch politisch beeinflusst. Objektiv erschwert die Ämterorganisation und die Einbindung in das Gesamtdeckungsprinzip eine flexible und kostenorientierte Betriebsführung. Die Entscheidungsprozesse sind meist langwierig, die Kompetenzen in der Kommune oft weit gestreut und die Verantwortungsbereiche nicht exakt definiert. Es ist jedoch festzustellen, dass einerseits die Kommunen durchaus die Mittel in der Hand haben, diese Mängel zu minimieren und einen zielorientierten Regiebetrieb möglich zu machen. Andererseits können die o.g. Mängel auch in anderen Betriebsformen festgestellt werden.

Das kameralistische Rechnungswesen ermöglicht keinen Einblick in die wahre Vermögenslage des Betriebes (vgl. Abschn. 3.1.4). Aufwendungen und Erträge werden über den Gesamthaushalt erfasst, was eine Beeinflussung der Finanzströme möglich macht (vgl. Abschn. 3.2.5). Es ist sogar eine Quersubventionierung anderer Haushaltsbereiche möglich.

2.3 Eigenbetrieb

Der Eigenbetrieb ist eine betriebliche Sonderform. Er ist ein öffentlich-rechtlicher Betrieb und kann deshalb z.B. auch hoheitliche Aufgaben wahrnehmen. Der Eigenbetrieb hat wie der Regiebetrieb keine eigene Rechtspersönlichkeit. Rechtsträger des Vermögens, der Schulden und des Personals ist die Gemeinde. Der Eigenbetrieb kann daher auch keine Verträge im eigenen Namen abschließen. Vertragspartner ist immer die Gemeinde.

Der wesentliche Unterschied zum Regiebetrieb besteht darin, dass der Eigenbetrieb organisatorisch aus der allgemeinen Verwaltung ausgegliedert ist und als Sonderhaushalt der Gemeinde behandelt wird. Im Gegensatz zum Regiebetrieb hat der Eigenbetrieb deshalb eine eigene kaufmännische Buchhaltung, die im Gegensatz zum Regiebetrieb in der Regel nicht als kameralistische, sondern als doppelte (kaufmännische) Buchführung (Doppik) organisiert ist. Der Eigenbetrieb ist somit eine wirtschaftlich selbstständige Einheit.

Der Eigenbetrieb hat eine von der allgemeinen Verwaltung abweichende Organisationsstruktur. Die geplanten Maßnahmen werden nicht im Haushaltsplan der Gemeinde, sondern im eigenen Wirtschaftsplan mit Erfolgs- und Vermögensplan sowie Stellenübersicht, ausgewiesen. Mit dem Haushalt der Gemeinde ist er nur insoweit verbunden, als Jahresfehlbeträge von der Gemeinde auszugleichen sind oder in geringen Ausnahmefällen Teile des Jahresüberschusses an die Gemeinde abzuführen sind.

Der Eigenbetrieb hat eine für die Technik und Wirtschaftlichkeit verantwortliche Leitung, die als Betriebs- oder Werkleitung bezeichnet wird. Der Umfang der Eigenverantwortlichkeit wird in der Satzung des Eigenbetriebes geregelt und muss mit dem Eigenbetriebsgesetz des jeweiligen Bundeslandes im Einklang stehen. Allerdings vertritt die Leitung den Betrieb nicht rechtlich nach außen wie z.B. der Geschäftsführer einer GmbH. Diese Verantwortung verbleibt beim Bürgermeister der Kommune (keine eigene Rechtspersönlichkeit des Eigenbetriebes).

Als Aufsichtsgremium fungiert ein politischer Ausschuss, der Eigenbetriebs- oder Werkausschuss. Mitglieder sind gewählte Politiker der Kommune und Vertreter der Belegschaft. Der Ausschuss entscheidet über grundsätzliche Fragen und über den Haushalt, den die Leitung einmal jährlich aufstellt. Außerdem bestimmt er über Wahl und Abwahl der Leitung. Die Leitung hat insofern gegenüber dem Regiebetrieb eine relativ große Handlungsfreiheit.

Unabhängig von der Verpflichtung, das Handelsrecht einzuhalten, sind die Gebühren so zu berechnen, dass das Kommunalabgabengesetz eingehalten wird. Eine freie Preiskalkulation, die sich nach kaufmännischen Gesichtspunkten ableiten lässt, ist auch im Eigenbetrieb nicht möglich.

Anmerkung:

Der Vollständigkeit halber sei an dieser Stelle erwähnt, dass die freie Preiskalkulation, die ein Privater naturgemäß durchführt, dadurch reglementiert wird, dass dieser lediglich nach Ausschreibung, also im Wettbewerb mit anderen Anbietern, die Abwasserbeseitigung übernehmen kann. Insofern und in Verbindung mit einem geeigneten Vertragswerk, das keine Öffnung hinsichtlich Preisänderungen möglich werden lässt, kann der Private seine Preise nicht entgegen der Vorstellungen des Kommunalabgabengesetzes wirklich „frei" gestalten. Im Zusammenhang mit der Kostenartenrechnung der Abwasserbeseitigung stellt die Rechnung des Privaten lediglich eine zusammenfassende Kostenstelle dar.

Da es sich bei der Abwasserbeseitigung nicht um einen Betrieb mit wirtschaftlicher Betätigung (mit dem die Kommune einen Gewinn erwirtschaften dürfte) handelt, wird auf die errechnete Gebühr wie beim Regiebetrieb nicht die Mehrwertsteuer aufgeschlagen.

Abbildung 2.2 zeigt schematisch die Organisationsform des Eigenbetriebs.

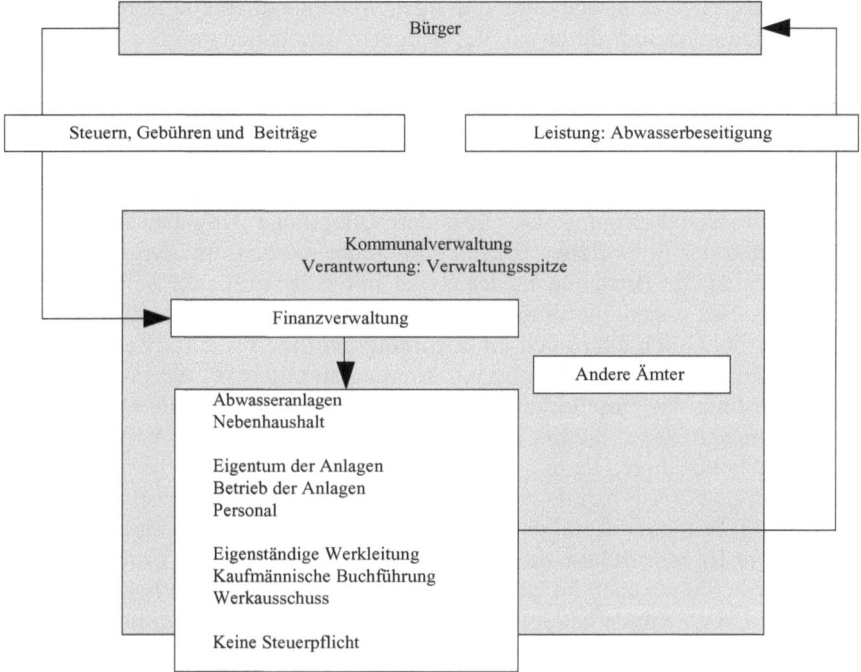

Abb. 2.2   Schematische Darstellung eines Eigenbetriebes Abwasser

Die Betriebsform des Eigenbetriebs ermöglicht grundsätzlich eine flexible und effiziente Betriebsführung. Die gesamte Organisation kann weitgehend einer privatwirtschaftlichen Struktur nachgebildet werden. Andererseits bleibt der Einfluss der kommunalen Selbstverwaltung in großem Umfang erhalten.

Nachteile des Eigenbetriebs gegenüber dem Regiebetrieb bestehen grundsätzlich nicht. Gegenüber privatrechtlichen Organisationsformen kann die öffentlich-rechtliche Personalsituation hinsichtlich zu hoher Personalkosten und mangelnder Flexibilität sowie z.B. das Vergabewesen als nachteilig angesehen werden. Allerdings wäre dies auch im Einzelfall zu untersuchen.

2.4 Anstalt des öffentlichen Rechts

Die Anstalt des öffentlichen Rechts ist eine Sonderform, die der Konstruktion des Eigenbetriebes weitestgehend ähnelt, dem Betrieb aber noch mehr Freiheiten ermöglicht. In der Abwasserbeseitigung ist z.B. der Betrieb der Hamburger Stadtentwässerung als Anstalt des öffentlichen Rechts organisiert. Diese Rechtsform ist auch bei den öffentlichen Rundfunkanstalten üblich.

Nach der juristischen Definition ist die Anstalt des öffentlichen Rechts eine von Personen des öffentlichen Rechts getragene, in der Regel mit Hoheitsgewalt ausgestattete, rechtlich selbstständige, mit eigenem Personal und eigenen Sachmitteln versehene Organisation, durch die der Träger (Anstaltsherr) eigene oder ihm gesetzlich auferlegte fremde öffentliche Angelegenheiten wahrnimmt und auf die er daher dauernd maßgeblichen Einfluss hat.

Stemplewski (2001) führt aus, dass Anstalten des öffentlichen Rechts nur durch Gesetz oder auf Grund eines speziellen Gesetzes gegründet werden dürfen. In einigen Bundesländern wie z.B. Nordrhein-Westfalen oder Bayern ist inzwischen für die Abwasserbeseitigung wie für andere öffentliche Aufgaben die Gründung von Anstalten des öffentlichen Rechts ermöglicht worden. Im Vergleich zum Eigenbetrieb sind die Anstalten in der Regel mit einer größeren Selbstständigkeit ausgestattet. Sie stehen allerdings unter der Kontrolle der Rechtsaufsicht. Anstalten können hoheitlich aber auch als Erfüllungsgehilfe für den öffentlichen Auftraggeber tätig werden. Von Vorteil aus kommunaler Sicht ist, dass wegen der fehlenden Bindung an gesellschaftsrechtliche Bestimmungen die Gemeinde die Entscheidungsprozesse dieser Organisationsform nach eigenen Vorstellungen steuern und kontrollieren kann.

In Berlin und – wie bereits erwähnt – Hamburg sind durch besondere Gesetze jeweils Anstalten des öffentlichen Rechts für die Abwasserbeseitigung gebildet worden. Ihre Binnenstruktur orientiert sich am Vorbild großer Unternehmen. So können sie sich etwa auch an anderen privatrechtlich oder öffentlich-rechtlich organisierten Unternehmen beteiligen und auch außerhalb der hoheitlichen Aufgabe Geschäfte auf dem Gebiet der Abwasserbeseitigung tätigen.

Der große Vorteil der Anstalt ist die rechtliche Selbstständigkeit in Verbindung mit der Tatsache, dass keine Steuerpflicht entsteht.

2.5 Eigengesellschaft

Die Eigengesellschaft ist eine Weiterentwicklung der Eigenbetriebes. Das Wort „Eigen" bedeutet, dass sich die Gesellschaft vollständig im Eigentum der Kommune befindet. Das Wort Gesellschaft bedeutet, dass es sich um eine Kapitalgesellschaft, also um eine GmbH oder AG, handelt. Die Gesellschaft ist nicht Teil des kommunalen Haushaltes. Ihr Wert wird so behandelt, als hätte die Kommune beliebige Anteile oder Grundstücke. Kapitalgesellschaften oder Teile davon lassen sich auch sehr leicht privatisieren, weil der Verkauf der Anteile leicht organisiert werden kann.

Da das Kapital der Gesellschaft vollständig von der Gemeinde gehalten wird, handelt es sich beim Übergang von der Gemeinde um eine formale Privatisierung. Im Ggs. dazu wird bei der materiellen Privatisierung das Kapital und damit der Einfluss an einen privaten Dritten abgegeben. Je nach Ausgestaltung des Gesellschaftsvertrages kann der Einfluss der Gemeinde auf die Gesellschaft bei

Abgabe verschiedener Anteilsmengen erlöschen. In der Regel verliert die Gemeinde den wesentlichen Einfluss bei der Abgabe von mehr als 50 % der Anteile.

Im Gegensatz zum Eigenbetrieb ist die Geschäftsleitung die rechtliche Vertretung der Gesellschaft im Außenverhältnis mit der entsprechenden rechtlichen Verantwortung. Deshalb hat die Geschäftsleitung auch die üblichen Rechte, wie sie im GmbH- bzw. AG-Gesetz geregelt sind. Die Freiheiten der Leitung sind also sehr groß. Aus diesem Grund nimmt die Politik in der Regel über einen Aufsichtsrat auf die Wahl der Geschäftsführung einen großen Einfluss. Der Eigengesellschaft können aber keine hoheitlichen Befugnisse der Gemeinde übertragen werden. Dazu müsste sie – wie dies z.B. beim Bez.-Schornsteinfegermeister oder bei bestimmten Aufgaben der TÜVs der Fall ist – beliehen (beliehener Unternehmer) werden.

Die Struktur einer Eigengesellschaft ist schematisch in Abb. 2.3 dargestellt.

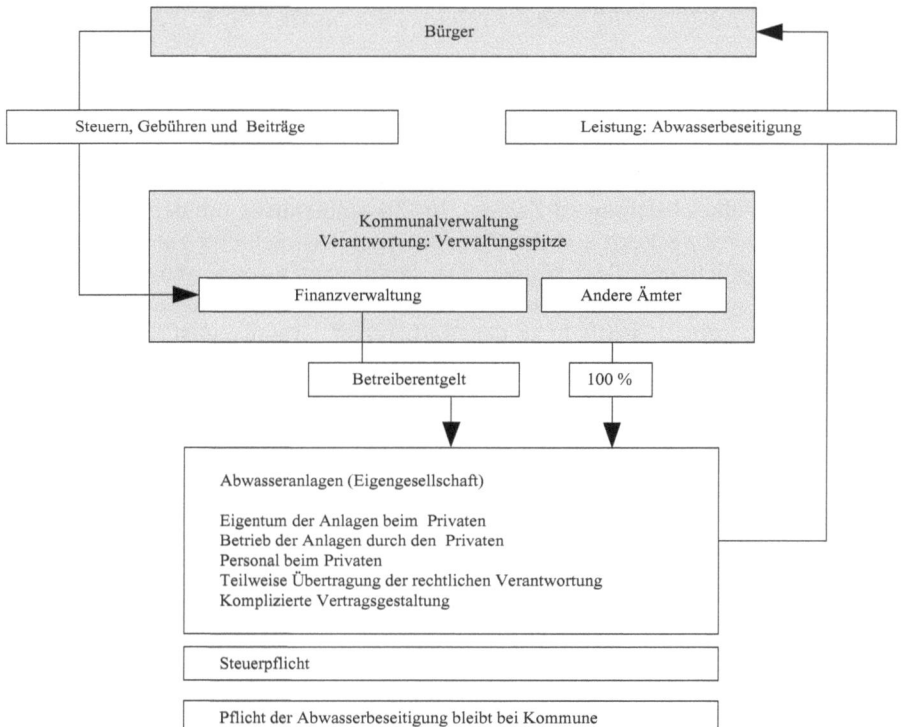

Abb. 2.3   Schematische Darstellung einer Eigengesellschaft

Neben der in Abb. 2.3 dargestellten Struktur können Eigengesellschaften auch ausschließlich zur Durchführung bestimmter Teilaufgaben gegründet werden, ohne z.B. das Eigentum an den Anlagen zu halten. In jedem Fall aber verbleibt die Abwasserbeseitigungspflicht bei der Gemeinde, es sei denn, diese wurde übertragen (vgl. Abschn. 2.1). Hinsichtlich der Entgeltung der Leistungen besteht ein

Vertragsverhältnis der Eigengesellschaft zur Gemeinde, die auf Grund der Rechnung eine Gebührenbedarfsermittlung durchführt und die Gebühren beim Bürger erhebt. Es handelt sich demnach um eine rein funktionelle Privatisierung .

Obwohl bei der Gebührenkalkulation wiederum das Kommunalabgabengesetz Anwendung findet, muss auf die Gebühr aus steuerrechtlichen Gründen die Mehrwertsteuer aufgeschlagen und an die Finanzbehörden abgeführt werden. Die Eigengesellschaft ist Kraft Rechtsform steuerpflichtig . Wegen dieser aus Sicht der Gebührenzahler unnötigen Erhöhung der Gebühr gibt es kaum Eigengesellschaften für die Abwasserbeseitigung.

Lediglich bei neu zu tätigen Investitionen kann aus finanzierungstechnischer Sicht vorteilhaft sein, eine Eigengesellschaft zu gründen. Auf diese Aspekte wird in den entsprechenden Abschnitten noch eingegangen.

Sonderformen der Eigengesellschaft sind die in den folgenden Abschnitten beschriebenen Betreibermodelle, BOT-Modelle und Kooperationsmodelle.

2.6 Verbände

Ein Zweckverband ist der Zusammenschluss mindestens zweier Institutionen zur Durchführung eines bestimmten Zwecks. Im Zusammenhang mit der Abwasserbeseitigung ist der Zweckverband der Zusammenschluss mehrerer zur Abwasserbeseitigung Verpflichteter. Dies können z.B. mindestens zwei Kommunen in einer bestimmten Region sein. Mit dem Beitritt zum Verband gibt die Kommune auch die Abwasserbeseitigungspflicht an den Verband ab. Grundlage ist das Zweckverbandsgesetz.

Der Wasser- und Bodenverband auf der Grundlage des Wasserverbandsgesetzes kann neben Kommunen auch natürliche und juristische Personen als Mitglieder haben. Das Wasserverbandsgesetz ist ein reines Organisationsgesetz, regelt also keine konkreten Inhalte der Abwasserbeseitigung. Ein auf dieser Grundlage gegründeter Verband ist eine Körperschaft des öffentlichen Rechts mit dem Recht zur Selbstverwaltung.

Daneben gibt es die sondergesetzlichen Wasserverbände , zu denen auch die zehn großen Institutionen in NRW wie zum Beispiel die Emschergenossenschaft und der Lippeverband gehören. Die Wasserverbände sind ebenfalls Körperschaften des öffentlichen Rechts und flächendeckend zuständig für die Wasserwirtschaft in den Einzugsgebieten ihrer Flüsse. Sie werden getragen von unterschiedlichen Mitgliedergruppen wie Städten und Gemeinden, Bergwerken und industriell gewerblichen Mitgliedern. Die flussgebietsbezogene Betrachtungsweise ist auch insofern von Bedeutung, als die Europäische Wasserrahmenrichtlinie diese Betrachtungsweise ebenfalls zur Grundlage hat. Die Organisationsstruktur dieser Verbände ist im Gegensatz zu der im folgenden beschriebenen nach dem Muster privatrechtlicher Unternehmen wie z.B. der Aktiengesellschaften aufgebaut.

Die rechtlichen Einzelheiten der verschiedenen Verbandsformen sind zum Beispiel bei Nisipeanu (1998) dargestellt und werden an dieser Stelle nicht vertieft.

Im Folgenden wird lediglich beispielhaft die Organisationsform eines Zweckverbandes beschrieben.

Der Verband wird geleitet von einem Verbandsvorsteher, der von der Verbandsversammlung gewählt wird. In der Verbandsversammlung sind die Mitgliedskommunen vertreten. Weiterhin kann der Verband auch einen Geschäftsführer haben, der sich um das eigentliche Geschäft kümmert, während der Verbandsvorsteher eine mehr politische Funktion hat. Der Verbandsvorsteher übt seine Tätigkeit auch meist als Nebentätigkeit aus, weil er im Hauptberuf zum Beispiel oft Leiter einer Gemeinde ist. Die ggf. eingerichtete Geschäftsstelle bzw. der Geschäftsführer ist dem Verbandsvorsteher und nicht der Verbandsversammlung gegenüber verantwortlich.

Der in Abb. 2.4 dargestellte Verband ist ähnlich wie ein Eigenbetrieb organisiert. Er ist nicht umsatzsteuerpflichtig. Auf den Verband können sowohl die gesamte Abwasserbeseitigungspflicht als auch nur Teile davon übertragen werden.

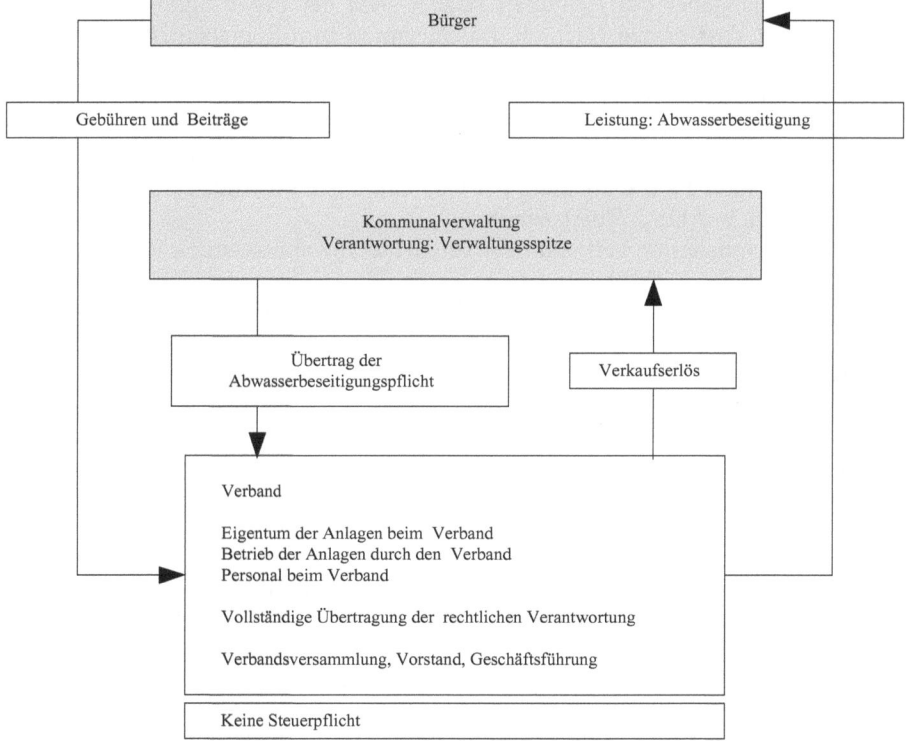

Abb. 2.4   Schematische Darstellung eines Verbandes

Hinsichtlich der Ausschreibungspflicht bei der Übertragung der Abwasserbeseitigungspflicht auf einen Verband gibt es unterschiedliche Auffassungen. Nach Aussage des Wasserverbandstages Bremen, Niedersachsen, Sachsen-Anhalt in

Hannover (EUWID, 8/2002) verfolgt z.B. das niedersächsische Wirtschaftministerium den Vorschlag einer europaweiten Ausschreibungspflicht entgegen früheren Absichten nicht weiter.

2.7 Privatisierungsformen

Die ersten Privatisierungsmodelle wurden Anfang der 80er Jahre, zum Beispiel in Form des so genannten „Niedersächsischen Betreibermodells ", entwickelt. Danach sollte im Zusammenhang mit dem Bau einer neuen Kläranlage dadurch ein Vorteil erreicht werden, dass ein privater Bauherr eingeschaltet wurde. Dieser sollte die Kläranlage bauen, finanzieren und betreiben. Im Rahmen einer Ausschreibung wurde der insgesamt günstigste Bieter ausgewählt. Als Basis diente ein Kostenvergleich zwischen dem zu erwartenden Regiebetrieb der Kommune und dem Pauschalangebot des Betreibers. Dabei steht der Private grundsätzlich vor dem Problem, dass er den Nachteil, im Gegensatz zum Regiebetrieb umsatzsteuerpflichtig zu sein, ausgleichen muss. Bei den verhältnismäßig wenigen so realisierten Privatisierungen wurden Kostenvergleichsrechnungen durchgeführt, die nicht unbedingt im Einklang mit den in Kap. 6 genannten Grundsätzen für eine Kostenvergleichsrechnung standen. Die Privatisierungen hatten in der Regel eine andere Motivation als die Senkung der Gebühren. Ein derartiges Betreibermodell ist schematisch in Abb. 2.5 dargestellt.

Bei der Privatisierung verkauft oder verpachtet die abwasserbeseitigungspflichtige Kommune das Kläranlagengrundstück an den Privaten, der dort baut und betreibt. Da die Kommune abwasserbeseitigungspflichtig und damit -verantwortlich bleibt, ist der Abschluss eines umfassenden Vertrages erforderlich. Wegen der vom Privaten eingegangenen finanziellen Verpflichtung werden die Verträge mit langen Laufzeiten abgeschlossen.

Der Private stellt seine Leistungen der Kommune zuzüglich Mehrwertsteuer in Rechnung, die aus diesem Betrag und einigen bei der Kommunen verbliebenen Kostenarten (z.B. die Abwasserabgabe) die Gebühren errechnet und erhebt (vgl. auch Abschn. 3.2.14).

Die Übertragung des Kanalnetzes ist rechtlich schwierig und wurde auch nur teilweise praktiziert. Das Kanalnetz ist rechtlich an den Boden und damit an die Kommune gekoppelt. Allerdings können Nutzungsverträge abgeschlossen werden, die im Ergebnis einer Übertragung gleichkommen.

Mit der Privatisierung sind zwangsläufig Mehrkosten gegenüber dem Betrieb durch die Kommune verbunden. Sie sind im Entgelt des Betreibers kalkuliert:

– Gewinn,
– Differenz zwischen dem Zins für den Gewerbekredit und dem Zins für den Kommunalkredit,
– Kosten, die durch die gesellschaftsrechtliche Form entstehen,
– Umsatzsteuer auf die im Entgelt kalkulierten Kosten (vgl. auch Abschn. 3.1.3).

Der detaillierte Vergleich von Kosten und Leistungen bei der Privatisierung gegenüber alternativen Modellen ist hochkomplex und in besonderem Maß von der individuellen Vertragsgestaltung abhängig. Weitere Hinweise geben zum Beispiel Nisipeanu und Rehr-Zimmermann (1997).

Grundsätzlich tritt mit dem Betreibermodell an die Stelle des öffentlichen ein privates Monopol. Der Wettbewerb wird, im Gegensatz zum Energiesektor, für den Bürger nicht eröffnet. Er findet lediglich einmal, nämlich bei der Ausschreibung des ersten Vertragsabschlusses statt. Im Lauf der langen Vertragslaufzeit ist der Wettbewerb dagegen ausgeschaltet. Zu beachten ist auch, dass der Einfluss der Gemeinde auf die Abwasserbeseitigung je nach Vertragsausgestaltung sinkt, die Verantwortung für die Abwasserbeseitigung grundsätzlich aber bei der Gemeinde verbleibt.

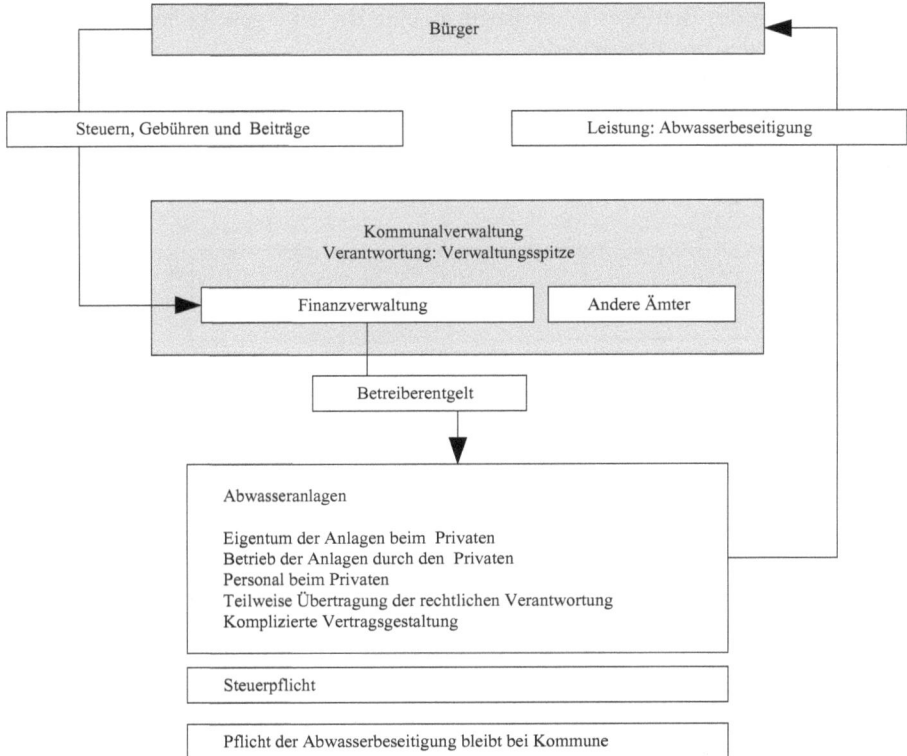

Abb. 2.5   Schematische Darstellung eines Betreibermodells

Eine Variante des Betreibermodells ist das so genannte BOT-Modell (Built, Operate, Transfer). Es handelt sich prinzipiell um ein Kurzzeit-Betreibermodell. Auch in diesem Fall wird die Leistung der Abwasserbeseitigung im Paket ausgeschrieben, die Vertragslaufzeit liegt aber lediglich zwischen drei und zehn Jahren. Nach Ablauf dieser Zeit werden die Anlagen wieder der Gemeinde übertragen, oder der Private setzt den Betrieb nach einer entsprechenden Verlängerung des Vertrages fort.

Aus der klassischen Form der Privatisierung hat sich eine weitere Alternative, das so genannte Kooperationsmodell, entwickelt. Es soll die besonderen Eigenheiten der Kommune bei der Privatisierung besser berücksichtigen.

Bei dem in Abb. 2.6 dargestellten Kooperationsmodell wird in der Regel eine Eigentumsgesellschaft gegründet, die das Eigentum an den neuen und möglicherweise auch an den alten Immobilienbeständen im Zusammenhang mit der Abwasserbeseitigung hat. Die Eigentumsgesellschaft ist meist in Form einer GmbH organisiert, an der die Kommune die Mehrheit und der Private eine Minderheit hält. Maßgebend sind hier steuerrechtliche und fördertechnische Gründe. Die Eigentumsgesellschaft, die in einem Vertrag mit der abwasserbeseitigungspflichtigen Kommune die Aufgabe der Abwasserentsorgung übernommen hat, vergibt die Durchführung des Betriebes in der Regel an eine Betreibergesellschaft, die sich oft im Eigentum des Privaten befindet.

Mit dieser Konstruktion hat die Kommune eine bessere Aufsichtsmöglichkeit über ihre Mehrheit bei der Eigentumsgesellschaft als bei der klassischen Privatisierung. Bei der Privatisierung haben sich die Kooperationsmodelle durchgesetzt, die in der Ausgestaltung so vielfältig sein können wie die übrigen Privatisierungsformen auch.

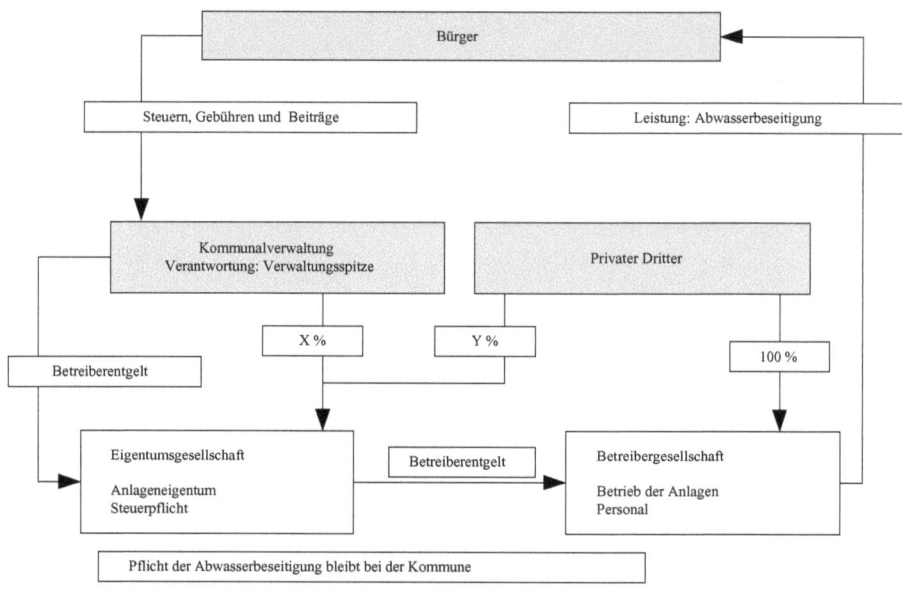

Abb. 2.6   Schematische Darstellung eines Kooperationsmodells

2.8 Betriebsführungsverträge

Bei der Betriebsführung schließt der zur Abwasserbeseitigung Verpflichtete einen Vertrag mit einem privaten Dritten, also dem Betriebsführer, ab. Grundsätzlich kann auch ein öffentlich-rechtliches Unternehmen die Betriebsführung übernehmen; es wird sich dabei aber in der Regel auch um eine privatrechtlich gestaltete Zusammenarbeit handeln. Der Betriebsführer verpflichtet sich, gegen Entgelt die kaufmännische und/oder technische Betriebsführung zu übernehmen.

Die Betriebsführung kann sich auf die gesamte Einrichtung oder lediglich auf Teile der Einrichtung, also zum Beispiel die Kläranlage, erstrecken. Wesentliches Merkmal eines derartigen Betriebsführungsvertrages ist, dass lediglich das für den Betrieb tätige Personal des Abwasserbeseitigungspflichtigen einschließlich einer eventuellen Werkleitung durch einen Betriebsführer ausgetauscht wird. Die Anlagen bleiben im Eigentum des Abwasserbeseitigungspflichtigen. In einigen Fällen, z.B. bei den Entsorgungsbetrieben Bremerhaven (in 2001), wird dem Betriebsführer auch das beim Abwasserbeseitigungspflichtigen verbleibende Personal zur Verfügung gestellt (entliehen). Zu beachten ist hierbei, dass es Motivations- und Verantwortlichkeitsprobleme geben kann, wenn die Belegschaft disziplinarrechtlich nicht dem für die Aufgabe Verantwortlichen zugeordnet ist.

Bei einer Betriebsführung bestehen ausschließlich Rechtsbeziehungen zwischen dem Abwasserbeseitigungspflichtigen und dem Betriebsführer. Eine unmittelbare Rechtsbeziehung zwischen dem Betriebsführer und den Nutzern (anschlusspflichtigen Bürgern) gibt es nicht.

Die Vorteile einer solchen Form der Privatisierung können darin liegen, dass der Private unter Umständen mehr Know-how hat als zum Beispiel die Gemeinde, was zu Kostenreduzierungen führen kann. Gegebenenfalls betreibt der Private auch mehrere Kläranlagen in der Region und kann deshalb günstiger arbeiten. Da die unternehmerische Freiheit im Hinblick zum Beispiel auf die bauliche Gestaltung aber sehr eingeschränkt ist und der Betriebsführer die Umsatzsteuer auf die Personalkosten aufschlagen muss, wird es für den Privaten schwierig, mit dieser Betriebform auch Vorteile für sich zu generieren.

2.9 Abwassereinleitungsverträge

Bei Abwassereinleitungsverträgen handelt es um Regelungen zur Aufnahme von Abwasser in die Anlagen eines Dritten. Diese Vertragsform ist recht häufig im Rahmen interkommunaler Zusammenarbeit anzutreffen, wobei eine Gemeinde, die zum Beispiel keine eigene Kläranlage betreibt, ihr Abwasser an einem definierten Übernahmepunkt entweder in das Kanalnetz oder direkt über Druckleitungen in die Kläranlage der Nachbargemeinde einleitet. Bei dieser Form der Zusammenarbeit ist es zunächst unerheblich, ob der aufnehmende Betrieb öffentlich-rechtlich oder privat organisiert ist. Handelt es sich um einen privaten Betrieb, muss dieser lediglich darauf achten, dass die Gemeinde, für die er eigentlich die

Abwasserbeseitigung betreibt, mit der Aufnahme „fremden" Abwassers einverstanden ist.

Bei Abwassereinleitungsverträgen ist unter anderem folgendes zu regeln:

- Im Gegenstand des Vertrages sind der Verantwortungsbereich und der Übernahmepunkt genau abzugrenzen. Es sind Definitionen über die Art und die Beschaffenheit des zu übernehmenden Abwassers zu vorzunehmen. Weiterhin sind Regelungen über Höchst- und Mindestmengen zu treffen.
- Es sind Regelungen zu treffen, zu welchen Bedingungen der Übernehmer verpflichtet ist, aufzunehmen und in welchen Fällen sie eine Übernahme verweigern können. Weiterhin sind Regelungen für den Fall zu treffen, dass die Einleitungsbedingungen nicht eingehalten werden können.
- Es sind Regelungen zu treffen, wer in welcher Weise die Einleitungsbedingungen kontrolliert und wie über Veränderungen zu informieren ist.
- Bei der Entgeltregelung ist höchstmögliche Transparenz anzustreben. Insbesondere muss sichergestellt werden, dass die einleitende Gemeinde eine ordnungsgemäße und juristisch belastbare Gebührenkalkulation vornehmen kann.
- Die Preisanpassungsregelungen müssen sorgfältig getroffen werden. Grundsätzlich kann eine Regelung über Indizes für verschiedene Kostenarten erfolgen, oder der Preis wird an die tatsächliche Kostenentwicklung des Übernehmers angepasst. Von besonderer Bedeutung sind die Regelungen hinsichtlich der Notwendigkeit von Neu- oder Reinvestitionen auf der Übernehmerseite bzw. deren Finanzierung.
- Es sind Regelungen über die Abrechnungsmodalitäten wie Abschlagszahlungen, Zeitpunkte der Zahlungen, Schlussabrechnungen, Verfahren bei Unstimmigkeiten etc. zu treffen.
- In Abhängigkeit von der Entgeltregelung sind Vereinbarungen über die Messungen von Mengen und Frachten zu treffen.
- Die Frage der Haftung, insbesondere bei der Verletzung der Einleitungsbedingungen durch den Einleiter, ist zu regeln.
- Hinsichtlich der Dauer und der Kündigungsregelungen des Vertrages ist insbesondere zu beachten, dass die Abwasserbeseitigungspflicht des Einleiters auch nach der Kündigung jeder Zeit erfüllt werden kann.
- Schließlich muss geregelt sein, dass die Kontrollrechte des Einleiters gewahrt bleiben und dass bei einem etwaigen Eigentumswechsel auf der Übernehmerseite der Vertrag fortgeführt werden kann. Die Übernahme des Personals ist ebenfalls zu regeln.

Das jeweilige Vertragswerk ist stark individuell geprägt und muss im Einzelfall ausgearbeitet werden.

2.10 Vergleich der Betriebsformen und zukünftige Entwicklungen

Der Vergleich und die Beurteilung der verschiedenen Betriebsformen sind maßgeblich von der (politischen) Sichtweise des Betrachters abhängig. Folgende Grundsätze sind davon unabhängig zu beachten:

- Ein abgegrenztes Siedlungsgebiet – hier als Gemeindegebiet verstanden – sorgt im eigenen Gesundheits- sowie im globalen Umweltinteresse für eine ordnungsgemäße Ableitung und Reinigung des dort anfallenden Abwassers.
- Die Benutzung der Abwasseranlagen wird aus den gleichen Gründen zur Pflicht für jeden Bürger erhoben. Ein Entzug aus diesem Zwang ist nicht möglich.
- Der Betrieb von mehr als einem Abwassersystem in einer Gemeinde ist wirtschaftlich nicht darstellbar.
- Daraus folgt insgesamt, dass die Abwasserbeseitigung praktisch ausschließlich als Monopol innerhalb einer Gemeinde mit dem Benutzungs- und damit Entgeltzwang für jeden Bürger betrieben werden kann.
- Daraus folgt wiederum, dass mit der Abwasserbeseitigung grundsätzlich keine Gewinne für eine dritte, von der Gemeinschaft unabhängige Institution erzielt werden dürfen. Jede Abweichung würde die Zwangssubventionierung dieses Dritten durch jeden einzelnen Bürger der Gemeinde bedeuten, ohne dass daraus ein nicht auch anderweitig erreichbarer Nutzen für den Bürger entsteht.
- Der Monopolbetrieb ist aus Sicht des Bürgers möglichst wirtschaftlich zu führen. Die Leistungsvorgaben ergeben sich aus den entsprechenden Abwasserrichtlinien. Im Hinblick auf die Wirtschaftlichkeit sind zwei Kriterien maßgeblich:
  - Die rechtliche Organisationsform lässt in Verbindung mit anderen gesetzlichen Regelungen wie Steuergesetzgebung, Arbeitsrecht etc. unterschiedliche wirtschaftliche Ergebnisse erwarten.
  - Größere Einheiten können in der Regel wirtschaftlicher arbeiten als kleine.

Hinsichtlich der Organisationsform setzt sich der Eigenbetrieb mehr und mehr durch. Er ermöglicht gegenüber dem Regiebetrieb eine Wirtschaftsführung nach privatwirtschaftlichem Muster, ohne zum Beispiel die fiskalischen Nachteile einer Kapitalgesellschaft zu haben.

Bei den verschiedenen Privatisierungsformen wird durch ein Ausschreibungsverfahren (vgl. auch Abschn. 9.7) sichergestellt, dass die wirtschaftlichste Variante den Zuschlag erhält. Die Überlegung, dass grundsätzlich keine Gewinne erzielt werden sollen, wird dadurch eingebunden, dass die Gebühren mit der Privatisierung nicht steigen dürfen. Für den Bürger bliebe also trotz der Gewinnerzielungsabsicht des Privaten die Vorteilhaftigkeit gewahrt. Ob die Vergabe allerdings die Vorgabe einhält, auch langfristig gegenüber allen anderen Alternativen die wirtschaftlich vorteilhafteste zu sein, hängt maßgeblich von der individuellen Vertragsgestaltung ab und kann in der Regel für die Gesamtlaufzeit nicht vorhergesagt werden.

Hinsichtlich der Größe der Einheiten haben private Entsorger, die mehrere Gemeinden in einer Region betreuen, wirtschaftliche Vorteile anzubieten. Als Beispiel seien regionale Energieversorgungsunternehmen genannt, die ihre infrastrukturellen Gegebenheiten auch für die Abwasserbeseitigung nutzen können. Aufgrund ihres öffentlich-rechtlichen Status in Verbindung wiederum mit den fiskalischen Vorteilen ist insgesamt aber ein Trend zu den Verbänden als vorteilhaft große Einheit festzustellen, wie auch der Vergleich der Abb. 2.7 und 2.8 zeigt.

In Abb. 2.7 ist eine Erhebung der Emschergenossenschaft/Lippeverband dargestellt. Die unterschiedlichen Bezüge zeigen auch, dass relativ viele Kommunen (61 %) mit relativ wenigen Einwohnern (44 %), also viele kleine Kommunen, die Abwasserbeseitigung in Form des Regiebetriebs organisieren, während zum Beispiel wenige Kommunen mit relativ großer Einwohnerzahl die Anstalt des öffentlichen Rechts als Betriebsformen gewählt haben. In absoluten Zahlen ausgedrückt existierten 1997 in 14.600 Gemeinden ca. 8.000 Abwasserentsorgungsunternehmen, die rund 10.400 Kläranlagen betrieben.

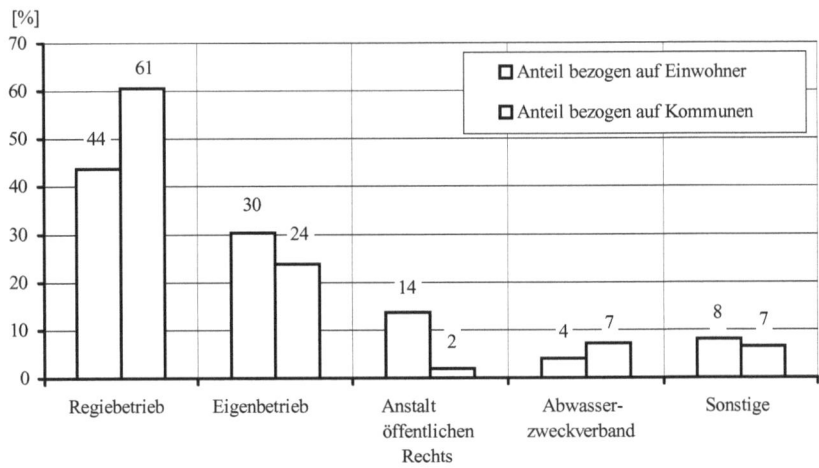

Abb. 2.7   Unternehmensformen in der Abwasserentsorgung 1997

In Abb. 2.8 ist die anhaltende Veränderung hin zu Eigenbetrieben und Verbänden erkennbar. Die Daten von 2001 stammen aus dem Jahresbericht der Wasserwirtschaft (Wasser & Boden, BRD, 2002), ebenso wie die Daten der Abb. 2.9. Hier wird noch die zusätzliche Unterscheidung der Unternehmensformen nach Abwasserbehandlung und Abwasserableitung vorgenommen.

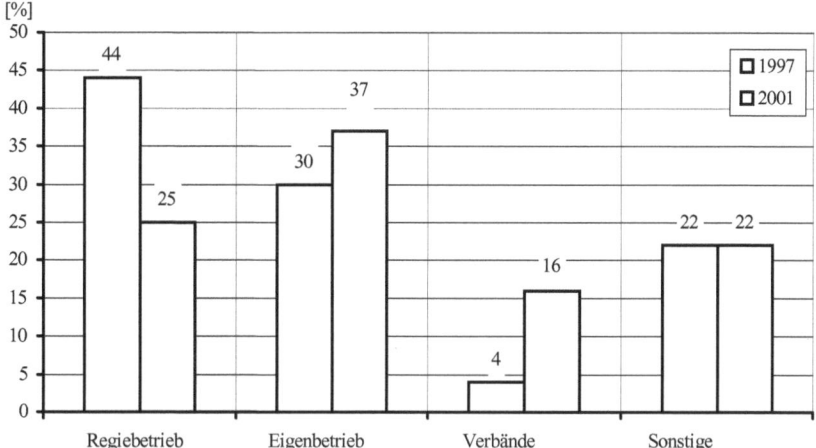

Abb. 2.8   Vergleich der Unternehmensformen zwischen 1997 und 2001, bezogen auf die erfassten Einwohner

Es ist zu beachten, dass in den vorgenannten Erhebungen die Organisationsform der Anstalt des öffentlichen Rechts auf Grund der angewendeten Untersuchungsmethodik im Hinblick auf ganz Deutschland überrepräsentiert ist.

Abb. 2.9 sagt aus, dass die Abwasserbehandlung häufiger aus der kommunalen Verantwortung (Regie- und Eigenbetriebe) in die Hände von Verbänden gegeben wird als die Abwasserableitung.

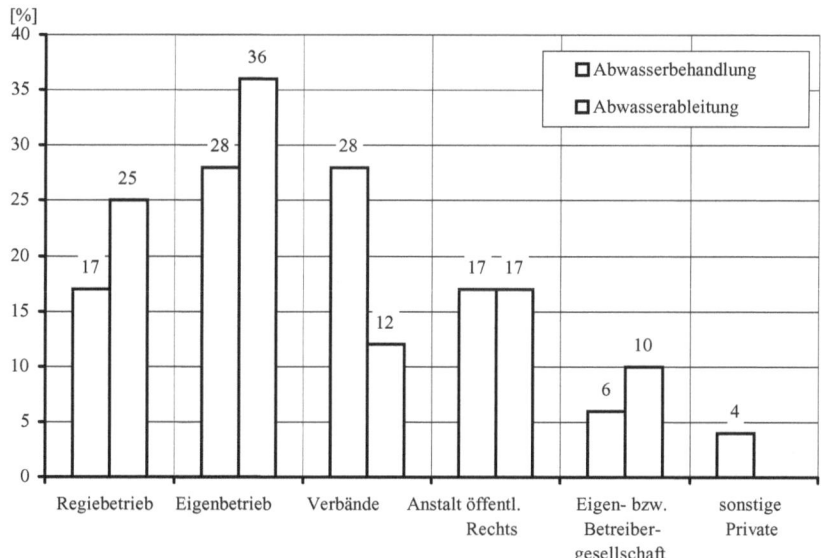

Abb. 2.9   Organisationsformen bei der Durchführung der Abwasserbeseitigung bezogen auf die erfassten Einwohner (Wasserwirtschaftsbericht 2001)

3 Kostenrechnung und Gebühren

3.1 Grundlagen

3.1.1 Abschreibungen

Abschreibungen sind die Beträge, die auf Grund einer planmäßigen Rechnung zur Erfassung des Wertverzehrs am Anlagevermögen in der Gewinn- und Verlustrechnung als Aufwand und in der Kostenrechnung als Kosten angesetzt werden. Anders ausgedrückt sind Abschreibungen die meist gleichmäßige Verteilung der Anschaffungs- und/oder Herstellungskosten auf die voraussichtliche Nutzungsdauer . Sie charakterisieren den Wertverlust eines Anlagegutes durch die Nutzung. Dieser Wertverlust ist einerseits von den Unternehmen aus Gründen der Klarheit darzustellen und andererseits durch Preis- bzw. Gebührenkalkulation wieder aufzufangen, damit das Unternehmen nicht tatsächlich mit der Zeit an Wert verliert.

Aus steuerlicher Sicht wird hier auch von Absetzung für Abnutzung (AfA) gesprochen. Die Absetzung des Wertverlustes von dem zu versteuernden Gewinn des Unternehmens entspricht den steuerlichen Grundsätzen in der gleichen Weise, wie z.B. Personalkosten ebenfalls vom Gewinn abgesetzt werden. Handelt es sich um ein geringwertiges Wirtschaftsgut (GWG, Grenze 410 €), so wird es im Jahr der Anschaffung vollständig abgesetzt (abgeschrieben), ohne auf seine Nutzungsdauer zu achten.

Die Abschreibungen können linear (gleichmäßig) oder degressiv (ungleichmäßig) vorgenommen werden und sind grundsätzlich auf die Anschaffungs- und/oder Herstellungskosten zu beziehen. Bei der linearen Abschreibungen wird in jedem Jahr ein bestimmter, konstanter Wertverlust angesetzt, bei der degressiven jeweils ein konstanter Prozentsatz vom Restwert.

Beispiel 3.1:

Eine junge Frau hat 20.000 € gespart. Es handelt sich um ihr gesamtes Vermögen. Sie beschließt, sich als Kurierdienst selbstständig zu machen. Die junge Unternehmerin braucht zur Durchführung ihrer neuen Tätigkeit ausschließlich ein Auto. Dieses kauft sie nun für 20.000 €. Die Nutzungsdauer des Autos wird mit 5 Jahren angegeben.

Das gesamte Vermögen dieser Frau besteht nun aus dem Auto. Aus eigener Anschauung wissen wir, dass ein Auto ständig an Wert verliert. So ist auch zu erwarten, dass das Auto der Unternehmerin mit der Zeit einen Wertverlust erleidet. Dabei macht sich der exakte Wertverlust erst „am Markt" fest, nämlich wenn die Unternehmerin das Auto wieder verkauft und einen Preis dafür erzielt. Die Differenz zwischen Einkaufs- und Verkaufspreis ist dann der tatsächliche Vermögensverlust. Nehmen wir an, dass sie nach 7 Jahren noch 2.000 € für den Wagen erhält, hat sie in 7 Jahren einen Vermögensverlust von

$$20.000\ € - 2.000\ € = 18.000\ €$$

erlitten. Sie ist um 18.000 € ärmer geworden, jedenfalls wenn sie kein anderes Vermögen in Form von Einnahmen aus ihrer Geschäftstätigkeit angesammelt hat.

Nun ist dieser Vermögensverlust aber eben nicht exakt vorhersehbar. Im Rahmen der Buchführung muss er aber erfasst werden, da sich gleichermaßen die junge Einzelunternehmerin wie auch zum Beispiel große Kapitalgesellschaften stets über ihr Vermögen im Klaren sein müssen (oder sollten). Denn wenn sie zum Beispiel kein Vermögen mehr haben, sind sie das, was man landläufig „pleite" nennt. Und die Eigentümer eines Unternehmens, zum Beispiel die Gesellschafter, haben verständlicherweise ein Recht zu erfahren, wie groß ihr aktuelles Vermögen gerade ist.

Deshalb wird der Vermögensverlust von Anlagen, die in der Anschaffung oder Herstellung mehr als 410 € gekostet haben, jährlich in Form der Abschreibungen erfasst. Und zwar in Abhängigkeit der Nutzungsdauer. Diese Abschreibungen müssen nicht unbedingt linear vorgenommen werden, wir wollen aber der Einfachheit halber und weil es in der kommunalen Abwasserwirtschaft üblich ist, auch hier davon ausgehen. Bei einer Nutzungsdauer von 5 Jahren verliert das Auto der Unternehmerin jährlich

$$\frac{20.000\ €}{5\ \text{Jahre}} = 4.000\ \frac{€}{\text{Jahr}} \quad \text{an Wert.}$$

Der Abschreibungsprozentsatz beträgt 20% (pro Jahr).

Die Unternehmerin wird jährlich um 4.000 € „ärmer". Sie erfasst dies in ihrer Buchhaltung. In der Gewinn- und Verlustrechnung wird dies als Aufwand dargestellt. In der Kostenrechnung sind dies Kosten. Zu beachten ist insbesondere, dass bei dieser Art der Kosten gar kein Geld fließt. Allein der angenommene Wertverlust muss in der Kostenrechnung als Kosten angesetzt werden. Die Unternehmerin hat Abschreibungskosten in Höhe von 4.000 € jährlich.

Da die junge Unternehmerin aber langfristig erfolgreich sein will, berücksichtigt sie diese Kosten in ihrer Preiskalkulation. Und da sie mit ihrem Kurierdienst erfolgreich ist, kann sie jährlich 4.000 € zum Auffangen des Wertverlustes erlösen, die sie auf die Bank bringt. Damit bleibt ihr Vermögen von 20.000 € stets erhalten.

Der Vollständigkeit halber seien noch drei Punkte erwähnt:

- Die Gegenstände, die weniger als 410 € gekostet haben, werden auch abgeschrieben. Bei diesen geringwertigen Wirtschaftsgütern wird aber davon ausgegangen, dass sie unabhängig von ihrer tatsächlichen Nutzungsdauer ihren Wert vollständig im Jahr ihrer Anschaffung verlieren. Sie werden mit dem Abschreibungsprozentsatz von 100% behandelt.
- Ist die geplante Nutzungsdauer erreicht bzw. überschritten, wird das Anlagegut, also hier das Auto, mit dem so genannten Erinnerungswert in Höhe von 1 € in der Bilanz geführt.
- Verkauft die Unternehmerin das Auto nach 7 Jahren für 2.000 €, so stellt dieser Erlös einen Gewinn dar. Nehmen wir an, sie hat nur die bereits erwähnten 20.000 € auf dem Konto und bekommt jetzt aus dem Verkauf 2.000 € und hat

keine weiteren Erträge und Aufwände, so beträgt ihr (grundsätzlich steuerpflichtiger) Gewinn im siebten Jahr genau 2.000 €.

Entsprechend haben die Gemeinden, und hier im Besonderen bei der Abwasserbeseitigung, zu verfahren:

Beispiel 3.2:

Eine Gemeinde hat eine vollautomatische Kleinkläranlage im Stück gekauft. Der Einfachheit halber nehmen wir an, dass es sich um das einzige Anlagegut der Gemeinde im Rahmen der Abwasserbeseitigung handelt. Die Kleinkläranlage hat 500.000 € gekostet. Der Hersteller gibt in Übereinstimmung mit den Technikern der Gemeinde eine Lebensdauer für die Anlage von 20 Jahren an.

Für die Gemeinde bedeutet dies nun, dass sie ein Vermögen von 500.000 € für die Abwasserbeseitigung zur Verfügung gestellt hat. Dabei ist es völlig unerheblich, ob es eigene Mittel der Gemeinde sind oder ob sie sich das Geld bei einer Bank geliehen hat. Für die Gemeinde gilt ebenso wie für die Unternehmerin aus Beispiel 3.1, dass das Vermögen erhalten bleiben muss. Deshalb kalkuliert die Gemeinde:

$$a = \frac{AHK}{n} = \frac{500.000\ \text{€}}{20\ \text{Jahre}} = 25.000\ \frac{\text{€}}{\text{Jahr}} \tag{3.1}$$

mit   a: Abschreibungsquote
      AHK: Anschaffungs- und/oder Herstellungskosten
      n: Nutzungsdauer

ihre Abschreibungsquote. Es handelt sich um kalkulatorische Kosten , weil ebenso wie in Beispiel 3.1 kein Geld fließt. Die Anlage verliert den Wert in Höhe von 25.000 € jährlich und somit wird die Gemeinde um 25.000 € in jedem Jahr „ärmer", wenn dem nicht Einnahmen gegenüberstehen.

Weil es sich um eine vollautomatische Kleinkläranlage ohne Verbrauchsmittel, Wartungs- und Energiekosten etc. handelt, weil die Gemeinde kein Personal für die Abwasserreinigung einsetzt und weil wir annehmen, dass die Bank von der Gemeinde keine Zinsen für die 500.000 € verlangt, bestehen die Kosten der Abwasserbeseitigung ausschließlich aus den Abschreibungskosten. Wohnen 1.000 Menschen in der Gemeinde, die alle die gleiche Menge Wasser gebrauchen, muss jeder 25 € Benutzungsentgelt pro Jahr für die Anlage aufwenden, damit die Forderung nach Vermögenserhalt der Gemeinde eingehalten wird. Allerdings muss die Gemeinde die gesamten 25.000 € pro Jahr auch werterhaltend verwalten.

Die Abschreibungen spielen in der Ökonomie der Abwasserbeseitigung eine wesentliche Rolle, weil dort das Vermögen (vgl. Abschn. 3.1.2) im Wesentlichen aus Anlagevermögen besteht, das abgeschrieben werden muss.

3.1.2 Kameralistik und doppelte Buchführung

Die kameralistische Buchführung (Kameralistik) hat die Aufgabe, in der öffentlichen Verwaltung die nach dem Haushalt oder Budget angeordneten (Soll-) und die tatsächlichen (Ist-) Einnahmen und Ausgaben zu verzeichnen. Der Name geht auf den lateinischen Begriff „camera" (Kammer) zurück. Der Kameralismus wird auch als deutsche Ausprägung des Merkantilismus gesehen und geht auf das 17. Jahrhundert zurück. Im Gegensatz zu der im Folgenden erläuterten doppelten Buchführung erfasst das kameralistische Rechnungswesen in einem einzigen, in Spalten gegliederten Konto die empfangenen und abgegebenen Leistungen sowie die Zahlungsabwicklung des Leistungsverkehrs. Obwohl die Kameralistik seit dem 20. Jahrhundert als überholt gilt, wird sie in der öffentlichen Verwaltung - und damit auch im Abwasser-Regiebetrieb - immer noch überwiegend praktiziert.

Die Kameralistik lässt sich am Besten mit der Aufstellung des privaten Haushaltsplans vergleichen. Aus den Medien sind die Diskussionen um die Aufstellung der öffentlichen Haushalte, zum Beispiel des Bundeshaushalts, bekannt. Hierbei handelt es sich auch um kameralistische Haushaltspläne.

Beispiel 3.3:

Für einen Abwasserbetrieb wird der Haushaltsplan für das Jahr 2004 aufgestellt. Aus der Tabelle 3.1 werden die einzelnen Positionen in Form von Einnahmen und Ausgaben erkennbar.

Tabelle 3.1 Haushaltsplan für die Abwasserbeseitigung 2004

Einnahmen in €		Ausgaben in €	
Gebühreneinnahmen	1.000.000	Personal	150.000
		Bewirtschaftung	180.000
		Unterhaltung	170.000
		Dienstreisen	20.000
		Geräte	30.000
		Abschreibungen	340.000
		Zinsen	110.000
Summe:	1.000.000	Summe:	1.000.000

Da Einnahmen ausschließlich in Form von Gebühren vorhanden sind, beschränkt sich diese Spalte auf einen einzigen Posten in Höhe von 1.000.000 €. Dieser Betrag entspricht genau der Ausgabensumme. Die Höhe der Einnahmen muss genau der Höhe der Ausgaben entsprechen (Deckungsprinzip). Zu beachten ist hier, dass zum Beispiel die Abschreibungen, wie in Abschn. 3.1.1 beschrieben, nicht mit einer tatsächlichen Ausgabe verbunden sind. In der Kameralistik werden aber die oben dargestellten Ausgaben in andere Haushaltsteilpläne verschoben und insofern als Ausgaben verbucht (vgl. auch Abschn. 3.2.5).

Im Hinblick auf die Ermittlung der Gebührenhöhe (vgl. Abschn. 3.2.14) ergibt sich die Höhe der zu erzielenden Einnahmen aus der Höhe der geplanten Ausgaben, die dann auf den Kostenträger (zum Beispiel m³ Frischwasserbezug) verteilt werden. Werden z.B. 250.000 m³ Wasser pro Jahr gebraucht, beträgt die Höhe der Abwassergebühr

$$\frac{1.000.000 \text{ €}}{250.000 \text{ m}^3} = 4 \text{ €} / \text{m}^3$$

In der kaufmännischen, doppelten Buchführung wird grundsätzlich anders verfahren. Zunächst wird immer der Stand des Vermögens des zu betrachtenden Unternehmens (z.B. also auch des Abwasserbetriebes) bewertet (Inventur) und in der Bilanz dargestellt. Die Bilanz, die jährlich aufzustellen ist, zeigt also die Veränderung des Vermögens von Jahr zu Jahr an. Dies wird zwar auch in Kommunen (jedenfalls überwiegend) so gemacht, steht aber nicht in zwingendem (jedenfalls überwiegend) so gemacht, steht aber nicht in zwingendem Zusammenhang mit der kameralistischen Buchführung. In der Kommune wird im Hinblick auf die Darstellung des Vermögens zum Beispiel von der „Anlagenkartei" gesprochen (vgl. Abschn. 3.1.4).

Die Vermögenslage (Aktiva) allein ist aber noch nicht ausschlaggebend. So kann das Vermögen zugenommen haben, wenn zum Beispiel auf Halde produziert, aber nichts verkauft wurde. Deshalb wird in der Bilanz auch die Kapitalseite (Passiva) dargestellt, wobei das Verhältnis von Eigen- zu Fremdkapital eine Aussage über den wirtschaftlichen Erfolg darstellt.

In der Fortsetzung des Beispiels 3.1 soll dies veranschaulicht werden.

Beispiel 3.4:

Die junge Unternehmerin hat für ihren Betrieb das Auto gekauft, aber nicht das gesamte Gesparte dafür verwendet, sondern sich einen Teil von der Bank geliehen. Außerdem hat sie ein bisschen Geld auf dem eingerichteten Girokonto ihres Unternehmens belassen. Sie erstellt die Eröffnungsbilanz:

Tabelle 3.2 Bestandskonto für Eröffnungsbilanz

Vermögen (Aktiva) in €	Kapital (Passiva) in €
Auto 20.000	Eigenkapital 10.000
Konto 5.000	Bankkredit 15.000
Summe Aktiva: 25.000	Summe Passiva: 25.000

Das Vermögen des Unternehmens beträgt 25.000 €, wobei die rechte Seite der Bilanz, also die Kapitalseite, lediglich zeigt, woher die zur Verfügung gestellten Werte stammen.

Der Zweck eines Unternehmens besteht darin, Produkte oder Dienstleistungen zu erbringen und zu verkaufen. Die Verkaufserlöse bilden die betrieblichen Erträge des Unternehmens.

Erst die Gewinn- und Verlustrechnung (GuV) ermittelt wie die Bilanz durch systematischen Buchungsabschluss den Jahreserfolg, wobei beide Rechnungen durch das „doppische" Prinzip der Buchhaltung miteinander verknüpft sind.

Während aber die Erfolgsermittlung in der Bilanz durch die Gegenüberstellung von Bestandsgrößen geschieht, ergibt sich in der GuV der Erfolg aus der Saldierung (Ausgleich, Gewinn- oder Verlustbetrag) aller Aufwendungen und Erträge der Abrechnungsperiode. Die GuV ergänzt die Bilanz insofern, als sie über den Ausweis des Erfolgssaldos hinaus auch dessen Zusammenhang erkennen lässt und somit einen detaillierten Einblick in den eigentlichen Prozess der Aufwandsentstehung und Ertragsbildung ermöglicht.

> Die Bilanz zeigt die Veränderung der Vermögenslage. Die GuV zeigt, warum sie sich verändert hat.

Beispiel 3.5:

Die Unternehmerin nimmt im ersten Jahr lediglich einen großen Auftrag an. Er bringt ihr einen Umsatzerlös in Höhe von 50.000 €. Neben den bereits erwähnten Abschreibungen hat sie im ersten Jahr noch Umsatzaufwendungen für den Lohn eines Mitarbeiters in Höhe von

10.000 € sowie Betriebsaufwendungen allgemeiner Art in Höhe von 5.000 €. Sie stellt die erste Gewinn- und Verlustrechnung auf:

Tabelle 3.3   Gewinn- und Verlustrechnung nach einer Periode

Aufwand in €	Ertrag in €
Löhne 10.000	Umsatzerlöse 50.000
Betriebsaufwand 5.000	
Abschreibungen 4.000	
Gewinn: 31.000	
Summe: 50.000	Summe: 50.000

Die GuV in Tabelle 3.3 zeigt, warum sich eine Veränderung, nämlich offensichtlich ein Gewinn in Höhe von 31.000 €, ergeben hat.

Wie stellt sich das Ergebnis nun in der Bilanz dar? Die Unternehmerin macht am Ende der Periode eine Inventur und stellt folgende Vermögenslage fest:

Tabelle 3.4   Bilanz am Ende einer Periode

Vermögen (Aktiva) in €	Kapital (Passiva) in €
Auto 16.000	Eigenkapital 10.000
Konto 40.000	Bankkredit 15.000
	Gewinn: 31.000
Summe Aktiva: 56.000	Summe Passiva: 56.000

Das Auto hat an Wert um die Höhe der Abschreibungen verloren und stellt ein Vermögen in Höhe von 16.000 € dar. Auf dem Konto konnten die Umsatzerlöse des Auftrags in Höhe von 50.000 € verbucht werden, vom Konto ab gingen die Löhne und die Betriebsausgaben in Höhe von 15.000 €. Mit dem ursprünglichen Kontostand von 5.000 € beträgt der aktuelle Kontostand 40.000 € und somit die Summe der Aktiva 56.000 €. Da sich an der Kapitalseite hinsichtlich der Eigenkapital- und Fremdfinanzierung nichts geändert hat und die Kapitalseite der Aktivaseite zahlenmäßig entspricht, zeigt der sich ergebene Differenzbetrag auf der Kapitalseite eben, woher er kommt, nämlich als Gewinn.

Zu beachten ist hier, dass die Betrachtung allein der Bilanz keinen Aufschluss darüber gibt, woher das Vermögen stammt (50.000 € Umsatzerlöse werden nicht sichtbar). Das kann ausschließlich der GuV entnommen werden. Allerdings zeigt die Bilanz die Vermögenslage zu einem gewählten Stichtag an. Das Ergebnis, nämlich der Gewinn bzw. Verlust, ist bei beiden Betrachtungsweisen gleich hoch.

Die doppelte Buchführung wird bei Eigenbetrieben und Kapitalgesellschaften auch für die Abwasserbeseitigung angewendet. Bei Kapitalgesellschaften ist sie zwingend vorgeschrieben.

Der Unterschied besteht darin, dass über die Bilanz in Verbindung mit der GuV stets Klarheit über die gesamtwirtschaftliche Lage zu jedem Zeitpunkt und Zeitraum besteht. Mit der Kameralistik werden lediglich zunächst die geplanten und dann die tatsächlichen Einnahmen und Ausgaben dargestellt.

Zur Vertiefung der Materie wird auf die einschlägige Fachliteratur , z.B. Wöhe (1996), verwiesen.

3.1.3 Mehrwertsteuer

Nach einem Urteil des Bundesfinanzhofes BFH von 1998 ist die Abwasserbeseitigung keine wirtschaftliche Betätigung. Wenn sie in den Betriebsformen Regiebetrieb oder Eigenbetrieb geführt wird, entsteht daher keine Pflicht zu Erhebung der Umsatzsteuer.

Wird die Abwasserbeseitigung in Form einer Kapitalgesellschaft geführt, entsteht unabhängig von diesem Urteil die Pflicht zur Erhebung der Umsatzsteuer. Diese Betriebe sind also insofern gegenüber den o.g. Betriebsformen benachteiligt, als ihre Leistung gegenüber dem Bürger „künstlich" verteuert wird.

Gesetzliche Grundlage der Umsatzsteuer ist das Umsatzsteuergesetz UStG. Die Umsatzsteuer wird seit 1968 als Mehrwertsteuer erhoben. Die Mehrwertsteuer belastet nur den Wert, der auf jeder Produktions- oder Umsatzstufe einer Ware oder einer Dienstleistung hinzugefügt wird. Auf diese Weise wird die wiederholte Besteuerung des Gutes und eine Steuer von der Steuer vermieden, wie das bei der sogenannten kumulierten Umsatzsteuer der Fall ist. Man kann entweder auf jeder Stufe die Vorumsätze und Vorerlöse oder die Vorsteuern absetzen lassen.

2002 beträgt der Mehrwertsteuersatz 16 %. Auf Lebensmittel, zu denen auch Trinkwasser zählt, und andere Güter (z.B. Kulturgüter) beträgt der Mehrwertsteuersatz 7 %.

Das folgende Beispiel soll zum Verständnis für die Zusammenhänge um die Erhebung der Mehrwertsteuer beitragen.

Beispiel 3.6:

Tabelle 3.5 Beispiel für die Wirkungsweise der Mehrwertsteuer bei einer Tischproduktion

Veredelungs-stufe	Stück Holz	Grobtisch-bein	Tischbein	Tisch	Verkauf		
Handelsstufe	Förster	Sägerei	Drechsler	Tisch-macher	Kaufhaus	Kunde	Summe
bezahlt	nichts	1,16 €	11,60 €	116 €	346 €	1.160 €	
davon MwSt.	keine	0,16 €	1,60 €	16 €	46 €	160 €	
erhält	1,16 €	11,60 €	116,00 €	346 €	1.160 €	Tisch	
behält	1,00 €	10,00 €	100,00 €	300 €	1.000 €	Tisch	
abzuführende MwSt.	0,16 €	1,60 €	16,00 €	46 €	160 €	keine	
Vorsteuer	0,00 €	0,16 €	1,60 €	16 €	46 €	keine	
abzuführen zur Finanzbehörde	0,16 €	1,44 €	14,40 €	30 €	114 €	nichts	160 €

Tabelle 3.5 zeigt, wie auf den verschiedenen Fertigungs- bzw. Handelsstufen einer Tischproduktion mit der Mehrwertsteuer verfahren wird. Ein Förster verschafft sich Holz aus seinem Forst. Er bezahlt dafür nichts. Er verkauft das Holz an eine Sägerei für 1,00 € und

schreibt eine Rechnung für 1,16 €, weil er verpflichtet ist, die Mehrwertssteuer zu erheben. Er erhält also 1,16 €, wovon ihm 1,00 € gehören, und die 0,16 € muss er an das Finanzamt abführen. Die Sägerei weiß, dass sie 0,16 € „zuviel" gezahlt hat, weil dieser Betrag auf der Rechnung ausgewiesen ist.

Nun veredelt die Sägerei das Holz zu einem Grobtischbein und verkauft es weiter an einen Drechsler für 10 €. Weil die Sägerei die Mehrwertsteuer erheben muss, erhält sie vom Drechsler aber 11,60 €, wovon sie 1,60 € zum Finanzamt abführen muss. Da aber die Mehrwertsteuer immer nur den Mehrwert belastet, darf sich die Sägerei die 0,16 €, die sie an den Förster „zuviel" gezahlt hat, wieder „zurückholen", in dem sie diesen Betrag als Vorsteuer abzieht. Die Sägerei überweist also nicht 1,60 €, sondern lediglich 1,44 € an das Finanzamt. Insofern hat die Sägerei letztlich gar keine Mehrwertsteuer gezahlt. Die Mehrwertsteuer ist für gewerbliche Unternehmen schlicht irrelevant (abgesehen von der notwendigen Liquidität (verfügbare Geldmittel), die zunächst einmal vorgestreckt werden muss).

Das zieht sich auch auf den weiteren Veredelungsstufen so durch, bis der Tisch beim Endverbraucher, dem Kunden ankommt. Dieser zahlt an das Kaufhaus 1.160 €, worin natürlich die Mehrwertsteuer enthalten ist (Anbieter an Endverbraucher sind sogar verpflichtet, die Preise stets einschließlich Mehrwertsteuer anzugeben). Das Kaufhaus wiederum kann die von ihm gezahlte Vorsteuer abziehen, in der Summe der einzelnen Handelsstufen verbleibt aber für das Finanzamt genau der Mehrwertsteuerbetrag, der auf den Endpreis erhoben wurde, weil sich der Endverbraucher die Mehrwertsteuer nicht zurückholen kann.

Auf das folgende Beispiel übertragen würde das Kaufhaus den Abwasserbetrieb und der Tisch das Abwasser darstellen.

Beispiel 3.7:

Ein öffentlich-rechtlicher Abwasserbetrieb würde das Abwasser für 346 € „herstellen" und für 1.000 € verkaufen. Er erhebt keine Mehrwertsteuer, kann dafür aber auch nicht die 46 € Vorsteuer abziehen. Der Kunde bezahlt 1.000 €. Der „Gewinn" des Betriebes beträgt 654 €.

Ein privater Betrieb würde das Abwasser ebenfalls für 346 € „herstellen", müsste es aber wie das Kaufhaus für 1.160 € verkaufen. Sein „Gewinn" beträgt 700 €.

In der öffentlich-rechtlichen Abwasserbeseitigung gibt es keinen Gewinn, und in der privaten sind die Margen („Gewinnspanne") sehr viel geringer als im obigen Beispiel. Der Einfachheit halber nehmen wir im Folgenden an, dass kein Gewinn erwirtschaftet wird. Auf die oben genannten Zusammenhänge übertragen bedeutet dies, dass ein öffentlich-rechtlicher Betrieb Abwasser z.B. für 11,60 €/m³ einschließlich MwSt. „herstellt" und dann für 11,60 €/m³ (ohne Mehrwertsteuer zu erheben) verkauft. Ein Privater würde ebenfalls für 11,60 €/m³ einschl. MwSt. produzieren, könnte dann die Vorsteuer abziehen und wieder für netto 10,00 €/m³ zzgl. MwSt. = 11,60 €/m³ verkaufen. Das Ergebnis für den Kunden wäre gleich.

Zwei Faktoren erschweren das Ergebnis für den Privaten:

- Er benötigt einen Gewinnanteil.
- Bei verschiedenen Kostenarten, z.B. den Personalkosten, fällt keine Mehrwertsteuer an, die er als Vorsteuer abziehen kann.
- Insbesondere wenn im Rahmen der Privatisierung bereits von der Gemeinde erworbene Immobilien oder Geräte vom Privaten abgekauft werden, kann hier

die zuvor von der Gemeinde gezahlte Mehrwertsteuer nicht nachträglich abgezogen werden. Sie fällt „doppelt" an.

Insgesamt ist die durch den Privaten durchgeführte Abwasserbeseitigung dadurch in Abhängigkeit vom Anteil der Personalkosten und vom Wert alter Immobilien und Geräte um ca. 5 – 10 % für den Kunden teurer, ohne dass der Private etwas davon hat. Um den gleichen Preis wie der öffentlich-rechtliche Entsorger anbieten zu können, muss der Private also an anderen Stellen Kosten sparen.

Allein für gewerbliche Kunden ist das Angebot durch den privaten Abwasseranbieter günstiger, weil dieser seinerseits die Mehrwertsteuer als Vorsteuer innerhalb des Veredelungsprozesses seiner Produkte absetzen kann.

Zum Zeitpunkt des Erscheinen dieses Buches wird die Angleichung des Mehrwertsteuersatzes einheitlich für alle öffentlichen und privaten Betriebe auf 7 % diskutiert (steuerliche Gleichbehandlung). Die Wirtschaftministerkonferenz der Länder hat sich am 13.12.2002 einstimmig dafür ausgesprochen (EUWID, 1/2003). Zu beachten ist hierbei, dass öffentliche Betriebe, die bisher nicht steuerpflichtig waren und bei denen auf bereits getätigte Investitionen die gezahlte Mehrwertsteuer nicht als Vorsteuer abgezogen werden konnte, die Mehrwertsteuer auf den Anteil der bereits vorhandenen Kapitalkosten nun zweimal erheben. Einmal steckt diese bereits in den vorhandenen Kapitalkosten, und zusätzlich sollen nun 7 % aufgeschlagen werden. Übergangsregelungen für Investitionen, die nur wenige Jahre zurückliegen, sind denkbar. Bei diesen könnte die gezahlte Mehrwertsteuer als Vorsteuer geltend gemacht werden.

3.1.4 Wertermittlung in Kommunen

In Abschn. 3.1.2 wurde dargestellt, wie das Vermögen eines Unternehmens grundsätzlich erfasst wird.

Die Regiebetriebe – und somit auch die kommunalen Abwasser-Regiebetriebe - erfassen die Wertentwicklung ihres Anlagevermögens in einer Anlagenkartei. Die Abschreibungen werden in der Regel linear von den Anschaffungs- und Herstellungskosten vorgenommen.

Zulässig bei der Gebührenkalkulation ist auch der Ansatz der Wiederherstellungskosten im Hinblick auf die Abschreibungen. Dies wird im Abschn. 3.2.2 näher beschrieben.

Das Beispiel 3.8 stellt die Entwicklung des Anlagevermögens im Zusammenhang mit der Abwasserbeseitigung für einen Abwasser-Regiebetrieb dar.

Beispiel 3.8:

In der ersten Spalte der Tabelle 3.6 sind die einzelnen Teile des Anlagevermögens in Kategorien zusammengefasst aufgeführt. Üblicherweise werden in den Kategorien auch einheitliche Abschreibungssätze verwendet.

Das Grundstück für die Kläranlage hat einmal 124.573 € gekostet, und es wurde im Betrachtungszeitraum kein Grundstück zugekauft. Der Endstand entspricht somit dem Anfangsstand. Da Grundstücke keine Abnutzung erfahren, verlieren sie auch nicht an Wert. Sie werden nicht abgeschrieben. Der Buchwert bleibt erhalten. (Anmerkung: Ein altes

Grundstück, das einmal wenig gekostet hat, würde heute bei einem eventuellen Verkauf ggf. einen erheblich höheren Preis erzielen. Im Rahmen einer Bilanz würde das Grundstück eine „Stille Reserve" von bedeutender Höhe darstellen. Als Buchwerte dürfen aber lediglich die tatsächlichen Anschaffungs- bzw. Herstellungskosten geführt werden.)

Bei den baulichen Einrichtungen der Kläranlage wurde in diesem Jahr ebenfalls nichts angeschafft, aber aufgrund der gewählten Abschreibungszeiträume (vgl. Abschn. 3.2.8) müssen 82.687 € abgeschrieben werden. Das Vermögen an baulichen Einrichtungen wird buchwertmäßig um diesen Betrag kleiner. Insgesamt haben die baulichen Anlagen über alle Jahre bereits 1.139.040 € an Wert verloren. Zusammen mit diesem Jahr sind es insgesamt 1.221.727 € „Verlust". Der Endstand der Anschaffungs- und Herstellungskosten abzüglich dem Endstand der Abschreibungen beträgt

$$4.134.273 \text{ €} - 1.221.727 \text{ €} = 2.912.546 \text{ €}.$$

Das ist der aktuelle Buchwert. Informell wird noch der Buchwert des Vorjahres dargestellt.

Die Laboreinrichtungen der Kläranlage waren bereits vollständig abgeschrieben. Da sie noch vorhanden sind, werden sie mit dem Erinnerungswert von 1 € weiter in der Anlagenkartei geführt. In diesem Jahr fallen keine Abschreibungen mehr an.

Bei Geräten und Inventar wurden in diesem Jahr Vermögenswerte in Höhe von 44.406 € angeschafft. Aus dem geringen Wert des Buchwerts vom Vorjahr ist ersichtlich, dass die alten Geräte fast abgeschrieben waren, d.h. ihre Nutzungsdauer war erreicht.

Auch beim Abwasserhauptkanal wurde in diesem Jahr erheblich investiert. Die Abschreibungen sind erheblich, obwohl die Nutzungsdauer in der Regel lang angesetzt wird (vgl. Abschn. 3.2.8).

In den Summen ist erkennbar, dass die Gemeinde insgesamt 21.232.501 € in die Abwasserbeseitigung investiert hat. 6.252.114 € wurden abgeschrieben. Heute haben die Anlagen einen Buchwert von 14.980.387 €. In diesem Jahr mussten Abschreibungen in Höhe von 449.578 € in Form von kalkulatorischen Abschreibungen in der Gebührenbedarfsberechnung vorgesehen werden (vgl. Abschn. 3.2.2 und 3.2.14).

Die Anlagenkartei ist individuell sehr verschieden und wird heute größtenteils EDV-gestützt bearbeitet. Ein Beispiel für die Führung einer Anlagenkartei ist das Kanalinformationssystem (KIS) für den Abwasserkanal.

Beispiel 3.9: Übung zur Wertermittlung

Für einen Abwasserbetrieb ist die Entwicklung des Anlagevermögens in tabellarischer Form darzustellen. Die Anschaffungs- und Herstellungskosten ergeben sich ebenso wie die Abschreibungszeiträume aus der Tabelle 3.7. Gesucht werden die kalkulatorischen Abschreibungen in diesem Jahr (4 Jahre nach Errichtung der Anlage) sowie der aktuelle Buchwert.

Tabelle 3.6 Entwicklung des Anlagevermögens eines Abwasser- Regiebetriebes zum Ende eines Betrachtungszeitraumes (z.B. Jahr)

Anlagevermögen	Anschaffungs- und Herstellungskosten			Abschreibungen			Buchwert	Buchwert Vorjahr
	Anfangsstand €	+ Zugang / - Abgang €	Endstand €	Anfangs- stand €	+ Zugang / - Abgang €	Endstand €	€	€
Grundstücke	124.573	-	124.573	-	-	-	124.573	124.573
Bauliche Einrichtungen, Kläranlage	4.134.273	-	4.134.273	1.139.040	82.687	1.221.727	2.912.546	2.995.233
Maschinelle Einrichtungen Kläranlage	4.047.544	-	4.047.544	2.407.420	193.828	2.601.248	1.446.296	1.640.124
Laboreinrichtungen, Kläranlage	15.867	-	15.867	15.866	-	15.866	1	1
Geräte und Inventar, Kläranlage	26.495	44.406	70.901	21.065	3.864	24.929	45.972	5.430
Bauliche Einrichtungen, Pumpwerke	151.125	-	151.125	52.785	3.022	55.807	95.318	98.340
Maschinelle Einrichtungen, Pumpwerke	138.282	-	138.282	36.730	6.914	43.644	94.638	101.552
Abwasserhauptkanal	11.929.222	620.714	12.549.936	2.129.630	159.263	2.288.893	10.261.043	9.799.592
Summe	20.567.381	665.120	21.232.501	5.802.536	449.578	6.252.114	14.980.387	14.764.845

Tabelle 3.7 Anlagenkartei zur Übung

Anlagevermögen (Nutzungsdauer)	Anfangsstand in T€	Abschreib. in T€	ΣAbschreib. in T€	Buchwert in T€
Grundstücke	250,00			
Bauliche Anlagen (25)	13.700,00			
Maschinelle Anlagen (10)	12.683,00			
Geräte und Inventar (5)	2.653,00			
Kanal (50)	21.630,00			
Summe				

Tabelle 3.8 Lösung zur Übung „Anlagenkartei"

Anlagevermögen (Nutzungsdauer)	Anfangsstand in T€	Abschreib. in T€	ΣAschreib.. in T€	Buchwert in T€
Grundstücke	250,00	-	-	250,00
Bauliche Anlagen (25)	13.700,00	548,00	2.192,00	11.508,00
Maschinelle Anlagen (10)	12.683,00	1.268,30	5.073,20	7.609,80
Geräte und Inventar (5)	2.653,00	530,60	2.122,40	530,60
Kanal (50)	21.630,00	432,60	1.730,40	19.899,60
Summe	50.916,00	2.779,50	11.118,00	39.798,00

Die kalkulatorischen Abschreibungen, die in die Gebühren einzukalkulieren sind, betragen 2.779.500 €, der aktuelle Buchwert, der auch zu den zu den kalkulatorischen Zinsen führt (vgl. Abschn. 3.2.2 und 3.2.3), beträgt 39.798.000 €.

3.2 Kostenrechnung in Kommunen

Die Kostenrechnung in Kommunen ist insbesondere dann erforderlich, wenn entstehende Kosten durch Einnahmen, wie z.B. bei der Abwasserbeseitigung in Form von Gebühren, gedeckt werden sollen.

3.2.1 Kostenstellen, -arten und -träger

Neben den bereits dargestellten Grundlagen im Abschn. 3.1 sind für das Verständnis der Materie noch die folgenden Begriffe von Bedeutung:

- Kostenstellen: Wo entstehen die Kosten? (z.B. auf ARA 1 oder im Kanalnetz)
- Kostenarten: Was für Kosten entstehen? (z.B. Personalkosten, Zinsen, etc.)
- Kostenträger: Was verursacht die Kosten? (z.B. 1 kg Waschmittel, 1 m³ Abwasser)

Weitere Begriffe werden in den folgenden Abschnitten detaillierter erläutert.

3.2.2 Kalkulatorische Abschreibungen

Die im Abschn. 3.1.1 beschriebenen Abschreibungen werden als „Kosten" angesetzt. Die auf diese Weise erzielten Einnahmen sollen in Form von Rücklagen den Wertverlust der Anlagen auffangen und somit das Vermögen der Gemeinde erhalten. Hier dürfen auch die Wiederbeschaffungswerte angesetzt werden. Im Gegensatz zu den bisherigen Darstellungen in Bezug auf die Abschreibungen bedeutet dies, dass die kalkulatorische Abschreibung nicht linear mit der Nutzungsdauer von den Anschaffungs- und Herstellungskosten, sondern mit der Nutzungsdauer vom jeweils aktuellen Wiederbeschaffungswert ermittelt wird.

Beispiel 3.10:

Ein Auto hat 20.000 € gekostet. Die Nutzungsdauer beträgt 5 Jahre. Die jährliche Abschreibung von den Anschaffungs- und Herstellungskosten beträgt 4.000 €.

Nach 3 Jahren stellt der Nutzer fest, dass ein entsprechendes Auto neu 25.000 € kostet. Nunmehr schreibt der Nutzer auf den Wiederbeschaffungswert 5.000 € pro Jahr ab.

In welcher Form die Kämmerei mit den Einnahmen aus den kalkulatorischen Abschreibungen verfährt, wird später behandelt.

Die Verbindung von kalkulatorischen Abschreibungen und kalkulatorischen Zinsen zur „Annuität" wird in Abschn. 3.2.3 erläutert.

3.2.3 Kalkulatorische Zinsen und Annuitäten

Die Kommune ist berechtigt, den Zinsaufwand für Eigen- und Fremdkapital über die Gebühren zu refinanzieren. Dabei wird nicht jeder einzelne Kredit, der jemals für die Abwasserbeseitigung aufgenommen wurde, ermittelt, sondern es wird ein fiktiver, nach Möglichkeit mittlerer Zinssatz über alle Kredite und Darlehen der Kommune festgelegt und mit dem aktuellen Restbuchwert (vgl. Abschn. 3.1.4) multipliziert.

Der kalkulatorische Zinssatz liegt zwischen ca. 3,0 und 8,5 %. Es wird jeweils der aktuelle Buchwert angesetzt, weil die bis dahin aufgelaufenen Abschreibungen theoretisch zur Tilgung der Kredite verwendet wurden und lediglich noch für den Rest Zinsen zu zahlen sind.

Diese Form der getrennten Ermittlung von Abschreibungen und Zinsen ist speziell in der Kameralistik anzutreffen. Im Folgenden wird von der „Ratenmethode" gesprochen. Im privaten Bereich ist die Finanzierung über die Annuitätenmethode üblich. Dabei wird auf eine jährlich konstante Rate abgezielt. Die Annuitätenmethode führt mit Anwendung der Faktoren aus Tabelle 3.9 letztlich zum selben Gesamtergebnis wie die Ratenmethode.

Nach Grüske und Recktenwald (1995) sind Annuitäten Anleihen, die nach einem festgelegten Plan getilgt und verzinst werden bzw. der jährlich zu zahlende Gesamtbetrag, der sich aus der Tilgungsrate (Abschreibungen) und den Zinsen zusammensetzt.

Tabelle 3.9   Annuitäten- oder Kapitalwiedergewinnungsfaktoren

	Zinssatz i in Prozent							
	2,5	3,0	3,5	4,0	4,5	5,0	5,5	6,0
1	1,02500	1,03000	1,03500	1,04000	1,04500	1,05000	1,05500	1,06000
2	0,51883	0,52261	0,52640	0,53020	0,53400	0,53780	0,54162	0,54544
3	0,35014	0,35353	0,35693	0,36035	0,36377	0,36721	0,37065	0,37411
4	0,26582	0,26903	0,27225	0,27549	0,27874	0,28201	0,28529	0,28859
5	0,21525	0,21835	0,22148	0,22463	0,22779	0,23097	0,23418	0,23740
6	0,18155	0,18460	0,18767	0,19076	0,19388	0,19702	0,20018	0,20336
7	0,15750	0,16051	0,16354	0,16661	0,16970	0,17282	0,17596	0,17914
8	0,13947	0,14246	0,14548	0,14853	0,15161	0,15472	0,15786	0,16104
9	0,12546	0,12843	0,13145	0,13449	0,13757	0,14069	0,14384	0,14702
10	0,11426	0,11723	0,12024	0,12329	0,12638	0,12950	0,13267	0,13587
11	0,10511	0,10808	0,11109	0,11415	0,11725	0,12039	0,12357	0,12679
12	0,09749	0,10046	0,10348	0,10655	0,10967	0,11283	0,11603	0,11928
13	0,09105	0,09403	0,09706	0,10014	0,10328	0,10646	0,10968	0,11296
14	0,08554	0,08853	0,09157	0,09467	0,09782	0,10102	0,10428	0,10758
15	0,08077	0,08377	0,08683	0,08994	0,09311	0,09634	0,09963	0,10296
16	0,07660	0,07961	0,08268	0,08582	0,08902	0,09227	0,09558	0,09895
17	0,07293	0,07595	0,07904	0,08220	0,08542	0,08870	0,09204	0,09544
18	0,06967	0,07271	0,07582	0,07899	0,08224	0,08555	0,08892	0,09236
19	0,06676	0,06981	0,07294	0,07614	0,07941	0,08275	0,08615	0,08962
20	0,06415	0,06722	0,07036	0,07358	0,07688	0,08024	0,08368	0,08718
21	0,06179	0,06487	0,06804	0,07128	0,07460	0,07800	0,08146	0,08500
22	0,05965	0,06275	0,06593	0,06920	0,07255	0,07597	0,07947	0,08305
23	0,05770	0,06081	0,06402	0,06731	0,07068	0,07414	0,07767	0,08128
24	0,05591	0,05905	0,06227	0,06559	0,06899	0,07247	0,07604	0,07968
25	0,05428	0,05743	0,06067	0,06401	0,06744	0,07095	0,07455	0,07823
30	0,04778	0,05102	0,05437	0,05783	0,06139	0,06505	0,06881	0,07265
35	0,04321	0,04654	0,05000	0,05358	0,05727	0,06107	0,06497	0,06897
40	0,03984	0,04326	0,04683	0,05052	0,05434	0,05828	0,06232	0,06646
45	0,03727	0,04079	0,04445	0,04826	0,05220	0,05626	0,06043	0,06470
50	0,03526	0,03887	0,04263	0,04655	0,05060	0,05478	0,05906	0,06344
55	0,03365	0,03735	0,04121	0,04523	0,04939	0,05367	0,05805	0,06254
60	0,03235	0,03613	0,04009	0,04420	0,04845	0,05283	0,05731	0,06188
65	0,03128	0,03515	0,03919	0,04339	0,04773	0,05219	0,05675	0,06139
70	0,03040	0,03434	0,03846	0,04275	0,04717	0,05170	0,05633	0,06103
75	0,02965	0,03367	0,03787	0,04223	0,04672	0,05132	0,05601	0,06077
80	0,02903	0,03311	0,03738	0,04181	0,04637	0,05103	0,05577	0,06057
85	0,02849	0,03265	0,03699	0,04148	0,04609	0,05080	0,05559	0,06043
90	0,02804	0,03226	0,03666	0,04121	0,04587	0,05063	0,05545	0,06032
95	0,02765	0,03193	0,03639	0,04099	0,04570	0,05049	0,05534	0,06024
100	0,02731	0,03165	0,03616	0,04081	0,04556	0,05038	0,05526	0,06018

Zinszeitraum n in Jahren

	Zinssatz i in Prozent							
	6,5	7,0	7,5	8,0	8,5	9,0	9,5	10,0
1	1,06500	1,07000	1,07500	1,08000	1,08500	1,09000	1,09500	1,01000
2	0,54926	0,55309	0,55693	0,56077	0,56462	0,56847	0,57233	0,50751
3	0,37758	0,38105	0,38454	0,38803	0,39154	0,39505	0,39858	0,34002
4	0,29190	0,29523	0,29857	0,30192	0,30529	0,30867	0,31206	0,25628
5	0,24063	0,24389	0,24716	0,25046	0,25377	0,25709	0,26044	0,20604
6	0,20657	0,20980	0,21304	0,21632	0,21961	0,22292	0,22625	0,17255
7	0,18233	0,18555	0,18880	0,19207	0,19537	0,19869	0,20204	0,14863
8	0,16424	0,16747	0,17073	0,17401	0,17733	0,18067	0,18405	0,13069
9	0,15024	0,15349	0,15677	0,16008	0,16342	0,16680	0,17020	0,11674
10	0,13910	0,14238	0,14569	0,14903	0,15241	0,15582	0,15927	0,10558
11	0,13006	0,13336	0,13670	0,14008	0,14349	0,14695	0,15044	0,09645
12	0,12257	0,12590	0,12928	0,13270	0,13615	0,13965	0,14319	0,08885
13	0,11628	0,11965	0,12306	0,12652	0,13002	0,13357	0,13715	0,08241
14	0,11094	0,11434	0,11780	0,12130	0,12484	0,12843	0,13207	0,07690
15	0,10635	0,10979	0,11329	0,11683	0,12042	0,12406	0,12774	0,07212
16	0,10238	0,10586	0,10939	0,11298	0,11661	0,12030	0,12403	0,06794
17	0,09891	0,10243	0,10600	0,10963	0,11331	0,11705	0,12083	0,06426
18	0,09585	0,09941	0,10303	0,10670	0,11043	0,11421	0,11805	0,06098
19	0,09316	0,09675	0,10041	0,10413	0,10790	0,11173	0,11561	0,05805
20	0,09076	0,09439	0,09809	0,10185	0,10567	0,10955	0,11348	0,05542
21	0,08861	0,09229	0,09603	0,09983	0,10370	0,10762	0,11159	0,05303
22	0,08669	0,09041	0,09419	0,09803	0,10194	0,10590	0,10993	0,05086
23	0,08496	0,08871	0,09254	0,09642	0,10037	0,10438	0,10845	0,04889
24	0,08340	0,08719	0,09105	0,09498	0,09897	0,10302	0,10713	0,04707
25	0,08198	0,08581	0,08971	0,09368	0,09771	0,10181	0,10596	0,04541
30	0,07658	0,08059	0,08467	0,08883	0,09305	0,09734	0,10168	0,03875
35	0,07306	0,07723	0,08148	0,08580	0,09019	0,09464	0,09914	0,03400
40	0,07069	0,07501	0,07940	0,08386	0,08838	0,09296	0,09759	0,03046
45	0,06906	0,07350	0,07801	0,08259	0,08722	0,09190	0,09663	0,02771
50	0,06791	0,07246	0,07707	0,08174	0,08646	0,09123	0,09603	0,02551
55	0,06710	0,07174	0,07643	0,08118	0,08597	0,09079	0,09565	0,02373
60	0,06652	0,07123	0,07599	0,08080	0,08564	0,09051	0,09541	0,02224
65	0,06610	0,07087	0,07569	0,08054	0,08543	0,09033	0,09526	0,02100
70	0,06580	0,07062	0,07548	0,08037	0,08528	0,09022	0,09517	0,01993
75	0,06558	0,07044	0,07533	0,08025	0,08519	0,09014	0,09511	0,01902
80	0,06542	0,07031	0,07523	0,08017	0,08512	0,09009	0,09507	0,01822
85	0,06531	0,07022	0,07516	0,08012	0,08508	0,09006	0,09504	0,01752
90	0,06523	0,07016	0,07511	0,08008	0,08506	0,09004	0,09503	0,01690
95	0,06516	0,07011	0,07508	0,08005	0,08504	0,09003	0,09502	0,01636
100	0,06512	0,07008	0,07505	0,08004	0,08502	0,09002	0,09501	0,01587

Zinszeitraum n in Jahren

In Excel wird die Annuität durch die Funktion RMZ abgebildet. Das Ergebnis für die Zinssätze zwischen 3,0 und 8,5 % ist in Tabelle 3.9 dargestellt.

Die Formel zur Ermittlung des Annuitäten- bzw. Wiedergewinnungsfaktors lautet:

$$\text{KFAKR} = \frac{(1+i)^n \cdot i}{(1+i)^n - 1} \tag{3.2}$$

mit KFAKR: Annuitäten- bzw. Wiedergewinnungsfaktor
i: Zinssatz
n: Zeitraum (Periode)

> Zur Ermittlung der kalkulatorischen Zinsen darf der Zinssatz nicht auf den Wiederherstellungswert, sondern ausschließlich auf die Anschaffungs- und/oder Herstellungskosten bzw. den daraus ermittelten Buchwert angesetzt werden.

Beispiel 3.11:

Für den Kauf der Kläranlage aus Beispiel 3.2 nimmt die Gemeinde einen Kredit in voller Höhe (500.000 €) auf, den sie in fünf Jahren zurückgezahlt haben möchte. Als Zinssatz wird mit dem Kreditinstitut i = 6,0 % vereinbart.

Die nach der Annuitätenmethode jährlich von der Gemeinde zu zahlende jährliche Rate beträgt nach Tabelle 3.8:

500.000 € · 0,23740 = 118.700 €.

Da die Tilgung (Rückzahlung) über die volle Laufzeit 500.000 € beträgt, hat die Gemeinde insgesamt

(5 · 118.700 €) − 500.000 € = 93.500 € an Zinsen zu zahlen.

Nach der Ratenmethode zahlt die Gemeinde im ersten Jahr 6 % Zinsen für 500.000 €, danach 100.000 € an das Kreditinstitut zurück und so fort. Das Ergebnis ist in Tabelle 3.10 dargestellt:

Tabelle 3.10 Zinsberechnung für Ratenmethode

Beträge in €	Beginn	Nach 1. Jahr	Nach 2. Jahr	Nach 3. Jahr	Nach 4. Jahr	Nach 5. Jahr
Restschuld	500.000	400.000	300.000	200.000	100.000	-
Zinsen (6 %)	-	30.000	24.000	18.000	12.000	6.000
Summe Zinsen	-	30.000	54.000	72.000	84.000	90.000

In der Summe hat hier die Gemeinde lediglich 90.000 € an Zinsen gegenüber 93.500 € bei Anwendung der Annuitätenmethode zu bezahlen, also 3.500 € weniger.

Allerdings bleibt bei dieser einfachen Betrachtungsweise der Aspekt der Kaufkraftveränderung unberücksichtigt. Dieses Problem wird ausführlich in Kap. 6 behandelt. Die Zahlungsströme, die bei den beiden Methoden in jährlich unterschiedlichen Höhen stattfinden,

Kostenrechnung in Kommunen 41

haben danach – bezogen auf einen festen Zeitpunkt – verschiedene Kaufkraftgrößen. Deshalb müssen die Zahlungsströme auf den gewählten Bezugszeitpunkt abgezinst bzw. diskontiert werden. Dies wird in Beispiel 3.12 dargestellt.

Beispiel 3.12:

1.) Ratendarlehen

Darlehensbetrag:	500.000 €
Zinssatz:	6 %
Laufzeit:	5 Jahre
Tilgung:	jeweils 100.000 € zum 31.12. des Jahres
Zinsfälligkeit:	31.12. des Jahres

Tabelle 3.11   Zinsen und Tilgung Ratendarlehen

Jahr	Stand Darlehen zum 31.12.	Tilgung	Zinsen	Σ Zahlung	Barwertfaktor	Barwert der Zahlung
0	500.000,00				1	500.000,00
1	400.000,00	100.000,00	30.000,00	130.000,00	0,943396226	-122.641,51
2	300.000,00	100.000,00	24.000,00	124.000,00	0,889996440	-110.359,56
3	200.000,00	100.000,00	18.000,00	118.000,00	0,839619283	-99.075,08
4	100.000,00	100.000,00	12.000,00	112.000,00	0,792093663	-88.714,49
5	0,00	100.000,00	6.000,00	106.000,00	0,747258173	-79.209,37
Σ		500.000,00	90.000,00	590.000,00		-0,01

2.) Annuitätendarlehen

Darlehensbetrag:	500.000 €
Zinssatz:	6 %
Laufzeit:	5 Jahre
Annuitätenfaktor gemäß Tab. 3.8:	0,2373964
Tilgung:	fällig zum 31.12. des Jahres
Zinsfälligkeit:	31.12. des Jahres

Tabelle 3.12   Zinsen und Tilgung Annuitätendarlehen

Jahr	Stand Darlehen zum 31.12.	Tilgung	Zinsen	Σ Zahlung (Annuität)	Barwertfaktor	Barwert der Zahlung
0	500.000,00				1	500.000,00
1	411.301,80	88.698,20	30.000,00	118.698,20	0,943396226	-111.979,43
2	317.281,71	94.020,09	24.678,11	118.698,20	0,889996440	-105.640,98
3	217.620,41	99.661,30	19.036,90	118.698,20	0,839619283	-99.661,30
4	111.979,43	105.640,98	13.057,22	118.698,20	0,792093663	-94.020,09
5	0,01	111.979,42	6.718,78	118.698,20	0,747258173	-88.698,19
Σ		499.999,99	93.491,01	593.491,00		0,01

Der Barwertfaktor (DFAKE, Tabelle 6.4) berücksichtigt die Veränderung der Kaufkraft. In 5 Jahren beträgt sie bei einem Zinssatz von 6 % nur noch ca. 75 % der heutigen Kaufkraft (vgl. Kap. 6). Damit ist die Summe der Barwertzahlungen in beiden Fällen nach Ablauf der Laufzeit ausgeglichen.

Wie Beispiel 3.12 zeigt, führen beide Methoden zum gleichen Ergebnis. Die Annuitätenmethode kann jedoch in Verbindung mit Tabelle 3.9 einfacher gehandhabt werden. Im Hinblick auf eine genaue Beachtung des Prinzips der Realbewertung (vgl. Abschn. 6.4.1 i.V.m. Abschn. 6.5.3) ist jedoch zu diskutieren, ob der Ansatz eines Zinssatzes von 6 % zur Abzinsung angemessen oder ggf. zu hoch ist.

Für überschlägige Berechnungen kann weiterhin die Halbwertmethode angewendet werden. Danach werden die Zinsen über die gesamte Laufzeit halbiert und der jährlichen Tilgung zugeschlagen:

Beispiel 3.13

Mit der Halbwertmethode ergibt sich für die Werte aus Beispiel 3.11 die Annuitätenrate AR von:

$$AR = \frac{500.000\ €}{5} + \frac{0,06}{2} \cdot 500.000\ € = 115.000\ €$$

gegenüber AR = 118.700 €.

Die Halbwertmethode wird mit zunehmender Laufzeit ungenauer.

3.2.4 Betriebsnotwendiges Kapital

In der Vergangenheit haben die Gemeinden zum Bau ihrer Abwasseranlagen Zuschüsse aus verschiedenen Quellen (Landesmittel, EU-Mittel etc.) erhalten. Dies gilt auch teilweise noch heute. Außerdem verlangen einige Gemeinden zum Bau beispielsweise eines Abwasserkanals in einer Straße einmalige Baukostenbeiträge (Beiträge) von den dortigen Anwohnern. Die Höhe der Beiträge ist in der Satzung geregelt und von Gemeinde zu Gemeinde unterschiedlich. Im Ergebnis haben die Gemeinden selbst weniger zu finanzieren.

Wie bereits in Abschn. 3.2.3 dargestellt wurde, sind die Gemeinden zur Erhebung von kalkulatorischen Zinsen im Rahmen der Ermittlung der Gebührenhöhe berechtigt, und zwar unabhängig davon, ob das Kapital eigen- oder fremdfinanziert ist. Allerdings ist dabei zu berücksichtigen, dass ggf. geflossene Zuwendungen (Beiträge, Zuschüsse) zinsmindernd angesetzt werden müssen, weil sonst zum Beispiel ein Bürger Zinsen auf Kapital in Form von Gebühren zahlen müsste, das er selbst in Form von Beiträgen bereits aufgebracht hat. Dies führt zu dem Begriff des „betriebsnotwendigen Kapitals " (BnK).

Mit dem betriebsnotwendigen Kapital wird der Buchwert der Anlagen abzüglich der geflossenen Zuwendungen dargestellt. Dabei ist zu berücksichtigen, dass sich der Buchwert jährlich um den Betrag der Abschreibung reduziert. Die Abschreibung aber wird auf die Anschaffungs- und/oder Herstellungskosten abgestellt. Insofern würde, wenn die Zuwendungen zur Ermittlung des BnK gleich bei der Herstellung und vollständig vom Buchwert abgezogen würden, das BnK nach einer bestimmten Zeit negativ werden, wie auch Beispiel 3.14 zeigt.

Beispiel 3.14:

Gegeben ist ein Kanal, der in 2001 für 1.000.000 € gebaut wurde. Die Gemeinde hat 700.000 € an Zuwendungen erhalten, die zur Ermittlung des BnK sofort abgesetzt werden sollen. Die Abschreibungszeit beträgt 50 Jahre. Gesucht sind der Buchwert und das BnK nach 30 Jahren. Die Abschreibung beginnt in 2001.

Lösung: In 2030 sind 30 Jahre vergangen. Die kumulierten Abschreibungen (Abschreibungssumme) betragen

$$\frac{1.000.000\ €}{50\ \text{Jahre}} \cdot 30\ \text{Jahre} = 600.000\ €$$

Der Buchwert beträgt also 400.000 € in 2030.

Bei sofortiger Absetzung der Zuwendungen betrüge das BnK in 2001

$$1.000.000\ € - 700.000\ € = 300.000\ €$$

In 2030 betrüge damit das BnK

$$300.000\ € - 600.000\ € = -300.000\ €$$

Das BnK wäre negativ.

Ein sinnvoller Ansatz, diese offensichtlich sinnleere Verfahrensweise zu umgehen, ist die kontinuierliche Auflösung der Zuwendungen mit der Zeit. Dabei werden die Zuwendungen über die Nutzungsdauer „abgeschrieben" und somit das BnK nicht im Jahr des Zuwendungsflusses vollständig, sondern kontinuierlich reduziert.

Die Formel zur Berechnung des BnK lautet:

$$BnK(t) = (AHK - Z)(1 - \frac{t}{n}) \qquad (3.3)$$

mit: AHK: Anschaffungs- und/oder Herstellungskosten in €
Z: Zuwendungen in €
n: Nutzungsdauer in Jahren
t: Alter in Jahren

Beispiel 3.15:

Gegeben ist ein Kanal, der in 2001 für 1.000.000 € gebaut wurde. Die Gemeinde hat 700.000 € an Zuwendungen erhalten, die zur Ermittlung des BnK mit der Nutzungsdauer aufgelöst werden sollen. Die Abschreibungszeit beträgt 50 Jahre. Gesucht sind der Buchwert und das BnK nach 30 Jahren. Die Abschreibung beginnt in 2001.

Lösung: In 2030 sind 30 Jahre vergangen. Die kumulierten Abschreibungen (Abschreibungssumme) betragen

$$\frac{1.000.000\ €}{50\ \text{Jahre}} \cdot 30\ \text{Jahre} = 600.000\ €$$

Der Buchwert beträgt also 400.000 € in 2030.

Das BnK beträgt

$$\text{BnK}(30) = (1.000.000\ € - 700.000\ €) \cdot (1 - \frac{30}{50}) = 120.000\ €$$

Nach 50 Jahren ist das Anlagegut vollständig abgeschrieben, die Zuwendungen sind aufgelöst und sowohl Restbuchwert als auch BnK sind gleich Null.

Auf das so ermittelte BnK sind nun die kalkulatorischen Zinsen im Hinblick auf die Ermittlung der Gebührenhöhe anzusetzen.

> Anmerkung: Diese Verfahrensweise ist nicht in jeder Gemeinde üblich und muss im Einzelfall hinterfragt werden.

3.2.5 Haushaltsplan

So wie für die Abwasserbeseitigung eine Einnahmen-Ausgaben-Rechnung vorgenommen wird (vgl. Abschn. 3.1.2), stellen alle Bereiche des kommunalen Haushalts ihre Berechnungen auf. Dies führt zu dem Gesamthaushalt in kameralistischer Form, also in Form der gesamten Einnahmen-Ausgaben-Rechnung. Es wird dabei zwischen dem Verwaltungshaushalt und dem Vermögenshaushalt unterschieden.

Die Kommune beschließt den Haushaltsplan über den Haushaltsaus- oder Wirtschaftsausschuss und dann bei im Rahmen einer Ratssitzung für ein Jahr (bzw. zum Beispiel einen Doppelhaushalt für zwei Jahre). Sowohl beim Verwaltungshaushalt als auch beim Vermögenshaushalt gilt, dass unabhängig voneinander die Einnahmen in der Höhe den Ausgaben entsprechen müssen.

Im Rahmen der Ratssitzung werden weiterhin unter anderem

– die Festsetzung der Kreditaufnahme für Investitionen im Vermögenshaushalt,
– die Festsetzung der Kassenkredite (vgl. Überziehungskredit beim Girokonto),
– die Festsetzung der Verpflichtungsermächtigungen (2002 Auftrag erteilt, aber erst in 2003 bezahlen, muss bereits im Haushalt 2002 berücksichtigt werden)

festgesetzt.

Vermögenshaushalt . Im Vermögenshaushalt werden alle Positionen aufgeführt, die das Vermögen (vgl. Abschn. 3.1.4) der Gemeinde betreffen:

– Einnahmen z.B. aus:
  – Krediten, Beiträgen, Zuschüssen etc.
  – Kalkulatorischen Abschreibungen (z.B. auch aus Einzelplan 7000)

Während die Beiträge etc. klar als Vermögen erhöhende Einnahmen zu erkennen sind, stellen die kalkulatorischen Abschreibungen im Vermögenshaushalt als Durchlaufposten ebenfalls eine Einnahme dar. Dies wird im folgenden Abschnitt detailliert erläutert.

Im Einzelplan 7000 des Haushaltsplans wird die Abwasserbeseitigung aufgeführt.

- Ausgaben z.B. für:
  - Baumaßnahmen
  - Tilgung von Krediten

Insgesamt muss der Vermögenshaushalt gedeckt sein, das heißt, die Einnahmen müssen den Ausgaben entsprechen. Die Korrektur erfolgt ggf. durch eine Kreditaufnahme, die genehmigungspflichtig ist und eventuell die Obergrenze der Verschuldung erreicht.

Verwaltungshaushalt . Im Verwaltungshaushalt, der ebenso wie der Vermögenshaushalt gedeckt sein muss, werden sämtliche „laufenden" Kosten, Einnahmen und Ausgaben geführt. Es sind dies:

- Einnahmen z.B. aus:
  - Steuern, Gebühren etc.

- Ausgaben z.B. für:
  - Personal
  - Bewirtschaftung
  - Zinsen

Auch hier sind die Einnahmen der Höhe nach so hoch wie die Ausgaben. Da aber in den vereinnahmten Gebühren zum Beispiel der Abwasserbeseitigung auch die kalkulatorischen Abschreibungen stecken, die in den Vermögenshaushalt gehören, müssen diese in den Vermögenshaushalt überführt werden. Würde dies nicht geschehen, würde das Vermögen „verfrühstückt" werden. Diese Zuführung soll der Ansammlung von Rücklagen dienen, die mindestens so hoch sein soll wie die aus speziellen Entgelten gedeckten Abschreibungen (§ 22 GemHVO (Gemeindehaushaltsverordnung)).

Es ist das naturgemäße Ziel des Leiters der Kämmerei einer Gemeinde, des so genannten Kämmerers , die kalkulatorischen Abschreibungen hoch zu halten (Abschreibung auf Wiederbeschaffungswerte, kurze Abschreibungszeiten). Er kann dann nur die wirklich erforderlichen Beträge in den Vermögenshaushalt überführen, und ggf. den Rest im Teilplan 9 (Allgemeine Finanzwirtschaft) für allgemeine Dinge verwenden.

Weiterhin besteht grundsätzlich die Möglichkeit, mit den Abschreibungen im Vermögenshaushalt zum Beispiel auch unrentable Investitionen wie Kindergärten oder Schwimmbäder zu tätigen. Unrentabel heißt in diesem Zusammenhang, dass die Erlöse der Betriebe (hier bei Kindergärten Beiträge der Eltern und bei Schwimmbädern Eintrittsgelder) die Kosten nicht decken.

Auch beim Einzelplan 7000 (Abwasserbeseitigung) müssen die Einnahmen der Höhe nach den Ausgaben entsprechen. Es gilt das Kostendeckungsprinzip (Kommunalabgabengesetz).

Die kalkulatorischen Zinsen ergeben sich aus dem betriebsnotwendigen Kapital BnK in Verbindung mit einem kalkulatorischen Zinssatz. Die kalkulatorischen Abschreibungen ergeben sich aus der Anlagenkartei.

Der Geldfluss ist in Abb. 3.1 schematisch dargestellt.

	Verwaltungshaushalt		Vermögenshaushalt	
	Einnahmen	Ausgaben	Einnahmen	Ausgaben
EP 7	Gebühren	Betriebskosten Kalk. Zinsen Kalk. Abschreibung		
EP 9	Kalk. Zinsen Kalk. Abschreibung	Tats. Zinszahlung Kalk. Abschreibung	Kalk. Abschreibung	Tilgung von Krediten

Abb. 3.1   Geldfluss der Einnahmen und Ausgaben der Abwasserbeseitigung

Die Abwassergebühren werden als Einnahme in Einzelplan 7 (EP 7) des Verwaltungshaushalts gebucht. Als Ausgaben werden die einzelnen Kostenarten wie zum Beispiel die Betriebskosten direkt dort verbucht. Auch die kalkulatorischen Kosten sind Ausgaben im EP 7 des Verwaltungshaushaltes, verbleiben aber im Haushalt und werden im EP 9 (Finanzverwaltung) des Verwaltungshaushalts als Einnahme gebucht. Auf der Ausgabenseite des EP 9 stehen dann die tatsächlichen Zinszahlungen, die die Gemeinde an die Kreditinstitute zu leisten hat sowie wiederum die kalkulatorischen Abschreibungen, die, wie oben dargestellt, zum Vermögenshaushalt zählen und dort als Einnahme gebucht werden. Dem gegenüber stehen als Ausgaben tatsächliche Kredittilgungen.

3.2.6 Entgelte, Gebühren und Preise

Entgelte sind bei öffentlich-rechtlicher Gestaltung des Nutzungsverhältnisses Benutzungsgebühren (Gebühren) und Anschlussbeiträge (Beiträge) sowie bei privatrechtlicher Gestaltung privatrechtliche Entgelte (Preise) und Baukostenzuschüsse.

Gebühren bzw. Preise sind die sich aus den jährlichen Kosten für die Abwasserbeseitigung ergebenden Beträge, die auf einen Kostenträger verteilt werden. Früher wurde vielfach als Kostenträger ein Einwohner (E) bzw. Einwohnergleichwert (EGW) verwendet (€/E). Damit zahlte jeder Bürger einen feststehenden Betrag pro Jahr unabhängig von seiner tatsächlichen Abwasserproduktion. Heute wird als Kostenträger zumeist der m^3 Frischwasserbezug verwendet (€/m^3). Damit wird eine Nutzungsmengenabhängigkeit eingeführt. Der Grund für die Verwendung der Frischwassermenge liegt darin, dass sie über das Wasserversorgungsunternehmen ohnehin gemessen wird, wo hingegen die Abwassermenge nicht erfasst wird. Es wird also stillschweigend von einer Übereinstimmung der Mengen ausgegangen. Ausnahmen werden in der Rechtsprechung geregelt und hier nicht weiter diskutiert.

3.2.7 Rechtliche Grundlagen der Entgeltberechnung

Die rechtlichen Grundlagen der Entgeltberechnung finden sich in den Kommunalabgabengesetzen (KAG) der Länder. Auf deren Grundlage sind wiederum die Entgeltsatzungen der Abwasserbeseitigungspflichtigen (z.B. Gemeinden) erlassen. Da durch die rechtliche Gestaltung der Abwasserbeseitigung der Anschluss- und Benutzungszwang (vgl. Abschn. 2.1) gegeben ist, kommt der verwaltungsrechtlichen Klarheit der Regelungen eine besondere Bedeutung zu (Gebührengerechtigkeit). Die Satzungen vieler Gemeinden wurden von Verwaltungsgerichten verworfen. Drei Grundsätze sind nach KAG als wesentliche Eckpfeiler bei der Ermittlung der Benutzungsgebühren und Beiträge zu beachten (nach Bäumer, 2001):

- Das Kostendeckungsprinzip besagt, dass das Gebührenaufkommen einer Kommune die Kosten nicht übersteigen darf, die durch die Einbringung ihrer Leistungen – hier die Abwasserbeseitigung – entstehen. Des Weiteren ist die Gebühr so zu kalkulieren, dass kein Fehlbedarf entsteht.
- Das Äquivalenzprinzip soll sicherstellen, dass die Gebührenhöhe der tatsächlichen Leistungsinanspruchnahme entspricht. Das heißt, dass jeder Nutzer so viel Gebühren zu zahlen hat, wie anteilige Kosten für die Entsorgung seines Abwassers entstehen.
- Der Grundsatz der Verhältnismäßigkeit bedeutet, dass die Höhe der Gebühr auf das Zumutbare zu begrenzen ist.

In Einzelfällen wurden auch privatrechtliche Regelungen mit privatrechtlichen Entgelten getroffen.

Die Kommunalabgabengesetze sehen eine Entgeltkalkulation auf betriebswirtschaftlicher Grundlage, nach betriebswirtschaftlichen Grundsätzen oder auf der Grundlage von Kostenrechnungen vor. Als bundesrechtliche Grundlagen können

- der Entwurf einer Kostenrechnungsrichtlinie der Innenministerkonferenz, der 1979 erarbeitet worden ist und verbindlich nur im Saarland eingeführt wurde sowie
- die Empfehlungen der ATV für die Entgeltkalkulation aus 1996

angesehen werden. Allerdings haben diese Vorschläge keine verbindliche Rechtswirkung.

3.2.8 Abschreibungsrechnung bei der Abwasserbeseitigung

Für die Kalkulation von Abschreibungen bezüglich der Wertbasis (vgl. Abschn. 3.1.1) gibt es ausdrückliche gesetzliche Bestimmungen. Eine Kalkulation ausschließlich auf der Grundlage der Anschaffungs- und Herstellungskosten ist zulässig in Baden-Württemberg, Bayern, Rheinland-Pfalz und Sachsen-Anhalt. In allen anderen Ländern sind die Wiederbeschaffungszeitwerte als Grundlage zulässig. Trotzdem wird auch hier zumeist von den Anschaffungs- und Herstellungskosten abgeschrieben.

Da die kalkulatorischen Kosten (Abschreibungen und Zinsen) teilweise mehr als 50 % der Gesamtkosten für die Abwasserbeseitigung ausmachen, und da wiederum in der Regel die kalkulatorischen Abschreibungen den größeren Teil in Anspruch nehmen, kommt ihnen eine besondere Bedeutung zu (insbesondere auch dem planenden Ingenieur, der mit der Planung und damit mit den Herstellungskosten die kalkulatorischen Kosten nachhaltig beeinflusst). Für die Höhe der Kapitalkosten sind mit der Abschreibungsmethode (linear, degressiv), dem Abschreibungszeitraum und der Bemessungsgrundlage bei der Ermittlung der kalkulatorischen Abschreibungen (s.o.) sowie dem Zinssatz insgesamt vier Faktoren entscheidend.

Grundsätzlich werden nach Bäumer (2001) hinsichtlich des Abschreibungszeitraums die folgenden Sachverhalte unterschieden:

- Die technische Nutzungsdauer entspricht dem Zeitraum, in dem ein Anlagenteil physikalisch die erforderliche Funktion gewährleisten kann und lässt sich bei komplexeren Anlagen mit einer ausreichenden Instandhaltung bis ins Unendliche verlängern.
- Die wirtschaftliche Nutzungsdauer ist der Zeitraum von der Anschaffung bis zu dem durch Wirtschaftlichkeitsgesichtspunkte begründeten Ersatz eines Anlagenteils und entsprechend dieser Definition stets kleiner oder höchstens gleich der technischen Nutzungsdauer.
- Die verfahrenstechnische Nutzungsdauer wurde als Begriff unter dem Eindruck der mehrfachen Verschärfung der Reinigungsanforderungen an kommunale Kläranlagen in der Vergangenheit geprägt und beschreibt, dass eine Verkürzung der Nutzung unter die wirtschaftliche Nutzungsdauer aus der Steigerung umweltrechtlicher Anforderungen resultieren kann.

Die tatsächlichen Ansätze für die Nutzungsdauern sind höchst unterschiedlich. Die Spielräume, die die Länderarbeitsgemeinschaft Wasser (LAWA) vorgibt (vgl. Tabelle 3.13) sind groß. Es kann gezeigt werden, dass zum Beispiel eine Erhöhung der Nutzungsdauer um 20 % die kalkulatorischen Abschreibungen um 20 % (bezogen auf das Ergebnis) verringert.

Beispiel 3.16:

Ein Pumpwerk wurde für 60.000 € hergestellt. Die gewählte Nutzungsdauer beträgt 10 Jahre. Bei linearer Abschreibung auf die Anschaffungs- und/oder Herstellungskosten werden jährlich 6.000 € abgeschrieben.

Wird die Nutzungsdauer um 50 % auf 5 Jahre gesenkt, betragen die jährlichen Abschreibungen 12.000 €, bezogen auf den Endwert (12.000 €) also 50 % mehr als zuvor.

Wird die Nutzungsdauer um 20 % auf 12 Jahre verlängert, betragen die jährlichen Abschreibungen 5.000 €, also ebenfalls bezogen auf den Endwert (5.000 €) 20 % weniger als zuvor.

Bei einer organisatorischen Verselbstständigung des Abwasserbetriebes (z.B. Bildung eines Eigenbetriebes) wird häufig eine Neubewertung des Vermögens vorgenommen. Dieser Neuwert wird als Anschaffungswert für die Zukunft festgelegt. Dies entspricht dann einer einmaligen Zugrundelegung des Wiederbeschaffungswertes.

Tabelle 3.13   Nutzungsdauerangaben für abwassertechnische Anlagen nach LAWA

Nr.	Art der Anlagen	Durchschnittliche Nutzungsdauer in Jahren
1	**Abwasserableitung**	
	Kanäle	50 - 80 (100)
	Kanalisationsschächte	50
	Druckrohr- und Dükerleitungen	30 - 50
	Offene Gräben	20 - 33
	Regenüberlaufbauwerke, Regenbecken	
	baulicher Teil	(40) 50 - 70
	maschineller Teil (je nach Ausrüstung)	5 - 20
	Pump- und Hebewerke	
	baulicher Teil	25 - 40
	maschinelle Einrichtungen: Schneckenpumpen	14 - 20
	sonstige Pumpen in Dauerpumpwerken	8 - 12
	Hochwasserpumpen	20 - 40
	Grundstücksanschlusskanäle	50 – 80 (100)
	Straßenabläufe einschl. Anschlusskanäle	40 - 80
	sonst. maschinelle Kanalnetzeinrichtungen (z.B. Schieber, Pegel)	20 - 40
	Druck- und Unterdruckentwässerungssysteme	40
	Hausanschlussschächte	(30) 40 (50)
	Unterdruckbehälter	25 - 40
	Schmutzwasserpumpen von Druckentwässerungssystemen	20 - 25
	Vakuumpumpen von Unterdruckentwässerungssystemen	8 – (20)
	pneumatisch gesteuerte Membranabsaugventile	(25) 30 (50)
	Versickerungssysteme für Regenwasser	(15) 20 - 30
	Spezialfahrzeuge (wie Benzinabscheider-, Fäkalien-, Hochdruckspül-, Schlammsaug- und Straßenablauffreinigungswagen)	7 - 10
2	**Abwasserbehandlung (Kläranlagen)**	
	Bauwerke von Großanlagen in aufgelöster Bauweise (Rechenbauwerk, Sandfang, Vorklär-, Belebungs-, Nachklärbecken, Maschinenhaus, Pumpenschächte) bzw. Kompaktform	25 - 40
	Kleinere Anlagen in Kompaktform	20 - 25
	maschineller Teil der Rechenanlage	10 - 14
	des Sandfanges	8 - 12
	des Absetz- und Nachklärbeckens	12 - 20
	der Belebungsanlage mit Oberflächenbelüfter	10 - 20
	mit Druckbelüftung	12 - 20
	der Tropfkörperanlage	20 - 25
	Oxidationsgräben in Betonkonstruktion und Abwasserteiche	25
	Pflanzenbeete	(10) - 15

Tabelle 3.13   Fortsetzung

3	Elektrische Verteilungs- und Krafterzeugungsanlagen Schaltanlagen für Licht und Kraft, Dynamomaschinen,	
	Elektromotoren	17 - 25
	Transformatoren	17 - 33
	Kabelleitungen (erdverlegt)	33 - 50
	Notstromaggregate	10 - 20
4	Mess- und Steuereinrichtungen	8 - 12
5	Schlammbehandlung	
	Schlammförderung	20
	Eindicker	
	baulicher Teil	30 - 40
	maschineller Teil	12 - 20
	Dosier-Misch-Einrichtung, Chemikalienbehälter	15
	Faulräume	
	baulicher Teil: Betonkonstruktion	30 - (50)
	Stahlkonstruktion	15 - 25
	maschineller Teil	10 - 20
	Maschinelle Schlammentwässerung durch	
	Zentrifugen, Seperatoren, Siebbandpressen	10 - 14
	Kammerfilterpressen	18 - 25
	natürliche Schlammentwässerung	30 - 40
6	Klärgasspeicherung und -verwertung	
	Entschwefler, Gasgeräte, Rohre, Gasfackel, Heizungsanlage, Abgas- und Abwärmsystem	(8) - 15
	Gasbehälter	17 - 25
	Gasmaschinenanlage	20 - 25
	HD-Gasverdichter	10
	Wärmepumpen	14
7	Betriebsgebäude einschl. Werkstätten, Garagen etc.	33 - 50
8	Schaltwarte	10 - 25
9	Kleinkläranlagen (Abwasseranfall < 8 m³/d), nach DIN 4261	10 - 15
10	Pflanzenkläranlagen	10 - 15
11	Sandfilteranlagen	8 - 12

3.2.9 Zinsberechnung bei der Abwasserbeseitigung

Bei den Zinsen sind die Kalkulationen entweder auf der Grundlage der tatsächlichen Zinsen (effektive Fremdkapitalzinsen sowie angemessene Zinsen auf das Eigenkapital) oder kalkulatorische Zinsen möglich.

Bei kostenrechnenden Einrichtungen im Haushalt sind grundsätzlich nur kalkulatorische Zinsberechnungen möglich, weil die tatsächlichen Kreditkonditionen, die den Anlagen im Detail zuzuordnen sind, nicht bekannt sind. Die Kredite wurden zu verschiedenen Zeiten mit verschiedenen Zinssätzen aufgenommen. Außerdem wurden u.U. Umbuchungen und Umschuldungen vorgenommen.

Die Berechnung der kalkulatorischen Zinsen ist grundsätzlich auf den Buchwert, nicht auf den Wiederbeschaffungswert, abzustellen. Hinsichtlich der Auflösung von Zuwendungen (vgl. Abschn. 3.2.4) gibt es unterschiedliche Verfahrensweisen in den Ländern.

3.2.10 Gesplitteter Maßstab

Soweit die zentralen Abwasseranlagen im Trennsystem geführt werden, stellt die gesonderte Kalkulation für Schmutzwasser und Niederschlagswasser in der Regel kein Problem dar. Es gibt vereinzelte Aussagen von Verwaltungsgerichten, die in diesen Fällen getrennte Kostenrechnungen und Entgeltgestaltungen (gesplitteter Maßstab) für zwingend halten.

Bei Anlagen im Mischsystem ist eine rechnerische Trennung gemeinsam genutzter Anlagen für getrennte Kalkulationen erforderlich. Das Bundesverwaltungsgericht hält getrennte Entgelte nicht für notwendig, wenn der Kostenanteil für die Niederschlagswasserbeseitigung an den Gesamtkosten nur 12 % beträgt. Eine getrennte Gestaltung ist vorzunehmen, wenn der Anteil 18 % und mehr beträgt.

Hinsichtlich der Aufteilung der Kosten gibt es keine festen Regeln. Es ist jedoch üblich, das „Verhältnis der Kosten selbstständiger Anlagen" anzuwenden. Dazu muss festgestellt werden, welche Kosten/Aufwendungen für eine Schmutzwasseranlage (selbstständig) sowie für eine Niederschlagswasserbeseitigungsanlage, hier die Straßenentwässerung, (selbstständig) daneben entstehen würden. Praktisch wird das Mischsystem in ein Trennsystem umgerechnet. Da im Gesamtergebnis ca. 40 % bis 60 % der Kosten für das Niederschlagswasser anfallen und somit die 18 % überschritten sind, muss wohl grundsätzlich von der Verpflichtung zur Ermittlung von gesplitteten Entgelten ausgegangen werden.

3.2.11 Verschmutzungsgrad

Für die Berücksichtigung des Verschmutzungsgrades bei der Entgeltberechnung gibt es weder gesetzliche noch von der Rechtsprechung gesetzliche Mindestrahmen. Grundsätzlich sind alle erheblichen Einflüsse zu berücksichtigen. Die „Erheblichkeit" wird im Abgabenrecht mit Einflüssen von mehr als 10 % übersetzt.

Wenn also der Entgeltsatz durch die Einführung eines Verschmutzungszuschlags um mehr als 10 % sinkt, kann davon ausgegangen werden, dass die Berücksichtigung des Verschmutzungsgrades erforderlich ist.

Allerdings ist die Diskussion über die zutreffende Bemessung des Verschmutzungsgrades (CSB, BSB, P, N oder das Kohlenstoff-Stickstoffverhältnis bzw. verschiedene Kombinationen daraus) derzeit noch offen.

3.2.12 Kostendeckung

Nach allen Kommunalabgabengesetzen gilt der Kostendeckungsgrundsatz . Hinsichtlich der Abschreibungen wird diesbezüglich auf Abschn. 3.2.8 verwiesen. Grundsätzlich sollen sämtlich Kosten auf die Nutzer umgelegt werden. Gewinne dürfen nicht erwirtschaftet werden. Zur Kostendeckung gehört auch, dass Kalkulationen über einen mittelfristigen Zeitraum (maximal 3 bis 5 Jahre) zulässig sind und dass die kurzfristig aufgetretenen Überschüsse und Fehlbeträge nachträglich verrechnet werden können.

Hinsichtlich ungenutzter Kapazitäten der Abwasserbeseitigungsanlage sind deren Kostenanteile nicht entgeltfähig, wenn der Einfluss auf die Gebührenhöhe „erheblich" ist (vgl. Abschn. 3.2.11). Wenn also der Kostenanteil der ungenutzten Kapazitäten den Gebührensatz nicht um mehr als 10 % erhöht, ist die Übernahme durch die heutigen Gebührenschuldner zumutbar. Die Berechnung muss aber ggf. auch für einzelne Anlagenteile durchgeführt werden.

3.2.13 Einfluss von Beiträgen auf die Gebühren

Werden die beitragsfinanzierten Teile bei der Gebührenberechnung nicht entsprechend mindernd berücksichtigt (vgl. Abschn. 3.2.4), kommt es zur Doppelfinanzierung in der ersten Generation. Die Länder verfahren hier höchst unterschiedlich. In Baden-Württemberg, Bayern und Rheinland-Pfalz ist die Gebühren mindernde Auflösung der Beiträge verbindlich vorgeschrieben. In NRW und Schleswig-Hostein ist dies dagegen nicht zulässig. In allen anderen Ländern sind die Regelungen offen.

Unabhängig davon ist es in den meisten Gemeinden üblich, die Gebühren mindernde Auflösung der Beiträge, zumindest im Hinblick auf die Ermittlung der kalkulatorischen Zinsen, zu praktizieren.

Grundsätzlich ist bei Entgeltvergleichen zu berücksichtigen, dass bei sonst gleichen Verhältnissen in einer Gemeinde, die Beiträge erhebt, geringere Gebühren zu erwarten sind als bei einer Gemeinde, die keine Beiträge erhebt.

3.2.14 Betriebsabrechnung in der Praxis

In Tabelle 3.14 ist beispielhaft die Betriebsabrechnung für den Bereich Schmutzwasser einer Gemeinde für ein Berechnungsjahr dargestellt.

In der Kostenartenrechnung werden die einzelnen, direkt im Zusammenhang mit der Abwasserbeseitigung stehenden Kosten, aufgeführt. Die kalkulatorischen Kosten nehmen dabei mehr als die Hälfte der insgesamt auftretenden Kosten in Höhe von 2.033.012,17 € in Anspruch.

In der Kostenstellenrechnung werden die Kosten, die an anderer Stelle als auf der Kläranlage oder im Kanalnetz auftreten, erfasst. Es handelt sich um Entgelte für Dienstleistungen, die die einzelnen Ämter für die Abwasserbeseitigung erbringen. Die Entgelte fließen nicht in Form von Geld, sondern sind interne Verrechnungen.

Von den so ermittelten Gesamtkosten werden die Erlöse, die im Zusammenhang mit der Abwasserbeseitigung erzielt werden, abgesetzt. Die Summe der bereinigten Kosten beträgt 2.272.840,80 €. Da im Vorjahr auf Grund nicht kostendeckender Gebühren 52.565,87 € zu wenig eingenommen wurden, muss dieser Betrag in diesem Jahr angesetzt werden. Insgesamt ist also eine Kostensumme in Höhe von 2.325.406,67 € zu verteilen.

Bei einem Jahreswasserverbrauch an Trinkwasser, dessen Menge als Kostenträger dienen soll, beträgt der Kostenträgersatz 2,445 €/m³. Da die Abwassergebühr lediglich 2,05 €/m³ beträgt, ergibt sich also für das Berechnungsjahr eine Unterdeckung in Höhe von 376.428,67 € entsprechend 16,2 %, die wiederum im nächsten Jahr kostenmäßig anzusetzen sind. Eine Erhöhung der Gebühr ist aus betriebswirtschaftlicher Sicht sinnvoll.

Zur Vertiefung der Thematik soll eine vereinfachte Gebührenbedarfsberechnung durchgeführt werden.

Tabelle 3.14   Betriebsabrechnung Schmutzwasser

Nr.	Bezeichnung	Betrag in €	Summe in €
A.	Kostenartenrechnung		
1.	Personalaufwand		
	Gesamtaufwand Klärwärter	278.403,48	
	Aufwand Abwasserkataster	25.473,28	303.876,67
2.	Sachkosten		
2.1	Unterhaltung		
	Grundstücke und bauliche Anlagen	9.039,61	
	sonstiges unbewegliches Vermögen	358.018,34	
	Beschaffung Gegenstände	3.124,00	370.181,95
2.2	Bewirtschaftung		252.071,58
2.3	Abwasserabgabe		43.110,00
2.4	Sonstige Kosten		
	Bekanntmachungen	1.591,56	
	Reisekosten	1.178,24	
	Bürobedarf	2.433,24	
	Gerichts- und ähnliche Kosten	216,15	
	Bücher / Zeitschriften	160,82	
	Post- und Telefongebühren	2.601,78	8.181,79
2.5	Vermischte Ausgaben		945,50

Tabelle 3.14 Fortsetzung

3.		Kalkulatorische Kosten		
		Abschreibungen	757.706,15	
		Verzinsung (6 %)	296.938,44	1.054.644,59
		Summe Kostenartenrechnung		2.033.012,17
	B.	Kostenstellenrechnung		
	1.	Summe Kostenartenrechnung		2.033.012,17
	2.	Verwaltungskostenerstattungen		
	2.1	Finanzverwaltung	113.130,41	
	2.2	Umweltamt	1.709,36	
	2.3	Bauverwaltung	102.287,59	
	2.4	Bauhof	42.558,00	
	2.5	Fuhrpark	14.255,20	273.940,56
		Summe Kostenstellenrechnung		2.306.952,73
	C.	Absetzung sonstiger Einnahmen		
		Stromverkauf	2.876,93	
		Mieten Dienstwohnungen	13.769,03	
		Zinsen gestundeter Beiträge	1.811,50	
		Ersatz von sächlichen Kosten	12.850,43	
		Kostenerstattungen aus anderen Abschnitten des Haushaltsplans	2.804,04	34.111,93
		Summe bereinigte Kosten		2.272.840,80
	D.	Zurechnung Unterdeckung		
		Unterdeckung des letzten Jahres		52.565,87
		Kostenmasse, zu verteilen		2.325.406,67
	E.	Kostenträgerrechnung		
		Abgerechneter Jahreswasserverbrauch im Berechnungsjahr: 950.721 m³		
		2.325.406,67 € / 950.721 m³ = 2,445 €/m³		
	F.	Unterdeckung im Berechnungsjahr		
	1.	Ergebnis laut vorstehender Kostenrechnung		2.325.406,67
	2.	tatsächliches Ergebnis nach dem Satz im Berechnungsjahr		
		950.721 m³ x 2,05 €		1.948.978,00
		Unterdeckung im Berechnungsjahr:		376.428,67
		Unterdeckung in % : 16,2		

Beispiel 3.17:

Für die „Altstadt" ist die Gebührenbedarfsberechnung für 2003 zu erstellen. Aktueller Stand: 31.12.2002.

Gegeben:

A Anlagenkartei

Tabelle 3.15 Ausschnitt Anlagenkartei

	Bau	Baujahr	Baukosten in € einschließlich MwSt.	Zuwendungen in €
1	Kanal	1979	179.000	117.000
2	Kanal	1983	13.215.000	2.080.000
3	Kanal	1987	381.000	20.000
4	Kanal	1992	571.000	87.000
5	Grundstück	1970	121.000	-
6	Becken	1972	52.000	23.000
7	Becken	1982	382.500	160.000
8	Maschinen	1982	212.100	108.000
9	Becken	2000	3.708.000	1.221.000
10	Maschinen	2000	2.362.000	891.000

B Nutzungsdauern

Kanal: 50 Jahre
Becken: 25 Jahre
Maschinen: 10 Jahre

C Kapitalbedingungen

Beginn Verzinsung und Abschreibung im Folgejahr des Baus
Zinssatz der Altstadt: 7,5 %

D Betriebskosten 2002

Tabelle 3.16 Ausschnitt Betriebskostenabrechnung

Kostenart	€/a
1 Mitarbeiter	72.000
1 Mitarbeiter	58.000
Unterhaltung	218.000
Bewirtschaftung	178.000
Abwasserabgabe	58.000
Sonstiges	60.000

E Frischwasserbezug 2002: 685.766 m³

F Aufgabe: Anlagenkartei 2002 mit Restbuchwert und BnK
Gebührenkalkulation 2003

Lösung:

Die jährlichen Abschreibungen für Pos. 1 betragen 179.000 € / 50 Jahre = 3.580 €/a.
Der Restbuchwert für Pos. 1 beträgt 179.000 € abzgl. 23 Jahre mal 3.580 € = 96.660 €.
Das betriebsnotwendige Kapital berechnet sich nach

$$BnK(t) = (AHK - Z)(1 - \frac{t}{n}) \tag{3.3}$$

zu $\text{BnK}(23) = (179.000 - 117.000) \cdot (1 - \frac{23}{50}) = 33.480$ €

Insgesamt ergibt sich die folgende Anlagenkartei:

Tabelle 3.17 Ausschnitt Anlagenkartei mit BnK

Anlage	Alter	Abschreibungen in €	Restbuchwert in €	BnK in €
1	23	3.580	96.660	33.480
2	19	264.300	8.193.300	6.903.700
3	15	7.620	266.700	252.700
4	10	11.420	456.800	387.200
5	32	-	121.000	121.000
6	30	-	1	1
7	20	15.300	76.500	44.500
8	20	-	1	1
9	2	148.320	3.411.360	2.288.040
10	2	236.200	1.889.600	1.176.800
Summe		686.740	14.511.922	11.207.422

Die kalkulatorischen Abschreibungen, die in die Gebührenkalkulation einfließen, betragen laut Anlagenkartei 686.740 €/a. Der Restbuchwert beträgt 14.511.922 € und das betriebsnotwendige Kapital BnK 11.207.422 €. Die kalkulatorischen Zinsen sollten sich auf das BnK beziehen, also 7,5 % von 11.207.422 € = 840.557 €.

Die übrigen Kostenarten müssen für das folgende Jahr nach Erfahrungen und Erwartungen geschätzt werden. Es ergibt sich die folgende Gebührenkalkulation für 2003:

Tabelle 3.18 Gebührenkalkulation

Kostenart	Betrag in €
Personal	150.000
Unterhaltung	240.000
Bewirtschaftung	196.000
Abwasserabgabe	70.000
Sonstiges	66.000
Kalkulatorische Abschreibungen	686.740
Kalkulatorische Zinsen	840.557
Summe Kostenarte nrechnung	2.249.297

Bei angenommenem konstanten Wassergebrauch beträgt die kostendeckende Gebühr:

$$\frac{2.249.297 \text{ €}}{685.766 \text{ m}^3} = 3,28 \text{ €} / \text{m}^3$$

3.2.15 Besondere Aspekte der Gebührenkalkulation

Angemessenheit der Berechnungsansätze für kalkulatorische Kosten. Die Kommunalabgabengesetze der Länder fordern unter anderem die Erhebung kostendeckender Benutzungsgebühren für die kommunalen Entwässerungseinrichtungen. Hierzu ist die Ermittlung des Gebührenbedarfs nach betriebswirtschaftlichen Grundsätzen durchzuführen, und es sind die ansatzfähigen Kosten zugrunde zu legen. Wesentliche Bestandteile des Gebührenbedarfs sind die kalkulatorischen Kosten in Form von angemessenen Abschreibungen, die den Nutzungsdauern umgekehrt proportional sind, und einer angemessenen Verzinsung des Anlagekapitals. Einzelheiten sowie Begriffsbestimmungen sind zum Beispiel dem ATV-DVWK-Arbeitsblatt A 133 zu entnehmen.

Bei Pecher (1994) wurden zahlreiche Gebührenbedarfsermittlungen von Städten und Gemeinden analysiert. Dabei wurde festgestellt, dass zur Gebührenermittlung nur in seltenen Fällen die tatsächlich entstehenden Kosten angesetzt werden. Wie bereits beschrieben, werden neben den entstehenden Betriebskosten auch kalkulatorische Abschreibungen und kalkulatorische Zinsen angesetzt. Durch unterschiedliche Vermögenswerte, Abschreibungsgrundlagen, betriebsgewöhnliche Nutz-ungsdauern und Zinsfüße lassen sich die kalkulatorischen Kosten erheblich steigern, ohne dass sich die tatsächlich entstehenden Kosten ändern.

Dieser erhebliche Ermessensspielraum bei der Berechnung der Abwassergebühren wurde bereits bei Rudolph und Gellert (1989) erwähnt. Er machte bei 17 untersuchten Fällen zwischen 12 % und 41 % aus. Je nach kommunalpolitischer Vorgabe und den spezifischen Bedürfnissen der Städte und Gemeinden lassen sich demnach bei identischen Ausgangskosten höhere oder auch niedrigere Abwassergebühren begründen. Auch hier wird ein wesentlicher Zusammenhang zu der Kalkulation mit Abschreibung nach Anschaffungs- oder Wiederbeschaffungswerten hergestellt. Welche der beiden Methoden angemessen ist, hängt ihres Erachtens z.B. von der Altersstruktur der vor Ort vorhandenen Abwasseranlagen ab.

Noch drastischere Ergebnisse haben verschiedene Autoren ermittelt, die zum Beispiel in Bäumer (2001) aufgeführt sind. Danach ergeben sich Variationsmöglichkeiten hinsichtlich der Ermittlung der Kapitalkosten durch verschiedene Berechnungsansätze von 100 % (Minimum) bis 230 % (Maximum) bei technisch gleichen Voraussetzungen. Werden allein die Abschreibungen betrachtet, liegen die Unterschiede zwischen 100 % und 300 %.

Nach Einschätzung von Wagner (2000) sind die bei den verschiedenen Kommunen und Unternehmen zum Ansatz kommenden Abschreibungen beziehungsweise Nutzungsdauern oft zweckgerichtet. Seines Erachtens wird häufig durch einen geschickten Ansatz der Nutzungsdauer das Ziel verfolgt, die Abwassergebühr zu senken oder auf der anderen Seite vorhandene Defizite in der Bilanz auszugleichen.

Entwicklung der Abwassergebühr. Laut Pecher (1992) ist zu erkennen, dass die bis 1992 in den Städten und Gemeinden erhobenen Beiträge noch erheblich steigen könnten, wenn die Sanierung der Kanalisation und der Kläranlagen zielstrebig angegangen werden würde. Zur Kostenbegrenzung sei allerdings zu fordern, dass die erhobenen Abwassergebühren nur für Zwecke der Abwasserbeseitigung verwendet werden, was seines Erachtens jedoch nur mit Hilfe eines Eigenbetriebes möglich ist.

Die ATV und der Bundesverband der deutschen Gas- und Wasserwirtschaft (BGW) haben im Jahr 1999 erstmals gemeinsam eine Umfrage zur Abwasserentsorgung in Deutschland durchgeführt (Bäumer et al., 2000). Im Bundesdurchschnitt zahlte der Bürger 1998 rund 106 € jährlich für die Ableitung und Reinigung seines Abwassers. Unter Berücksichtigung der einmalig zu entrichtenden Anschlussbeiträge, die im Bundesdurchschnitt rund 10 € pro Einwohner und Jahr betrugen, errechnet sich ein Jahresentgelt von 116 € pro Einwohner und Jahr. Dabei weichen die Durchschnittswerte in den einzelnen Bundesländern deutlich voneinander ab, insbesondere sind starke Unterschiede bei der Erhebung zwischen ländlichen und städtischen Regionen festzustellen.

Grundgebühren. Bisher wurde hinsichtlich der Entgeltkalkulation stets davon ausgegangen, dass das laufende Entgelt (i.d.R. die Gebühr) auf einen Kostenträger, zumeist den m³ Frischwasser, umgelegt wird. Weiterhin besteht die Möglichkeit, die Kosten auch gegenüber dem Entgeltschuldner in fixe und variable Bestandteile aufzusplitten. Dies führt zur Einführung einer Grundgebühr. Sie wird als monatlicher oder jährlicher Festbetrag in Rechnung gestellt und soll in Abhängigkeit der Kostenstruktur der Abwasserbeseitigung insbesondere zur teilweisen Abdeckung der hohen Fixkosten für die Leistungsvorhaltung dienen. Die Fixkosten betragen in der Abwasserwirtschaft in der Regel mehr als 90 % der Gesamtkosten. Insbesondere kleinere Kommunen erheben teilweise eine Grundgebühr. Als Bemessungsgrundlage wird überwiegend die Haushalts- oder Wohneinheit sowie die Zählergröße oder die Nennweite des Hausanschlusses gewählt.

3.2.16 Kosten- und Leistungsrechnung

In der bisherigen Darstellung wurden lediglich die Kosten selbst sowie der Umgang mit den Kosten in der Abwasserbeseitigung behandelt. Ein wichtiges Instrument zur Steuerung eines Betriebes ist darüber hinaus die Kosten- und Leistungsrechnung KLR , bei der die Kosten im Einzelnen den ihnen gegenüber stehenden Leistungen zugeordnet werden. In der Abwasserbeseitigung ist dieses Instrument im Gegensatz zu anderen Wirtschaftsbereichen nicht weit verbreitet. Die mit der KLR verbundene Kostentransparenz, die insbesondere im Hinblick auf die Erschließung von Einsparpotenzialen wichtig ist, gewinnt aber auch hier zunehmend an Bedeutung.

Eine gute Grundlage zur Einführung der KLR ist das kaufmännische Rechnungswesen. Die KLR kann aber auch in einem kameralistischen System angewendet werden.

Während die Kostenseite überwiegend klar ist, bereitet die Definition der Leistung mehr Schwierigkeiten. Die derzeit üblichen Leistungskennzahlen in der Abwasserwirtschaft beziehen sich auf die Einwohnerwerte oder Abwassermengen. Für eine differenzierte Betrachtung ist aber die Definition von Leistungsbereichen bzw. Leistungsprozessen erforderlich. In der Abwasserbeseitigung sind typische Leistungsprozesse zum Beispiel:

- Abwassersammlung
- Abwassertransport
- Abwasserreinigung
- Reststoffentsorgung

Je nach Zielvorgabe können noch weitere Leistungsprozesse bzw. Teilleistungsprozesse wie zum Beispiel Klärschlamm, Rechengut oder Sandfang für die Reststoffentsorgung definiert werden.

Der Ruhrverband hat für die 1998 eingeführte KLR das Produkt seiner Betätigung (Abwasserreinigung) als die umfassende Leistung der Abwasserbehandlung von den entfernten Frachten der veranlagungsrelevanten Parameter als Differenz zwischen Zu- und Ablauf der Kläranlage definiert (Evers und Grünbaum, 2001). Die vollständige Entfernung der durch das Abwasser eines Einwohners eingeleiteten Frachten wird mit der Leistung 1 und der Leistungseinheit Abwassereinheit (AE) beschrieben (1 AE). Die einzelnen Teilleistungen wie zum Beispiel CSB-Elimination oder Phosphatentfernung setzen sich aus gewichteten Teilleistungen zusammen. So ist zum Beispiel die Einleitung von 1.000 m³ Abwasser mit 4 AE und der Abbau von 1 t CSB mit 4,6 AE anzusetzen. Auf dieser Basis können alle definierten Leistungen quantifiziert werden.

Mit der Einführung der KLR lassen sich detaillierte Leistungsergebnisse darstellen, die das gezielte Hinterfragen der Tätigkeiten ermöglicht. Im Ruhrverband wurde zum Beispiel festgestellt, dass die „Vorleistungen" der Abwasserbehandlung wie Abteilungskoordination, Personalverwaltung, Gebäudewirtschaft, Datenverarbeitung etc. ca. 12 % der Gesamtkosten bei einer Vollkostenkalkulation im Verbandsdurchschnitt ausmachen. Die Gesamtkosten für die Abwasserbehandlung im Ruhrverband lagen 1999 zwischen 20 € und 70 € pro AE.

3.3 Bestimmung der Herstellungskosten

3.3.1 Einführung

Die Gebühren, die von den Kommunen u.A. für die Kanalbenutzung erhoben werden, sollen wie in Abschn. 3.1 beschrieben nach haushaltrechtlichen Vorschriften kostendeckend sein. Die maßgebenden Kostenarten sind neben Personal- und Betriebskosten sowie Abwasserabgabe vor allem die kalkulatorischen Kosten . Voraussetzung für eine Ermittlung der kalkulatorischen Kosten ist die genaue Kenntnis der Vermögenswerte . Der Wert (Wiederbeschaffungskosten oder Anschaffungs- und Herstellungskosten), der dabei zugrunde gelegt wird, hängt von den Regelungen der einzelnen Bundesländer ab. Um das Vermögen der Entwässerungsanlagen zu bewerten, müssen die Kosten für die Herstellung dieser Anlagen bestimmt werden. Die Gebührenkalkulation muss so durchgeführt werden, dass eine definierte Kostengenauigkeitsgrenze eingehalten wird. Die Rechtsprechung sieht vor, dass eine Höhe von 3 % beim Kostenansatz in der Gebührenbedarfsberechnung nicht überschritten werden darf (OVG Münster 1994, 1995). Daher muss die Ermittlung der Herstellungskosten beweiskräftig und mit einer möglichst hohen Genauigkeit erfolgen. Da die kalkulatorischen Kosten lediglich ca. 50 % der Gesamtkosten ausmachen (vgl. Abschn. 3.2.14), dürfte bei der Ermittlung der Herstellungskosten ein größerer Fehler als 3 % gemacht werden, wenn die übrigen Daten korrekt sind. Trotzdem wird empfohlen, auch bei der Ermittlung der Herstellungskosten die o.g. Genauigkeit einzuhalten, um keine Risiken bei der Gesamtgebührenermittlung einzugehen.

Herstellungskosten lassen sich, wenn Abrechnungsunterlagen vorhanden sind, aus Schlussrechnungen ermitteln. Sind keine Unterlagen mehr vorhanden (z. B. bei älteren Anlagen aufgrund von Aktenvernichtung nach dem Ablauf der Aufbewahrungsfrist), können die Herstellungskosten unter Verwendung des Mengenverfahrens in Verbindung mit dem Indexverfahren ermittelt werden. Die Bewertung erfolgt haltungsweise; daher ist die Existenz vollständiger Kanalbestandspläne und Kanaldatenbanken Voraussetzung.

Die grundsätzliche Vorgehensweise dieser Verfahren wird im Folgenden erläutert.

3.3.2 Ermittlung mit vorhandenen Abrechnungsunterlagen

Wurden die Kosten für die Herstellung von Kanälen nicht haltungsweise abgerechnet, wird ein Verteilungsverfahren angewendet. Zunächst werden die abgerechneten Kanäle einer Schlussrechnung den Haltungen der Kanaldatenbank zugeordnet und dann werden die Kosten verteilt. Die direkt zuordenbaren Kosten (z.B. Rohrlieferung und -verlegung) der Schlussrechrung werden ermittelt, und die Restsumme ergibt die nicht direkt zuordenbaren Kosten. Diese Restsumme beinhaltet die Kosten für Straßenbauarbeiten, Erdarbeiten, Verbauarbeiten, Wasserhaltungsarbeiten, Nebenarbeiten sowie Stundenlohnarbeiten und wird mit Hilfe eines Faktors auf die betreffenden Haltungen verteilt. Dieser Faktor ist abhängig von der Rohrgröße, Länge und Tiefe einer Haltung. Es ist darauf zu achten, dass die Rechnung nur Kosten enthält, die sich auf die Kanalbaumaßnahme beziehen. Kosten für darüber hinausgehende Maßnahmen dürfen nicht berücksichtigt werden.

3.3.3 Mengen-Index-Verfahren

3.3.3.1 Vorgehensweise

Bei diesem Verfahren werden die Mengen der herstellungskostenrelevanten Anteile einer Kanalisation ermittelt und mit einem Einheitspreis multipliziert. Die herstellungskostenrelevanten Anteile lassen sich aus vorhandenen Abrechnungsunterlagen ermitteln und setzen sich wie in Abb. 3.2 beispielhaft dargestellt zusammen.

Die Kosten dieser Anteile sind von verschiedenen Faktoren abhängig:

Oberflächenbefestigung:	Verkehrsfläche (z. B. Nebenstraße / Wohnstraße)
Bodenaushub u. –verfüllung:	Bodenart (z. B. Bodenklasse 3-4)
Verbau:	Verbauart (z. B. Holzbohlen)
Wasserhaltung:	Grundwasserstand (z. B. Kanal liegt unterhalb GW)
Rohrlieferung u. –verlegung:	Material, Profilgröße (z. B. Steinzeug DN 200)
Schächte:	Schachtart, Tiefe (z. B. Normalschacht als Betonfertigteilschacht, t bis 2,50 m)

Bestimmung der Herstellungskosten 61

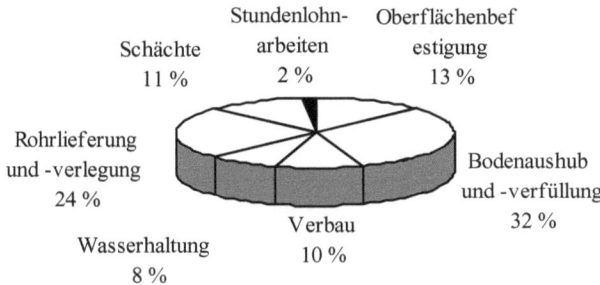

Abb. 3.2   Kostenverteilung einer Kanalbaumaßnahme (beispielhaft)

Die Einheitspreise können auf zwei unterschiedliche Arten bestimmt werden. Es werden entweder aktuelle Preise oder historische Preise zugrunde gelegt. Aktuelle Preise (z. B. aus Ausschreibungsunterlagen oder Firmenangeboten) haben den Nachteil, dass sie zufällig ungewöhnlich hoch oder niedrig (z. B. aufgrund Kalkulationsfehlern) sind oder örtliche Gegebenheiten nicht berücksichtigen. Historische Einheitspreise werden aus vorhandenen Abrechnungsunterlagen ermittelt und sind durch eine Mittelwertbildung genauer.

Beispiel 3.18:

Für den preisbildenden Faktor „Bodenaushub und Wiederverfüllung, Bodenklasse 3" wird der Einheitspreis [€/m³] aus 50 unterschiedlichen Rechnungen verschiedener Baumaßnahmen und Baujahre bestimmt. Da diese Einheitspreise aufgrund der unterschiedlichen Baujahre nicht vergleichbar sind, werden sie mit Hilfe von Preisindizes auf ein Basisjahr (z. B. 1995) umgerechnet.

Auch für alle weiteren Faktoren wird ein Einheitspreis ermittelt. Diese Preise werden statistisch ausgewertet (Mittelwert, Maximalwert, Minimalwert) und ihre Anwendbarkeit geprüft (beispielsweise können extrem hohe oder niedrige Einheitspreise auf „Spekulation" (Spekulationspreise) zurückzuführen sein und sollten im Einzelfall nicht berücksichtigt werden). Anschließend erfolgt die Anwendung des Mengenverfahrens.

Tabelle 3.19   Kostenberechnung mit dem Mengenverfahren

Kostenfaktor	Berechnung der Kosten:
Oberflächenbefestigung:	Länge [m] x Baugrubenbreite [m] x Einheitspreis [€/m²]
Bodenaushub u. –verfüllung:	Länge [m] x Baugrubenbreite [m] x Tiefe [m] x Einheits-
Baugrubenverbau:	Länge [m] x Tiefe [m] x Einheitspreis [€/m³] x Faktor Rohrgrabenart (1=Doppelrohrgraben, 2=Einzelrohrgraben)
Wasserhaltung:	Länge [m] x Einheitspreis [€/m]
Rohrlieferung u. –verlegung:	Länge [m] x Einheitspreis [€/m]
Schächte:	Einheitspreis [€/Stck.]
Stundenlohnarbeiten:	Zuschlagssatz (hier: 1,75 %)

Die Summe dieser Kosten ergibt die Herstellungskosten der jeweiligen Haltung bezogen auf das Basisjahr 1995. Diese Kosten müssen daher mit Hilfe des Baukostenindexes auf das Baujahr umgerechnet werden: Kosten Baujahr = Baukostenindex Baujahr x (Kosten 1995 / Baukostenindex 1995). Vgl. hierzu auch Abschn. 6.4.2..

Voraussetzung für eine Anwendung des Mengen-Index-Verfahrens ist die Kenntnis folgender Daten:

- Haltung
- Lage
- Baujahr (ist das Baujahr nicht bekannt, kann es z. B. durch Einsicht in Stadtarchive, Erschließungsakten oder durch Befragung älterer Mitarbeiter der Stadtverwaltung ermittelt werden
- Länge
- Material
- Profil
- Breite, Höhe
- Schachtart
- Grundwasserstand
- Verkehrsfläche
- Bodenart
- Verbauart
- Rohrgrabenart (Einzel- oder Doppelrohrgraben)
- Baugrubenbreite

3.3.3.2 Erreichbare Genauigkeit

Brandt hat 2002 eine umfangreiche Untersuchung zur erreichbaren Genauigkeit bei der Anwendung des Mengen-Index-Verfahrens angestellt. Für eine bestehende Kanalisation wurden 108 Rechnungen der Baujahre 1962 – 1998 ausgewertet. Diese Rechnungen umfassten 1.088 Haltungen mit einer Gesamtlänge von mehr als 46.640 m, was ca. 3,5 % des gesamten Kanalnetzes entspricht. Es wurden vier Fälle untersucht und die Abweichungen des Mengen-Index-Verfahrens zu den tatsächlichen Herstellungskosten bestimmt:

Fall A:
- Baugrubenbreite laut Norm
- Einheitspreis inkl. Spekulationspreisen
- Verlegung aller Haltungen im Einzelrohrgraben
- Berechnung der Oberflächenbefestigung bei allen Haltungen

Abweichung: 14,0 %

Fall B:
- Baugrubenbreite laut Abrechnung
- Einheitspreis inkl. Spekulationspreise
- Verlegung aller Haltungen im Einzelrohrgraben
- Berechnung der Oberflächenbefestigung bei allen Haltungen

Abweichung: 10,8 %

Fall C:
- Baugrubenbreite laut Abrechnung
- Einheitspreis ohne Spekulationspreise
- Verlegung aller Haltungen im Einzelrohrgraben
- Berechnung der Oberflächenbefestigung bei allen Haltungen

Abweichung: 11,9 %

Fall D:
- Baugrubenbreite laut Abrechnung
- Einheitspreis ohne Spekulationspreise
- Verlegung der Haltungen im Einzelrohrgraben oder Doppelrohrgraben laut Abrechnung
- Berechnung der Oberflächenbefestigung bei allen Haltungen

Abweichung: 6,0 %

Fall E:
- Baugrubenbreite laut Abrechnung
- Einheitspreis ohne Spekulationspreise
- Verlegung der Haltungen im Einzelrohrgraben oder Doppelrohrgraben laut Abrechnung
- Berechnung der Oberflächenbefestigung nur bei den Haltungen, bei denen Straßenbauarbeiten laut Abrechnung tatsächlich angefallen sind

Abweichung: - 0,1 %

Die Fallbetrachtungen zeigten, dass die erreichbare Genauigkeit mit der Menge an Daten und Informationen sowie mit der Anzahl der ausgewerteten Haltungen wächst (vgl. Abb. 3.3).

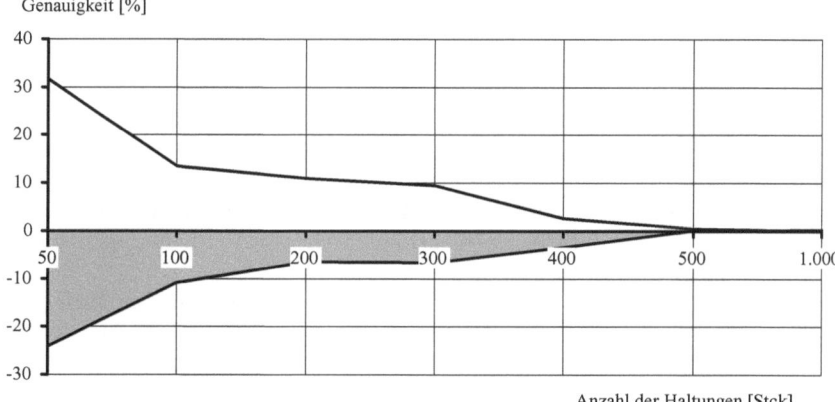

Abb. 3.3   Erreichbare Genauigkeit in Abhängigkeit der untersuchten Haltungen (Beispielkanalnetz nach Brandt, 2002)

In dem von Brandt untersuchten Beispiel wird eine sehr hohe Genauigkeit bereits bei 500 untersuchten Haltungen erreicht. Die Genauigkeit der Herstellungskostenermittlung, die mindestens erreicht werden muss, um die 3 %-ige Kostengenauigkeitsgrenze einhalten zu können, ist allgemein von folgenden Faktoren abhängig:

- Anteil der Einzelkosten (Abwasserabgabe, Betriebskosten, Personalkosten, kalkulatorische Kosten) an den Gesamtkosten und
- Anteil der Herstellungskosten, die aufgrund vorhandener Abrechungsunterlagen ermittelt werden können und Anteil der Herstellungskosten, die mittels Mengen-Index-Verfahren ermittelt werden.

Generell lässt sich das beschriebene Verfahren nach Brandt auch auf andere Kanalisationsnetze übertragen, wenn folgende Voraussetzungen gegeben sind:

- Vorhandensein einer Bestandsaufnahme des Kanalnetzes,
- Vorhandensein von Abrechnungsunterlagen,
- Abrechnungen basierend auf Leistungsverzeichnissen.

Besteht für ein Kanalnetz keine Datenbank, kann das Verfahren zunächst nicht angewendet werden, da insbesondere die Anwendung des Mengenverfahrens von den Informationen der Kanaldatenbank abhängig ist. In einigen Kommunen existieren durch Aktenverluste in den Kriegszeiten oder durch Verzicht einer systematischen Fortschreibung des Bestandes aus Zeit- und Kostengründen keine vollständigen Bestandspläne und Kanalkataster. Es muss in diesen Fällen deshalb, bevor die Herstellungskosten ermittelt werden können, eine Bestandsaufnahme erfolgen. Danach kann das beschriebene Verfahren angewendet werden.

Sind für ein Kanalnetz für alle Haltungen keine Abrechnungsunterlagen vorhanden, ist eine Anwendung des beschriebenen Verfahrens nicht möglich. Das kann allerdings nur in Ausnahmefällen (beispielsweise aufgrund einer Vernichtung durch höhere Gewalt) auftreten, da die Kommunen einer Aufbewahrungspflicht unterliegen.

Abrechnungsunterlagen basieren üblicherweise auf einem detailliertem Leistungsverzeichnis , so dass sich herstellungskostenrelevante Anteile für die Anwendung des Mengenverfahrens ermitteln lassen. Das Mengenverfahren ist also nicht anwendbar, wenn die Abrechnung der Haltungen nicht auf Grund eines Leistungsverzeichnisses, sondern pauschal erfolgten (Beispiel: Rechnungen mit dem Inhalt „Ein Stück Kanal herstellen").

Die Anwendung des Verfahrens ist demnach für die meisten Kanalnetze möglich. Der notwendige Aufwand und die erreichbare Genauigkeit der Herstellungskostenermittlung können allerdings für jedes Kanalnetz unterschiedlich sein. Der Aufwand vergrößert sich, wenn eine Kommune kein Standardleistungsverzeichnis verwendet, sondern bei jeder Baumaßnahme den Aufbau des Leistungsverzeichnisses variiert, so dass eine systematische Auswertung nach einem bestimmten Schema nicht möglich ist (Beispiel: Bei der einer Rechnung wird die Baustelleneinrichtung separat abgerechnet, bei einer anderen Rechnung ist sie in einer anderen Positionen enthalten). Eine Arbeitserleichterung besteht auch für die Kanalnetze, deren Abrechnungsunterlagen nach den gleichen Ordnungsmerkmalen abgelegt worden sind (Beispiel: Ablage unter dem Anfangsbuchstaben des Straßennamens, Reihenfolge: Leistungsverzeichnis, Massenermittlung und Aufmaße, Schlussrechnung).

Für das Erreichen einer vorgegebenen Genauigkeit ist es notwendig, dass eine bestimmte Anzahl an Haltungen ausgewertet wird. Je kleiner eine Kommune und damit das Kanalnetz ist, desto weniger auszuwertendes Datenmaterial ist vorhanden. Der Arbeitsaufwand für eine kleine Kommune ist daher auch hinsichtlich der Relation (Arbeitsaufwand – Kanalnetzgröße) höher, weil ungefähr genauso viele Rechnungen für das Mengenverfahren ausgewertet werden müssen wie bei einer größeren Kommune, um die erforderliche Genauigkeit zu erzielen.

3.4 Kosten- und Gebührenentwicklung

Seit 1997 steigen die Abwassergebühren in Deutschland nach BRD (2002) verhältnismäßig langsam an. Zwischen 2000 und 2001 konnte kein Anstieg festgestellt werden. Im Durchschnitt betrug die Abwassergebühr in 2001 in Deutschland 2,18 €/m³ bezogen auf den Frischwassermaßstab. Das entspricht einer Pro-Kopf-Gebühr von 0,32 € täglich bzw. 117 € pro Jahr. Im Vergleich dazu betrug der Wasserpreis 1,70 €/m³ (0,22 € / Tag und Einwohner bzw. 80 € / Jahr und Einwohner).

Die Wasserförderung hat dagegen kontinuierlich abgenommen. In 2001 betrug sie 5.467 Mio. m³. Die Wasserabgabe an den Verbraucher betrug 4.785 Mio. m³.

In 2001 betrug die Investitionssumme in die Abwasserbeseitigung 6,85 Mrd. €, wovon 68 % auf die Erneuerung und den weiteren Ausbau der Kanalnetze entfiel.

Der Anteil der Fixkosten an der Abwasserentsorgung betrug ca. 75 – 85 %. Hinsichtlich der Verteilung auf die einzelnen Kostenarten wird auf Abschn. 3.2 verwiesen.

4 Grundlagen der Finanzierungsformen

Unter Finanzierung versteht man alle Maßnahmen zur Kapitalbeschaffung , mit denen unternehmerische Vorhaben durchgeführt werden sollen. Die einzelnen Finanzierungsformen werden in den folgenden Abschnitten beschrieben.

4.1 Außenfinanzierung

Zur Außenfinanzierung, bei der das benötigte Kapital von Außen zufließt, gehören die Beteiligungsfinanzierung und die Kreditfinanzierung .

Bei der Beteiligungsfinanzierung werden eigene Mittel, hier die der Gemeinde, in Form von Eigenkapital zur Verfügung gestellt (Eigenfinanzierung). Diese Form der Finanzierung kommt in Zeiten knapper Kassen selten vor.

Weit verbreitet ist die Finanzierung in Form von Krediten durch Fremdkapital. Sie dient häufig als Mittel zur Schließung von Finanzierungslücken. Diese Form der Außenfinanzierung ist in der Praxis weit häufiger anzutreffen als die Eigenfinanzierung. Dabei dürfen Gemeinden Kredite nach den allgemeinen Haushaltsgrundsätzen nur dann aufnehmen, wenn eine anderweitige Finanzierung nicht möglich oder wirtschaftlich unzweckmäßig ist. Kreditaufnahmen dürfen nur für Investitionen oder Umschuldungsmaßnahmen aufgenommen werden. Kreditaufnahmen zum Zwecke des Verbrauchs (konsumtive Zwecke, Mittel für den Verwaltungshaushalt) sind unzulässig.

Kommunalkredite sind in der Regel zinsgünstiger (ca. 0,5 %-Punkte) als die Kreditkonditionen auf dem übrigen Kapitalmarkt. Dies wird damit begründet, dass Kommunen kein Konkursrisiko darstellen und die Kreditinstitute das Ausfallrisiko deshalb nicht einkalkulieren müssen. Im langjährigen Mittel beträgt der Zinssatz für Kommunalkredite nach Auner-Fellenzer (2001) durchschnittlich 7 %.

Zur Außenfinanzierung zählen weiterhin die Investitionsbeteiligungen , für die eine Gegenleistung von der öffentlichen Abwasserbeseitigungseinrichtung gewährt wird. Zum Beispiel sind in der Regel die Straßenbaulastträger an den Investitionen der Abwasserbeseitigung zu beteiligen. Überwiegend erfolgt die nicht einheitlich geregelte Beteiligung auf der Grundlage der Ortsdurchfahrtenrichtlinie Nr. 14.2 des Bundes. Der Zuschuss kann dabei als Zuschuss an die Maßnahme selbst oder als Zuschuss an die Gemeinde aufgefasst werden. Im zweiten Fall würde er dann zur Eigenkapitalfinanzierung dienen.

Auch die Baukostenzuschüsse und Beiträge zählen zu den Investitionsbeteiligungen. Während Baukostenzuschüsse erst zur Finanzierung beitragen, wenn der

Grundstückseigentümer den Anschluss tatsächlich begehrt, tragen Beiträge bereits zur Finanzierung bei, wenn der Grundstückseigentümer die Möglichkeit zur Inanspruchnahme hat. Die Finanzierung erfolgt durch Beiträge also investitionsnah. Bis zum tatsächlichen Anschluss an die Anlage können Jahre oder Jahrzehnte vergehen.

Im Gegensatz zu den Investitionsbeteiligungen werden Zuschüsse und Zuwendungen auch ohne konkrete Gegenleistungsverpflichtungen gewährt. Es handelt sich hierbei um Mittel der Europäischen Union, des Bundes oder der Länder. Teilweise werden derartige Zuwendungen auch in Form von zinslosen Darlehen gewährt. In der Regel handelt es sich dabei um eine Außenfinanzierung, die der öffentlichen Abwasserbeseitigungseinrichtung Finanzierungshilfen zuführt. Soweit den Einrichtungsträgern die Zuwendungen als Hilfe zur Selbsthilfe gewährt werden, haben sie Eigenkapitalcharakter und können aus Sicht der kostenrechnenden Einrichtung als Eigenfinanzierung betrachtet werden.

4.2 Innenfinanzierung

Zur Innenfinanzierung zählen die Selbstfinanzierung in Form nicht ausgeschütteter Gewinne (Eigenfinanzierung) und die Kapitalfreisetzung mit freigesetzten Beträgen aus Rückstellungen und Abschreibungen.

Das von der Gemeinde für die Abwasserbeseitigung eingesetzte Eigenkapital darf angemessen verzinst werden (vgl. Abschn. 3.2.3). Dies führt zu einem Gewinn, der bei Verbleib im Unternehmen (Abwasserbetrieb) einen Beitrag zur Eigenfinanzierung leisten kann.

Die Eigenfinanzierung durch den Rückfluss erwirtschafteter Abschreibungen stellt ein weiteres Instrument der Innenfinanzierung dar, das bei den anlageintensiven Unternehmen der Abwasserentsorgung von großer Bedeutung sein kann. Soweit die erwirtschafteten Abschreibungen nicht für die Tilgung vorhandener Kredite eingesetzt werden müssen, können die vorhandenen Mittel zur Finanzierung anstehender Vorhaben eingesetzt werden.

Darüber hinaus können durch die Bildung von Rückstellungen Innenfinanzierungsmittel freigesetzt werden, die als Fremdfinanzierung dem Unternehmen der Abwasserbeseitigung zur Verfügung stehen. Wird zum Beispiel die Abwasserabgabe über die Gebühr erwirtschaftet und muss erst später abgeführt werden, kann sie als Finanzierungsmittel eingesetzt werden. Wenn eine Verrechnung nach § 10 Abs. 3 Abwasserabgabengesetz möglich ist, haben die Mittel den Charakter eines Investitionszuschusses, der dann allerdings nicht mehr als Innenfinanzierung, sondern als Außenfinanzierung zu betrachten ist.

4.3 Sonderformen

Zur Finanzierung kommunaler Investitionen gibt es eine Reihe von Modellen. Beispielhaft sind im Folgenden zwei teilweise in der Abwasserwirtschaft praktizierte Formen aufgeführt. Zur Vertiefung wird zum Beispiel auf Kirchhoff und Müller-Godeffroy (1996) verwiesen.

Es wird darauf hingewiesen, dass die Auswirkungen der jeweils gewählten Finanzierungsform im Einzelfall zu prüfen sind. Sie können sehr komplex und je nach den verschiedenen Randbedingungen höchst unterschiedlich sein. An dieser Stelle werden nur die allgemeinen Zusammenhänge dargestellt.

4.3.1 Leasing

Beim kommunalen Leasing werden die Anlagen der Abwasserbeseitigung von Privaten finanziert (Leasinggesellschaft) und gebaut und anschließend an die Kommune vermietet. Das Investitionsrisiko und auch das Risiko einer Beschädigung liegen beim Vermieter.

Im Gegensatz zum ansonsten vergleichbaren Mietkauf ist bei einem Leasing-Geschäft der Eigentumsübergang vom Leasing-Geber zum Leasing-Nehmer möglich, wenn auch in der Regel nicht von vornherein Vertragsbestandteil.

Zu beachten ist, dass das Leasing den Vermögenshaushalt nicht berührt. Die Leasingrate fließt ausschließlich über den Verwaltungshaushalt in die Gebühr ein. Dies wird insbesondere dann von den Gemeinden als vorteilhaft angesehen, wenn die Obergrenze der Verschuldung erreicht ist. Allerdings unterliegt der Abschluss von Leasing-Verträgen auch der Kommunalaufsicht.

Als Vorteil des Leasings wird genannt, dass durch die Spezialisierung des bzw. der Privaten Vorteile hinsichtlich der Wirtschaftlichkeit beim Bau sowie bei den Wartungs- und Serviceleistungen zu Gunsten der Gemeinde erreicht werden können. Nachteilig ist, dass die Kreditkonditionen in der Regel nicht so günstig sind wie zum Beispiel beim Kommunalkredit.

4.3.2 Factoring/Forfaitierung

Das Factoring bzw. die Forfaitierung (Forderungsverkauf) ist der Verkauf zukünftiger Leasingraten, Gebühren oder Mieten an ein Kreditinstitut. Die Gemeinde verkauft also zum Beispiel Teile ihrer Gebührenforderungen und finanziert damit anschließend eine Investitionsmaßnahme.

Das Kreditinstitut stellt die für eine Finanzierung benötigten Mittel in Höhe des Barwertes der Forderungen (Forderungskaufpreis) bereit. Die Abzinsung (vgl. Abschn. 6.4.2) erfolgt zum Zinssatz der eingesetzten Finanzierungsmittel. Die abzutretenden laufenden Forderungen entsprechen den Zins- und Tilgungsleistungen einer konventionellen Finanzierung, und die Rückzahlung der Forderungskaufpreises erfolgt durch die nun der Bank zustehenden Gebührenforderungen.

Der zentrale Unterschied zu einer konventionellen Kreditfinanzierung liegt darin, dass die Bereitstellung des benötigten Fremdkapitals nicht durch die Gewährung eines gewerblichen oder Kommunalkredits, sondern durch den Ankauf eines Teils der vorgenannten Ansprüche gegenüber der Kommune.

4.3.3 Cross-Border-Leasing

Das Cross-Border-Leasing ist eine spezielle Form des grenzübergreifenden Leasings, das aus der Exportwirtschaft stammt. Zur Anwendung im kommunalen Bereich ist eine Sonderform des US-Cross-Border-Leasings, das US-Lease-in/Lease-out, kurz US-LILO oder US-Lease. Dabei wird das Anlagegut, Kanalnetz und/oder Kläranlage, zunächst vermietet und dann sofort zurückgemietet – in diesem Fall nach und von USA.

Das Verfahren ist in Abb. 4.1 dargestellt. Der Eigentümer vermietet im Rahmen eines Hauptmietvertrages (Lease-in) an einen US-Trust, der von Investoren aus den USA gespeist wird. Die Mietrate wird in einer Summe zu Beginn des Geschäftes gezahlt. Gleichzeitig (ein Vertragswerk, Karussellgeschäft) mietet der Eigentümer das Anlagegut in einem Untermietvertrag (Lease-out) zurück und begleicht alle Forderungen aus dem Geschäft am ersten Tag.

Die Laufzeit des Hauptmietvertrages richtet sich nach der Nutzungsdauer (i.d.R. 80 % der betriebsgewöhnlichen Nutzungsdauer) und ist deshalb meist lang. Die Laufzeit des Untermietvertrages ist kürzer.

Voraussetzung für das Geschäft ist ein Mindestwert des Anlageguts von mindestens 100 Mio. $. Außerdem findet kein Eigentumswechsel statt. Der Vorteil für den Investor und die Kommune entsteht dadurch, dass durch Verlustzuweisungen auf Grund der Nichtabschreibbarkeit beim Investor hohe steuerliche Entlastungen wirksam werden. Da die Kommune andererseits nicht steuerpflichtig ist, ist dieses Geschäft aus US-Sicht besonders zusammen mit deutschen Kommunen sehr interessant. Der erreichbare Barwertvorteil für die Kommune beträgt nach Günther, Niepel (2002) 4 - 10 % des aktuellen Marktwertes des Leasinggegenstandes.

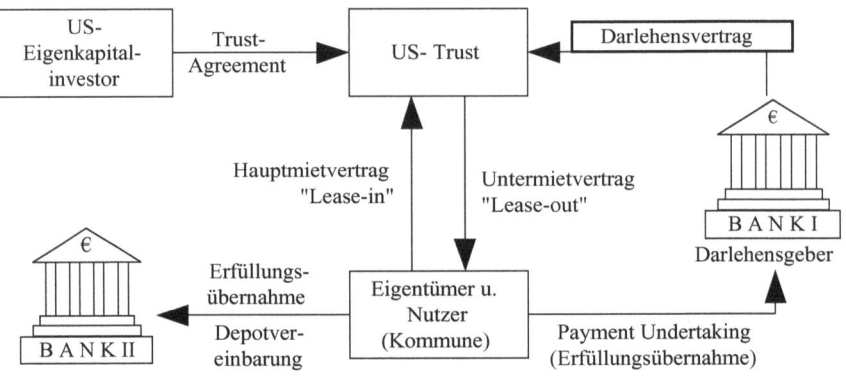

Abb. 4.1   Vertragsbeziehungen beim US-LILO

Diese Finanzierungsform ist sehr beratungsintensiv. Außerdem muss eine sorgfältige Risikoabwägung erfolgen. Allerdings rechtfertigen die Risiken nach Auffassung von Günther und Niepel keine grundsätzliche Skepsis gegenüber dem US-LILO.

5 Kosten der Abwasserbeseitigung

5.1 Methodik

In diesem Kapitel werden aktuelle Kostenfunktionen in vereinfachter Form ohne die z.T. sehr großen Streubreiten dargestellt. Sie beruhen auf verschiedenen Erhebungen, Untersuchungen sowie Erfahrungen und sind lediglich als Anhalt zur Abschätzung der Kosten vorgesehen. Dabei gilt, dass mit zunehmender Spezifizierung (z.B. Preise für Sandfanganlagen definierter Größe) genauere Kostenschätzungen zu erwarten sind als mit pauschalen Angaben (z.B. Preis für eine Kläranlage mit 20.000 EW). Deshalb gilt trotz aller hier getroffenen Aussagen, dass ohne Berücksichtigung der spezifischen Randbedingungen sichere Kostenermittlungen in frühen Projektphasen und damit vergleichende Kostenaussagen nur schwer möglich sind. Um gesicherte Aussagen über die zu erwartenden Investitions- und Betriebskosten zu bekommen, ist der rechtzeitige Aufbau eines detaillierten Kostengerüstes bereits in der frühen Planungsphase mit Hilfe der Einteilung in Kostengruppen erforderlich.

Trotz der verbleibenden Unsicherheit können die Anhaltswerte aber zum Vergleich von Alternativen und zur Ermittlung der Kosten mit der entsprechenden Sorgfalt werden.

5.2 Grundlagen und Kostenbegriffe

Kosten stellen im betriebswirtschaftlichen Sinn den Wert von Gütern und Diensten dar, die zur Erstellung von betrieblichen Leistungen in Anspruch genommen werden. Der Vollständigkeit halber sei erwähnt, dass es hinsichtlich einer exakten Definition keine vollständige Übereinstimmung in der Literatur gibt. Die o.g. Darstellung entspricht aber der herrschenden Auffassung. Allgemein stehen den Kosten also die Leistungen gegenüber. Insgesamt sind die folgenden Begriffspaare von Bedeutung:

Leistung	-	Kosten
Ertrag	-	Aufwand
Einnahmen	-	Ausgaben
Einzahlungen	-	Auszahlungen

Bei allen Begriffen handelt es sich um sog. Strömungsgrößen, also um Zahlungs- bzw. Leistungsvorgänge, die sich innerhalb einer Periode ereignen, und die zu einer Veränderung der Bestandsgrößen führen (vgl. auch Abschn. 3.1.2). Dabei sind die links stehenden Begriffe (Leistung etc.) positive und die rechts stehenden negative Strömungsgrößen. Positive Strömungsgrößen erhöhen, negative vermindern den Bestand in der Periode.

Der Ertrag stellt das Ergebnis einer wirtschaftlichen Tätigkeit dar. Er kann in Gütern oder Diensten bestehen und nach Menge oder Gewicht, nach Wert oder Preis in Geld gemessen werden.

Die Unterscheidung zwischen den i.Allg. sinngleich verwendeten Begriffen Ertrag und Leistung auf der einen und Aufwand und Kosten auf der anderen Seite ist für exakte Darstellungen in der Betriebsabrechnung von Bedeutung. So gehören nicht alle Aufwendungen, wie z.B. der sog. neutrale Aufwand, zu den Kosten. In dem hier betrachteten Kontext soll keine Unterscheidung definiert werden. Allerdings werden im Folgenden lediglich die Begriffe Kosten und Leistungen verwendet.

Auch die Begriffspaare Einnahmen/Ausgaben und Einzahlungen/Auszahlungen sind – in diesem Fall in der Finanzbuchführung – zu unterscheiden. Ebenso wie bei dem zuvor beschriebenen Begriffspaar wird in diesem Kontext auf die nähere Erläuterung verzichtet, und es werden lediglich die Begriffe Einnahmen und Ausgaben verwendet. Ausgaben stellen den Abfluss von liquiden Mitteln, Einnahmen den Zufluss von liquiden Mitteln dar.

Im Zusammenhang mit der Ökonomie der Abwasserbeseitigung aus technischer Sicht ist die Unterscheidung zwischen Kosten/Ausgaben und Leistungen/Einnahmen von Bedeutung. Zu den Kosten der Abwasserbeseitigung (das gilt natürlich auch für alle anderen betriebswirtschaftlich betrachteten Branchen) zählen nicht nur die Kosten, die mit unmittelbaren Ausgaben verbunden sind, wie z.B. Löhne, Stromkosten, Zinsen etc.. Zu den Kosten zählen auch die Kosten, die zu einer Verringerung des Vermögens führen, weil das Anlagegut (z.B. der Kanal) ständig an Wert verliert. Diese Kosten spiegeln sich in den sog. Abschreibungen wieder (vgl. Abschn. 3.1.1 und 3.2.2). Sie stellen zwar Kosten im Zusammenhang mit der Leistungserbringung (Abwasserableitung) dar, stehen aber in keinem direkten Zusammenhang mit einer Ausgabe. Entsprechendes gilt für Leistung und Einnahme, die keineswegs deckungsgleich sein müssen.

Für die weiteren Betrachtungen werden Begriffe aus der Investitionsrechnung eingeführt. So stellen die Kapitalkosten die Kosten dar, die den Werteverzehr (hier als Abschreibungen ausgedrückt) zusammen mit den Zinskosten bilden. Ein Bestandteil (Zinsen) ist also mit Ausgaben, der andere nicht unmittelbar mit Ausgaben verbunden. Wenn den Abschreibungen aber Tilgungen von Krediten gegenüberstehen, besteht wenigstens ein mittelbarer Zusammenhang zwischen den Kosten und den Ausgaben. Die Kapitalkosten können z.B. in Form von Annuitäten berechnet werden (vgl. Abschn. 3.2.3). Es ist darauf hinzuweisen, dass auch hier in der Praxis unterschiedliche Begriffe verwendet werden: Statt des hier zur Anwendung kommenden Begriffs Kapitalkosten wird häufig der Begriff „Kalkulatorische Kosten" verwendet, der aber im Rechnungswesen mehr als die aus Investitionen herrührenden laufenden Kosten umfasst. Auf der anderen Seite können Kapitalkosten auch als die Kosten verstanden werden, die zur Sicherstellung der Investition selbst erforderlich sind, also Bereitstellungszinsen, Bankgebühren etc..

Im Folgenden werden als Kapitalkosten die kalkulatorischen Kosten bezeichnet, die mit der Annahme einer bestimmten Nutzungsdauer und eines bestimmten Zinssatzes den Werteverzehr eines Anlagengutes einschließlich der für die Nutzungsdauer angenommenen Zinskosten darstellen.

Die Betriebskosten sind im Ggs. zu den Kapitalkosten die laufenden Kosten für die Aufrechterhaltung des Betriebes, die i.d.R. mit Ausgaben einhergehen. Zu den Betriebskosten gehören Personalkosten, Bewirtschaftungskosten, Unterhaltungskosten etc.. Die Betriebskosten können in beliebige weitere Kostenarten unterteilt werden.

In den folgenden Abschnitten werden u.a. die Höhe von Investitionen und Betriebskosten für die Abwasserbeseitigung besprochen. Als Investition bezeichnet man allgemein die Verwendung finanzieller Mittel oder den Einsatz von Kapital zur Ausweitung der Anlagen oder sonstiger Sachgüterbestände. Die Beschaffung einer Kläranlage ist der klassische Fall einer Investition mit hohem Kapitalbedarf und langfristiger Kapitalbindung. Aus der Investition ergeben sich mit Hilfe des betrieblichen Rechnungswesens die Kapitalkosten.

Bei kleineren Investitionen (Anschaffung und Herstellung) stellt sich die Frage, inwieweit sie direkt zu den Betriebskosten zu zählen (vollständiger buchhalterischer Werteverzehr im Jahr der Anschaffung) oder zu „aktivieren" (Werteverzehr verteilt auf mehrere Jahre, Abschreibungen, Verteilung der Investition auf Kapitalkosten) sind. Die Steuergesetzgebung zieht hier eine Grenze für einzelne Investitionen bei 410 € ohne Mehrwertsteuer (netto). Liegt die Investition bei 410 € oder darunter, z.B. eine Bohrmaschine für 300 €, so ist sie nicht aktivierungspflichtig und kann vollständig als Betriebsausgabe (korrekt: als Aufwand) im Jahr der Anschaffung gebucht und abgeschrieben werden. In den Folgejahren steht die Bohrmaschine mit 1 € als Erinnerungswert in der Bilanz. Es handelt sich in diesem Fall um ein sog. geringwertiges Wirt schaftsgut (GWG) . Beträgt die Investitionssumme z.B. 500 €, besteht Aktivierungspflicht, und die Bohrmaschine wird z.B. 10 Jahre lang mit 10 % ihres Anschaffungswertes pro Jahr abgeschrieben.

Bei der Abwasserbeseitigung ist die steuerliche Seite von untergeordneter Bedeutung. Hier stellt sich vielmehr die Frage, ob eine Investition im Jahr der Durchführung in voller Höhe in die Gebühr eingerechnet werden oder als Kapitalkosten über mehrere Jahre verteilt werden kann. Für den zweiten Fall wird sinnentsprechend von Aktivierung gesprochen. Hier hat sich die folgende Auffassung durchgesetzt:

- Die Investitionen für Anschaffung bzw. Herstellung von Anlagen sind aktivierungspflichtig.
- Die Kosten für Unterhaltungsmaßnahmen sind nicht aktivierungspflichtig.
- GWG sind nicht aktivierungspflichtig.

Für Sanierungsmaßnahmen gilt:

– Renovierungen und Erneuerungen sind aktivierungspflichtig.
– Reparaturen sind nicht aktivierungspflichtig.

Weiterhin können die Kosten in leistungsunabhängige und leistungsabhängige Bestandteile unterteilt werden (vgl. auch Abb. 5.1).

Die leistungsunabhängigen Kosten sind die Fixkosten, die im Rahmen einer wirtschaftlichen Betätigung entstehen. Sie sind unabhängig von der erbrachten Leistung, also in dem hier betrachteten Zusammenhang unabhängig von der transportierten Abwassermenge oder dem Reinigungserfolg auf der Kläranlage. Sie bleiben fest, auch wenn theoretisch gar kein Abwasser mehr fließen würde. Zu diesen auch als Bereitschaftskosten bezeichneten Kosten zählen neben den Kapitalkosten auch weite Teile der Betriebskosten wie z.B. die Personalkosten. Viele Instandhaltungskosten, wie z.B. die bauliche Unterhaltung, sind ebenfalls weitgehend unabhängig von der Wassermenge und zählen somit zu den Bereitschaftskosten.

Zu den leistungsabhängigen Kosten, die auch als Leistungskosten bezeichnet werden, zählen z. B. verbrauchsgebundene Kosten wie Energie- und Stoffkosten (z.B. Fällmittel) oder anteilige Verwaltungskosten, Abwasserabgabe und Instandhaltungskosten, die in Abhängigkeit der Abwassermenge oder des Reinigungsgrades entstehen.

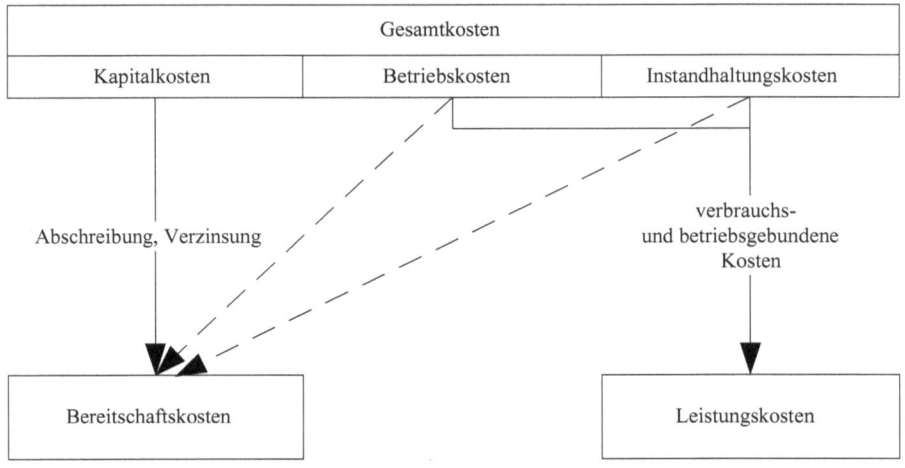

Abb. 5.1   Unterscheidung von Bereitschafts- und Leistungskosten

Die ersten systematischen Untersuchungen im Hinblick auf die Investitionskosten von Kläranlagen wurden in Deutschland in den 60er Jahren von Kehr und Teichmann (1961) sowie Schmidt (1964) vorgenommen. Dabei wurden verfahrensspezifische Kostenfunktionen in Abhängigkeit der Ausbaugröße und der Beckenvolumina mit dem Ziel ermittelt, für Neubauten und Erweiterungen mechanisch-biologischer Kläranlagen bereits in der Vorplanungsphase grobe Kostenschätzungen und Wirtschaftlichkeitsvergleiche durchführen zu können.

Eine Investitionskostenberechnung mit Hilfe dieser Kostenfunktionen, die in Abhängigkeit pauschaler Parameter wie z.B. der Ausbaugröße der Kläranlage aufgetragen sind, ist im Hinblick auf eine verlässliche Kostenermittlung zu ungenau. In der Regel ergeben sich zwar gute Korrelationen, aber die Streuung der Kostenwerte um die Funktion ist generell sehr groß. Die Ursache hierfür liegt in dem großen Einfluss individueller Parameter wie z.B. Abwassermenge, Abwasserbeschaffenheit oder Verfahrenswahl der Kläranlage.

Allgemein kann die Investitionskostenermittlung mit Kostenfunktionen wie folgt dargestellt werden:

$$IK = EW \cdot IK_{EW} \cdot IBP \cdot \sum_{x=1}^{n} f_x \qquad (5.1)$$

mit
IK	Gesamtinvestitionskosten [€]
EW	Anzahl der angeschlossenen Einwohnerwerte
IK_{EW}	spezifische Investitionskosten [€/EW]
i	Baupreisindex
f_x	Einzelbaukostenfaktor

Die Gesamtinvestitionskosten einer abwassertechnischen Maßnahme werden danach aus der Summe der einzelnen Anlagenteile gebildet. Für jedes Anlagenteil werden spezifische Kostengrößen abhängig von den angeschlossenen Einwohnerwerten verwendet, die noch auf das Betrachtungsjahr mit Hilfe eines Baupreisindex angepasst werden müssen.

Nach den Anfängen der Kostenuntersuchungen gab es verschiedene weiterführende und i.d.R. auf bestimmte spezielle Fragestellungen beschränkte Betrachtungen zum Thema. Die erste zusammenfassende Darstellung hat Bohn (1993) für das Gebiet der kommunalen Abwasserreinigungsanlagen vorgelegt. Hier wurden neben den Investitionskosten auch die Betriebs- und Unterhaltungskosten betrachtet. Die neuesten Untersuchungen, die erstmals neben der Kläranlage zusammenfassend auch die Kanalisation sowie die Sonderbauwerke mit enthalten, stammen von Günthert und Reicherter (2001). Allerdings beschränken sich die Autoren auf die Investitionskosten. Die Ergebnisse dieser Untersuchungen wurden maßgeblich mit als Grundlage für das hier angegebene Datenmaterial verwendet.

Die Aussagekraft einer Wirtschaftlichkeitsberechnung ist abhängig von der Genauigkeit bzw. der Eintrittswahrscheinlichkeit der zugrunde gelegten Daten. Ein Wirtschaftlichkeitsvergleich in frühen Planungsphasen für verschiedene Planungsalternativen, der durch grob gemittelte Investitions- und Betriebskostenschätzungen zustande kommt, ist ausschließlich für grundsätzlich verschiedene Ausführungsvarianten sinnvoll.

An die i.Allg. zu erwartenden Wirtschaftlichkeitsberechnungen, bei denen Varianten ohne grundlegende Unterschiede verglichen werden, müssen hohe Anforderungen an die Genauigkeit der vorausgehenden Kostenermittlung gestellt werden.

Die im Zusammenhang mit der Abwasserbeseitigung relevante Kostenvergleichsrechnung als eine Form der Wirtschaftlichkeitsberechnung, wird ausführlich in Kap. 6 erläutert.

5.3 Investitionskostenplanung

5.3.1 Kostenverhältnisse bei Abwasseranlagen

Die gesamten beim Neubau, bei der Erweiterung oder Sanierung von Abwasseranlagen entstehenden Investitionskosten sind von verschiedenen spezifischen Randbedingungen abhängig. Die wesentlichen Einflussfaktoren sind nach Bohn (1993):

- Topografische Verhältnisse im Anlagenbereich,
- Baugrundverhältnisse,
- Art des Entwässerungssystems (Misch- oder Trennsystem),
- Alter und Zustand des Entwässerungssystems,
- Anlagenkonzeption,
- Verwendete Baumaterialien,
- Art und Ausbaugrad der Regenwasserbehandlung,
- Hydraulische und biologisch-chemische Belastung des Systems,
- Belastbarkeit des Vorfluters,
- Art des Abwasserreinigungsverfahrens,
- Art der Klärschlammbehandlung,
- Art der Reststoffentsorgung und Klärgasverwertung,
- Grad der Automatisierung zur Messung, Steuerung und Regelung,
- Anforderungen aus Betriebssicherheit und Prozessstabilität,
- Konstruktive und architektonische Ausbildung der Bauwerke,
- etc..

Neben diesen primären Faktoren beeinflussen sog. sekundäre Kosteneinflussfaktoren die Investitionskosten maßgeblich. Dies sind z.B. regionale Marktverhältnisse, konjunkturelle Preisverhältnisse oder spezielle Vergabepraktiken. Diese Einflüsse sind nur schwer quantifizierbar.

Die genannten kostenbeeinflussenden Randbedingungen, die für jede Anlage mindestens im Detail verschieden sind, lassen eine Kostenvergleichbarkeit im Bezug auf pauschale Parameter wie z.B. die Ausbaugröße in EW oder den Kanaldurchmesser nur eingeschränkt zu. Bei Kläranlagen gleicher Ausbaugröße können sich auf Grund der örtlichen spezifischen Randbedingungen Kostendifferenzen bei den Investitionskosten von ± 40 % ergeben (Bohn, 1993) (vgl. Abb. 5.2). Die Abweichungen im Bereich der Kosten der Kanalisation sind noch größer. Die Vergleichbarkeit wird zudem durch schwer zu vereinheitlichende Randbedingungen erschwert. In Abb. 5.2 sind die Investitionskosten von Neubauten kommunaler Kläranlagen in Deutschland nach Günthert und Reicherter (2001) dargestellt. Hier wird die große Streubreite, die teilweise deutlich über 40 % liegt, erkennbar.

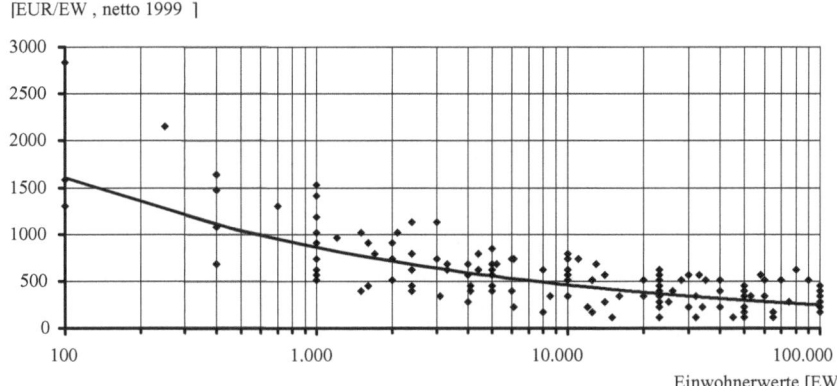

Abb. 5.2   Investitionskosten von Neubauten kommunaler Kläranlagen in Deutschland, Belebungsverfahren, Kostenbasis 1999, netto (nach Günthert und Reicherter (2001)

Derartig pauschale Darstellungen wie in Abb. 5.2 sind keine Grundlage für eine solide Kostenplanung. Sie können aber dazu dienen, grundlegende Zusammenhänge aufzuzeigen bzw. Plausibilitätsvergleiche durchzuführen.

5.3.2 Ablauf der Investitionskostenplanung

5.3.2.1   Begriffe der Kostenplanung

Die Ermittlung der Gesamtkosten erfolgt in Form der sog. Kostenplanung . Dabei greifen Projektplanung sowie die begleitende Kostenermittlung interaktiv und sich gegenseitig beeinflussend ineinander.

Die Kostenplanung ist nach DIN 276 die Gesamtheit aller Maßnahmen der Kostenermittlung, der Kostenkontrolle und der Kostensteuerung. Die Kostenplanung begleitet kontinuierlich alle Phasen der Baumaßnahme während der Planung und Ausführung. Sie befasst sich systematisch mit den Ursachen und Auswirkungen der Kosten.

Die Kostenermittlung ist die Vorausberechnung der entstehenden Kosten bzw. die Feststellung der tatsächlichen Kosten. Entsprechend dem Planungsfortschritt werden unterschieden:

- Die Kostenschätzung ist eine überschlägige Ermittlung der Kosten.
- Die Kostenberechnung ist eine angenäherte Ermittlung der Kosten.
- Der Kostenanschlag ist eine möglichst genaue Ermittlung der Kosten
- Die Kostenfeststellung ist die Ermittlung der tatsächlich entstandenen Kosten
- Die Kostenkontrolle ist der Vergleich einer aktuellen mit einer früheren Kostenermittlung.

- Die Kostensteuerung ist das gezielte Eingreifen in die Entwicklung der Kosten, insbesondere bei Abweichungen, die durch die Kostenkontrolle festgestellt worden sind.

Das Ziel der Kostenplanung ist die Steuerung des Planungsprozesses dahingehend, dass unter Einhaltung aller notwendigen technischen, funktionellen und gestalterischen Randbedingungen die wirtschaftlichste Lösung zur Ausführung gelangt. Dabei sind neben den Investitionskosten auch die Betriebskosten mit einzubeziehen (vgl. Kap. 6).

Um eine für alle Projektplanungsstufen durchgängige Kostenplanung durchführen zu können, ist die Einordnung der einzelnen Kostenarten in eine dem zunehmenden Detaillierungsgrad der Planung entsprechende hierarchische Kostengliederung erforderlich. Für qualifizierte Kostenermittlungen in frühen Projektphasen (Vorplanung, Entwurfsplanung, Genehmigungsplanung) sollte die Kostengliederung nach funktionalen und konstruktiven Bau- und Ausrüstungselementen aufgebaut sein. Ab der Phase der Ausführungsplanung sollte die Kostenermittlung nach den bis dahin bekannten Teilleistungen erfolgen, die in der Vergabephase den jeweiligen Vergabeeinheiten zugeordnet werden können. Da zur Ermittlung der Investitionskosten von kommunalen Abwasseranlagen bis dahin keine einheitlich und systematisch anwendbare Kostenplanungsmethode existierte, schlug Bohn 1993 ein auf der Elementmethode basierendes Verfahren vor. Kernstück dieses Verfahrens ist die Entwicklung einer durchgängigen, für kommunale Abwasseranlagen spezifischen Kostenelementgliederung sowie die Einordnung von Kostenermittlung, Kostenkontrolle und Kostensteuerung in den Projektplanungsablauf.

5.3.2.2 Integration der Kostenplanung in die Projektplanung

Bei der Integration der Kostenplanung in die Projektplanung existiert kein einheitliches Verfahren. Maßgebend sind:

- Projektplanung Hochbauten, Außenanlagen: HOAI § 10 ff
- Kostenplanung Hochbauten: DIN 276
- Projektplanung Ingenieurbauwerke: HOAI § 51 ff
- Kostenplanung Ingenieurbauwerke: keine Anwendungsvorschrift

Bohn (1993) schlägt vor, die Kostenplanung in die drei Phasen zu unterteilen, die in Abb. 5.3 dargestellt sind. Dabei werden die vier Stufen der Kostenermittlung den Planungsphasen der HOAI zugeordnet:

- Kostenüberschlag: Grundlagenermittlung, Vorplanung (Alternativskizzen),
- Abschätzung eines groben Investitionsrahmens,
- Investitionskostenschätzung,
- Kostenschätzung: Vorplanung (Lösungsalternativen),
- Kostenberechnung: Entwurfsplanung, Genehmigungsplanung,
- Kostenanschlag: Ausführungsplanung, Vergabe.

Investitionskostenplanung 79

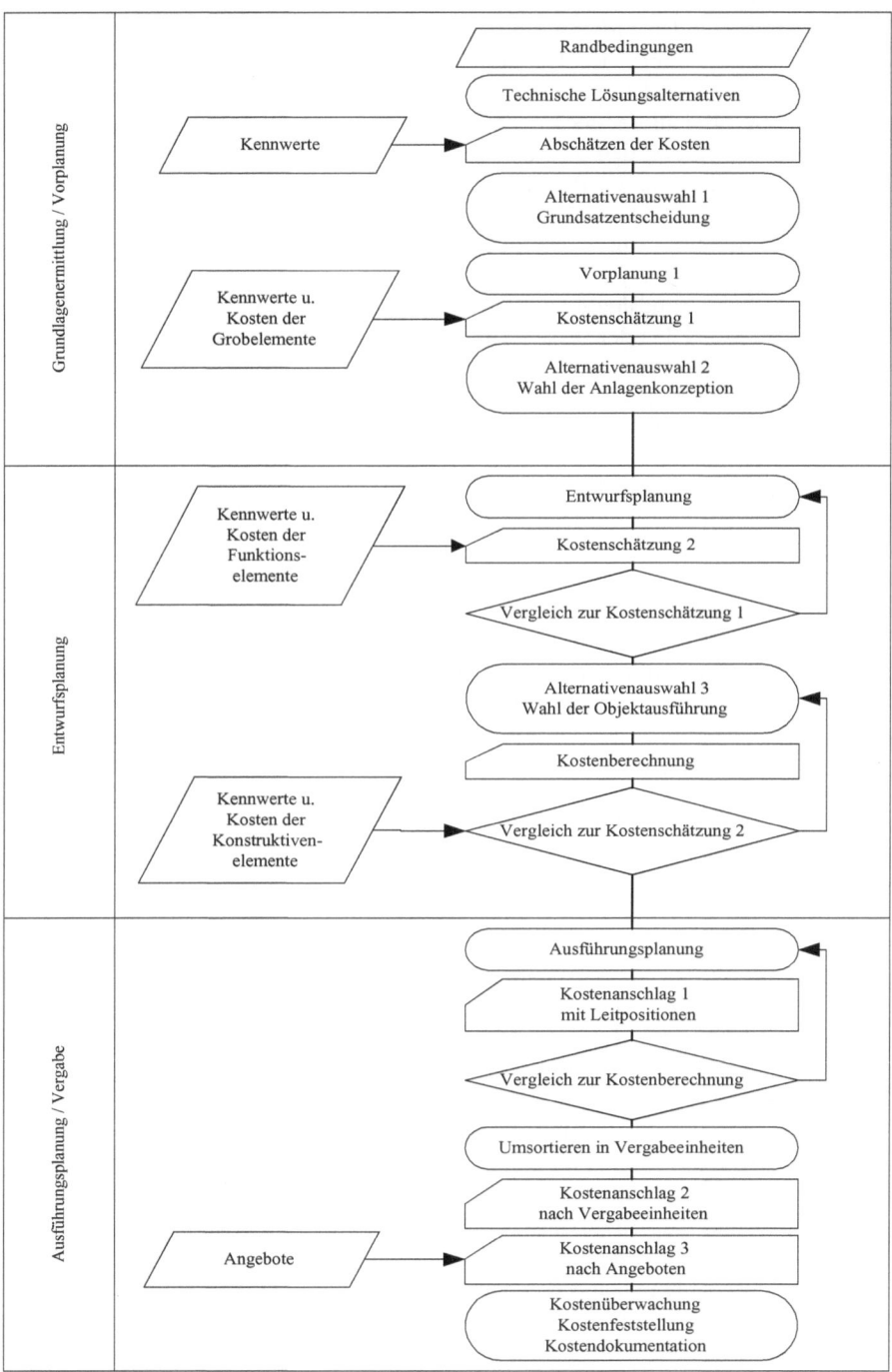

Abb. 5.3   Phasen der Kostenplanung (1993)

Die beeinflussenden Größen sind die Schmutzfracht, das Reinigungsziel, das Entwässerungsverfahren, der Generalentwässerungsplan, die Standortbedingungen, Messdaten, Regeldaten u.V.m.. Jede qualifizierte Kostenplanung setzt die Berücksichtigung aller dieser technischen und örtlich spezifischen Einflussfaktoren voraus. Die zu ermittelnden Kosten sind nach Investitions- und Betriebskosten zu unterscheiden. Über die Verfahren zur Kostenvergleichsrechnung wird in Kap. 6 berichtet.

Die Alternativenauswahl 1 erfolgt mittels Grobkostenkennwerten für einzelne Anlagenteile (z.B. €/EW, €/Abwassermenge, €/Schmutzfracht). Auf diese Weise können lediglich grundsätzliche Entscheidungen wie z.B. Wahl des Entwässerungsverfahrens (RÜB oder Aktivierung von Stauraumkanälen), Anlagenstandort, Anzahl der Anlagen getroffen werden. Es ist zu beachten, dass die maßgebenden Grobkostenkennwerte einer großen Streuung unterliegen.

In der Vorarbeit zur zweiten Alternativenauswahl sind bereits Ergebnisse der Vorplanung zu berücksichtigen. Hier erfolgt die Kostenschätzung mittels Grobelementmengen für einzelne Anlagenteile (z.B. €/m^3 Belebungsvolumen, €/m Mischwasserkanal DN 500). Dadurch kann die Genauigkeit der Kostenermittlung deutlich erhöht werden. Zu beachten ist hierbei, dass bereits erste Anlagenbemessungen durchgeführt sein müssen. Die Zuordnung zu den Kosten erfolgt dabei durch eine Zoneneinteilung (z.B. m^2 Wandfläche/m^3 Belebungsvolumen).

In dieser Phase sind bereits in konkreter Form die kostenmäßigen Beeinflussungen der unterschiedlichen Ausgestaltung von technischen Alternativen aufzuzeigen. So beeinflusst z.B. die Größe des Vorklärbeckens die Größe der Belebungsanlage, während das Gesamtverfahren wiederum vom Reinigungsziel abhängig ist. Ein zu großes Vorklärbecken würde z.B. die Denitrifikation negativ beeinflussen.

In der zweiten Phase der Vorplanung findet ein interaktiver Prozess zwischen Planung und Kostenschätzung statt, wobei auch die Höhe der Betriebskosten in Abhängigkeit von der Anlagenfestlegung eine maßgebliche Rolle spielt. Hier geht die Kostenschätzung mit Grobelementmengen über in die Kostenschätzung mit Funktionselementen. Ein Funktionselement ist z.B. eine Rechenanlage oder eine Abwasserpumpe. Die zweite Phase der Vorplanung führt zur Entwurfsplanung nach einem ständigen Vergleich der bisher geschätzten mit den nunmehr ermittelten Kosten. Ab dem Stadium der Entwurfsplanung müssen ausschließlich die Investitionskosten betrachtet werden, weil die Betriebskosten selbst jetzt nur noch im Betrieb beeinflusst werden können.

Die Kostenberechnung erfolgt nun auf der Grundlage von Konstruktionselementen (Baukonstruktion) und Leitpositionen (Maschinen- und Elektroausrüstung) im Rahmen der Entwurfsplanung. Die Festlegung ermöglicht die Ausführungsplanung und Ausschreibungsvorbereitung sowie den ersten Kostenanschlag. Je nach Bedarf ist in Vergabeeinheiten umzusortieren.

Der Kostenanschlag nach Vergabeeinheiten bildet die Basis für die Erstellung von Leistungsbeschreibungen und für die Kontrolle der Vergabe. Eine nach Elementen und Leitpositionen gegliederte Kostendatenbank bildet die Grundlage der Kostendokumentation und somit auch für weitere Kostenplanungen.

Zur Klassifizierung abgeschlossener Projekte müssen die ermittelten Daten nach Zonen (Kostenstellen) sortiert bzw. abgelegt werden. Die Anforderungen an ein Kostenplanungssystem werden in den folgenden Abschnitten beschrieben.

Die Genauigkeit der Investitionskostenplanung nach der Elementmethode kann mit Abb. 5.4 beschrieben werden. Dort ist der Streubereich der Gesamtkosten für die Planungsstufen Investitionskostenschätzung, Kostenschätzung und Kostenberechnung abzulesen.

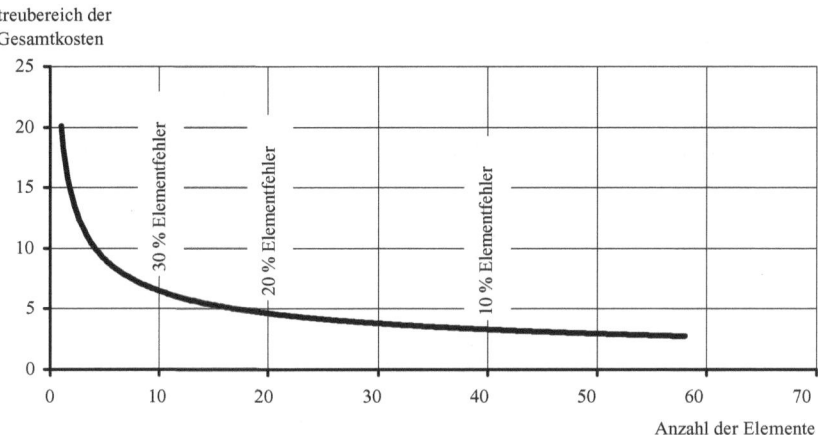

Abb. 5.4   Detaillierungsgrad und Aussagesicherheit bei der Investitionskostenplanung nach Bohn (1993)

Nach Abb. 5.4 beinhaltet die Kostenschätzung im Stadium der Vorplanung mit der Annahme eines Elementfehlers von ca. ± 20 % eine Unsicherheit der Gesamtkosten von ca. ± 4,5 % bei einer statistischen Unsicherheit von 90 % (mit je 5 % Über- und Unterschreitungswahrscheinlichkeit). Nach den Erfahrungen des Autors muss mit etwa doppelt hohen Unsicherheiten gerechnet werden.

5.3.3 Kostengliederungssysteme

Zur Kostenplanung ist die Festlegung eines entsprechenden Planungssystems erforderlich. In diesem Abschnitt werden die Grundlagen zum Aufbau eines solchen Systems vorgestellt.

An ein Gliederungssystem für Investitionskosten von Abwasseranlagen müssen folgende grundlegende Anforderungen gestellt werden:

- alle maßgeblichen, dem jeweiligen Stand der Projektplanung entsprechenden Informationen müssen enthalten sein,
- die Gliederungssystematik muss entsprechend der technischen Fortentwicklung erweiterbar sein,

- es müssen die Kosten aller Objekte von Anlagen der Abwasserbeseitigung sowie sämtliche nicht durch Objekte verursachten einmaligen Kosten erfassbar sein,
- die Investitionskostengliederung muss einen durchgängigen hierarchischen Aufbau nach Kostenelementen aufweisen,
- es muss ein Übergang von der Kostenplanung nach Elementen zur Kostenplanung und –steuerung nach Vergabeeinheiten vorhanden sein,
- die Einheitspreise abgewickelter Projekte müssen nach Objektarten getrennt katalogisiert und zu Elementkosten verdichtet werden können.

Von Bohn (1993) wird z.B. ein dreiteiliges Verschlüsselungssystem vorgeschlagen, das auf der Basis der von ihm vorgeschlagenen Kostengruppeneinteilung die o.g. Bedingungen erfüllt. Dabei werden Zonen-, Element- und Ausführungsnummern unterschieden:

- Eine Zone wird unterteilt in eine Bereichsnummer, eine Identifikationsnummer und eine Objektnummer (NK, hor. durchstr. rundes Becken (Nr.2)).
- Ein Element wird unterteilt in eine Kosten bzw. Unterkostengruppe, ein Grobelement, ein Funktionselement, eine Leitposition und einen Leistungsbereich (monolith. Außenwandkonstruktion, Ortbeton für Wände aus Stahlbeton, B 35, Beton- und Stahlbetonarbeiten).
- Eine Ausführungsnummer beeinhaltet die Vergabegruppe, die Vergabeeinheit und die Vergabenummer (Rohbauarbeiten komplett, Teillos 3)

5.3.3.1 Zonengliederung

Grundlage für eine vereinheitlichte Kostenplanung von Abwasseranlagen ist eine technische Gliederung nach Kostenstellen, Bereichen und Objekten (Zonengliederung). Tabelle 5.1 zeigt beispielhaft eine Einteilung, die unter Berücksichtigung der Ergebnisse von Bohn (1993) vorgenommen wurde:

Tabelle 5.1   Schema einer Zonengliederung

Kostenstelle	Bereich (beispie lhaft)	Objekt (beispielhaft)
Kanalisation	nach Topografie (Einteilung im KIS)	Hausanschlüsse
		Nebensammler
		Hauptsammler
		Düker
		Druckleitung
Pumpwerke	Außenanlage	Wege
		Gartenbau
	Bauwerk unterirdisch	Leitern
		nass aufgestellte Pumpen
	Bauwerk oberirdisch	einfach genutztes Gebäude
		mehrfach genutztes Gebäude
Sonderbauwerke	siehe Pumpwerke	nass aufgestellte Pumpen

Tabelle 5.1   (Fortsetzung)

Kostenstelle	Bereich (beispielhaft)	Objekt (beispielhaft)
Kläranlage	Betriebsgebäude	einfach genutztes Gebäude
	Außenanlagen	Wege
		Gartenbau
	Abwasser-/Schlammführung	Verteilerbauwerk
		Schneckenpumpwerk
		Druckpumpwerk
	Leitungen	offenes Gerinne
		Druckgerinne
		begehbarer Kanal
	Rechen/Sandfang	Grobrechen
		Feinrechen
	Vorklärung	Rechteckbecken
		Rundbecken
	Belebung	rundes Becken, intermittierend
		Kaskadenbecken
	Nachklärung	horizontal durchströmtes Rechteckbecken
		vertikal durchströmtes Rundbecken
	zentrale MSR	Zuflussmessung
		Nitratmessung
Schlammbehandlung	Schlammeindickung	Standeindicker
		Durchlaufeindicker
		Maschinelle Eindickung
	Schlammentwässerung	Zentrifuge
		Trockenplatz
	Klärgasverwertung	Gasspeicher
		Verbrennungsmotor
Regenwasserentsorgung	Nach Topografie	Flächenversickerung
		Muldenversickerung
		Rigolenversickerung

Der Vorteil einer derartigen Gliederung liegt in der Durchgängigkeit der systematischen Kostendokumentation, die die Grundlage für zukünftige Kostenplanungen, z.B. auch im Hinblick auf Erweiterungsmaßnahmen, sein kann. Die einzelnen Objekte werden hier als Zonen bezeichnet.

Die räumliche Abgrenzung der Betriebsbereiche erfolgt nach funktionalen und verfahrenstechnischen Aspekten. Eine weitgehende Differenzierung ist im Hinblick auf eine Vergleichbarkeit der Kosten erforderlich. So ist z.B. darauf zu achten, dass Belebungsbecken, die eine weitergehende Stickstoffelimination ermöglichen, kostenmäßig nicht mit ausschließlichen Nitrifikationsbecken verglichen werden können.

5.3.3.2 Kostengruppen

Während die Zonengliederung ihrem Wesen nach eine Kostenstelleneinteilung darstellt, ist die Gliederung in Kostengruppen eine Funktionseinteilung .

Für die verschiedenen Bereiche des Hochbaus wurde im Hinblick auf eine einheitliche Investitionskostenermittlung mit der DIN 276 bereits Mitte der 30er Jahre eine Kostengruppeneinteilung vorgenommen. Eine entsprechende Einteilung gibt es für den Bereich der Abwasserbeseitigung nicht.

Der erste dieser Normung entsprechende Vorschlag für die Abwasserreinigung wurde von Bohn (1993) mit der Einteilung der folgenden Kostengruppen (Tabelle 5.2) definiert:

Tabelle 5.2   Investitionskostengliederung nach DIN 276 mit Ergänzungsvorschlägen nach Bohn (1993) und Bohn (1997)

Kostengruppe (1. Ebene)		Grobelement (2. Ebene)	
1	Grundstück	11	Grundstückswert
		12	Grundstücksnebenkosten
		13	Frei machen
2	Herrichten und Erschließen	21	Herrichten
		22	Öffentliche Erschließung
		23	Nichtöffentliche Erschließung
		24	Ausgleichsabgaben
3	Bauwerk - Baukonstruktion	31	Baugrube
		32	Gründung
		33	Außenwände
		34	Innenwände
		35	Decken
		36	Dächer
		37	Baukonstruktive Einbauten
		39	Sonstige Maßnahmen
4	Bauwerk - Technische Anlagen	41	Abwasser-, Wasser-, Gasanlagen
		42	Wärmeversorgungsanlagen
		43	Lufttechnische Anlagen
		44	Starkstromanlagen
		45	Fernmeldeanlagen
		46	Förderanlagen
		47	Nutzungsspezifische Anlagen
		48	Gebäudeautomation
		49	Sonstige Maßnahmen
5	Außenanlagen	51	Geländeflächen
		52	Befestigte Flächen
		53	Baukonstruktion in Außenanlagen
		54	Technische Anlagen in Außenanla-
		55	Einbauten in Außenanlagen
		59	Sonstige Maßnahmen
6	Ausstattung und Kunstwerke	61	Ausstattung
		62	Kunstwerke

Tabelle 5.2 (Fortsetzung)

Kostengruppe (1. Ebene)		Grobelement (2. Ebene)	
7	Baunebenkosten	71	Bauherrenaufgaben
		72	Vorbereitung der Objektplanung
		73	Architekten-/Ingenieurleistungen
		74	Gutachten und Beratung
		75	Kunst
		76	Finanzierung
		77	Allgemeine Baunebenkosten
		79	Sonstige Baunebenkosten
8	Klärtechnische Baukonstruktion Ergänzung (Bohn 1993)	81	Baugrube
		82	Gründung mit Sohle
		83	Außenwände/-stützen
		84	Innenwände/-stützen
		85	Abdeckung/Dach
		86	Podeste/Treppen
		87	Gerinne
		88	Nutzungsspezifische Baukonstruktion
		89	Baukonstruktion
9	Klärtechnische Ausrüstung Ergänzung (Bohn 1993)	11	Grobstoffentnahmetechnik
		22	Schlammentnahme/-förderung
		33	Abwasserförderung
		44	Belüftungstechnik
		55	Hilfsmittellagerung/-dosierung
		66	Schlammeindickung
		77	Schlammstabilisierung
		88	Gasverwertung
		99	Sonstige Klärtechnische Ausrüstung
10	Abwasserableitung Ergänzung (Bohn 1997)	101	Baustelleneinrichtung
		102	Erdarbeiten
		103	Wasserhaltung
		104	Leitungsbau
		105	Straßenbau
		106	Umlegung und Ausbau
		107	Technische Ausrüstung
		109	Sonstiges

In der dritten Ebene werden weitere Details beschrieben. So ist z.B. unter der Kostengruppe 3, Grobelement 9, also unter den sonstigen Maßnahmen für Baukonstruktion (Nummer 390), als Punkt 1 die Baustelleneinrichtung aufgeführt. Diese Kostengruppe wird in der Nomenklatur der DIN mit der Nummer 391 versehen. Weitere Einzelheiten sind in der DIN beschrieben.

Alternativ zu dieser Ergänzung der Norm in Form einer Anfügung an die erste Ebene der Kostengruppen wird vom Autor vorgeschlagen, die Besonderheiten der Abwasserbeseitigung in die zweite Ebene zu integrieren: Sämtliche bautechnischen Bestandteile können unter die Kostengruppe 380, die z.Z. nicht belegt ist, gebracht werden. Für die sonstige technische Ausrüstung kann die Kostengruppe 470, die überwiegend für die hier behandelte Aufgabe unwesentliche Bestandteile beinhaltet, verwendet werden.

Auf eine Ausarbeitung dieses Vorschlags wird hier verzichtet, weil es seit 1995 eine österreichische Norm zur Beschreibung der Kosten im Hoch- und Tiefbau gibt. In der ÖNORM B 1801 „Kosten im Hoch- und Tiefbau" werden alle Kostenbereiche in einem Gliederungsschema gemäß Tabelle 5.3 erfasst. Trotz dieses wegen seiner Durchgängigkeit sinnvollen Vorschlages wird im Folgenden auf dem Vorschlag von Bohn aufgebaut, da hier umfangreichere Untersuchungsergebnisse vorliegen.

Tabelle 5.3   Grobelementgliederung nach ÖNORM B 1801

0	Grund	5	Einrichtung
0A	Allgemeine Maßnahmen	5A	Allgemeine Maßnahmen
0B	Grunderwerb	5B	Betriebseinrichtungen
0C	Erwerbsnebenkosten	5C	Ausstattungen
0D	Spezielle Maßnahmen	5D	Kunst am Bau
1	Aufschließung	6	Außenanlagen
1A	Allgemeine Maßnahmen	6A	Allgemeine Maßnahmen
1B	Baureifmachung	6B	Geländeflächen
1C	Erschließungen	6C	Befestigte Flächen
1D	Spezielle Maßnahmen	6D	Bauliche Außenanlagen-Rohbau
		6E	Bauliche Außenanlagen-Technik
2	Bauwerk-Rohbau	6F	Bauliche Außenanlagen-Ausbau
2A	Allgemeine Maßnahmen	6G	Einrichtungen Außenanlagen
2B	Erdarbeiten / Baugrube	6H	Einfriedungen
2C	Gründungen / Bodenkonstruktionen		
2D	Horizontale Baukonstruktion	7	Honorare
2E	Vertikale Baukonstruktion	7A	Allgemeine Maßnahmen
2F	Spezielle Baukonstruktion	7B	Vorbereitung / Objektplanung
2G	Rohbau zu Bauwerk- Technik	7C	Bauherrenaufgaben
		7D	Planungsleistungen
3	Bauwerk-Technik	7E	Gutachten / Beratungen
3A	Allgemeine Maßnahmen	7F	Eigenleistungen
3B	Förderanlagen		
3C	Wärmeversorgungsanlagen	8	Nebenkosten
3D	Klima-/ Lüftungsanlagen	8A	Allgemeine Maßnahmen
3E	Sanitär-/ Gasanlagen	8B	Baunebenkosten
3F	Starkstromanlagen	8C	Versicherungen
3G	Schwachstromanlagen		
3H	Gebäudeautomation	9	Reserven
3I	Spezielle Anlagen	9A	Allgemeine Maßnahmen
		9B	Reservemittel
4	Bauwerk-Ausbau		
4A	Allgemeine Maßnahmen		
4B	Innenverkleidung		
4C	Außenverkleidung		
4D	Spezielle Verkleidung		
4E	Ausbauteile innen		
4F	Ausbauteile außen		
4G	Spezielle Ausbauteile		

Gemäß der Einteilung von Bohn können die Verhältnisse der verschiedenen Investitionskostenarten von Kläranlagen wie in Abb. 5.5 dargestellt beschrieben werden.

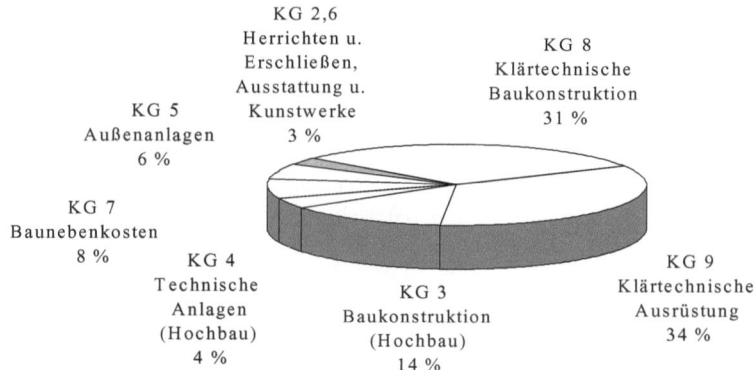

Abb. 5.5 Verhältnisse der Investitionskosten einer Kläranlage mit einer Ausbaugröße von 100.000 EW (nach Bohn 1993)

Die Baunebenkosten, die im Wesentlichen die Honorare für Fachplaner und Gutachter darstellen, betragen im Mittel 8 % und schwanken zwischen 5 % bei großen einfachen und 14 % bei kleinen Anlagen mit großem Planungsumfang.

Mit der Verfeinerung der Elemente können detailliertere Kostendarstellungen erreicht werden. Ein Beispiel für die Bezugseinheiten der Grobelemente ist in Tabelle 5.4 dargestellt.

Tabelle 5.4 Bezugseinheiten von Grobelementen (beispielhaft)

Grobelement	Bezugseinheit
Baugrube	m³ Baugrubeninhalt (BGI)
Gründung mit Sohle	m² Grundfläche
Außenwände/Stützen	m² Außenwandfläche (AWF)
Gerinne	lfm Gerinnelänge (GL)
Rechenanlage	m³/h Abwasserstrom (AVS)
Kreiselbelüfter	kgO$_2$erf./h Sauerstoffbedarf (SB)
Schlammtrocknung	m³/h Schlammvolumenstrom (SVS)

Die Einteilung der Grobelemente ist abhängig von der gewählten Investitionskostengliederung. So unterscheidet Bohn (1993) die klärtechnische Baukonstruktion von der klärtechnischen Ausrüstung und führt bei der Ausrüstung zusätzlich vor der Gruppe der Grobelemente eine Unterkostengruppe ein. So ist z.B. die in Tabelle 5.4 genannte Rechenanlage Bestandteil der Unterkostengruppe Grobstoffentnahmetechnik.

Ein Beispiel für die Verfeinerung in Funktionselemente ist in Tabelle 5.5 dargestellt:

88 Kosten der Abwasserbeseitigung

Tabelle 5.5 Bezugseinheiten von Funktionselementen (beispielhaft)

Grobelement	Funktionselement
Baugrube	Baugrubenaushub [m³ BGI]
	Wasserhaltung, Drainage [m³/h GWA]
Außenwände/Stützen	Rohbaukonstruktion [m² AWF]
	Gerinne [lfm GL]
	Öffnungen [m² ÖF]
Gerinne	Offene Gerinne [lfm GL]
	Geschlossene Gerinne [lfm GL]
Kreiselbelüfter	Antrieb
	Auflagerkonstruktion
	Lufteintrag

Die Funktionselemente setzen sich aus einer weiteren Stufe des Kostengliederungssystems zusammen. In der Baukonstruktion handelt es sich um die Konstruktionselemente, die beispielhaft in Tabelle 5.6 dargestellt sind.

Tabelle 5.6 Auszug aus dem Katalog für Konstruktionselemente (beispielhaft)

Funktionselement	Konstruktionselement
Rohbaukonstruktion	Monolith. Konstruktionen, senkr. ev. gekrümmt
	Aufgelöste Konstruktionen
	Stützen
Gerinne	Gerinnewand
	Gerinnesohle
	Einbauteile

Die Konstruktionselemente sind objektunabhängig. Aufgelöste Konstruktionen können bei verschiedenen Gebäuden der Kläranlage oder von Sonderbauwerken vorkommen. Die Einbauteile z.B. sind je nach Objekt allerdings sehr unterschiedlich. Bis zur Stufe der Funktionselemente müssen die Kostendaten also nach Objekten sortiert geführt werden. Ab der Stufe der Konstruktionselemente können die Kostendaten zur Vermeidung von Redundanzen objektunabhängig geführt werden, wenn dies der Einzelfall zulässt.

Die Konstruktionselemente bestehen aus einzelnen oder einer Kombination von Leitpositionen . Leitpositionen stellen dabei diejenigen Positionen dar, die den überwiegenden Teil der Kosten innerhalb eines Leistungsbereichs bei einem Konstruktionselement ausmachen. Sie können sowohl die Zusammenfassung mehrerer Einzelpositionen (z.B. Wandschalung inkl. Stirnabschalungen und Aussparungen) als auch eine einzige wichtige Teilleistung (z.B. Beton für Wände) sein. Tabelle 5.7 zeigt beispielhaft einen Auszug aus dem Katalog der Leitpositionen der klärtechnischen Baukonstruktion, Außenwände / Stützen, Rohbaukonstruktion.

Tabelle 5.7 Auszug aus dem Katalog Leitpositionen Baukonstruktion (beispielhaft)

Monolith. Konstr., senkr., ev. gekr.	Ortbeton für Wände aus Stahlbeton, B 35, d < 30 cm
	Schalung der Wände, h < 4m
	Betonstahl BSt 500 S, d <2 0mm

Die Leitpositionen der klärtechnischen Ausrüstung werden beispielhaft in Tabelle 5.8 dargestellt.

Tabelle 5.8   Auszug aus dem Katalog Leitpositionen Ausrüstung (beispielhaft)

Drucklufterzeugung	Drehkolbengebläse, Druckerhöhung 0,6 bar, Spitzenlast 3.300 Nm³/h, Schallhaube mit Innenauskleidung Einstufiger Turboverdichter, Druckerhöhung 0,65 bar
Lufteintrag	Feinblasige Belüftung mit Tellerbelüfter (Kautschukmembran), Sauerstoffeintrag > 3,0 kgO2/kWh Feinblasige Belüftung mit Filterkerzen

Um eine vereinheitlichte Systematik von Baukonstruktion und Ausrüstung zu erreichen, definiert Bohn (1993) weiterhin Leistungsbereiche für die maschinen- und elektrotechnische Ausrüstung, auf die hier nicht im Einzelnen eingegangen wird.

Die ATV-DVWK hat das Ziel, eine vereinheitlichte durchgängige Kostengliederungssystematik mit einer Liste von Kosteneinflussfaktoren einzuführen. Es soll eine Datenbank zur Verfügung gestellt werden, aus der die Nutzer vergleichbare Kostendaten abrufen und neue Erkenntnisse einspeisen können (ATV, 1998).

5.3.4 Kostenplanung mit Kostenkennwerten

5.3.4.1   Vorbemerkung

Die Investitionsplanung mit Kennwerten wie z.B. in €/EW oder €/m³ BV weist, wie in den vorhergehenden Abschnitte beschrieben, z.T. erhebliche Unsicherheiten und Streubreiten in Bezug auf die Aussagesicherheit der Kostenermittlung auf. Trotzdem stellt sie in den frühen Projektphasen, in denen unter Berücksichtigung verschiedenster Randbedingungen technische Lösungsalternativen entwickelt werden müssen, ein nützliches Instrument zur Bewertung dieser Alternativen dar. Die Verfahren zur Bewertung werden in Kap. 6 beschrieben.

In diesem Abschnitt werden für die Kostenstellen Kanalisation, Pumpwerke, Kläranlagen, Schlammbehandlung und Regenwasserbehandlung Kostenkennwerte im o.g. Sinne vorgestellt. Es handelt sich hierbei im Wesentlichen um Funktionen, die auf der Basis der Untersuchungen von Günthert und Reicherter (2001) auf den Stand 2002 in € umgerechnet wurden. Sie wurden durch eigene Erfahrungen des Autors ergänzt.

> Es wird noch einmal deutlich darauf hingewiesen, dass es sich bei den angegebenen Funktionen um Trendkurven von Kostenkennwerten und somit um Anhaltswerte mit großen Streubreiten handelt.

Dem Anwender, der sich mit den Details der Datenermittlung und der möglichen Streuungen näher beschäftigen möchte, wird das Studium der Originalliteratur zum Thema empfohlen. Eine detaillierte Kostenermittlung ist nur mit den o.g.

Verfahren unter Verwendung von Kostenelementen möglich, was wiederum eine differenzierte Kostendokumentation erfordert.

Es ist im Rahmen dieses Buches nicht vorgesehen, Kostenelemente zu erörtern. Es wird aber darauf hingewiesen, dass aktuelle Daten gesammelt und unter www.gekim.de (gekim Gesellschaft für kommunales Infrastrukturmanagement GmbH) veröffentlicht werden. Für Hinweise zu aktuellen Daten sowie weitere Anregungen ist der Autor dankbar.

5.3.4.2 Kanalisation

Kanalbau . In Deutschland sind über. 93 % der Bevölkerung an das ca. 450.000 km lange öffentliche Kanalnetz angeschlossen (BRD 2002). 68 % werden durch Misch- und 32 % durch Trennkanalisation entsorgt. Der Anteil der Trennkanalisation steigt ständig.

Die Kosten des Kanalbaus in offener Bauweise sind wegen der höchst vielfältigen beeinflussenden Parameter sehr schwer zu vereinheitlichen. Die Höhe der Kosten hängt im Wesentlichen von den folgenden Faktoren ab:

- Rohr- und Schachtmaterialien,
- Profilart,
- Rohrdurchmesser,
- Aufbruch und Wiederherstellung der Oberfläche (Straßenaufbau),
- Graben- und Verbauart,
- Bodenverhältnisse (Bodenklassen), Erdaushub und Bodenabfuhr,
- Tiefenlage des Kanals bzw. Arbeitstiefe,
- Wasserhaltung, Drainagen,
- Sichern von Gebäuden, Bauteilen sowie Ver- und Entsorgungsleitungen.

Aus diesen Einflussfaktoren werden die Kostengruppen Grundkosten und Zuschläge gebildet. In Abb. 5.6 ist die Verteilung dargestellt.

Die Grundkosten werden in Abhängigkeit von der Nennweite des Kanals in €/lfm angegeben und setzen sich aus vier Untergruppen zusammen:

- Erdarbeiten : Die Untergruppe Erdaushub beinhaltet die reinen Erdarbeiten sowie eine für die Baugrubenerstellung häufig notwendige Baugrubensicherung (Verbau). Die entstehenden Kosten der Erdarbeiten beziehen sich auf einen anstehenden Boden der Bodenklassen 3-5 (leicht lösbare bis schwer lösbare Bodenarten nach VOB Teil C). Ein durch schwierigere Baugrundverhältnisse auftretender Kostenmehraufwand wird in den tiefenabhängigen Zuschlägen berücksichtigt. Die Verlegetiefe beeinflusst die Kosten der Erdarbeiten maßgeblich. (Richtwerte: 25 €/m³ Erdarbeiten bei 4-5 m Tiefe, 90 €/lfm)
- Rohr : Die Untergruppe Rohr umfasst alle anfallenden Kosten, die durch das Rohr entstehen. Dazu gehören zum einen die Kosten für das Rohr an sich (Materialkosten) und zum anderen die Kosten für die Verlegung und Bettung des Rohres. Mit dem Durchmesser des Rohres wachsen die Kosten. (Richtwert: 90 €/lfm bei DN 300 bis DN 500)

- Straße: Die Untergruppe Straße setzt sich aus den entstehenden Kosten für einen Aufbruch vorhandener Straßen und deren Wiederherstellung zusammen. Bei der Wiederherstellung wird von einem üblichen Straßenaufbau, bestehend aus Straßenunterbau mit bituminöser Deckschicht ausgegangen. Weitere Straßenoberflächen wie z.B. eine Pflasterung oder eine ungebundene Straßenoberfläche aus mineralischen Stoffen werden in den tiefenunabhängigen Zuschlägen berücksichtigt. Über den Kanalbaubereich herausragende Straßenbaumaßnahmen (Gehwege, Straßenerweiterungen) werden nicht berücksichtigt. (Richtwert: 60 €/lfm)
- Schacht: Die Untergruppe Schacht beinhaltet die entstehenden Kosten für die einzelnen Schächte. Diese wurden auf die Haltungen verteilt. (Richtwerte: 50 €/lfm bei DN 300 – DN 500; 1000 €/Schacht DN 200, 2000 €/Schacht DN 800)

Die tiefenunabhängigen Zuschläge werden in €/lfm angegeben und setzen sich aus sechs Untergruppen zusammen, die entsprechend ihrem Vorkommen anzusetzen sind:

- Wasserhaltung : Da die Kosten für eine Wasserhaltung maßgebend von den örtlichen Randbedingungen abhängen, können sie in der Planungsphase nur schwer abgeschätzt werden. Die hier verwendeten Daten basieren auf einer offenen (einfachen) Wasserhaltung. Sie sind im Mittel nahezu unabhängig von der Nennweite. (Richtwert: 13 €/lfm)
- Hausanschlüsse : Bei den Hausanschlüssen wurden lediglich die Kosten für den Abzweig des Rohres vom Sammelkanal berücksichtigt. Die Verlegung des Hausanschlusses selbst findet keine Berücksichtigung. (Richtwert: 5 €/lfm)
- Sparten: In diesem Punkt werden alle Kosten zusammengefasst, die für das Auffinden von Ver- und Entsorgungsleitungen benötigt werden. Kosten, die bei der Absicherung von Gebäuden und Bauteilen entstehen, werden nicht berücksichtigt. (Richtwert: 5 €/lfm)
- Auf- und Abschläge für abweichende Straßenaufbauten : In den Grundkosten wird von einem üblichen Straßenaufbau ausgegangen. Die bei einer Pflasterung aufwändigeren Arbeiten bewirken durch einen größeren Arbeitsaufwand einen Anstieg der Kosten, der durch einen entsprechenden Aufschlag zu berücksichtigen ist (Richtwert: 40 €/lfm). Der bei einem einfachen, ungebundenen Straßenoberbau (z.B. Kies oder Schotter) entstehende Minderaufwand ist durch einen entsprechenden Abschlag zu berücksichtigen (Richtwert: 18 €/lfm).
- Bodenaustausch/Deponierung : In dieser Untergruppe werden die Kosten, die durch den Austausch des ausgehobenen Bodens bzw. dessen Abfuhr und Deponierung entstehen, berücksichtigt. (Richtwert: 30 €/lfm)
- Sonstiges: Dem Zuschlag Sonstiges werden alle Kosten zugerechnet, die den anderen Zuschlagsoptionen und den Grundkosten nicht zugeordnet werden. Beispiele hierfür sind Kosten für Bachunterquerungen und Baumfällarbeiten. (Richtwert: 5 €/lfm, im Einzelfall bis über 200 €/lfm)

Die tiefenabhängigen Zuschläge beziehen sich auf örtliche Baugrundverhältnisse, die nicht der Bodenklasse 3-5 (leicht bis schwer lösbarer Boden) entsprechen und somit nicht durch die Grundkosten abgedeckt sind. Sie werden in € pro

Meter Tiefe (€/tfm) angegeben und sind zu den ermittelten Grundkosten zu addieren. Diese Kosten sind mit der Tiefe zu multiplizieren, um die Kosten pro laufenden Meter zu erhalten. Da die tiefenabhängigen Kosten teilweise auch Kosten für Bodenaustausch und Deponierung enthalten, ist dies entsprechend zu berücksichtigen. Zu den tiefenabhängigen Zuschlägen gehören:

– Spundwand : Rammarbeiten für Spundwände (Richtwert: 35 €/tfm),
– Bodenklasse 2 : Fließender Boden (Richtwert: 5 €/tfm),
– Bodenklasse 6 : Leicht lösbarer Fels und vergleichbare Bodenarten (Richtwert: 5 €/tfm),
– Bodenklasse 7 : Schwer lösbarer Fels (Richtwert: 25 €/tfm).

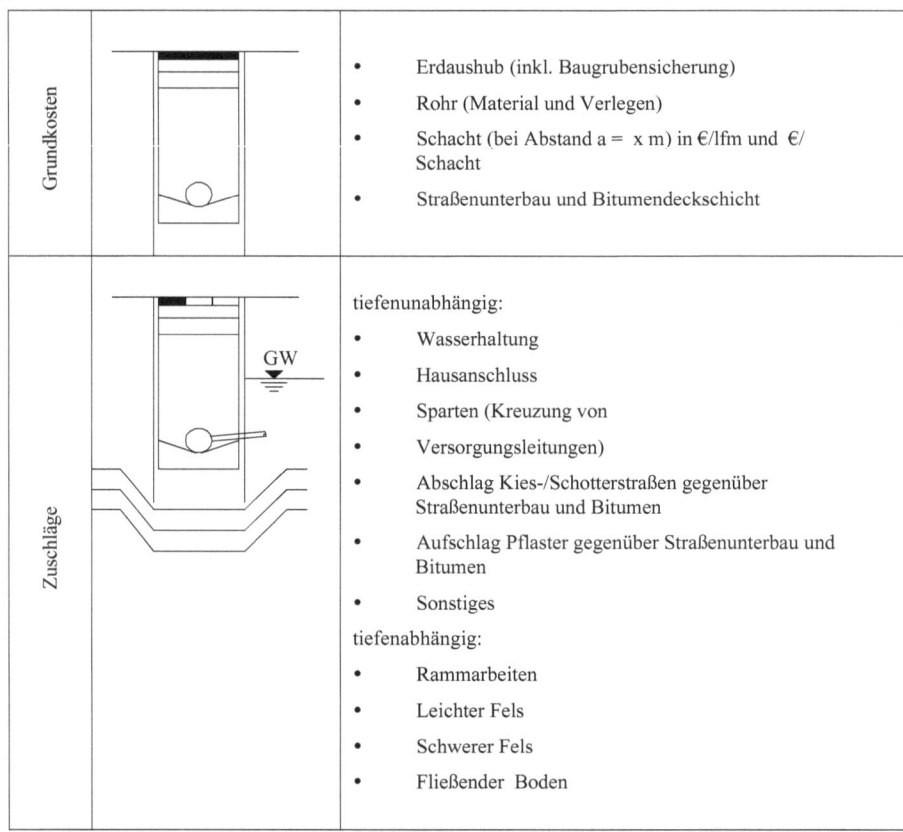

Abb. 5.6: Bestandteile von Grundkosten und Zuschlägen

Mit der o.g. Einteilung in Grundkosten und Zuschläge haben Günthert und Reicherter ein Modell zur Ermittlung der Baukosten für die Kanalisation in Abhängigkeit von Rohrdurchmesser und Verlegetiefe entwickelt. In Tabelle 5.9 sind die Grundkosten der Nennweiten DN 200 bis DN 800 in Abhängigkeit von der Tiefe, umgerechnet auf den Preisstand 2002 in €, aufgeführt. Hinsichtlich der Genauigkeit kann als Anhaltswert davon ausgegangen werden, dass mit ± 25 €/lfm ca. 80 % der untersuchten Projekte erfasst werden konnten.

Tabelle 5.9   Grundkosten DN 200 – 800 in €/lfm in Abhängigkeit der Tiefe für ein Modell der Kostenschätzung nach Günthert und Reicherter (2001)

DN	Verlegetiefe [m]									
	1,5	2,0	2,5	3,0	3,5	4,0	4,5	5,0	5,5	6,0
200	143	158	174	192	212	233	257	284	313	345
250	157	177	200	226	255	288	326	368	416	469
300	221	236	252	268	286	306	326	348	371	396
400	221	236	252	268	286	306	326	348	371	396
500	221	236	252	268	286	306	326	348	371	396
600	236	262	291	329	360	400	445	495	550	612
700	236	262	291	329	360	400	445	495	550	612
800	236	262	291	329	360	400	445	495	550	612

Die Zuschläge sind in Tabelle 5.10 in Abhängigkeit vom jeweiligen Durchmesser angegeben. Die Details der Ermittlung sind bei Günthert und Reicherter beschrieben.

Tabelle 5.10   Zuschläge DN 200 – 800

Zuschlag/DN	Einheit	200	250	300	400	500	600	700	800
Tiefenunabhängig									
Wasserhaltung	€/lfm	13	13	13	13	13	13	13	13
Hausanschlüsse	€/lfm	4	4	4	4	4	4	4	4
Sparten	€/lfm	4	4	4	4	4	4	4	4
Sonstiges	€/lfm	2	4	5	5	7	9	10	13
Bodenaustausch/Deponie	€/lfm	27	27	27	27	27	27	27	27
Abschlag Kies/Schotter	€/lfm	-18	-18	-18	-18	-20	-20	-20	-20
Aufschlag Pflaster	€/lfm	41	41	43	43	45	46	49	49
Tiefenabhängig									
Spundwand	€/tfm	35	35	35	35	35	35	35	35
Leichter Fels	€/tfm	4	4	4	4	4	4	4	4
Schwerer Fels	€/tfm	22	22	22	22	22	22	22	22
Fließender Boden	€/tfm	7	7	7	7	7	7	7	7

Beispiel 5.1:

Es sollen die Gesamtkosten einer Baumaßnahme abgeschätzt werden. Gegeben: DN 250, 2,5 m Tiefe mit Erdarbeiten, Rohr, Schacht, einfache Bodenverhältnisse, Straßenunterbau und Bitumendeckschicht.

Lösung: Es kommen nur die Grundkosten zur Anwendung.

Kosten pro laufenden Meter (Tab. 5.9): 200 €/lfm

Beispiel 5.2:

Es sollen die Gesamtkosten einer Baumaßnahme abgeschätzt werden. Gegeben: DN 250, 5 m Tiefe mit Erdarbeiten, Rohr, Schacht, leichter Fels, Hausanschlüsse und Sparten, Wasserhaltung, Rammarbeiten, Straßenunterbau und Bitumendeckschicht.

Lösung: Es kommen Grundkosten und Zuschläge zur Anwendung.

a) Grundkosten pro laufenden Meter (Tabelle 5.9): 368 €/lfm
b) Zuschläge (Tabelle 5.10): 4 €/lfm für Hausanschlüsse
4 €/lfm für Sparten
13 €/lfm für Wasserhaltung
5 · 4 €/tfm = 20 €/lfm für leichten Fels
5 · 35 €/tfm = 175 €/lfm für Rammarbeiten
Gesamt: 584 €/lfm

Durch Veränderung der Randbedingungen in den o.a. Beispielen verdreifachen sich die Gesamtkostenschätzungen gegenüber den Grundkosten.

In Abb. 5.7 sind die Grundkosten bei Kanalisationen DN 200 – DN 2000 unabhängig von der Verlegetiefe dargestellt. Es wird deutlich, dass für die Grundkosten die Regression auch bei größeren Nennweiten gute Ergebnisse liefert.

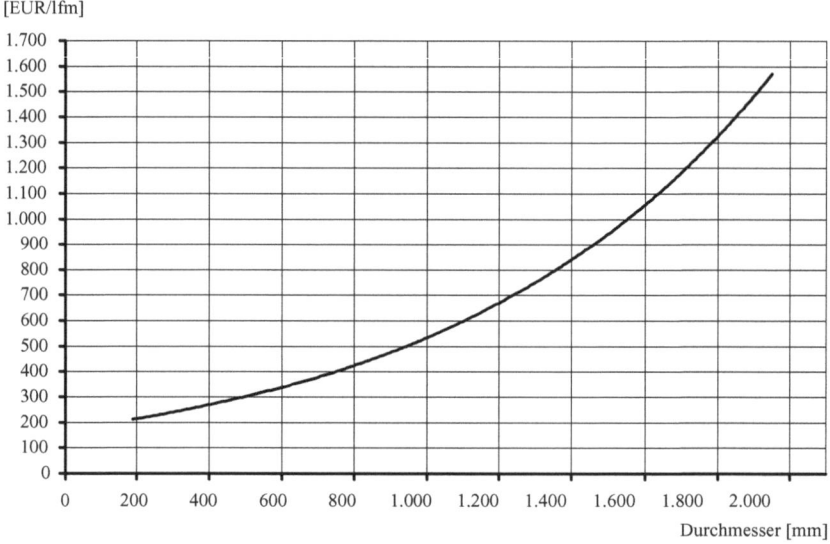

Abb. 5.7   Grundkosten bei Kanalisationen DN 200 – DN 2000 (50%-Wert)

Die Kosten für die Zuschläge sind für Nennweiten ab DN 1100 nicht mehr pauschal abschätzbar. Unterhalb dieses Durchmessers liegen sie bei bis zu 100 €/lfm.

Es ist bei Anwendung der o.g. Kennwerte zu beachten, dass sie eher gute Ergebnisse für den ländlichen Raum liefern. Für großstädtische Situationen mit enger Bebauung und schwierigen Straßenverhältnissen werden die Kosten eher etwas höher liegen. Dies ist bei den Zuschlägen individuell zu berücksichtigen. Der Zeitbedarf für die Verlegung ist nach EUWID (4/2002) relativ unabhängig vom Rohrmaterial.

Zur Ermittlung der Kostenverteilung auf die Rohrquerschnitte entwickelte Dudey 1993 ein Kostenschätzungsmodell . Es sieht die Entwicklung von Standardkosten aus den zugrundegelegten Einheitspreisen und den Merkmalsgruppen vor.

Ein 10 km langes Modellkanalnetzes wurde dazu auf Grundlage der ermittelten Häufigkeitsverteilung berechnet, die Anzahl der Schächte ergibt sich dabei aus der Anzahl der Haltungen und ihrer mittleren Länge. Die Rohrquerschnittsverteilung wurden bei Dudey anhand von Untersuchungen an 17 Kanalnetzen beziehungsweise Teilabschnitten von Kanalnetzen von 1.300 km Länge festgestellt. Dabei stellte er fest, dass in kleinen Gemeinden und weniger dicht besiedelten Großstadtgebieten Häufungen bei kleinen Rohrquerschnitten bis DN 400 mm auftraten, während Rohrquerschnitte über DN 1000 mm sehr selten waren. Bei Kanalnetzen von Großstädten und von ausgesuchten Teilgebieten aus Innenstadtlagen trifft man hingegen einen höheren Anteil der Nennweiten DN 500 mm und größer an. Vor allem der Rohrquerschnitt DN 1200 mm wird in Großstädten und insbesondere in Innenstadtlagen auch wegen der Begehbarkeit häufig verbaut.

Weiterhin untersuchte Dudey die Tiefenlagen der Abwasserkanäle differenziert nach Misch- und Trennverfahren. Die Auswertung der Mischwasserkanäle in den untersuchten Kanalnetzen ergab Tiefenlagen in Abhängigkeit vom Rohrdurchmesser von durchschnittlich 2,40 m für die Klasse der Rohre DN 100 mm bis DN 400 mm. Bei Durchmessern DN > 1200 mm beträgt die mittlere Tiefe bereits 4,50 m.

Es ist grundsätzlich darauf hinzuweisen, dass die so ermittelten Standardkosten auf idealtypischen Verhältnissen beruhen, also keine besonderen Erschwernisse wie Grundwasserstände, fließende oder felshaltige Böden und auch keine besonderen Erfordernisse an den Rohrtyp oder das Entwässerungssystem. Es ist also zwingend erforderlich, die Berechnung mit den noch zu ermittelnden Zuschlagssätzen auszuführen.

Für das beschriebene 10 km lange Modellkanalnetz ergaben sich die in Abb. 5.8 und Abb. 5.9 dargestellten Strukturen für weniger dicht besiedelte Gemeinden beziehungsweise für Großstädte mit den jeweiligen Kostenverteilungen.

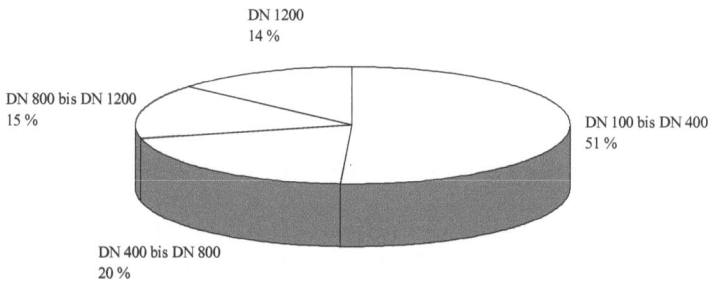

Abb. 5.8   Verteilung der Kosten auf die Nennweitenklassen für weniger dicht besiedelte Gemeinden, nach Dudey (1993)

Bei der Modellberechnung für Großstädte wurde auf Grund der insgesamt wesentlich größeren Nennweiten in Großstädten in der Klasse DN > 1200 mm statt eines DN 1400 mm ein DN 1800 mm als Modellkanal angesetzt.

Es wird deutlich, dass im Vergleich zum ländlichen Raum ein Großteil der Kosten in Großstädten durch größere Kanäle verursacht wird.

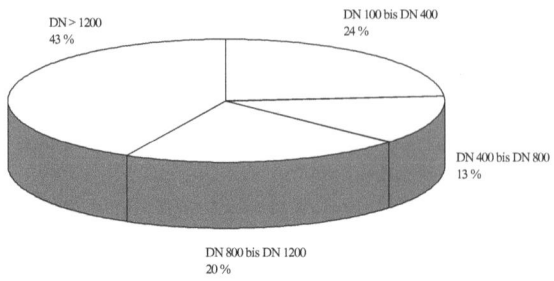

Abb. 5.9   Verteilung der Kosten auf die Nennweitenklassen für Großstädte nach Dudey (1993)

Kanalsanierung. Zur Charakterisierung des Zustandes und damit der Sanierungsbedürftigkeit von Kanalnetzen ist zunächst eine statistische Auswertung erforderlich. Im Folgenden wurden dabei die von EUWID (2002) ausgewerteten Ergebnisse einer ATV-DVWK Umfrage aus 2001 verwendet.

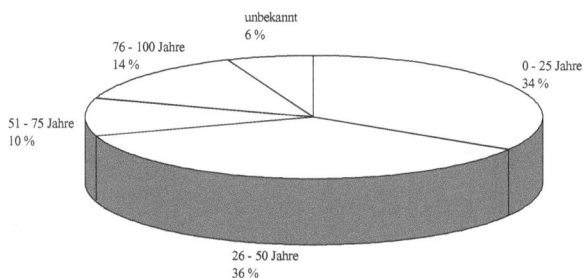

Abb. 5.10   Altersverteilung der Kanäle 2001 nach ATV-DVKW

Demnach lässt die in Abb. 5.10 dargestellte Altersverteilung der Kanäle 2001 erkennen, dass ca. ein Drittel der vorhandenen Kanalisation in den letzten 25 Jahren gebaut wurde. Betrachtet man die letzten 50 Jahre, so kann festgestellt werden, dass in dieser Zeit 70 % der gesamten Kanalisation errichtet wurden. Kanäle, die bereits vor mehr als 75 Jahren gebaut wurden, nehmen immerhin noch einen Anteil von 14 % ein. Bei 6 % der Kanäle ist die Bauzeit unbekannt.

Bezüglich der Materialverteilung , die in Abb. 5.11 dargestellt ist, haben sich bis 2001 nur geringfügige Veränderungen zu den Ergebnissen der ATV-Umfrage 1997 ergeben. Steinzeug- und Betonrohre hatten 1997 jeweils einen Anteil von etwa 45 %. Alle anderen Rohrmaterialien wie Mauerwerk, Kunststoff und Faserzement haben zusammen lediglich einen Anteil von etwa 10 %. Während der Anteil bei den Kunststoffrohren gestiegen ist, nahm der Anteil bei den gemauerten Kanälen dagegen ab. Steinzeug- und Kunststoffrohre sind überwiegend im nicht begehbaren Nennweitenbereich anzutreffen waren, während Faserzement- und Betonrohre sowie Mauerwerk überwiegend im begehbaren Bereich Anwendung finden.

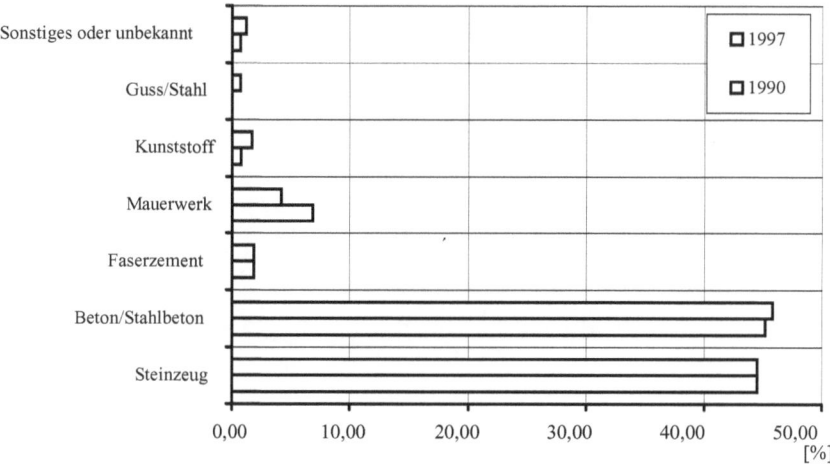

Abb. 5.11   Materialverteilung im Entwässerungsnetz nach Dyk, Lohaus (1998)

Bezüglich der Profilverteilung zeigt Abb. 5.12, dass Kanäle im Kreisprofil mit über 86 % den weitaus größten Anteil im gesamten Profilspektrum haben. Kanäle im Eiprofil haben mit über 11 % ebenfalls einen nennenswerten Umfang und die Summe aller weiteren Profile liegt deutlich unter 5 %. Weiterhin wurde dort festgestellt, dass Kreis- und Eiprofile sowohl im begehbaren (DN < 800 mm) als auch im nicht begehbaren Bereich (DN ≥ 800 mm) Verwendung finden, während die sonstigen Querschnitte, insbesondere das Maulprofil, überwiegend im begehbaren Bereich zum Einsatz gelangen.

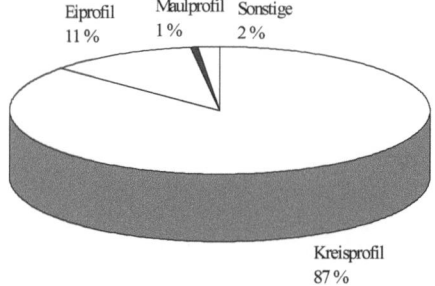

Abb. 5.12   Profilverteilung nach Dyk, Lohaus (1998)

Die Ermittlung von Kostenkennwerten für die Kanalsanierung ist wegen der Vielfalt der Verfahren äußerst komplex. Bei der Sanierung ist zudem zzgl. zur Erneuerung (Neubau) noch zwischen Reparatur und Renovierung zu unterscheiden.

Allgemein kann davon ausgegangen werden, dass die Kosten für die reine Sanierung den größten Anteil einnimmt (vgl. Abb. 5.13).

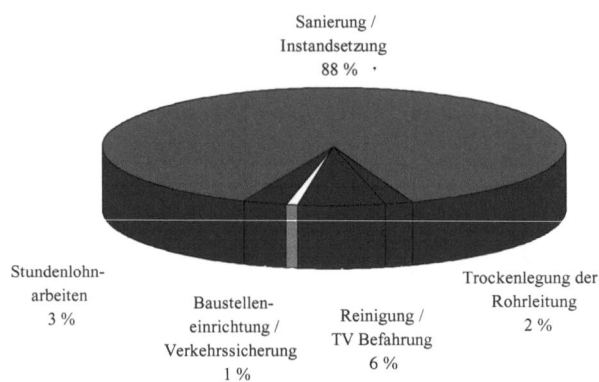

Abb. 5.13 Kostenverhältnisse bei Sanierungsmaßnahmen von Kanälen nach Günthert und Reicherter (2001)

Die häufigsten Schadensbilder sind schadhafte Anschlüsse und Risse. Rohrbruch und mechanischer Verschleiß sind deutlich weniger häufig anzutreffen. 7 % der Kanalisation muss 2001 sofort saniert bzw. kurzfristig werden (Zustandsklassen 0 und 1). Bei 10 % besteht mittelfristiger (Zustandsklasse 2), bei 14 % langfristiger (Zustandsklasse 3) Handlungsbedarf. Bei 69 % der Kanäle sehen die Kommunen keinen Handlungsbedarf (Zustandsklasse 4). Zu den Zustandsklassen in Verbindung mit Sanierungsstrategien vgl. auch Abschn. 9.3.1.

Die Sanierungskosten betrugen 2000 im Mittel rund 594 €/m, wobei die Erneuerung im Mittel rund 736 €/m, die Renovierung rund 427 €/m und die Reparatur rund 373 €/m kostet. Insgesamt beträgt der Investitionsbedarf für die Kanalsanierung in Deutschland nach EUWID (2002) rund 45 Mrd. €.

In Abb. 5.14 sind die Kosten für das Schlauchrelining als Minimal-, Mittel- und Maximalwert angegeben. Für die Nennweiten DN 200 bis 300 ergeben sich somit Kosten von 100 €/lfm bis 300 €/lfm.

Die in Abb. 5.15 dargestellten Kosten für das Kurzschlauchrelining mit Stücklängen von 0,5 m bis 1,0 m liegen zwischen 350 €/Stück und 500 €/Stück bei Extremwerten zwischen 250 €/Stück und 750 €/Stück.

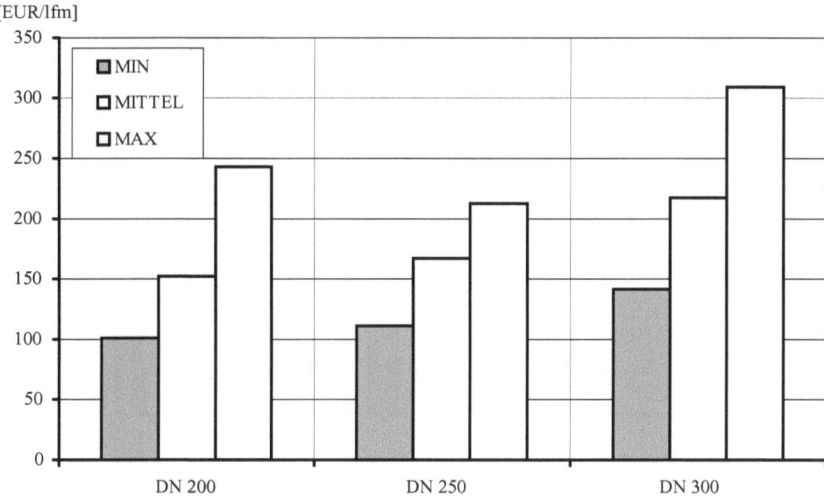

Abb. 5.14   Kosten für Schlauchrelining in €/lfm nach Günthert und Reicherter (2001)

In Abb. 5.16 sind die Kosten für einzelne Instandhaltungsmaßnahmen aufgeführt. Besonders hoch sind die Kosten für die Instandsetzungsmaßnahmen bei Hausanschlüssen (vorstehende und zurückliegende Einläufe). Die Kosten liegen hierbei zwischen 400 €/Einlauf und 1.500 €/Einlauf (Abdichten gegen drückendes Grundwasser).

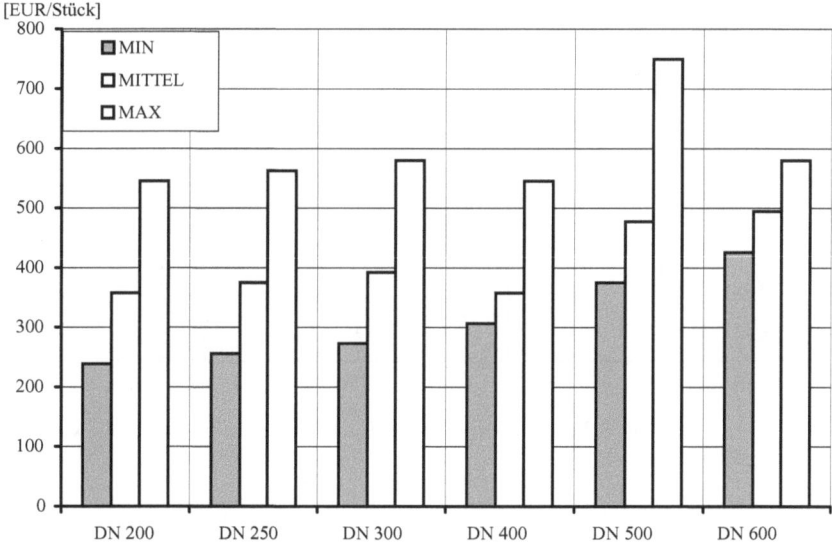

Abb. 5.15   Kosten für Kurzschlauchrelining in € / Stück bei Stücklängen 0,5 m – 1,0 m nach Günthert und Reicherter (2001)

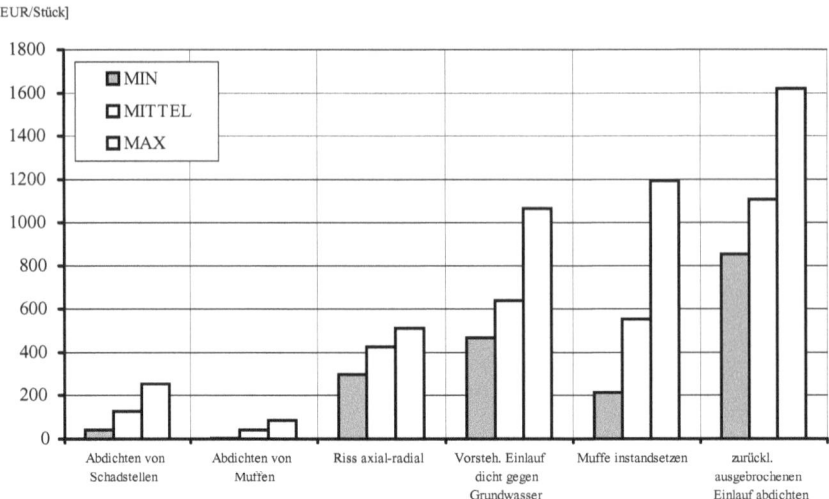

Abb. 5.16 Kosten für Instandsetzung mit Roboter in € / Stück nach Günthert und Reicherter (2001)

Die Kosten für Schachtsanierung sind in Abb. 5.17 aufgeführt. Günthert und Reicherter wählten dabei den Durchmesser der Rinne als Bezugsgröße. Die Kosten für die Schachtsanierung schwanken zwischen ca. 250 € und 1.500 €. Es wird empfohlen, bei derart hohen Kosten stets eine Erneuerung in Betracht zu ziehen.

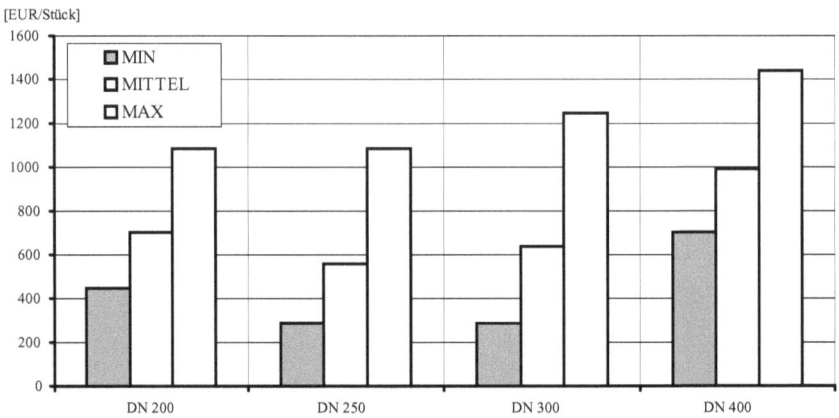

Abb. 5.17 Kosten für Schachtsanierung in €/Schacht nach Günthert und Reicherter (2001)

Ergänzend zu den o.g. Kennwerten werden in Tabelle 5.11 Kostenrichtwerte von bayerischen Ingenieurbüros für die Sanierung von Kanalisationen (DN 300 – DN 1600) aufgeführt.

Auf der Grundlage der Untersuchungen von Günthert und Reicherter hat Nolte 2002 ein Programm (KanKo) zur Ermittlung der Kosten für die Kanalsanierung entwickelt. Er definiert im Hinblick auf einen Vergleich der Kosten zwischen Erneuerung und Renovierung mit einem Schlauchreliningverfahren die folgenden Kostenarten:

- Zuläufe öffnen : Hierunter fallen alle zu öffnenden Zuläufe, die an den zu renovierenden Kanal anschließen und aufgefräst werden müssen. Die Kostenrichtwerte sind durchmesserunabhängig und werden pro Stück angegeben.
- Einläufe öffnen und an Flexrohr anbinden : Hierbei wird zusätzlich zum Auffräsen (Öffnen) der Zuläufe ein Übergang des Zulaufrohres zum zu renovierenden Kanal geschaffen. Durch diese aufwändigere Form des Anschlusses steigen die Kosten die durchmesserunabhängig pro Stück angegeben sind.
- Einragende Stutzen planfräsen und verspachteln : Diese Arbeiten müssen bei schadhaften Anschlüssen, die in den zu renovierenden Kanal einragen, vor Beginn der eigentlichen Renovierung durchgeführt werden. Dabei wird das einragende Rohr mittels Roboter oberflächenplan abgefräst und der Anschluss neu verspachtelt. Ist bei diesen Arbeiten eindringendes Grundwasser zu erwarten, erhöhen sich die Kosten.
- Zurückliegende Stutzen einbinden : Bei diesen Arbeiten wird ein schadhafter, zurückliegender Anschluss an den zu renovierenden Kanal durch Robotereinsatz wieder angebunden. Bei eindringendem Grundwasser wird durch den erhöhten Arbeitsaufwand eine Einbindung erschwert. Deshalb ist mit einem erhöhten Kostenaufwand gegenüber Arbeiten ohne eindringendes Grundwasser zu rechnen.

Beispiel 5.3:

Die Kosten für die Sanierung eines Kanals DN 400 der Länge 50 m mit einem Inliner sollen abgeschätzt werden. Es müssen 20 Hausanschlüsse wieder hergestellt werden.

Lösung:	Grundkosten Inliner: 50 m · 205 €/lfm =	10.250 €
	Zuläufe öffnen: 20 · 205 €/Stück =	4.100 €
	Gesamtkosten:	14.350 €

Die Gesamtkosten werden mit 14.350 € für die Renovierung dieser Haltung von 50 m abgeschätzt. Die neben der eigentlichen Renovierung anfallenden Kosten für Baustelleneinrichtung, Reinigung des Kanals, TV-Befahrung, Trockenlegung bzw. Umleitung des Kanals usw., die 10 % - 20 % der Kosten ausmachen, wurden hier nicht berücksichtigt. Im Einzelfall sind hier größere Abweichungen möglich, die unter der Kostenart „Zusätzliche Kosten" zu berücksichtigen sind.

5.3.4.3 Abwasserpumpwerke

Pumpwerktypen und –größenklassen. Die vielfältigen Aufgaben von Pumpwerken und die zahlreichen technischen Möglichkeiten der Abwasserförderung unter Anpassung an die örtlichen Gegebenheiten haben zu einer Vielzahl von

Tabelle 5.11 Kostenrichtwerte von bayerischen Ingenieurbüros für die Sanierung von Kanalisationen nach Günthert, Reicherter (2001)

Kostenart	Grundwasser	Einheit	DN 300	DN 400	DN 500	DN 600
Einragende Stutzen planfräsen und verspachteln	ohne eindringendes Wasser	€/Stück	460	460	460	460
	mit eindringendem Wasser	€/Stück	560	560	560	560
Zurückliegende Stutzen einbinden	ohne eindringendes Wasser	€/Stück	540	540	540	540
	mit eindringendem Wasser	€/Stück	640	640	640	640
Zulauf bei Inliner oder Partliner öffnen		€/Stück	210	210	210	210
Inliner	ohne eindringendes Wasser	€/lfm	150	210	260	310
Partliner	ohne eindringendes Wasser	€/lfm	360	420	490	560
	mit eindringendem Wasser	€/lfm	460	520	590	670
Schachtanbindung und Gerinne öffnen		€/Stück	130			
Muffe ausfräsen und verspachteln	ohne eindringendes Wasser	€/Stück	310	310	360	410
	mit eindringendem Wasser	€/Stück	410	410	460	510
Längsriss ausfräsen und verspachteln	ohne eindringendes Wasser	€/lfm	310	310	310	310
	mit eindringendem Wasser	€/lfm	440	440	440	440
Querrisse ausfräsen und verspachteln	ohne eindringendes Wasser	€/Stück	240	320	410	490
	mit eindringendem Wasser	€/Stück	450	520	610	690
Stutzenablagerungen entfernen	ohne eindringendes Wasser	€/lfm	130	130	130	130
Fehlende Rohrwandung verspachteln		€/Stück	260			
Flexrohrreinigung		€/Stück	310	410	510	610
Einläufe öffnen und anbinden bei Flexrohren		€/Stück	770	770	770	770

DN 700	DN 800	DN 900	DN 1000	DN 1100	DN 1200	DN 1300	DN 1400	DN 1500	DN 1600
460	460	460	460	460	460	460	460	460	460
560	560	560	560	560	560	560	560	560	560
540	540	540	540	540	540	540	540	540	540
640	640	640	640	640	640	640	640	640	640
210	210	210	210	210	210	210	210	210	210
360	410	460	510	560	610	670	720	770	820
-	-	-	-	-	-	-	-	-	-
-	-	-	-	-	-	-	-	-	-
-	-	-	-	-	-	-	-	-	-
440	460	510	560	610	690	770	840	920	1020
540	560	610	670	720	800	870	950	1020	1130
310	310	310	310	310	310	310	310	310	310
440	440	440	440	440	440	440	440	440	440
560	640	720	810	880	970	1050	1130	1200	1280
770	840	920	1010	1090	1180	1250	1330	1400	1480
130	130	130	130	130	130	130	130	130	130
-	-	-	-	-	-	-	-	-	-
-	-	-	-	-	-	-	-	-	-
-	-	-	-	-	-	-	-	-	-

gebräuchlichen Bauformen geführt. Je nach Anordnung und Art der Pumpen werden die nachstehend aufgeführten Pumpwerkstypen unterschieden:

- Pumpen in Nassaufstellung,
- Pumpen in Trockenaufstellung,
- Schneckenpumpen.

Hinsichtlich ihrer Funktionsweise und Besonderheiten sind die Ausführungen in der Fachliteratur, beispielsweise im ATV-Handbuch (1996) und bei Hosang, Bischof (1998) zu beachten.

Die Faktoren, nach denen die zuvor genannten Pumpwerkstypen ausgewählt werden, sind dabei im Wesentlichen:

- die Art der zu fördernden Medien:
  - klares Wasser,
  - Abwasser mit abrasiven Anteilen wie beispielsweise Sand,
  - Schlamm mit unterschiedlichen Feststoffgehalten,
- die Fördermenge sowie die Förderhöhe:
  - z. B. dezentrale Pumpwerke für die Druckentwässerung mit weniger als 5 l/s aber Druckhöhen bis 100 m,
  - z. B. Rezirkulationspumpen auf Kläranlagen mit Fördermengen von zum Teil über 10 m³/s aber nur wenigen Dezimetern Druckhöhe,
- die einzuhaltenden Sicherheitsanforderungen:
  - Anzahl der Reservepumpen,
  - die Redundanz der Stromeinrichtungen,
  - die Steuereinrichtungen.

Die nachfolgenden Ausführungen beziehen sich auf die beiden am häufigsten eingesetzten Pumpentypen, nämlich die Kreisel- und die Kanalradpumpen . Schnecken-, Exzenter- und Kolbenpumpen sowie andere Sonderformen wurden nicht weiter untersucht.

Nach Rudolph und Nelle (1996) fördern etwa ¾ aller Pumpwerke in Deutschland eine Menge von weniger als 50 l/s. Diese Pumpwerke werden dabei in der Regel als Serientypen montagefertig, sozusagen „von der Stange" geliefert, wobei sich die individuelle Ingenieurleistung häufig lediglich auf die Anpassung an die Kennlinien und der Entscheidung für das Förderprinzip im Einklang mit den örtlichen Gegebenheiten beschränkt. Einzellösungen hingegen werden oft erst bei größeren Pumpwerken und entsprechend höheren Investitionskosten, z. B. in der Größenordnung 150.000 €, relevant.

Wie bereits beschrieben, ist es auch für die Erstellung von Abwasserpumpwerken von äußerster Wichtigkeit, schon in frühen Projektphasen technische Alternativen unter Kostengesichtspunkten vergleichen zu können. Rudolph und Nelle haben deshalb im Auftrag des Saarländischen Landesamtes für Umweltschutz auf Basis einer Literaturauswertung, eigener Daten und ergänzender Recherchen Kostenfunktionen für Abwasserpumpwerke aufgestellt und die wesentlichen technischen Kriterien aufgelistet. Die Konzeption eines Pumpwerkes und seine Investitionskosten können hierdurch maßgeblich beeinflusst werden.

Im Rahmen der Untersuchungen bei Rudolph und Nelle wurde für den reinen Bauteil der Zusammenhang zwischen umbautem Raum [m³] und den Investitionskosten deutlich, wie er in Abb. 5.18 dargestellt ist. Dabei sind in den Netto-Investitionskosten sämtliche Erstellungskosten einschließlich Baunebenkosten je m³ umbautem Raum enthalten. Der umbaute Raum, der das gesamte Bauwerksvolumen meint, hängt dabei im Wesentlichen von der gewählten Aufstellungsart, also der Nass- oder Trockenaufstellung, ab.

Die trockenaufgestellten Pumpen benötigen einen Maschinenraum, der im Allgemeinen mehr als 50 % des gesamten Bauvolumens ausmacht. Hinzu kommen die gemäß Unfallverhütungsvorschriften erforderlichen Treppen, Zwangsentlüftungen sowie zumeist Fliesen oder hochwertige Anstriche und in Einzelfällen auch Kühleinrichtungen für große Pumpen.

Bei nassaufgestellten Pumpen, die direkt im Saugraum installiert werden, ist lediglich das erforderliche Pumpensumpf-Volumen herzustellen und der Zugangsschacht bis zur Geländeoberkante zu führen. Das erforderliche Volumen des Pumpensumpfes kann dabei nach einer bei Rudolph und Nelle angegebenen Formel berechnet werden.

Erhebliche Unterschiede können insbesondere im Aufwand für die Erdarbeiten sowie für den unter Umständen erforderlich werdenden Hochbauteil anfallen, auch zusätzliche Erschließungsmaßnahmen dürfen bei einer Vergleichsrechnung nicht vergessen werden.

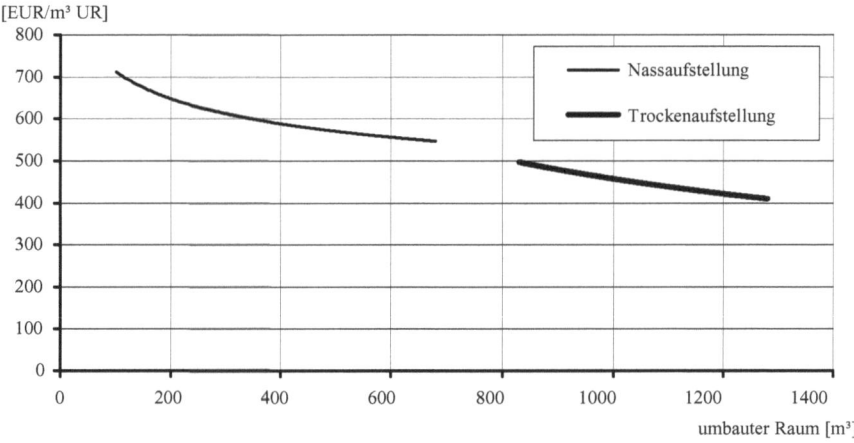

Abb. 5.18   Kostenkennwertfunktion für den Bauteil von Pumpwerken
(Preisbasis 1994; netto), nach Rudolph und Nelle (1996)

Weiterhin wurden von Rudolph und Nelle die Investitionskosten für den so genannten maschinentechnischen Teil des Pumpwerks, bestehend aus Pumpen, Rohrleitungen, Armaturen und den elektrotechnischen Einrichtungen, anhand der untersuchten 17 Pumpwerke in der Größenordnung von Q = 8 l/s und 805 l/s ermittelt. Zusätzlich wurden diese Daten durch Richtpreisangebote von verschiedenen Pumpenherstellern bestätigt und ergänzt. Wie aus Abb. 5.19 zu erkennen ist, besteht lediglich eine lineare Abhängigkeit zu der Fördermenge Q. Die manometrische Druckhöhe hat innerhalb der normalen Bandbreite demgegenüber kaum Auswirkungen auf die Maschinenkosten gezeigt.

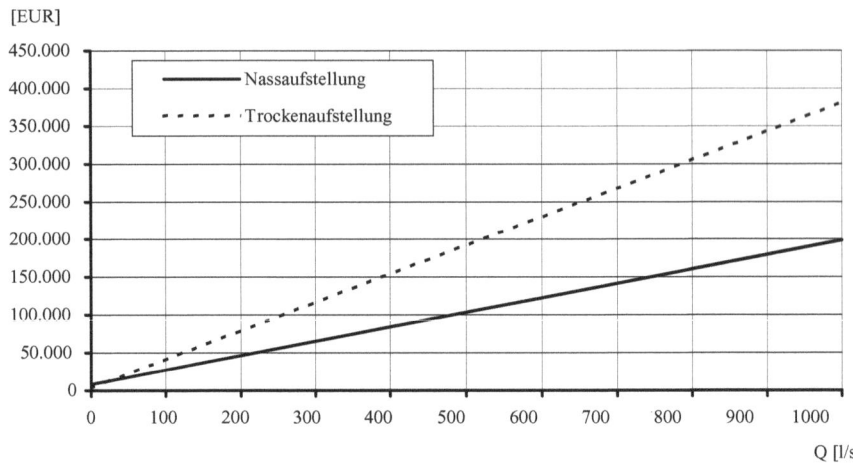

Abb. 5.19   Kostenkennwertfunktion für den Maschinenteil von Pumpwerken (Preisbasis 1994; netto), nach Rudolph und Nelle (1996)

Baumbach et al. untersuchten in 2001 Kostenkennziffern realisierter Abwasserpumpwerke, unterschieden in Nass- und Trockenaufstellung. In Abb. 5.20 sind die Gesamtkosten der untersuchten Pumpwerke in Abhängigkeit vom Förderstrom dargestellt. Die Gesamtinvestitionskosten sind bei der Trockenaufstellung stets höher als bei der Nassaufstellung. Nach Baumbach et al. werden dafür folgende Gründe angegeben:

- Trocken aufgestellte Pumpwerke sind häufig Hauptpumpwerke, bei denen erhöhte Anforderungen an die Betriebssicherheit gestellt werden. Deshalb ist die Anlagentechnik kostenintensiver.

- Die bauliche Hülle ist bei der Trockenaufstellung aufwändiger.

- Viele trocken aufgestellte Pumpwerke haben neben dem Tiefbauteil noch ein Hochbauteil, was die Kosten erhöht.

Bei zunehmenden Durchflüssen nähern sich die Kosten für nass aufgestellte Pumpwerke denen für trocken aufgestellte an.

In den Ausarbeitungen von Rudolph und Nelle sind darüber hinaus noch Zusammenstellungen der verschiedenen Pumpwerksmerkmale mit den jeweiligen Vor- und Nachteilen vorgenommen worden.

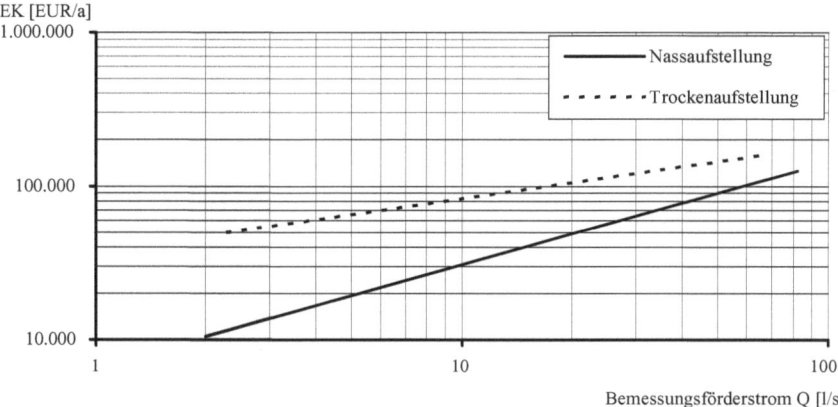

Abb. 5.20   Gesamtinvestitionskosten für Pumpwerke in Abhängigkeit vom Förderstrom nach Baumbach et al. (2001)

Gemäß den KVR-Leitlinien der Länderarbeitsgemeinschaft Wasser (1998) sind für Pump- und Hebewerke folgende durchschnittliche Nutzungsdauern anzusetzen:

- baulicher Teil: 25   bis   40   Jahre
- maschinelle Einrichtung: 8   bis   12   Jahre

Es wird bei Rudolph und Nelle insbesondere darauf hingewiesen, dass dabei aber kein besonderer „Bonus" für trockenaufgestellte Pumpwerke oder besonders komfortabel eingerichtete Pumpwerke vorgesehen ist.

Des Weiteren finden sich bei Rudolph und Nelle noch Bemerkungen zu den Investitionskosten für Emissionsschutzmaßnahmen, die beispielsweise bei Pumpwerken mit Zuflüssen aus Leitungen mit langen Aufenthaltszeiten oder bei einer Lage des Pumpwerkes im bebauten Gebiet erforderlich werden. Bei der bei zu erwartenden Geruchsbelästigungen häufig eingesetzten Methode der Durchströmung der Luft des Pumpwerkes durch Biofiltermaterial, z. B. Humus oder Mulch, sind nach ihren Untersuchungen spezifische Investitionskosten zwischen 13 und 43 €/(m³/h) Luftdurchsatz zu erwarten.

Eine pauschalierte Aussage über die Investitionskosten von Abwasserpumpwerken ist, wie die o.a. Ausführungen zeigen, also nur mit Einschränkungen möglich. Um zu einer verwertbaren Aussage zu gelangen, wurden von Günthert und Reicherter eine Trennung in Bautechnik mit großen Schwankungen und in Maschinen- und Elektrotechnik mit kleinen Schwankungen vorgenommen. Die Darstellung in Abb. 5.21 ist logarithmisch, weil eine Abhängigkeit der Kosten vom Durchfluss in der Normaldarstellung kaum feststellbar ist. Als Bezugsgröße Durchfluss wird die maximale Pumpenleistung und nicht der mittlere Durchfluss des Pumpwerks definiert.

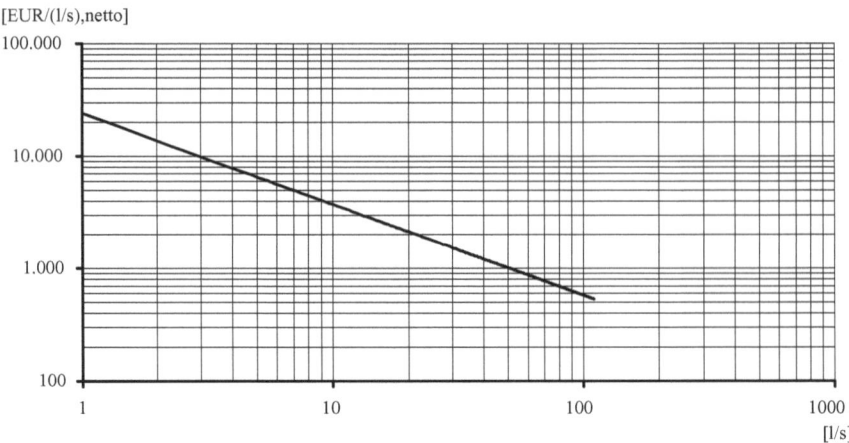

Abb. 5.21   Investitionskosten Abwasserpumpwerke für M und E nach Günthert und Reicherter (2001)

Während die Kosten für die Maschinen- und Elektrotechnik eine Schwankungsbreite von ± 1.500 €/(l/s) für Durchflüsse größer 10 l/s und ± 5.000 €/(l/s) für kleine Durchflüsse aufweisen, sollte bei dem Bauteil pauschal im Mittel von 5.000 €/(l/s) mit einer Bandbreite von 3.000 €/(l/s) bis 16.000 €/(l/s) ausgegangen werden.

5.3.4.4   Kläranlagen

Kennwerte für neu gebaute Kläranlagen gesamt.   In Abb. 5.22 sind die spezifischen Investitionskosten von neu gebauten Kläranlagen, die auf den Preisstand 2002 umgerechnet wurden, dargestellt. Die Schwankungsbreite ist erheblich und geht von – 100 €/EW bis + 250 €/EW bei großen Anlagen und ± 500 €/EW bei kleinen Anlagen. Da die Untersuchungen von Günthert und Reicherter (2001) aber rel. gut mit den Untersuchungen anderer Autoren aus dem gesamten Bundesgebiet übereinstimmen, werden die Kennwerte auch für die nachfolgenden einzelnen Gewerke auf der Grundlage der Daten von Günthert und Reicherter vorgestellt. Hierbei ist zu beachten, dass die Daten aus ganz Deutschland im Mittel geringfügig höher liegen als die Kennwerte von Günthert und Reicherter.

Hebewerk.   Bei den in Abb. 5.23 dargestellten Investitionskosten für Bau und Maschinentechnik von Hebewerken im Zulauf oder auf Kläranlagen beträgt die zu erwartende Schwankungsbreite bei kleinen Durchflüssen jeweils im Maschinenteil und im Bauteil ± 250 €, wobei im Maschinenteil je nach Ausrüstung erheblich größere Schwankungen auftreten können.

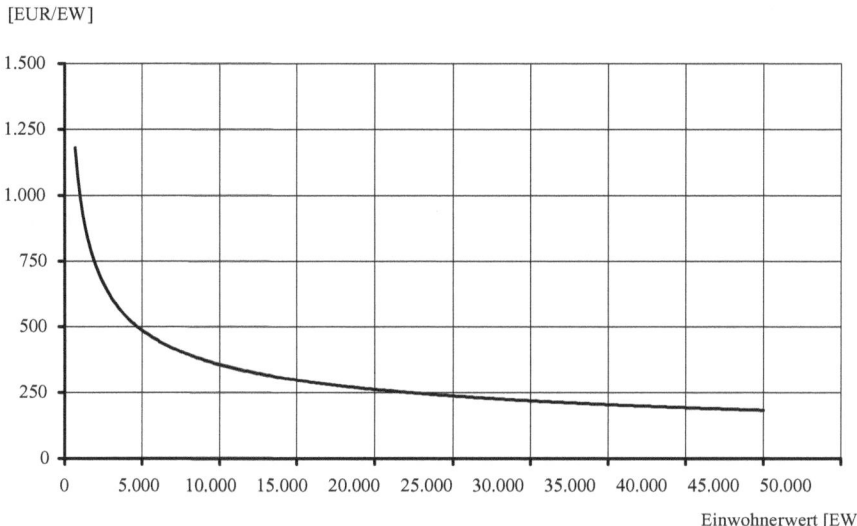

Abb. 5.22   Spezifische Investitionskosten von neu gebauten Kläranlagen in €/EW nach Günthert und Reicherter (2001)

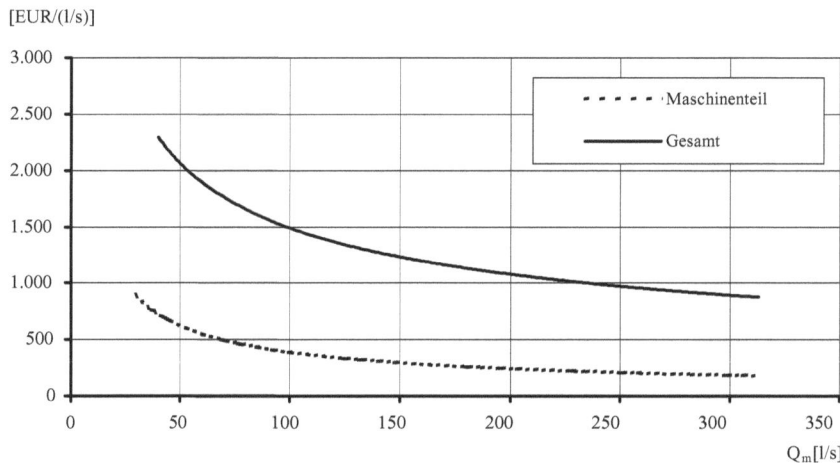

Abb. 5.23   Spezifische Investitionskosten für Hebewerke in €/(l/s) nach Günthert und Reicherter (2001)

Rechen. Rechen- und Siebanlagen sind als konventionelle Bauteile der mechanischen Reinigung einer Kläranlage bekannt, sie dienen der Grobabscheidung von Schwimmstoffen.

Die Wahl des Rechen- bzw. Siebtyps wird durch eine Anzahl von Faktoren bestimmt, die nach betrieblichen und bautechnischen Gesichtspunkten zu differenzieren sind. Zu den betrieblichen Faktoren gehören u. a. die Menge und die Schwankungen des Abwasseranfalls, die Art der vorgesehenen Räumung sowie die Anordnungsmöglichkeiten, während zu den bautechnischen Faktoren in erster Linie der Platzbedarf sowie die maschinelle Ausrüstung zählen.

Bei Bohn (1993) findet sich eine Zusammenstellung der Investitionskosten in Form einer Kostenkennwertfunktion für Rechenanlagen differenziert nach den unterschiedlichen Kostengruppen nach DIN 276 einschließlich der ergänzten beziehungsweise bei Bohn neu eingeführten Kostengruppen 8 und 9 (vgl. Abschn. 5.3.3). Bei Kostengruppe 9 enthalten die einzelnen Datenwerte Feinrechen (10 bis 20 mm) als Ketten- oder Kletterrechen sowie Rechengutpressen als Kolben- oder Schneckenpresse und Rechengutcontainer, also auch Kosten die nach heutigem Kenntnisstand der Reststoffentsorgung zuzuordnen sind, sowie einen zusätzlichen Reserverechen an Stelle eines Notumlaufes. Die Kostengruppen 3, 4 und 8 bestehen aus der Sohlkonstruktion mit den Zu- und Abflusskanälen (KG 8) sowie aus einer eigenständigen Recheneinhausung mit Be- und Entlüftungsanlagen. Bei Abb. 5.24 handelt es sich um die bei Bohn ermittelte Kostenkennwertfunktion, allerdings ergänzt um die Summe der Kostengruppen 3, 4, 8 und 9, also die Gesamtinvestitionskosten für Rechenanlagen.

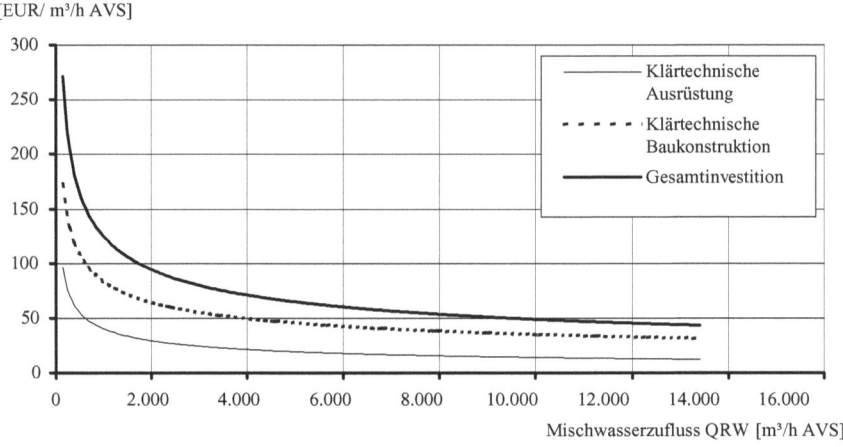

Abb. 5.24 Kostenkennwertfunktion für Rechenanlagen (Preisbasis 1992; netto), nach Bohn (1993)

Das ATV-Handbuch (1996) bietet neben den von Bohn aufgestellten Kostenfunktionen noch eine weitere Quelle (Beckereit, 1988) an, allerdings nicht wie Bohn für kommunale Abwasserreinigungsanlagen, sondern für industrielle. Dabei nimmt Beckereit zusätzlich zu den Investitionskosten für Feinrechenanlagen im industriellen Bereich auch die der Siebanlagen auf.

Bei den bei Beckereit untersuchten Fällen handelt es sich jedoch lediglich um Mischwasserzuflüsse Q_{RW} bis maximal 1.000 m³/h. Die für Feinrechen ermittelten Investitionskosten liegen für kleine Mischwasserzuflüsse (bis etwa 200 m³/h) im Bereich des zweifachen der von Bohn ermittelten Kosten, mit zunehmenden Zuflüssen gleichen sich die Investitionskosten der beiden Quellen jedoch mehr und mehr an. Die von Beckereit für Siebanlagen ermittelten Investitionskosten liegen für sehr kleine Mischwasserzuflüsse (100 m³/h) in der Größenordnung vergleichbar den Feinrechen, bei zunehmenden Zuflüssen steigen die Investitionskosten für Siebanlagen jedoch eskalierend an, bis sie bei den maximalen untersuchten Mischwasserzuflüssen (1.000 m³/h) mit rund 450 €/(m³/h) etwa im Bereich des dreifachen der von Bohn ermittelten Investitionskosten für Rechenanlagen liegen.

Die in Abb. 5.25 dargestellten Kosten für Rechenanlagen schwanken im Bauteil wegen unterschiedlicher Ausführungen mehr als im Maschinenteil. Aber auch dort können sichere Schätzungen erst ab einer Ausbaugröße von ca. 20.000 EW gemacht werden; darunter sind Schwankungen von ± 6 €/EW zu erwarten.

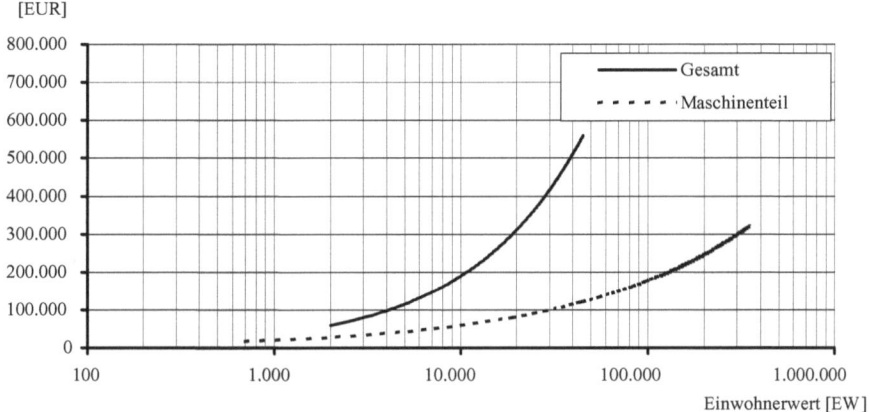

Abb. 5.25   Spezifische Investitionskosten für Rechenanlagen in €/EW nach Günthert und Reicherter (2001)

Sandfang. Sandfanganlagen sind weitere Bauteile der mechanischen Reinigungsstufe einer Kläranlage. Die dabei heute am meisten eingesetzte Technik zur sedimentativen Abscheidung von mineralischen, absetzbaren Stoffen ist der belüftete Langsandfang, Tief- und Rundsandfänge spielen eine eher untergeordnete Rolle. Die bei den belüfteten Langsandfängen erforderliche Strömungsgeschwindigkeit wird durch den Aufbau einer Wasserwalze erzeugt, gleichzeitig dient sie der Leichtstoffabscheidung.

Bei Bohn findet sich zu den Sandfanganlagen eine dreidimensionale Kostenkennwertfunktion, ebenfalls differenziert in die Kostengruppen 8 und 9, wobei die Kostengruppe 9 neben einem Bodenräum- und Schwimmschlammschild für die Leichtstoffe auch Einrichtungen zur Sandfangbelüftung sowie Drucklufthebern zur Entfernung des Sandfangräumgutes enthält.

Da die Investitionskosten nach Bohn außer vom Mischwasserzufluss auch noch von der Absetzzeit der zu sedimentierenden Stoffe abhängen, wurde dort als Bezugseinheit für die Kostenkennwerte das Bemessungsvolumen des Sandfanges gewählt. Die Wahl der Absetzzeit ist abhängig von der Körnung der mit dem Abwasser zufließenden mineralischen Stoffe und dem erforderlichen Sedimentationsgrad. Bei den Investitionskostenermittlungen bei Bohn wurde von Absetzzeiten von fünf, zehn bzw. fünfzehn Minuten ausgegangen.

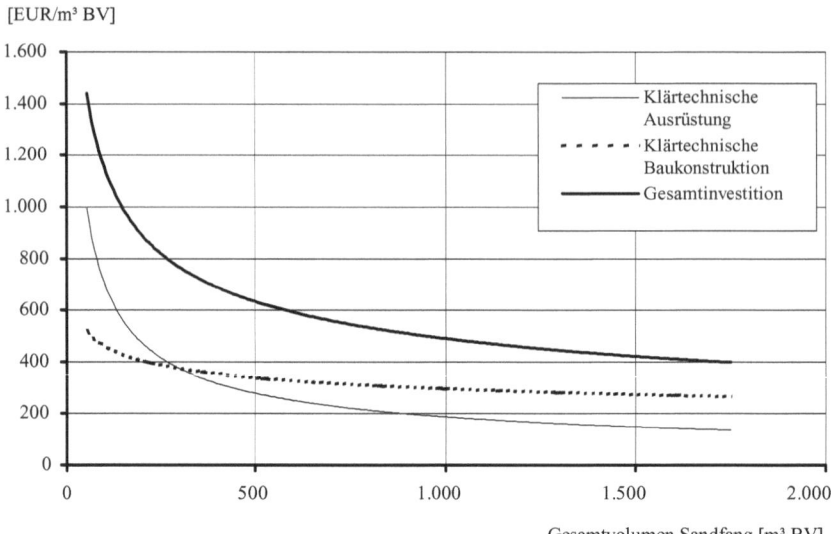

Abb. 5.26 Kostenkennwertfunktion belüftete Langsandfänge mit Leichtstoffabscheider als Funktion des Volumens (Preisbasis 1992), nach Bohn (1993)

Wegen der besseren Vergleichbarkeit mit anderen Quellen wurde die Darstellungsweise von Bohn zu einer zweidimensionalen Kostenkennwertfunktion in Abhängigkeit des Mischwasserzuflusses, wie sie Abb. 5.27 zeigt, umgearbeitet, wobei zu berücksichtigen ist, dass die unterschiedlichen Absetzzeiten ohne eine weitere Differenzierung hierbei zusammengefasst wurden.

Aus Abb. 5.27 ist zu erkennen, dass die Investitionskosten der klärtechnischen Ausrüstung (KG 9) im Bereich kleinerer Mischwasserzuflüsse stärker abnehmen als die der klärtechnischen Baukonstruktion (KG 8). Der Grund dafür liegt, wie bei nahezu allen klärtechnischen Ausrüstungsgegenständen, in einem relativ hohen Fixkostenanteil. Bohn beziffert exemplarisch die Kosten für einen Sandfangräumer (als Saugräumer mit Schwimmschlammräumer) bei einer Räumerbreite von 1,50 m mit ca. 19.000 € und bei einer Räumerbreite von 2,50 m mit 23.000 € (1992, netto).

Eine weitere Quelle für die Investitionskosten belüfteter Sandfänge (Beckereit, 1988) bietet das ATV-Handbuch (1996) an. Auch hier werden die zu erwartenden Investitionskosten in Abhängigkeit vom Mischwasserzufluss grafisch dargestellt. Die von Beckereit und von Bohn ermittelten Kosten liegen dabei in der gleichen Größenordnung, wobei Beckereit lediglich Mischwasserzuflüsse bis maximal 1.000 m³/h untersucht.

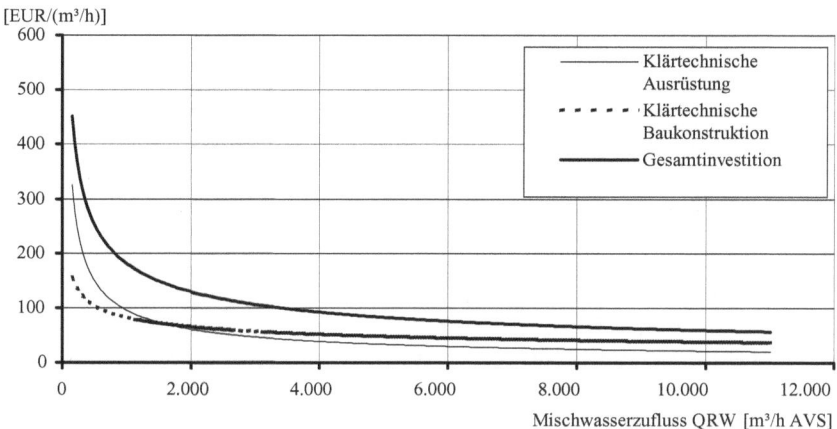

Abb. 5.27 Kostenkennwertfunktion belüftete Langsandfänge mit Leichtstoffabscheider als Funktion des Zuflusses (Preisbasis 1992), nach Bohn (1993)

Die in Abb. 5.28 dargestellten Kosten für Sandfänge weisen lediglich bei sehr kleinen Durchflüssen extreme Schwankungen auf. Auffallend ist, dass die Gesamtkosten etwa hälftig auf Bau- und Maschinentechnik verteilt sind. Während die Gesamtkosten bei 50 l/s mit 3.000 €/(l/s) abgeschätzt werden können, liegen sie bei größeren Durchflüssen rel. konstant bei 1.000 €/(l/s).

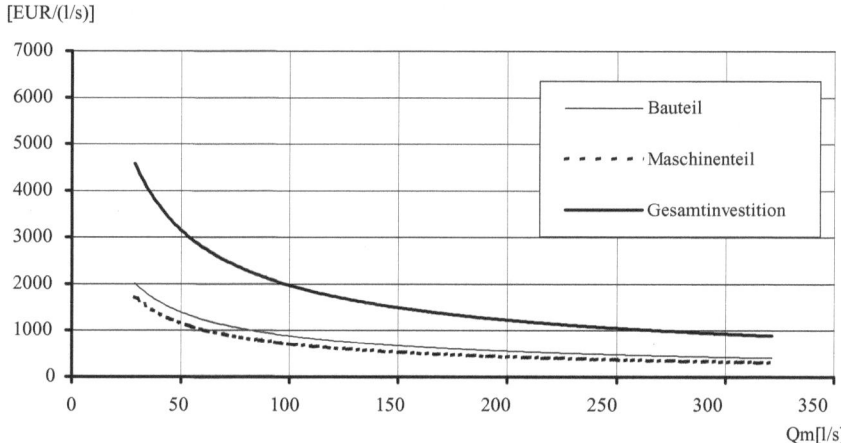

Abb. 5.28 Spezifische Investitionskosten für Sandfänge in €/(l/s) nach Günthert und Reicherter (2001)

Belebungsbecken. Während es sich bei den zuvor genannten Verfahrensstufen der Kläranlagen um rein hydraulisch zu bemessende Anlagenteile handelt, wird die Größe einer Belebungsanlage ausschließlich durch die Belastung mit organischen Schmutzstoffen sowie den Nährstoffparametern Stickstoff und Phosphor bestimmt. Zur Verdeutlichung dieser örtlich spezifischen Einflussfaktoren der Dimensionierung einer Belebungsanlage hat Bohn (1993) auf Basis einer Bemessung nach dem ATV-Arbeitsblatt A 131 (1991) die Beckenvolumina für verschiedene Durchflusszeiten im Vorklärbecken und verschiedene Verschmutzungskonzentrationen in Abhängigkeit der täglichen BSB_5-Fracht $B_{d,BSB5}$ exemplarisch ermittelt. Bei diesen Ermittlungen sind die in dem ATV-Arbeitsblatt A 131 angegebenen Schmutzfrachten als Regeldaten zugrunde gelegt worden.

Die Untersuchungen von Bohn ergaben, dass die Vorklärdauer und die damit zusammenhängende und sich zusätzlich in Abhängigkeit des spezifischen Schmutzwasserzuflusses ergebende Verschmutzungskonzentration einen erheblichen Einfluss auf die Größe und damit auf die Investitionskosten von Belebungsanlagen hat. Demzufolge ist ein Kostenkennwert, der die Schmutzfracht nur eines Parameters als Bezugseinheit aufweist, wie z. B. €/ $B_{d,BSB5}$, nur dann aussagekräftig, wenn die Dokumentation dieses Kennwertes nach den verschiedenen Einflussfaktoren der Dimensionierung erfolgt.

Die wie zuvor beschrieben ermittelten Investitionskosten lassen sich unter Berücksichtigung der diversen Einflussfaktoren auf eine Abhängigkeit von dem Bemessungsvolumen der Belebungsanlage reduzieren. Abb. 5.29 zeigt die Kostenkennwertfunktion für zweistraßig ausgebildete rechteckige Belebungsbecken mit vorgeschalteter Denitrifikation in Kaskadenbauweise wieder differenziert in die Kostengruppen 8 und 9 Die klärtechnische Ausrüstung (KG 9) umfasst dabei neben den erforderlichen Rohrleitungen, Mess-, Steuer- und Regeleinrichtungen auch eine Hochdruckbelüftung als Drehkolben- oder Turboverdichter einschließlich Luftverteil- und Lufteintragssystem sowie eine Abwasserumwälzung als Propellerrührwerk für die Denitrifikation und Pumpen zur Rezirkulation beim internen Abwasserkreislauf.

Laut ATV-Handbuch (1996) liegen stichprobenartige Überprüfungen anhand einzelner fertiggestellter Belebungsbecken ebenfalls in der Größenordnung von 150 €/m³ bis 200 €/m³ Bemessungsvolumen einschließlich Maschinentechnik (bei Bohn als Kostengruppe 9 ausgedrückt). Es wird dort wiederum auf Beckereit (1988) hingewiesen mit dem Zusatz, dass die dort ermittelten Kosten in diesem Fall zu hoch liegen und nicht dem derzeitigen Kostenstand entsprechen.

Das Institut für Siedlungswasserwirtschaft der RWTH Aachen führte Versuche im halb- und großtechnischen Maßstab bezüglich mehrstufiger Belebungsanlagen durch. Daraus veröffentlicht wurde ein Leistungs- und Kostenvergleich ein- und zweistufiger Belebungsverfahren von Böhnke et al. (1998). Das untersuchte zweistufigen Belebungsverfahren, das so genannte Adsorptions-Belebungsverfahren (A-B-Verfahren), hat eine höchstbelastete 1. A-Stufe und eine normale schwachbelastete 2. B-Stufe. Kennzeichnend ist die Trennung der beiden Schlammkreisläufe und die sehr hohe Schlammbelastung der A-Stufe. Weitere Ausführungen zum technischen Ablauf und der Verfahrensweise siehe beispielsweise bei Hosang und Bischof (1998). Objektspezifische Details sind den Ausführungen von Böhnke et al. zu entnehmen.

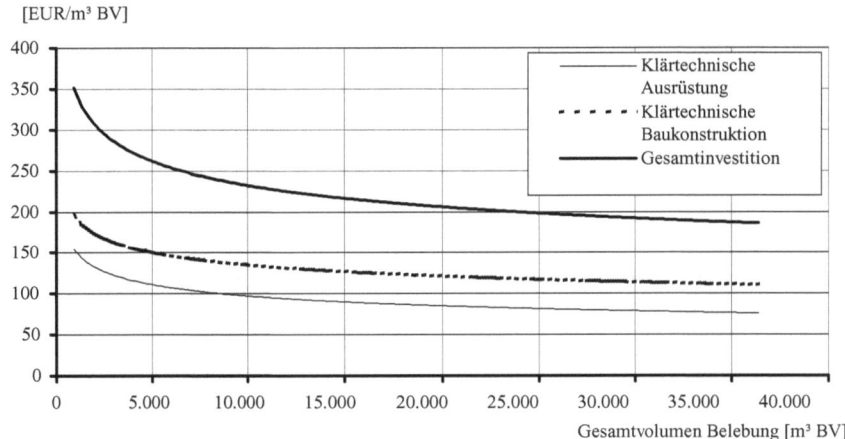

Abb. 5.29   Kostenkennwertfunktion für rechteckige Belebungsanlagen zur Nitrifikation und vorgeschalteter Denitrifikation (Preisbasis 1992; netto), nach Bohn (1993)

Für den bei diesen Untersuchungen durchgeführten Kostenvergleich wurden die spezifischen Kosten [€/m³] für die jeweiligen Beckengrößen ermittelt. Zur Bestimmung der spezifischen Kosten der Vorklärung und des Belebungsbeckens der einstufigen Belebung sowie der Schwachbelastung wurde auf die von Bohn auf der Preisbasis von 1992 berechneten Kostenkennwertfunktionen zurückgegriffen und auf einen einheitlichen Kostenstand 1996 bezogen. Da diese Betrachtungen jedoch nicht für die Kostenbetrachtung der A-Stufe geeignet waren, wurden zusätzlich die spezifischen Kosten großtechnisch verwirklichter A-Stufen gesammelt und bei Böhnke et al. tabellarisch und in Form einer daraus entwickelten Kostenkennwertfunktion zusammengestellt. Es ist zu beachten, dass die Aufwendungen für die Höchstbelastung und die Zwischenklärung zusammengefasst und ausschließlich auf das Volumen der Hochlastbelebung bezogen wurden. Abb. 5.30 zeigt die so ermittelten Investitionskosten aufgearbeitet zu einer Kostenkennwertfunktion, wie sie bei Bohn vielfach anzutreffen ist.

Während die Investitionskosten der klärtechnischen Baukonstruktion je m³ Höchstbelebung mit zunehmendem Volumen nahezu konstant bleiben, lässt sich bei der klärtechnischen Ausrüstung eine mit dem Bemessungsvolumen abnehmende Kostenfunktion feststellen. Der Grund dafür liegt, wie bei nahezu allen klärtechnischen Ausrüstungsgegenständen und wie auch bereits im Zusammenhang mit den belüfteten Langsandfängen festgestellt, in einem relativ hohen Fixkostenanteil.

116   Kosten der Abwasserbeseitigung

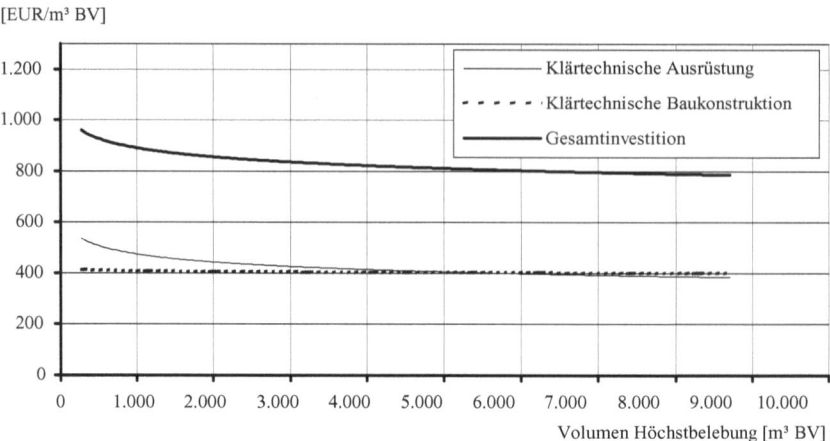

Abb. 5.30   Kostenkennwertfunktion für eine Höchstlastbelebung mit Zwischenklärung (Preisbasis 1996), nach Böhnke et al. (1998)

Bei der Ausarbeitung von Böhnke et al. wird ferner ein direkter Kostenvergleich für eine Abwasserreinigungsanlage mit einer Ausbaugröße von 100.000 EW durchgeführt, der eine deutliche Investitionskostenersparnis zugunsten der zweistufigen Belebungsanlage ergibt.

Bei den in Abb. 5.31 dargestellten Kosten für Belebungsbecken sind Schwankungen im Bauteil um ± 100 €/m³ zu erwarten. Bei der Maschinentechnik und bei größeren Volumina wird die Schwankungsbreite etwas kleiner.

Beim Bauteil wurde von Ortbetonbauweise ausgegangen. In Fertigteilbauweise können die Baukosten um teilweise mehr als 50 €/m³ - 100 €/m³ reduziert werden.

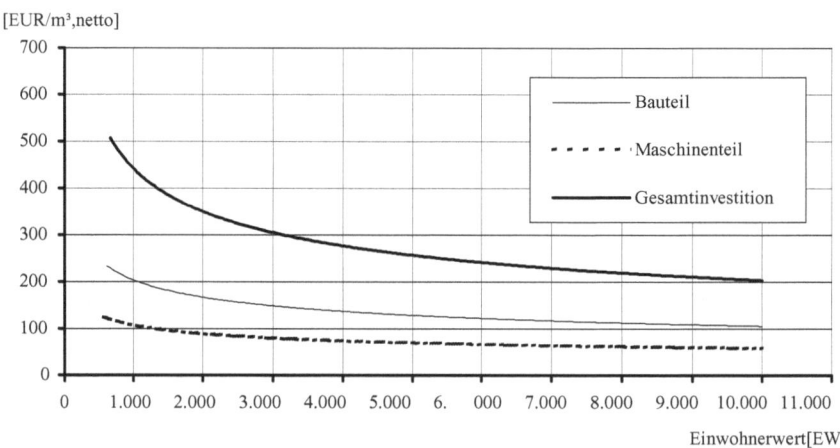

Abb. 5.31   Investitionskosten von Belebungsbecken in €/m³ nach Günthert und Reicherter (2001)

Einsatz externer Kohlenstoffquellen zur Denitrifikation. Bei der biologischen Abwasserreinigung müssen zur Einhaltung der Stickstoffkonzentrationen in bestimmten Fällen besondere Maßnahmen ergriffen werden. So werden zum einen bei ungünstigen NO_3-N_D-Verhältnissen in vorgeschalteten Denitrifikationszonen externe Kohlenstoffquellen dosiert. Zum anderen werden zunehmend häufiger bei bereits nitrifizierenden Abwasserreinigungsanlagen nachgeschaltete Denitrifikationsverfahren mit Zugabe externer Kohlenstoffquellen betrieben.

Die dabei in Frage kommenden externen Kohlenstoffquellen sind zum einen Methanol und zum anderen die Reststoffe aus dem Weinbau, der Sekt-, Bier- und Fruchtsaftherstellung. Erste werden bei Bohn und Wagner (1995), zweite bei Friedrich et al. (1995) bezüglich ihrer verursachenden Kosten untersucht.

Bohn und Wagner führen für drei verschiedene Varianten des Einsatzes von Methanol als externe Kohlenstoffquelle hinsichtlich der weitergehenden Stickstoffelimination Kostenuntersuchungen durch. Dabei handelt es sich zum einen um die Dosierung des Methanols in den vorgeschalteten Denitrifikationsteil einer einstufigen Belebungsanlage und zum anderen um eine nachgeschaltete Denitrifikation alternativ im Fest- und im Fließbett. Die Dimensionierungsgrundlagen und weitere Details bezüglich der Bemessung und der Kostenuntersuchung sind der angegebenen Literatur zu entnehmen.

Die spezifischen Investitionskosten wurden in Abhängigkeit des NO_3-N_D/BSB_5-Verhältnisses und der Ausbaugröße ermittelt und sind in Abb. 5.32 dargestellt.

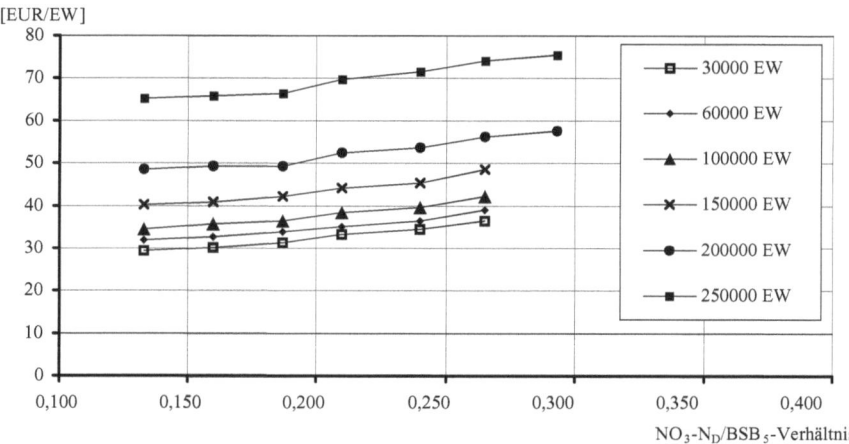

Abb. 5.32   Entwicklung der spezifischen Investitionskosten in Abhängigkeit des NO_3-N_D/BSB_5-Verhältnisses und der Ausbaugröße (Preisbasis 1994, brutto), nach Bohn und Wagner (1995)

Die Investitionskostenermittlung nach der Kostenelementmethode nach Bohn wurde einer Plausibilitätskontrolle unterzogen, indem die Investitionskosten auf das Bemessungsvolumen des Belebungsbecken bezogen wurden. Dabei ergaben sich übliche Kostenkennwerte von ca. 215 €/m³ (netto) bei großen Anlagen und bis zu ca. 400 €/m³ (netto) bei kleinen Anlagen.

Abb. 5.32 zeigt bei einer Erhöhung des NO_3-N_D/BSB_5-Verhältnisses um 0,1 eine mittlere rechnerische Erhöhung der Investitionskosten um ca. 10 % bei der kleinsten Ausbaugröße und um ca. 17 % bei der größten untersuchten Ausbaugröße. Diese Erhöhung ist im Wesentlichen durch den baulichen Kostenbestandteil bestimmt, da die Verschlechterung des NO_3-N_D/BSB_5-Verhältnisses sich vor allem in der Größe der Denitrifikationszone ausdrückt, die aber nur einen verhältnismäßig geringen Anteil an klärtechnischen Einrichtungen enthält.

Für die beiden Fälle der nachgeschalteten Denitrifikation im Fest- und im Fließbett sind von Bohn und Wagner ebenfalls Brutto-Investitionskosten jeweils als Funktion der Ausbaugröße und differenziert in die Kostengruppen 8 und 9 ermittelt worden, auf deren Darstellung hier verzichtet wird. Die Investitionskosten für das Verfahren der nachgeschalteten Denitrifikation im Fließbett liegen deutlich, bei großen Anlagen bis zu 25 %, geringer als die für die nachgeschaltete Denitrifikation im Festbett ermittelten Investitionskosten. Dies ist im Wesentlichen dadurch begründet, dass sich aus der verfahrenstechnischen Bemessung eine Verminderung der Reaktorvolumina um bis zu etwa 50 % gegenüber dem vergleichbaren Festbettreaktor ergeben hat. Bei den Investitionskosten schlägt sich dies vor allem in der klärtechnischen Baukonstruktion (KG 8) nieder, während die Investitionskosten für die klärtechnische Ausrüstung (KG 9) demgegenüber nur unwesentlich geringer sind.

Die zweite Variante des Einsatzes externer Kohlenstoffquellen wird bei Friedrich et al. (1995) untersucht. Dabei geht es um den Einsatz von Reststoffen aus dem Weinbau sowie der Sekt-, Bier- und Fruchtsaftherstellung zur weitgehenden Stickstoffelimination, die exemplarisch anhand zweier Laborversuchsanlagen an zwei bestehenden Abwasserreinigungsanlagen durchgeführt wird. Bei den Kläranlagen handelt es sich zum einen um eine zweistufige Belebungsanlage für 45.000 EW und zum anderen um eine einstufige Belebungsanlage für 53.000 EW. Die Dimensionierungsgrundlagen und sonstige objektspezifische Details sind der angegebenen Literatur zu entnehmen.

Auf eine Darstellung der Investitionskosten beider Anlagen wird an dieser Stelle verzichtet. Als Resultat der Untersuchungen lässt sich jedoch festhalten, dass bei beiden Anlagen die nachgeschaltete Denitrifikation die eindeutig investitionskostengünstigste Variante darstellt.

Eine eigens durchgeführte Plausibilitätskontrolle, die auch hier die Investitionskosten auf das Bemessungsvolumen des Belebungsbeckens bezieht, ergibt Kostenkennwerte von ca. 215 €/m³ (netto) bis zu ca. 450 €/m³ (netto), die den üblichen Werten entsprechen.

Vor- und Nachklärbecken. Vorklärbecken sind die im Ablauf einer Kläranlage der mechanischen Reinigungsstufe zu betrachtenden Bauteile. Sie werden als Sedimentationsbecken zur Trennung von Primärschlamm eingesetzt. Im Wesentlichen werden diese Absetzbecken unterschieden in Flachbecken als Rechteck-, Lang- oder Rundbecken und Trichterbecken.

Bei Bohn (1993) findet sich zu den Vorklärbecken eine ebenfalls dreidimensionale Kostenkennwertfunktion differenziert in die Kostengruppen 8 und 9. Die Kostengruppe 8 umfasst die meistens zweistraßig ausgebildeten horizontal durchströmten Rechteckbecken als Baukonstruktion, die Kostengruppe 9 enthält neben einem Bodenräum- und Schwimmschlammräumschild noch die notwendigen Abwasser- und Schlammrohrleitungen sowie die übliche Mess-, Steuer- und Regeltechnik.

Die bei Bohn dargestellte Kostenkennwertfunktion zeigt die Investitionskosten in Abhängigkeit des Bemessungsvolumens der Rechteckbecken, wobei die Dimension eines Vorklärbeckens, also das Absetzvolumen und die Beckenoberfläche, von der zulässigen Oberflächenbeschickung q_A, von dem Trockenwetterabfluss Q_t und von der Durchflusszeit t_R abhängt. Die Durchflusszeit t_R wiederum ist im Hinblick auf die nachfolgende biologische Verfahrensstufe entsprechend des dort erforderlichen Reinigungszieles zwischen 1,0, 1,5 und 2,0 Stunden zu wählen.

Wegen der besseren Vergleichbarkeit mit anderen Quellen zeigt Abb. 5.33 eine zweidimensionale Kostenkennwertfunktion lediglich in Abhängigkeit des Bemessungsvolumens ohne Berücksichtigung der Durchflusszeiten.

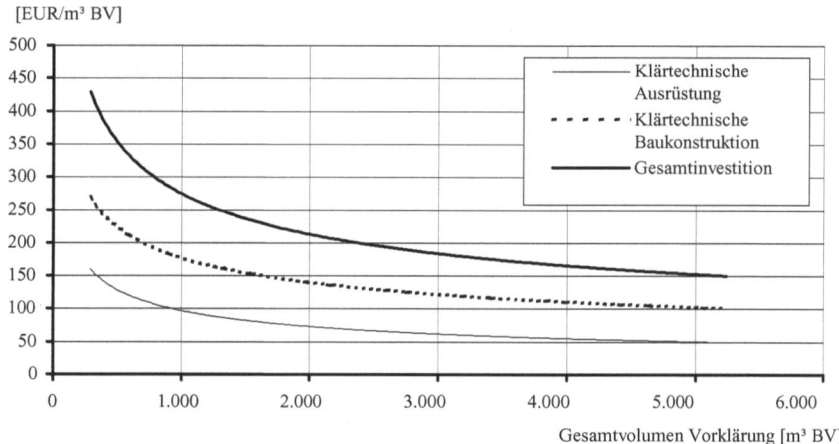

Abb. 5.33 Kostenkennwertfunktion für rechteckige, horizontal durchströmte Vorklärbecken (Preisbasis 1992; netto), nach Bohn (1993)

Laut Bohn kommen horizontal durchströmte Absetzbecken als Alternative nur bei großen Anlagen ab ca. 100.000 bis 150.000 EW in Betracht, da sie auf Grund der Einhaltung eines Mindestfließweges erst ab Durchmessern von ca. 25 m optimal zu betreiben sind. Seines Erachtens sind Rundbecken trotz ihres geringeren Umfang- zu Oberflächenverhältnisses gegenüber Rechteckbecken bei gleicher Oberfläche und gleichem Volumen nicht günstiger zu erstellen, da der durch die geringere Außenwandfläche entstehende Kostenvorteil durch die mittig angeordnete Einlaufkonstruktion bei Rundbecken wieder ausgeglichen wird.

120 Kosten der Abwasserbeseitigung

Die Nachklärbecken bilden mit der ablauftechnisch gesehen vorgeschalteten Belebungsanlage, gekoppelt über den externen Rücklaufschlammkreislauf, eine funktionale Einheit. Da die Nachklärbecken jedoch in der Funktionsweise den Vorklärbecken ähneln und auch zu den Sedimentationsbecken zählen, werden sie an dieser Stelle behandelt.

Im Verhältnis zu den Vorklärbecken haben die Nachklärbecken gewöhnlich einen deutlich höheren erforderlichen Beckeninhalt und werden auf Grund der Möglichkeit der Erstellung größerer Beckeneinheiten als bei Rechteckbecken deshalb auch überwiegend als Rundbecken ausgeführt.

Bei Bohn (1993) findet sich auch zu den Nachklärbecken eine ebenfalls dreidimensionale Kostenkennwertfunktion differenziert in die Kostengruppen 8 und 9, wobei die Kostengruppe 9 neben einer Rundräumeinrichtung mit Boden- und Schwimmschlammschild noch die notwendigen Rücklaufschlammpumpen und -rohrleitungen sowie die übliche Mess-, Steuer- und Regeltechnik enthält.

Die bei Bohn dargestellte Kostenkennwertfunktion (Abb. 5.34) zeigt die Investitionskosten in Abhängigkeit des Bemessungsvolumens der Rundbecken, wobei die Dimension eines Nachklärbeckens, also die Beckentiefe und -oberfläche, gemäß ATV-Arbeitsblatt A 131 (1991) von diversen Faktoren abhängt. Zu den Einflussfaktoren zählen der Mischwasserzufluss Q_{RW}, der angestrebte Trockensubstanzgehalt im Belebungsbecken TS_{BB}, der Schlammindex ISV, die zulässige Schlammvolumenbeschickung q_{SV} und die Eindickzeit t_E. Auf Grund dieser zahlreichen genannten Einflussfaktoren wird bei Bohn die hohe Schwankungsbreite der Nachklärbeckenvolumina exemplarisch dargestellt. An dieser Stelle wird jedoch, auch wegen der besseren Vergleichbarkeit mit anderen Quellen und wegen der Veränderungen durch die neue A 131 (2000), auf diese umfangreiche Darstellung verzichtet und lediglich die Abhängigkeit der Investitionskosten von dem Bemessungsvolumen des Nachklärbeckens dargestellt.

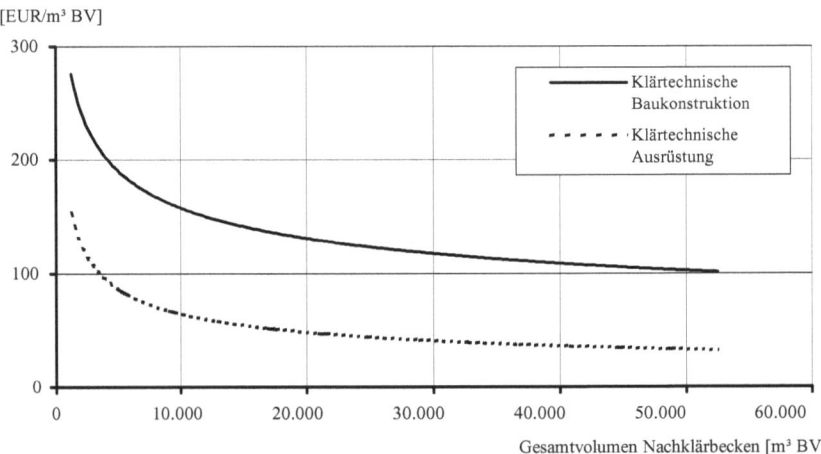

Abb. 5.34 Kostenkennwertfunktion für runde, horizontal durchströmte Nachklärbecken (Preisbasis 1992; netto), nach Bohn (1993)

Während Bohn getrennte Kostenkurven für Vor- und Nachklärbecken ermittelt, zitiert das ATV-Handbuch (1996) wiederum Beckereit (1988) zur Ermittlung der Investitionskosten von allen Arten von Sedimentationsbecken (Vor-, Zwischen- und Nachklärbecken).

Abb. 5.35 stellt die Kostenkurven von Bohn und Beckereit gegenüber. Die von Beckereit ermittelte Investitionskostenkurve liegt zwischen den Investitionskostenkurven für das Vor- und das Nachklärbecken von Bohn. Dies entspricht den unterschiedlichen Ansätzen beider Autoren. Die Beckereit-Kurve gibt die mittleren Kosten für alle Arten von Sedimentationsbecken wieder, während Bohn differenziert.

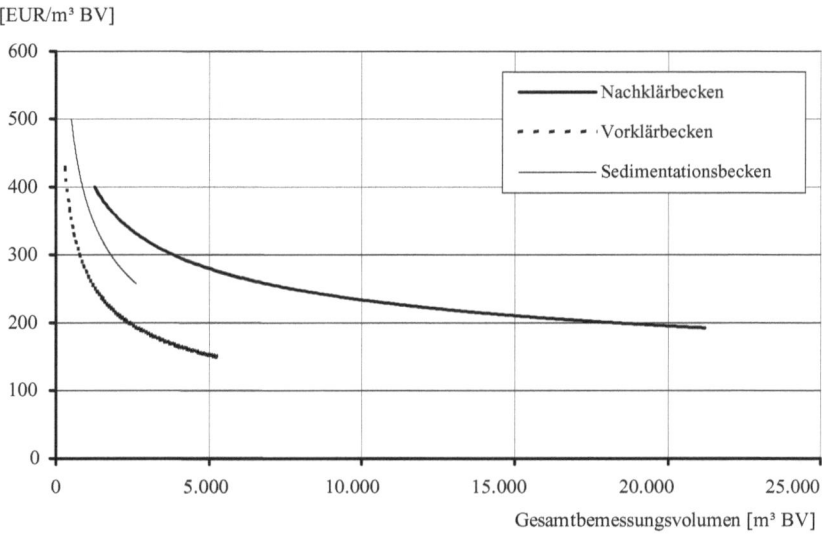

Abb. 5.35 Investitionskosten für Sedimentationsbecken nach Bohn (1993) und Beckereit (1998)

Die Grundlage für die Ermittlung der neuesten Kostenkennwerte in Abb. 5.36 sind überwiegend runde, horizontal durchströmte Becken. Vor- und Nachklärbecken wurden zusammengefasst, weil sie hinsichtlich der Baukonstruktion und technischen Ausstattung vergleichbar sind. Bei den Nachklärbecken bleiben die Kosten für die Schlammrückführung unberücksichtigt.

Bei den Baukosten ist mit einer Schwankungsbreite von ± 100 €/m³, bei sehr kleinen Becken größer, und bei der Maschinentechnik mit ± 50 €/m³ zu rechnen.

Beim Bauteil wurde von Ortbetonbauweise ausgegangen. In Fertigteilbauweise können die Baukosten um teilweise mehr als 50 €/m³ - 100 €/m³ reduziert werden.

122   Kosten der Abwasserbeseitigung

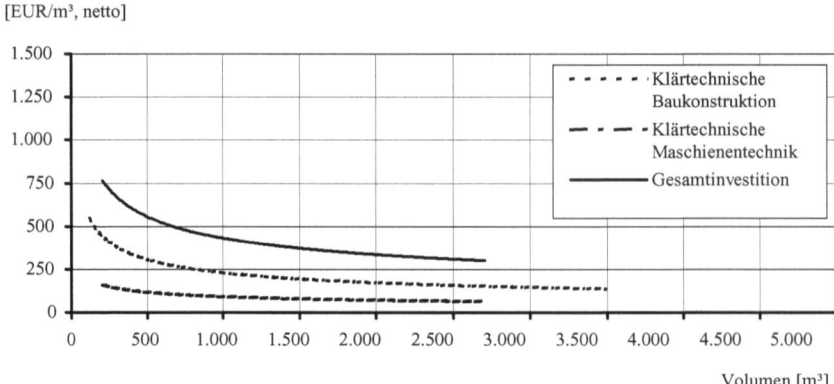

Abb. 5.36   Investitionskosten für Vor- und Nachklärbecken in €/m³ nach
             Günthert und Reicherter (2001)

Betriebsgebäude. Die in Abb. 5.37 auf EW bezogenen Kosten für Betriebsgebäude beinhalten auch die Kosten für das Labor und die Werkstatt. Es sind Schwankungen in Höhe von ± 20 €/EW zu erwarten. Auf den m³ umbauten Raum bezogen sind mit Kennzahlen von im Mittel 250 €/m³, bei einfachster Ausführung mit minimal 100 €/m³ und bei aufwändigster Ausführung mit bis zu 800 €/m³ zu rechnen.

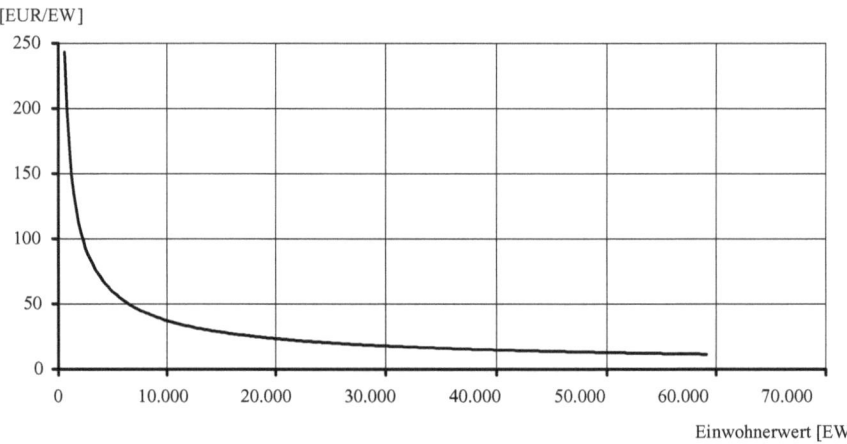

Abb. 5.37   Investitionskosten für Betriebsgebäude in €/EW nach
             Günthert und Reicherter (2001)

Außenanlagen und Straßen.   Die Investitionskosten für Außenanlagen und Straßen können bei Anlagen, die größer als 10.000 EW sind, mit 10 €/EW veranschlagt werden. Bei Anlagen, die kleiner als 5.000 EW sind, schwanken die Kosten zwischen 5 €/EW und 50 €/EW.

MSR und Elektrotechnik. Die Mess-, Steuer- und Regelungstechnik verursacht bei neuen Kläranlagen Kosten rel. unabhängig von der Anlagengröße i.H.v. ca. 15 €/EW, bei sehr kleinen Anlagen (3.000 EW) bis zu 25 €/EW. Die Elektrotechnik kann mit 20 €/EW veranschlagt werden, wobei hier etwas größere Schwankungen, insbesondere bei kleinen Anlagen (< 10.000 EW) zu erwarten sind. Bei sehr kleinen Anlagen muss mit Investitionskosten für die Elektrotechnik von bis zu 100 €/EW gerechnet werden.

Phosphatfällungsanlagen. Bei Phosphatfällungsanlagen kann ab einer Anlagengröße von 20.000 € mit Investitionskosten in Höhe von 3 €/EW, bei sehr kleinen Anlagen (3.000 EW) in Höhe von bis zu 30 €/EW gerechnet werden.

Filteranlagen. Bei den Filteranlagen ist mit Gesamtkosten zwischen 20.000 €/m² und 10.000 €/m² Filterfläche bei Filterflächen zwischen 80 m² und 160 m² (Kosten mit der Größe fallend) zu rechnen, wobei der Maschinenteil etwas mehr als die Hälfte der Kosten ausmacht.

Sonstige Investitionskosten. In den sonstigen Investitionskosten für Kläranlagen sind folgende Bestandteile enthalten:

– Blitzschutzanlagen,
– Blockheizkraftwerke,
– Brauchwasseranlagen,
– Einfriedungen,
– Erschließungen,
– Grundstücke,
– Schließanlagen,
– Zaun sowie
– alle anderen nicht zuordenbaren Kosten.

Je nach Ausbau betragen die sonstigen Kosten bei Anlagen, die größer sind als 10.000 EW, bis zu 10 €/EW und bei kleinen Anlagen zwischen 5 €/EW und 25 €/EW. Teilweise können bei sehr kleinen Anlagen Werte bis zu 40 €/EW erreicht werden.

Ausgewählte Anhaltswerte zur Kostenschätzung. In Tabelle 5.12 sind weitere ausgewählte Anhaltswerte zum Abschätzen der Investitionskosten beim Bau und der Sanierung von Kläranlagen aufgeführt. Sie basieren ausschließlich auf den Erfahrungen des Autors, gelten für Kläranlagen von 5.000 EW bis 50.000 EW in Norddeutschland und sind nicht repräsentativ. Auch bei Nichtangabe von Spannbreiten können die Werte um die angegebene Zahl erheblich schwanken.

Tabelle 5.12 Ausgewählte Anhaltswerte für Investitionskosten von Kläranlagen

Bereich	Maßnahme	I.-Kosten
Allgemeines	Baustelleneinrichtung (pauschal) in €	20.000 - 60.000
	Grundwasserhaltung (pauschal) in €	15.000 - 25.000
	Verkehrsanlagen, Wege (pro m²) in €	25 - 30

		Insgemein, pauschal (in % der Netto-Bausumme)	18
		Baunebenkosten (Ing. etc.), pauschal (in % der Netto-Bausumme)	10
		Stundenlohn Bau (pro Stunde) in €	38
		Hydraulikbagger (pro Stunde) in €	50
		Allrad-Lkw (pro Stunde) in €	50
Messgeräte		IDM , klein (pro Stück) in €	3.000
		Füllstandsmessung, einfach (pro Stück) in €	1.000
		Sauerstoffmessung im BB (pro Stück) in €	2.500
		Nitrat-/Ammoniummessung in €	10.000
		Ultraschall-Höhenstandsmessung (pro Stück) in €	1.500
Betonarbeiten +Sanierung		Neubau Becken klein (pro m³) in €	130 - 180
		Neubau Becken mittel (pro m³) in €	60 - 120
		Sanierung Laufbahn (pro m) in €	300
		Laufbahn abstemmen, reinigen, Verbundanker setzen (pro m²) in €	70
		Oberflächenbeschichtungen am Beckenumlauf (pro m) in €	50
		Bau oder Sanierung Ablaufrinne Nachklärung (pro m) in €	320
		Verteilerbauwerk, klein (pro Stück) in €	4.000
		Verteilerbauwerk und RS-PW-Bauwerk, mittel (pro Stück) in €	25.000
		Streifenfundament (pro m) in €	120
		Sandstrahlarbeiten (pro m²) in €	8
		Spachtelung (pro m²) in €	15
		Epoxidharzbeschichtung (pro m²) in €	14
		Kernbohrung DN 400, Länge 35 cm (pro Stück) in €	230
		Kernbohrung DN 500, Länge 25 cm (pro Stück) in €	250
		Dichtungselement für Kernbohrung DN 400 in €	700
		Dichtungselement für Kernbohrung DN 500 in €	900
		Kleine Kernbohrung einschl. Dichtung (pro Stück) in €	450
		Unterbeton, B 15, Dicke 5 cm (pro m²) in €	10
		Sohlplatte, B 35, Dicke 35 cm (pro m³) in €	130
		Ringwand, B 35, Wandhöhe >4 m, Wanddicke 35cm (pro m²) in €	140
		Stahlbetonwand, B 35, Wandhöhe > 4m, Wanddicke 25cm (pro m²) in €	160
		Stahlbetondecken, B 35, Deckendicke 20 cm (pro m²) in €	110
		Stahlbetondecken, B25, Deckendicke 18-20 cm (pro m²) in €	80

	Stahlbetonstützen, 30/30/450 cm (pro Stück) in €	400
	Betonstabstahl 500 S (pro kg) in €	0,70
	Betonstahlmatten (pro kg) in €	0,70
Ausrüstung Belebung etc.	Drehkolbengebläse, mittel (pro Stück) in €	8.000 - 13.000
	Belüftung und Umwälzung, mittel (pro m³ Belebungsvolumen) in €	35
	Rührwerk, klein (pro Stück) in €	4.000
	Rührwerk, mittel (pro Stück) in €	7.000
	Aushubeinrichtung, umsteckbar (pro Stück) in €	1.500
	Brücke Belebungsbecken, mittel, VA, mit Antrieb (pro Stück) in €	30.000
	Druckluftverteilungssystem, 240 Membranbelüfter, Rohrsystem (pro Einheit) in €	13.000
	Schlauchbelüftersystem, flächig auf Beckensohle D=30m montiert (pro Einheit) in €	14.000
	Luftleitungen für BB, mit kompletter Ausrüstung, mittel (pro Stück) in €	14.000
	Luftleitungen, VA (pro m) in €	200
	Drehkolbengebläse, 22 Nm³/h (pro Stück) in €	6.500
Ausrüstung Nachklärung	Schildräumer Nachklärung, mittel (pro Stück) in €	45.000
	Schwimmschlammräumung Nachklärung, mitel (pro Stück) in €	7.000
	Rinnenwaschanlage, mittel (pro Stück) in €	4.000
	RS-Schnecke, mittel (pro Stück) in €	15.000
E-Technik	Stellantrieb im Verteiler (pro Stück) in €	4.000
	Schaltschrank, elektrisch (pro Stück) in €	5.000 - 10.000
	Automatisierungs-/Visualisierungstechnik (pro Einheit) in €	4.000
	Elektrische Anbindung eines kleinen Aggregates (pro Stück) in €	400
	Elektrische Anbindung eines mittleren Aggregates (pro Stück) in €	500
Pumpwerke	Abwasserpumpe, mittel (pro Stück) in €	2.000 - 4.000
	Entleerungspumpe, mittel (pro Stück) in €	3.000
	Tauchmotorpumpe als ÜS-Pumpe (pro Stück) in €	2.000
	Tauchmotorpumpe, Förderleistung 300 m³/h (pro Stück) in €	7.000
	Pumpwerk, DN 1500, baulich (pro Stück) in €	15.000
	Pumpwerk, mittel (pro Stück) in €	22.000
Chemische	Komplettanlage, klein in €	26.000

P-Elimination

Maschinen allgemein	Kompressor, klein (pro Stück) in €	2.500
	Klarwasserdekanter, VA (pro Stück) in €	2.000
Rohrleitungen	Freigefälle bis DN 400 (pro m) in €	200
	Druckrohrleitungen bis DN 100, einschl. Formteile, Lieferung (pro m) in €	35
	Druckrohrleitungen bis DN 200 (pro m) in €	120
	Brauchwasserleitungen bis 1 1/2`` (pro m) in €	13
	Brauchwasserleitungen bis 2`` (pro m) in €	23
	Kabellehrrohre, Schutzrohre (pro m) in €	120
	Kabellehrrohre, Schutzrohre, bis DN 100, Lieferung (pro m) in €	35
	Kabelgräben (pro m) in €	10
	Kabelgräben in Handschachtung (pro m) in €	18
	Rohrgraben, bis 1,5 m Tiefe, bis DN 400 (pro m) in €	14
	Rohrgraben, bis 1,5 m Tiefe, bis DN 400, Handschachtung (pro m) in €	40
	KG DN 150, einschl. Formteile, Lieferung (pro m) in €	16
	KG DN 200, Lieferung (pro m)	18
	KG DN 300, einschl. Formteile, Lieferung (pro m) in €	50
	KG DN 400, einschl. Formteile, Lieferung (pro m) in €	55
	Drainage DN 100, Lieferung (pro m) in €	9
	KG Abzweige DN 200/100, Lieferung (pro Stück) in €	14
	Drainagesammelschacht bis 3m Tiefe (pro Stück) in €	1.000
	Zapfstellen (pro Stück) in €	130
Oberflächenarbeiten	Pflasteroberfläche aufnehmen, zwischenlagern, neu verlegen (pro m²) in €	11
	Bordsteine aufnehmen (pro m) in €	3
	Mineralgemisch einbauen und verdichten (pro t) in €	19
	Beton-Rasenbordsteine liefern und setzten (pro m) in €	13
	Beton-Tiefbordsteine liefern und setzen (pro m) in €	17
	Gossenanlage (pro m) in €	20
	Straßenabläufe liefern und setzen (pro Stück) in €	240
	Betonsteinpflaster liefern und verlegen (pro m²) in €	19

	Läufer/Anschnitt (pro m) in €	4
	Fußabtrittroste (pro Stück) in €	80
	Schachtumpflasterungen (pro Stück) in €	70
	Schieberkappen einpflastern (pro Stück) in €	40
	Blockstufen (pro Stück) in €	65
	Rasenbord als Treppenwange (pro m) in €	20
	Grasansaat (pro m²) in €	0,30
Erdarbeiten	Mutterboden abheben und zwischenlagern (pro m³) in €	2
	Bodenaushub (pro m³) in €	3
	Straßenauskofferung (pro m³) in €	3
	Bodeneinbau (pro m³) in €	4
	Filtersand, Beschaffung (pro m³) in €	13
	Füllsand, Beschaffung (pro m³) in €	9
	Plattendruckversuch (pro Stück) in €	130
Grundwasser-absenkung	Peilbrunnen (pro Stück) in €	400
	GW-Absenkung Rohrgräben, Absenktiefe bis 1m (pro m) in €	13
Ausrüstung allgemein	Bedienungssteg, klein, VA (pro Stück) in €	2.000
	Notausstiegleiter, klein (pro Stück) in €	300
	Notausstiegleiter, mittel (pro Stück) in €	1.000
	Geländer, V2A (pro m) in €	130
	Treppe; Mittel, VA (pro Stück) in €	4.500
	Treppe, V2A, Steighöhe 1,5 m (pro Stück) in €	1.300
	Einstiegleiter, mittel, VA, mit Überstieg (pro Stück) in €	900
	Keilflachschieber DN 100, Lieferung (pro Stück) in €	500
	Keilflachschieber DN 300, Lieferung (pro Stück) in €	1.400
	Keilflachschieber DN 400, Lieferung (pro Stück) in €	2.100
	Absperrschieber DN 150, Lieferung (pro Stück) in €	350
	E-Schieber DN 300, Lieferung (pro Stück) in €	1.600
	Rückschlagklappe DN 150, Lieferung (pro Stück) in €	650
	Kompostfilter, mittel (pro Stück) in €	20.000

5.3.4.5 Schlammbehandlung

Die auf einer kommunalen Kläranlage anfallenden Klärschlämme aus der mechanischen und biologischen Reinigung können nicht unmittelbar, also ohne weitere Behandlung, verwertet oder deponiert werden. Es bedarf einer technischen Aufbereitung, durch welche die Eigenschaften so geändert werden, dass von den Reststoffen dann keine kritische Belastung mehr ausgehen können und sie einer umweltverträglichen Entsorgung zugeführt werden können. Grundsätzlich werden zwei technische Aufbereitungsarten unterschieden.

Zum einen ist dies die Stabilisierung der Schlamminhaltsstoffe mit der Absicht, Geruchsfreiheit herzustellen. Die konventionell eingesetzte Schlammstabilisierung ist die anaerobe, die auch als Schlammfaulung bezeichnet wird. In Deutschland nur noch selten eingesetzt wird dagegen die aerobe Schlammstabilisierung, auf die hier nicht näher eingegangen wird.

Als zweite technische Aufbereitungsart ist die Trennung des Schlammwassers zu nennen. Diese Entwässerung geschieht im Wesentlichen durch zwei Techniken, zum einen die Filtration in Form von Unter- oder Überdruckfiltration, Siebeinrichtungen oder Schlammplätzen und zum anderen die Schweretrennung durch Eindickung, Flotationseindickung oder Zentrifugieren.

Technische Einzelheiten zu den verschiedenen Verfahren der Klärschlammbehandlung sind u. a. bei Hosang und Bischof (1998) zu entnehmen.

Außerdem gibt es noch eine Vielzahl von weiteren Verfahren der Klärschlammbehandlung, die oftmals auch miteinander gekoppelt eingesetzt werden. Ein Beispiel für den Einsatz auch neuerer Technologien bei der Klärschlammbehandlung, die sich aus drei aufeinanderfolgenden Verfahren zusammensetzten und erhebliche Kostensenkungen herbeigeführt haben, wird bei Wennemar (1994) exemplarisch untersucht.

Schlammstabilisierung. Faulbehälter als wesentliche Bauteile der anaeroben Schlammstabilisierung werden bei Bohn (1993) hinsichtlich ihrer verursachenden Investitionskosten untersucht. In Abb. 5.38 werden hierbei insbesondere Faulbehälter in Spannbetonbauweise und Faulbehälter in Stahlbauweise bezüglich ihrer Gesamtinvestitionskosten in Abhängigkeit des Bemessungsvolumens der Faulräume gegenübergestellt, eine Differenzierung in die Kostengruppen 8 (Klärtechnische Baukonstruktion) und 9 (Klärtechnische Ausrüstung) wird nicht vollzogen. Es lässt sich erkennen, dass die Faulbehälter in Spannbetonbauweise kontinuierlich höhere Investitionskosten verursachen als die Faulbehälter in Stahlbauweise.

Schlammentwässerung. Als Verfahren der Schlammentwässerung werden bei Bohn zum einen statische Eindicker als Durchlaufeindicker und zum anderen als Trocknungsverfahren die Trockengasbehälter hinsichtlich ihrer Investitionskosten untersucht. Bei den in Abb. 5.39 dargestellten Kostenkurven handelt es sich lediglich um die Gesamtinvestitionskosten, eine Differenzierung in die Kostengruppen 8 (klärtechnische Baukonstruktion) und 9 (klärtechnische Ausrüstung) wird auch hier nicht vorgenommen.

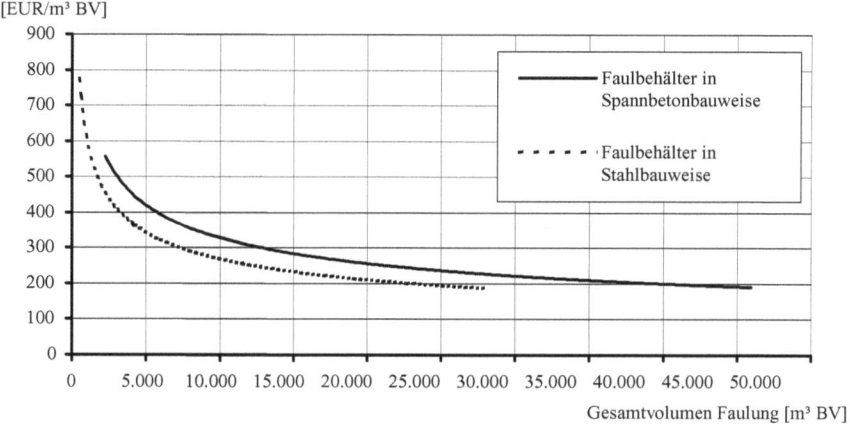

Abb. 5.38 Kostenfunktion für Faulbehälter (Preisbasis 1992; netto), nach Bohn (1993)

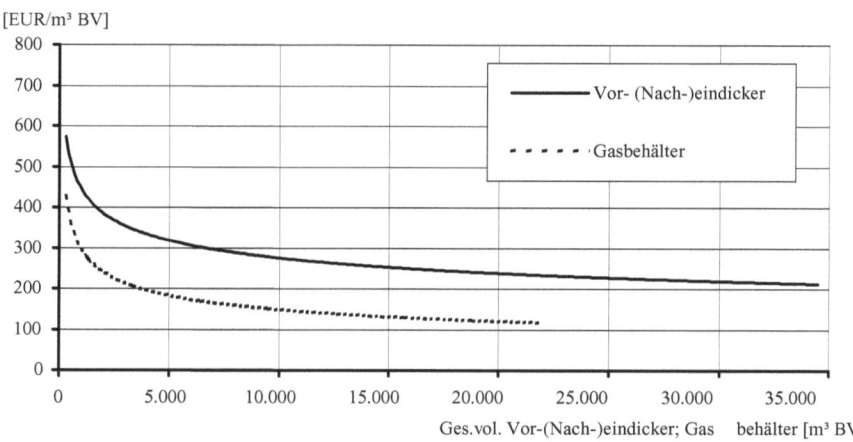

Abb. 5.39 Kostenfunktion für Durchlaufeindicker und Trockengasbehälter (Preisbasis 1992; netto), nach Bohn (1993)

Des Weiteren gibt es die unterschiedlichsten Verfahren der künstlichen Schlammentwässerung. Häufig eingesetzt werden die Dekantierzentrifugen, die Kammerfilter- und die Siebbandpresse. Im ATV-Handbuch (1996) wird diesbezüglich eine weitere Quelle (Beckereit, 1988) zitiert, bei der die Investitionskosten dieser drei zuvor genannten Verfahren anhand von Kostenkurven in Abhängigkeit des Durchsatzes [m³/h] ermittelt und dargestellt wurden. Die Randbedingungen dieser Ermittlungen werden an dieser Stelle nicht dargestellt. Die Zusammenstellung dieser drei Kostenkurven zeigt Abb. 5.40.

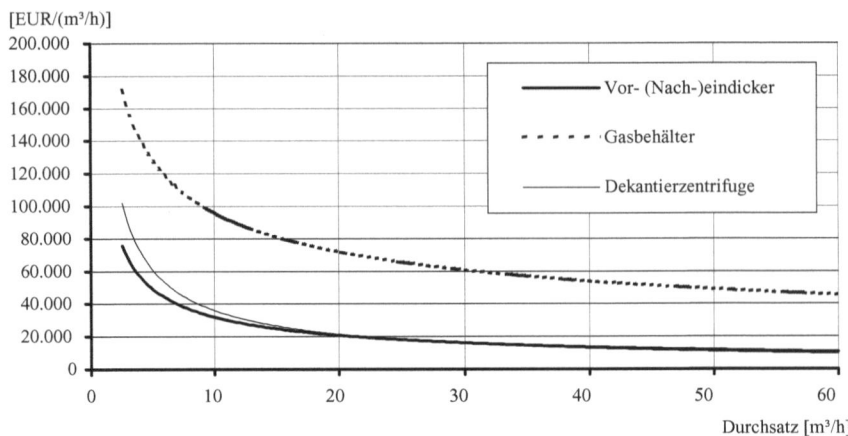

Abb. 5.40 Kostenfunktionen für Schlammentwässerungsanlagen (Preisbasis 1992), Vergleich Kammerfilterpresse, Siebbandpresse und Dekantierzentrifuge, nach ATV-Handbuch (1996)

Wie nach Abb. 5.40 festzustellen ist, unterscheiden sich die Gesamtinvestitionskosten für die Zentrifuge und die Siebbandpresse kaum und liegen ca. zwischen 65.000 €/(m³/h) bis 70.000 €/(m³/h) für Durchsätze von etwa 2,5 m³/h und bei ca. 13.000 €/(m³/h) für Durchsätze von etwa 60 m³/h. Die spezifischen Investitionen für Kammerfilterpressen liegen ganz deutlich über den beiden zuvor genannten Verfahren, etwa im Bereich des dreifachen.

Es wird nochmals darauf hingewiesen, dass es sich bei diesen Werten ausschließlich um die Investitionskosten der betrachteten Schlammentwässerungsverfahren handelt. Für die gesamtwirtschaftliche Betrachtung ist die Betrachtung der jeweils verursachten Betriebskosten in Form von Kosten für die Reststoffbehandlung, wie sie in Abschn. 5.4.6 durchgeführt wird, unerlässlich. Auf Grund der unterschiedlichen zu erzielenden Entwässerungsergebnisse relativiert sich diese hohe Kostendifferenz in den Investitionskosten bei der Betrachtung der gesamten Entwässerungskosten.

In Abb. 5.41 sind die neuesten Untersuchungen zu Investitionskosten für Schlammstapelbehälter dargestellt. Dabei weisen die Kosten für die Maschinentechnik sehr geringe Schwankungen auf. Bei den Baukosten sind die Schwankungen mit bis zu ± 60 €/m³ erheblich, weil der Auswertung sowohl Stahlbeton-, Fertigteil- und Ortbetonbauweise zugrunde lagen.

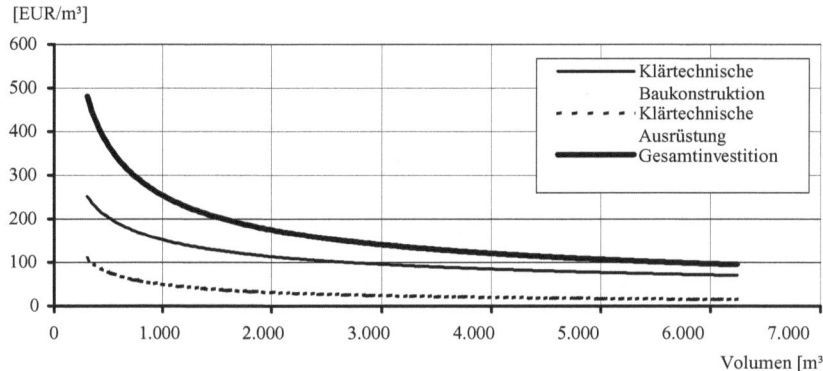

Abb. 5.41 Investitionskosten für Schlammstapelbehälter in €/m³ nach Günthert und Reicherter (2001)

5.3.4.6 Sonderbauwerke

Die Kosten für Regenüberlaufbecken streuen erheblich, wobei die Kosten für die Maschinen- und Elektrotechnik lediglich ca. 10 % der Gesamtkosten ausmachen. In Abb.5.42 sind die Investitionskosten für die Maschinen- und Elektrotechnik von Regenüberlaufbecken dargestellt. Die mittlere Schwankung beträgt ca. ± 40 €/m³.

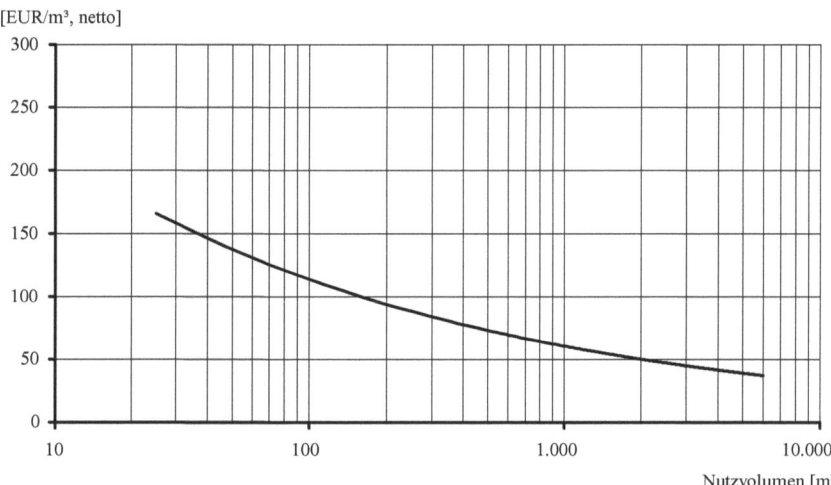

Abb. 5.42 Investitionskosten Regenüberlaufbecken für M und E in €/m³ nach Günthert und Reicherter (2001)

In Abb. 5.43 sind die Baukosten von Regenüberlaufbauwerken dargestellt. Die Werte schwanken bei größeren Anlagen im Mittel um ± 300 €/m³, bei kleineren Anlagen um bis zu 1.300 €/m³.

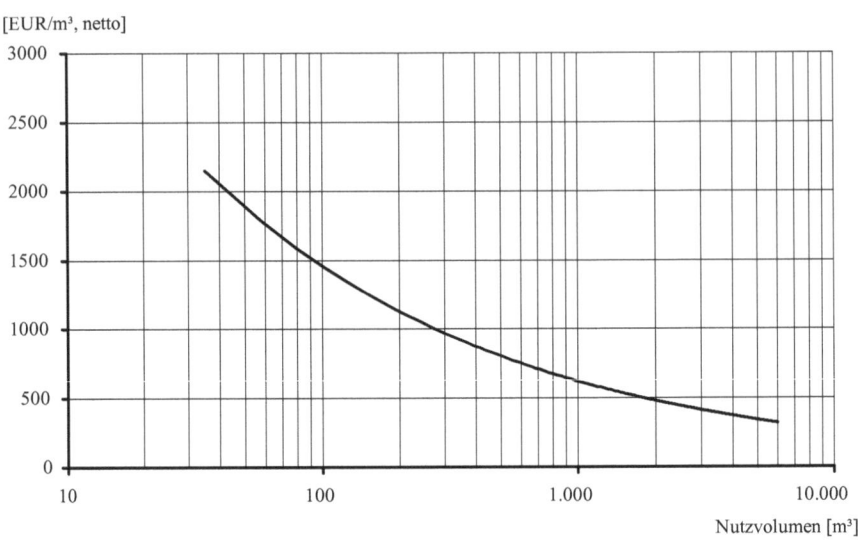

Abb. 5.43   Investitionskosten Regenüberlaufbecken für Bau in €/m³ nach Günthert und Reicherter (2001)

5.3.4.7   Naturnahe Regenwasserentsorgung

Die zielgerichtete naturnahe Regenwasserentsorgung in Form von Versickerung, Speicherung und auch Ableitung von Niederschlagsabflüssen aus bebauten Bereichen wird in den letzten Jahren verstärkt diskutiert und als Ergänzung oder sogar als Alternative zur konventionellen Regenwasserableitung nach dem Trenn- oder Mischverfahren angesehen und gefordert.

Die am häufigsten eingesetzten Verfahren der naturnahen Regenwasserentsorgung, deren genaue Beschreibung beispielsweise bei Hosang und Bischof (1998), aber auch der einschlägigen Fachliteratur zu entnehmen ist, sind:

– die Flächenversickerung,
– die Muldenversickerung,
– die Rigolen- und Rohrversickerung sowie
– die Schachtversickerung.

Als wasserwirtschaftliche Vorteile sind dabei zu nennen:

– die Erhaltung beziehungsweise weitgehende Wiederherstellung der Grundwasserneubildung,
– die Dämpfung der Starkregenabflüsse und die Erhöhung der Niedrigwasserabflüsse in den Fließgewässern,

- die Reinigung der Niederschlagsabflüsse durch die Bodenpassage und
- die Verminderung oder gegebenenfalls sogar die Vermeidung der Regenwasserbehandlung in Mischsystemen.

Mit den ökonomischen Gesichtspunkten der naturnahen Regenwasserentsorgung haben sich zum einen Rudolph und Balke (2000) im Rahmen eines Verbundforschungsvorhabens im Auftrage des Bundesministeriums für Bildung, Wissenschaft, Forschung und Technologie auseinandergesetzt. Bei diesen Untersuchungen geht es allerdings nicht nur um die Ökonomie, sondern auch um nichtmonetäre Gesichtspunkte und Bewertungsmethoden wie beispielsweise Flächenbedarf, Grundwasser und Gewässerqualität sowie Hochwasserschutz und Wohnumfeld, Freizeit und Erholung.

Zum anderen wurden am Institut für Siedlungswasserwirtschaft der RWTH Aachen im Auftrage und gefördert mit Mitteln des Forschungsfonds von ATV und GFA Untersuchungen und Befragungen von Gemeinden und Herstellern zu den Investitions-, Betriebs- und Instandhaltungskosten von verschiedenen Regenversickerungsverfahren durchgeführt und von Hamacher (2000) ausgewertet.

Einflussfaktoren auf die Investitionskosten. Nach Hamacher (2000) werden die Investitionskosten für eine Versickerungsanlage von folgenden Faktoren beeinflusst:

- der Beschaffenheit des Untergrundes,
- den Bemessungsgrundlagen,
- der Länge der Zuleitungen,
- den Bodenpreisen und
- dem Vernetzungsgrad der Anlagen.

Unabhängig von dem gewählten Verfahren sind noch weitere Einflussfaktoren zu nennen:

- die schwankenden Baupreise,
- die Gestaltung und Materialwahl und
- die Topografie.

Die Investitionskosten von Versickerungsanlagen können sowohl in Abhängigkeit von der Größe der Versickerungsfläche (A_s) als auch von der Größe der zu entwässernden Fläche (A_{red}) dargestellt werden.

Während die erste Darstellung eine Abschätzung der zu erwartenden Investitionskosten der Anlage pro Fläche oder Länge erlaubt, dient die zweitgenannte dazu, die Investitionskosten der verschiedenen Verfahren vergleichbar zu machen.

Investitionskosten von Flächenversickerungsanlagen. Flächenversickerungsanlagen über durchlässige Befestigungsmaterialien sind in der Regel darauf ausgelegt, lediglich das auf sie entfallende Niederschlagswasser zu versickern und keine zusätzlichen Abflüsse von anderen Flächen aufzunehmen. Die dazu von Hamacher (2000) ermittelten erforderlichen Investitionskosten sind in Tabelle 5.13 als Bandbreite der genannten Kosten pro Fläche sowie als deren gewichteter Mittelwert angegeben.

Tabelle 5.13 Investitionskosten für befestigte Versickerungsflächen nach Hamacher (2000)

Versickerungsfläche A_s	Investitionskosten [€/m²]	
	Schwankungsbereich	gewichtetes Mittel
Schotterrasen; PKW-befahrbar	13 - 20	15
Rasengittersteine mit Mutterbodenverfüllung	28 - 60	39
Splittfugenpflaster; LKW-befahrbar	25 - 38	33

Investitionskosten für Versickerungsanlagen mit Speicherung. Dezentrale Versickerungsanlagen mit Zwischenspeicherung des Regenwassers sind Mulden, Rigolen und Schächte sowie Kombinationen aus diesen zuvor genannten Verfahren. Die dazu von Hamacher (2000) ermittelten erforderlichen Investitionskosten sind auch hier als Bandbreite der genannten Kosten pro Fläche sowie als deren gewichteter Mittelwert angegeben und in Tabelle 5.14 dargestellt. Bei vernetzten Systemen beziehungsweise Kombinationen reicht es nicht aus, die Kosten der einzelnen Komponenten zu addieren, da durch die Vernetzung zusätzliche Kosten entstehen, bei einem Mulden-Rigolen-System beispielsweise durch die Einbautiefe der Rigole. Als Orientierungshilfe kann bei einem Mulden-Rigolen-System von Investitionskosten zwischen 150 €/lfm und 250 €/lfm bei einer ein Meter breiten Rigole einschließlich Schächten und Verbindungsrohren ausgegangen werden.

Tabelle 5.14 Investitionskosten für dezentrale Versickerungsanlagen (ohne Zuleitung) nach Hamacher (2000)

Verfahren	spezifische Investitionskosten		Einheit
	Schwankungsbereich	gewichtetes Mittel	
Mulde	10 - 35	19	€/m²
Rigole, offen b = h = 0,60 m	28 - 45	34	€/lfm
Rigole, überdeckt b = h = 1,00 m	45 - 55	50	€/lfm
Rohrrigole, b = h = 0,60 m	75 - 100	88	€/lfm
Rohrrigole, b = h = 1,00 m	113 - 200	150	€/lfm
Schacht DN 1000 mm	200 - 350	250	€/aufsteigenden m
Schacht DN 2000 mm	750 - 1250	1000	€/aufsteigenden m

Die Investitionskosten für die Zuleitungen, die sowohl oberirdisch als auch unterirdisch gebaut werden können, müssen bei allen zuvor genannten Systemen hinzugerechnet werden. In Tabelle 5.15 sind Beispiele für Investitionskosten der Zuleitung zusammengefasst.

Tabelle 5.15   Investitionskosten für die Zuleitung zur Versickerungsanlage nach Hamacher (2000)

Zuleitung	Investitionskosten [€/lfm]
Rinne, 3-reihig gepflastert	33 - 50
geschlossene Dränrinne	75 - 125
PVC-Rohr DN 150 mm auf 0,80 m Tiefe	23 - 33

Die Summe der Baukosten für Einzelanlagen ergibt sich somit aus der Multiplikation der Anlagengröße mit den spezifischen Investitionskosten zuzüglich der Investitionskosten für die Zuleitung.

Um die Investitionskosten verschiedener Versickerungsverfahren vergleichbar zu machen, wurden bei Hamacher Bemessungen der verschiedenen Systeme nach ATV-Arbeitsblatt A 138 durchgeführt. Als Randbedingungen wurden hierzu eine Regenhäufigkeit von n = 0,2 [1/a] und ein Bemessungsregen von $r_{15(1)}$ = 100 l/(s·ha) angenommen. Die Investitionskosten, wie sie Abb. 5.44 zeigt, konnten schließlich in Abhängigkeit der angeschlossenen befestigten beziehungsweise zu entwässernden Fläche und in Abhängigkeit von dem Durchlässigkeitsbeiwert des anstehenden Bodens, dem so genannten k_f-Wert, ermittelt werden.

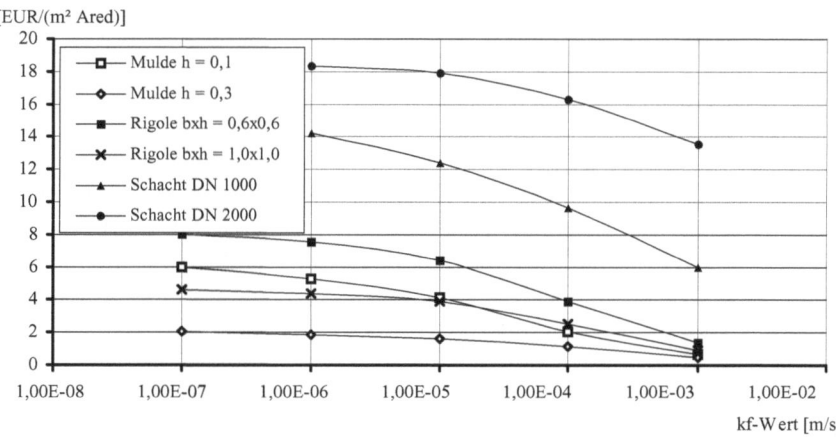

Abb. 5.44   Vergleich der Investitionskosten verschiedener Versickerungssysteme bezogen auf die angeschlossene befestigte Fläche A_{red} (ohne Zuleitungen) nach Hamacher (2000)

Da für Mulden und Rigolen die Größe der zu entwässernden Fläche linear in die Berechnungen eingeht, kann der in Abb. 5.44 abzulesende Wert mit der Größe der zu entwässernden Fläche multipliziert werden. Für die Schächte hingegen kann nicht von einem linearen Zusammenhang zwischen Kosten und der zu entwässernden Fläche ausgegangen werden. Die Kosten für 100 m² A_{red} bis 200 m² A_{red} können im unteren Bereich, die Kosten für die Entwässerung von 400 m² A_{red} im oberen Bereich der Kurve abgelesen werden.

Betrachtet man lediglich die Investitionskosten, so ist die Muldenversickerung das „preiswerteste" der miteinander verglichenen Regenversickerungsverfahren. Nur bei besonders flachen Mulden (h < 0,10 m) liegen die Kosten in Bezug auf die zu entwässernde Fläche höher als bei der Rigole. Diese besonders flache Ausbildung ist jedoch häufig durch einen hoch anstehenden Grundwasserstand begründet und in diesem Fall ist auch die Rigole keine Alternative. Die Kosten für die Schachtversickerung sind generell fünf bis zehn mal so hoch wie die für die Rigolen- beziehungsweise Muldenversickerung.

Im weiteren Verlauf der Untersuchungen bei Hamacher wurden Sensitivitätsanalysen bezüglich folgender Parameter durchgeführt, worauf an dieser Stelle nicht näher eingegangen werden soll:

- der jährlichen Überschreitungshäufigkeit des Bemessungsregens n,
- der Regenspende $r_{T(n)}$ sowie
- der gewählten Abmessungen.

Ein weiterer Punkt für die Beurteilung der Wirtschaftlichkeit von Regenwasserversickerungsanlagen ist die Einschätzung der Nutzungsdauern der verschiedenen Systeme, zumal nur wenige Erfahrungswerte vorliegen.

Als Einflussfaktoren auf die Nutzungsdauer von Regenwasserversickerungsanlagen sind zu nennen:

- die Bodenverhältnisse,
- die ordnungsgemäße Bauausführung,
- die hydraulische und stoffliche Belastung der Versickerungsanlage sowie
- die regelmäßige Wartung und Pflege.

Bei Hamacher werden in Tabelle 5.16 zum einen die Ergebnisse der Befragung von Gemeinden, der jedoch nur wenige konkrete Angaben entnommen werden konnten, und als Vergleich die Ergebnisse der ATV-Umfrage von 1995 hinsichtlich der Nutzungsdauern zusammengefasst.

Tabelle 5.16   Nutzungsdauern von Versickerungsanlagen nach Hamacher (2000)

	Erhebung ATV 195		Erhebung ISA*) 1997		Mittel in Jahren
	Bereich in Jahren	gewichteter Mittelwert	Bereich in Jahren	gewichteter Mittelwert	
Fläche	-	-	15 - 20	29,2	29,2
Mulde	15 - 30	22,5	15 - 100	32,1	27,3
Rigole	20 - 30	26,4	10 - 25	18,8	22,5

Schacht	15 - 50	31,6	5 - 60	30,4	31
Mulden-Rigole	-	-	15 - 30	20	20
Teiche	15 - 25	20,5	10 - 20	15	17,8
Erdbecken	15 - 50	39,4	10 - 30	20	29,7

*) ISA: Institut für Siedlungswasserwirtschaft der RWTH Aachen

Bodenfilter. Retentionsbodenfilter werden zur Behandlung von Regenwasser und neuerdings auch zur Schmutzwasserbehandlung eingesetzt. Die Investitionskosten für einen Filter mit 2.000 m³ betragen rund 210 €/m³. Ein entsprechender Bericht der Landesanstalt für Umweltschutz Baden-Württemberg (LfU) kann unter www.lfu.baden-wuerttemberg.de eingesehen werden.

5.4 Planung der Betriebs- und Instandhaltungskosten

5.4.1 Vorbemerkung

Im Hinblick auf die Gesamtkosten beim Betrieb von Abwasseranlagen spielen die Betriebs- und Instandhaltungskosten eine maßgebliche Rolle. Die Kenntnis über diese Kosten ist sowohl für den Alternativenvergleich (vgl. Kap. 6) als auch für die Ermittlung der Jahreskosten bzw. die daraus zu berechnende Abwassergebühr wichtig.

5.4.2 Bestandteile der Betriebs- und Instandhaltungskosten

Die Betriebs- und Instandhaltungskosten setzen sich aus verschiedenen Kostenarten zusammen. Die maßgebenden Einflussfaktoren sind nach Bohn (1993):

– Ausbaugröße und Auslastungsgrad der Anlage,
– Misch- und/oder Trennsystem,
– topografische und räumliche Verhältnisse der Anlagenstandorte,
– Abwasserverhältnisse und Reinigungsziel,
– Anlagenkonzeption und Verfahrenswahl,
– Art der Schlammbehandlung,
– Energieverwertung und –bezug,
– Stand der MSR-Technik,
– Art der Reststoffentsorgung,
– Betriebsorganisation,
– etc..

5.4.3 Kanalisation

Die laufenden Kosten werden in objektspezifischen Betriebs- und Instandhaltungskosten und in die anlagenspezifischen Betriebskosten unterteilt. Diese Einteilung gilt nicht nur für die Abwasserreinigung, sondern in gleichem Maße auch für die Abwasserableitungsanlagen beziehungsweise ganze Kanalnetze:

- Objektspezifische Betriebs- und Instandhaltungskosten:
- Energiekosten,
- Instandhaltungs- und Wartungskosten.
- Anlagenspezifische Betriebskosten:
  - Personalkosten,
  - Sonstige Kosten, z. B. Verwaltung.

Die Anteile dieser unterschiedlichen Arten Betriebs- und Instandhaltungskosten sind jeweils in Abhängigkeit der örtlichen spezifischen Verhältnisse zu sehen und können in weiten Bereichen schwanken. Als maßgebende Einflussfaktoren sind zu nennen:

- die Art des Entwässerungsverfahrens,
- die Länge des Kanalnetzes,
- die verwendeten Rohrmaterialien und -querschnitte,
- die erforderliche Abwasserförderung,
- die Intensität der Regenwasserbehandlung,
- die Betriebsorganisation und die Verwaltung.

Nach Angabe von Pecher (1992) betragen die gesamten einwohnerbezogenen Betriebs- und Instandhaltungskosten einer Kanalisation von ausgewählten Städten unterschiedlicher Größe zwischen rund 20 €/(EW·a) und rund 30 €/(EW·a), wovon rund 40 % für die Personalkosten anfallen. Laut ATV-Handbuch (1996) werden die Kosten für Wartung und Instandhaltung üblich mit rund 0,5 % bis 1,5 % der Investitionskosten angenommen. Für eine Mischkanalisation ergeben sich demnach Kosten in Höhe von rund 25 €/(EW·a) bis 40 €/(EW·a). Auch hier heißt es, in Zukunft sei mit erheblich höheren Aufwendungen für Wartung und Instandhaltung zu rechnen, zumal die Eigenkontrollverordnung der Länder flächendeckend Kanalinspektionen in regelmäßigen Abständen vorsieht, durch die künftig viele Schäden entdeckt würden, die bisher verborgen geblieben seien.

Im Allgemeinen sinken die Betriebs- und Instandhaltungskosten pro Einwohner und Jahr mit zunehmender Einwohnerzahl. Es gibt jedoch Ausnahmen auf Grund der regionalen und örtlichen Verhältnisse.

Die Kosten für die Kanalreinigung betragen nach Esch und Oomens (2003) ca. 7 €/m.

Nach einer von Pecher (1994) ausgewerteten ATV-Umfrage geben 50 % aller ausgewerteten Städte und Gemeinden spezifische Betriebskosten für die Kanalisation von rund 45 €/(EW·a) an. Diese doch erhebliche Steigerung der Betriebskosten kann auf die Altersstruktur der bestehenden Kanalnetze zurückzuführen sein, die verstärkt Kanalinspektionen, Kanalreparaturen und Kanalsanierungen erforderlich macht.

Bis zum Jahr 2000 sind 75 % aller öffentlichen Kanäle in Inspektionsprogrammen erfasst. 20 % der Kanalnetzbetreiber haben 100 %, weitere 20 % immerhin 80 % ihrer Leitungen inspiziert. Bei den Grundleitungen haben nur 14 % der Kommunen Inspektionsprogramme (EUWID, 2002).

5.4.4 Abwasserpumpwerke

5.4.4.1 Energiekosten

Die Stromkosten müssen laut Rudolph und Nelle (1996) in Abhängigkeit von den jeweiligen Rohr- und Pumpenkennlinien und den zu erwartenden Betriebsbedingungen hochgerechnet werden, wobei allerdings die tatsächliche Jahresauslastung maßgebend ist und nicht der Zustand entsprechend dem so genannten optimalen Wirkungsgrad oder der Nennbelastung.

Eine Formel zur Berechnung der Energiekosten von Pumpen kann u. a. mit Hilfe der bei Bohn (1993) im Zusammenhang mit der Rezirkulation des Schlammes vorgestellten Pumpenformel berechnet werden.

Baumgarten et al. (2001) haben die Elektroenergiekosten in Abhängigkeit des Förderstroms und der Förderhöhe ermittelt (Datenbasis 1998). Das Ergebnis ist in Abb. 5.45 dargestellt.

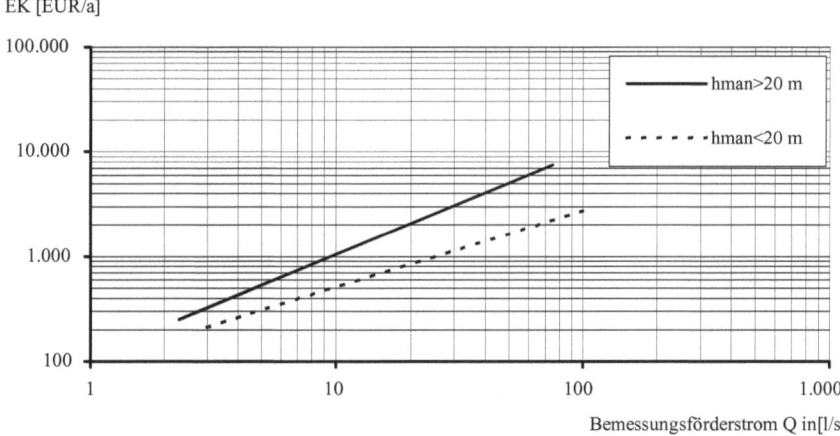

Abb. 5.45   Elektroenergiekosten EK in €/a in Abhängigkeit vom Förderstrom und von der Förderhöhe

5.4.4.2 Instandhaltungskosten

Die Instandhaltungsarbeiten für Abwasserpumpwerke sind zum überwiegenden Teil vorbeugende Maßnahmen in Form von Inspektionen, z. B. der Ölstände und Dichtigkeiten, Wartungen, z. B. Ölwechsel und Abschmieren, sowie Reparaturen,

z. B. Austausch von Verschleißteilen. Eine Instandhaltungskostendokumentation nach Einzelteilen ist dabei Voraussetzung für eine schnelle und sichere Ermittlung der objektspezifischen Instandhaltungskosten.

Bohn (1993) stellt durchgeführte differenzierte Untersuchungen bezüglich der jeweiligen Maßnahmen, Intervalle und Kostenbestandteile zur Bestimmung der Instandhaltungskosten der einzelnen Aggregate der klärtechnischen Ausrüstung vor. Dazu wurden über Umfragen bei Betreibern kommunaler Kläranlagen und Auswertungen von Maschinen- und Wartungskarteien Aufwandswerte und Intervalle für die Wartung und Reparatur, getrennt nach Eigen- und Fremdleistungen, ermittelt. Exemplarisch wurden dabei für Schneckenpumpen die Ergebnisse eines Berechnungsblattes mit Hilfe der einfachen linearen und nichtlinearen Regressionsrechnung in Form von Kennwert- und Kostenfunktionen aufgetragen, auf deren Wiedergabe hier verzichtet wird.

Bei den Untersuchungen bei Rudolph und Nelle (1996) wurde deutlich, dass die anzusetzenden Instandhaltungskosten von folgenden Faktoren abhängen:

- Zugänglichkeit der Pumpen
- Länge der Anfahrtswege
- Qualität des zu fördernden Abwassers

Untersucht wurden dabei auch die jeweiligen Preise für Jahreswartungspauschalen der Anbieterfirmen, die bei zwei Herstellern für trockenaufgestellte Pumpen um gut 10 % niedriger lagen als bei nassaufgestellten Pumpen. In einem anderen Fall ergaben sich wegen der höheren Zahl der Armaturen und Nebenaggregate bei der Endabrechnung höhere Werte.

Weiterhin waren die im Reparaturfall notwendigen Ersatzteilkosten bei der Nassaufstellung im Allgemeinen höher als bei Trockenaufstellung. Der Grund hierfür ist, dass die Tauchpumpen häufig ohne jegliche Wartung solange im Wasser bleiben, bis eine Funktionsstörung eintritt und der Motor Schaden genommen hat. Demgegenüber waren bei trockenaufgestellten Pumpen häufigere, kleinere Reparaturarbeiten mit „Vorsorge-Wartungsmaßnahmen" gemeldet.

5.4.5 Kläranlagen

5.4.5.1 Vorbemerkung

Wie bereits in Abschn. 5.3.4.4 dargestellt, gibt es eine Vielzahl von laufenden Kosten bezüglich der Abwasserreinigung, die an dieser Stelle nochmals grundsätzlich nach ihrer Zurechenbarkeit unterteilt werden in die objektspezifischen Betriebs- und Instandhaltungskosten und in die anlagenspezifischen Betriebskosten. Diese Einteilung findet sich auch bei den Ausführungen bei Bohn (1993).

Während die objektspezifischen Betriebs- und Instandhaltungskosten von einzelnen Objekten verursacht und somit - vergleichbar den Einzelkosten der Betriebsbereiche - auch direkt zugeordnet werden können, entstehen die anlagenspezifischen Betriebskosten als Gemeinkosten der Anlage und sind keinem Objekt direkt zuzuordnen. Die Einführung anlagenspezifischer Instandhaltungskosten ist nicht sinnvoll, da die Instandhaltung eines Bauteiles oder Objektes auch immer direkt zuzuordnen ist.

Für die objektspezifischen Betriebs- und Instandhaltungskosten ist es also möglich, die Betriebs- und Instandhaltungskosten für jede Verfahrensstufe getrennt zu ermitteln. Zusammen mit den Investitionskosten kann dann ein direkter Wirtschaftlichkeitsvergleich zwischen Alternativen einzelner Verfahrensstufen durchgeführt werden.

Bei Abwasserreinigungsanlagen fallen ihrer Zurechenbarkeit nach folgende Kostenarten an:

- Objektspezifische Betriebs- und Instandhaltungskosten:
  - Energiekosten,
  - Instandhaltungskosten,
  - Stoffkosten.

- Anlagenspezifische Betriebskosten:
  - Personalkosten,
  - Kosten aus der Abwasserabgabe,
  - Kosten der Reststoffentsorgung.

Die Anteile dieser unterschiedlichen Betriebs- und Instandhaltungskosten sind jeweils in Abhängigkeit der örtlichen spezifischen Verhältnisse beziehungsweise der jeweiligen Anlagenkonzeption zu sehen und können in weiten Bereichen schwanken.

Die Anteile der Kostenarten an den gesamten Betriebs- und Instandhaltungskosten sowie deren Entwicklung zeigt Abb. 5.46. Sie entspricht den Ausführungen bei Bohn (1993) und bei Bohn und Töpfer (1992) sowie bei Bode (2001). Allgemein ist seit Anfang der 90er Jahre eine Verringerung des Energiekostenanteils sowie eine Erhöhung des Anteils der Abwasserabgabe festzustellen. Es wird auch deutlich, dass die Verallgemeinerung der Aufteilung der Betriebskosten schwer möglich ist. Die Entwicklung der Gesamtkostenstruktur der Abwasserbeseitigung ist in Abschn. 3.4 dargestellt.

Neben den in den letzten Jahren sich stark ändernden Kosten der Reststoffentsorgung haben auch die Kosten aus der Abwasserabgabe deutlich zugenommen. Deren Anteil an den Betriebs- und Instandhaltungskosten machten laut Bohn und Töpfer (1992) im Mittel ca. 7 % bis 8 % in den Jahren 1992 bis 1994 und ca. 14 % bis 17 % ab 1995 aus. Die Ergebnisse einer ATV-/BGW-Umfrage 1999, zusammengestellt bei Bäumer et al. (2000), stützen diese vorausgesagte Entwicklung. Sie ergaben für die prozentuale Aufteilung der Kostenarten einen Anteil der Abwasserabgabe von 4 % an den gesamten Jahreskosten (einschließlich Kapitalkosten).

Eine weitere maßgebende Rolle für den wirtschaftlichen Betrieb einer Kläranlage kommt bei der heutigen Entwicklung der Energiekosten der Energiegewinnung aus der Faulgasverwertung zu. Ausführungen zu diesem Thema sind speziell bei Bohn (1993), Bohn et al. (1999) sowie bei Müller und Kobel (1997) zu finden.

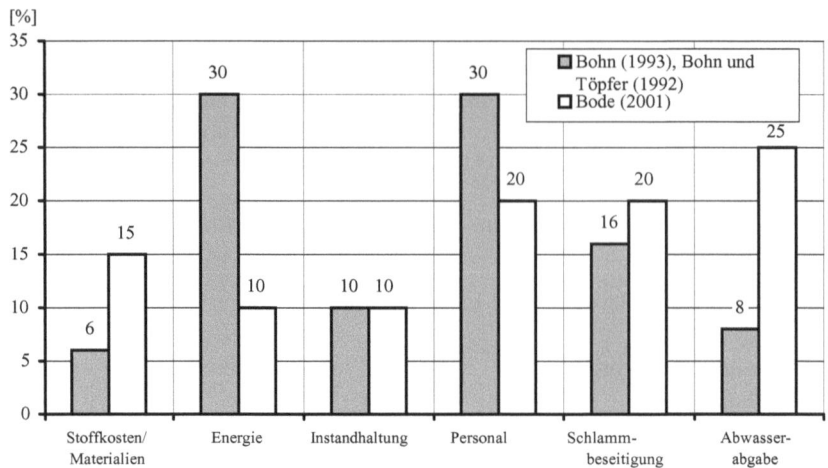

Abb. 5.46 Betriebs- und Instandhaltungskosten kommunaler Kläranlagen

5.4.5.2 Energiekosten

Energiebedarf der einzelnen Verfahrensstufen. Die Energiekosten bei modernen Belebungsanlagen machen mit etwa einem Drittel an den gesamten Betriebs- und Instandhaltungskosten einen erheblichen Anteil aus.

Wie bereits erläutert, lassen sich die Energiekosten, wie auch die Instandhaltungs- und Stoffkosten, im Gegensatz zu den anlagenspezifischen Betriebskosten für jede Verfahrensstufe getrennt ermitteln. Die Anteile der einzelnen Verfahrensstufen am Energiebedarf von den heute meist üblichen einstufigen Anlagen mit Belebungsverfahren stellt Abb. 5.47 dar. Nach Angabe von Bohn (1993) wird der Energiebedarf demnach maßgeblich von der Belebungsstufe bestimmt, die näherungsweise drei Viertel der elektrischen Gesamtenergie gebraucht. Nicht berücksichtigt sind hierbei allerdings eventuell notwendige Abwasserpumpwerke und die eventuell weitere Verfahrensstufe der Abwasserfiltration, die den Energiebedarf je nach den topografischen Verhältnissen des Standortes beeinflussen können.

In den Planungsphasen, in denen ausreichend genaue Angaben über die Abwasserverhältnisse vorliegen, können die in den einzelnen Verfahrensstufen notwendigen Aggregate mit hinreichender Genauigkeit ermittelt werden. Zur Ermittlung der jeweiligen klärtechnischen Ausrüstung ist bei Bohn eine so genannte Zuordnungsmatrix, die den Verfahrensstufen Aggregate zuweist, dargestellt.

Aus den den einzelnen Verfahrensstufen üblicherweise zugeordneten Aggregate ist es möglich, den Energiebedarf der Verfahrensstufen zu ermitteln. Bei Bohn ergaben sich aus Untersuchungen an bestehenden Kläranlagen und exemplarischen analytischen Berechnungen Verbrauchskennwerte als Energiebedarf je Einwohner und Jahr für die verschiedenen Verfahrensstufen. Es handelt sich dabei um die Energiebedarfskennwerte der den einzelnen Verfahrensstufen zugeordneten Aggregaten, die in Tabelle 5.17 aufgeführt sind.

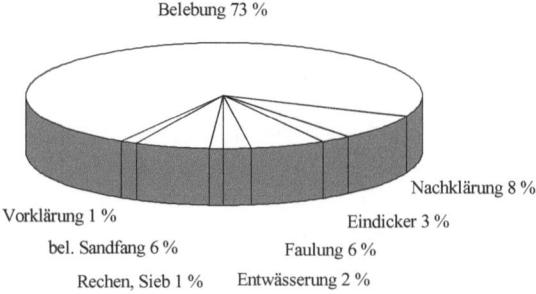

Abb. 5.47   Anteile der Verfahrensstufen am Energiebedarf von Belebungsanlagen nach Bohn (1993)

Tabelle 5.17:   Energiebedarf einzelner Verfahrensstufen nach Bohn (1993)

Rechen- und Siebanlagen	ca. 0,3 bis 0,5 kWh/(EW·a)
belüftete Sandfänge	ca. 1,7 bis 2,2 kWh/(EW·a)
Vorklärung	ca. 0,4 bis 0,6 kWh/(EW·a)
Belebung (N, vorg. DN)	ca. 17,2 bis 25,8 kWh/(EW·a)
Nachklärung	ca. 1,2 bis 2,3 kWh/(EW·a)
Durchlaufeindicker	ca. 0,7 bis 1,1 kWh/(EW·a)
Eindickzentrifuge	ca. 2,2 bis 2,8 kWh/(EW·a)
Aerobe Schlammfaulung	ca. 2,4 bis 2,9 kWh/(EW·a)
Konditionierung, Entwässerung	ca. 0,8 bis 1,2 kWh/(EW·a)

In dem Leistungs- und Kostenvergleich für ein- und zweistufige Belebungsverfahren geben Böhnke et al. (1998) Energiebedarfswerte von 22,0 kWh/(EW·a) für ein einstufiges Verfahren und 17,6 kWh/(EW·a) für da AB-Verfahren an. Innerhalb dieses konkreten Vergleiches ergibt sich eine Einsparung zugunsten des zweistufigen Belebungsverfahrens, andererseits liegt der dort ermittelte Energiebedarf von 22,0 kWh/(EW·a) für das AB-Verfahren innerhalb der Schwankungsbreite der bei Bohn ermittelten und zuvor wiedergegebenen Energiebedarfskennwerte. Eine pauschale Aussage über die Energieeinsparmöglichkeiten des einen oder des anderen Verfahrens ist deshalb nicht möglich.

Eine Möglichkeit zur Ermittlung „spezifischer Energieverbräuche" mit konkreteren Bezugsgrößen ist in Tabelle 5.18 dargestellt. Die angebotenen Funktionen zur Berechnung des Energiebedarfes setzen sich dabei aus den Bezugsgrößen, beispielsweise dem Durchsatz [m³/h], und ermittelten spielsweise dem Durchsatz [m³/h], und ermittelten Proportionalitätsfaktoren zusammen.

Tabelle 5.18   Funktionen spezifischer Energiebedarfe nach ATV-Handbuch (1996)

Anlagenteil	Bezugsgröße	Energieverbrauch		tägl. Laufzeit
		Funktion	Faktoren	
Pumpwerke	Förderleistung m³/h	$y = a \cdot x + b$	$a = 0{,}128$ $b = 2{,}45$	12
Filtration	Oberfläche m²	$y = b \cdot x^a$	$a = 0{,}293$ $b = 1{,}142$	12
Flotation	Durchsatz m³/h	$y = b \cdot x^a$	$a = 0{,}072$ $b = 1{,}488$	24
Siebanlage	Durchsatz m³/h	$y = a \cdot x + b$	$a = 0{,}001$ $b = 0{,}132$	24
Feinrechen	Durchsatz m³/h	$y = a \cdot x + b$	$a = 0{,}003$ $b = 0{,}133$	12
Belüfteter Sandfang	Durchsatz m³/h	$y = a \cdot x + b$	$a = 0{,}008$ $b = 2{,}208$	4
Misch- und Ausgleichsbecken	Volumen m³	$y = a \cdot x + b$	$a = 0{,}02$ $b = 0$	24
Sedimentationsbecken	Volumen m³	$y = a \cdot x + b$	$a = 0{,}001$ $b = 0{,}044$	24
Belebung mit Oberflächenbelüftung	Volumen m³	$y = a \cdot x$	$a = 0{,}04$	24
Belebung mit Druckbelüftung	Volumen m³	$y = a \cdot x$	$a = 0{,}04$	24
Tropfkörper	Volumen m³	$y = a \cdot x$	$a = 0{,}03$	24
Tauchkörper	Durchsatz m³/h	$y = a \cdot x + b$	$a = 0{,}0003$ $b = 1{,}0176$	24

Nach Bohn ist der maßgebliche Teil des Energiebedarfs (über drei Viertel) der Belebung und Nachklärung zuzuordnen. Der Energiebedarf einer Belebungsanlage zur gezielten Nitrifikation und Denitrifikation wird von den jeweils nach der Zuordnungsmatrix notwendigen Aggregaten bestimmt. Das sind neben der Belüftungseinrichtung auch noch die Abwasserumwälzung in der anoxischen Zone sowie die Rezirkulation des Abwasserstromes. Der Energiebedarf hängt also im Wesentlichen von folgenden Faktoren ab:

− Sauerstoffverbrauch zum Abbau der Kohlenstoffverbindungen
− Sauerstoffverbrauch zur Stickstoffoxidation
− Art und Dichte des Lufteintragssystems
− Höhe des Sauerstoffertrages
− Sauerstoffzufuhrfaktor

Aus bei Bohn erwähnten Untersuchungen wird deutlich, dass die Art des Lufteintragssystems der entscheidende Faktor ist. So nimmt der Sauerstoffertrag mit der Belüfterdichte zu. Folgende Werte jeweils bezogen auf den Reinwassereintrag werden dort angegeben:

- feinblasige Belüftung mit Breitbandbelüftern: 2,2 kgO$_2$/kWh
- Flächenbelüftung mit Tellerbelüftung: 3,2 kgO$_2$/kWh
- Plattenbelüfter: 3,9 kgO$_2$/kWh
- Walzen- oder Kreiselbelüfter: 1,3 bis 2,1 kgO$_2$/kWh

Es wird deutlich, dass die bei verschiedenen Beckenkonstruktionen (z. B. Umlaufbecken, Mischbecken) eingesetzten Oberflächenbelüfter als Walzen- oder Kreiselbelüfter gegenüber der feinblasigen Druckbelüftung einen wesentlich geringeren Sauerstoffertrag bewirken.

Mit Hilfe der im ATV-Arbeitsblatt A 131 (1991) angegeben Regeldaten für die Schmutzfrachten als Bemessungsparameter wurde bei Bohn der durchschnittliche tägliche Energiebedarf für unterschiedliche Arten der feinblasigen Druckbelüftung und zwei verschiedene Lastfälle (ohne Vorklärung, 0,5 h Vorklärzeit) errechnet und in Abb. 5.48 als Kostenfunktion in Abhängigkeit der Ausbaugröße und der Art des Lufteintrages dargestellt. Der jährliche Energiebedarf kann für Wirtschaftlichkeitsvergleiche durch Multiplikation mit den jährlichen Betriebstagen ausreichend genau berechnet werden.

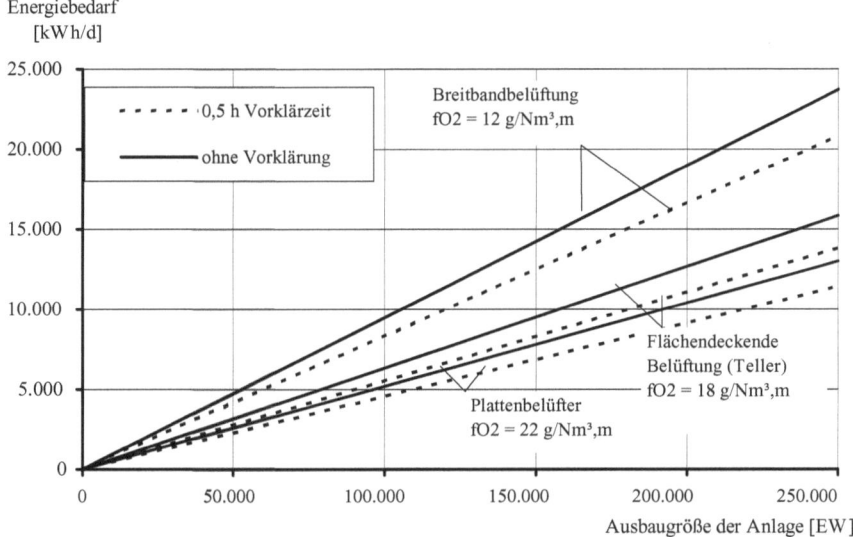

Abb. 5.48 Energiebedarf von Druckbelüftungssystemen in Abhängigkeit der Ausbaugröße und der Art des Lufteintrages nach Bohn (1993)

Es ist anzumerken, dass mit der Entwicklung leistungsstärkerer Oberflächenbelüfter in den letzten Jahren eine Zunahme des Einsatzes dieser modernen Systeme zu verzeichnen ist. Durch den Rückgang der Energiepreise hat der Vorteil der energievorteilhaften Systeme relativ abgenommen. Außerdem weisen die unter Wasser eingesetzten Systeme mit der Zeit einen erhöhten Verschleiß auf, während die Oberflächenbelüfter leicht zur warten sind. Eine neuere Untersuchung, auch mit den Grundlagen der neuen A 131 (2000), liegt nicht vor.

Weiterhin werden bei Bohn die zur Abwasserumwälzung erforderlichen Rührwerke, die heute meist als Tauchmotorrührwerke mit zwei- oder mehrflügeligen Propellern ausgebildet sind, bezüglich ihrer Energiekosten betrachtet. Die Leistungsdichte von Propellerrührwerken schwankt dabei auf Grund des Einflusses der Strömungsverhältnisse zwischen 1,5 W/m³ bei günstigen Beckengeometrien (z. B. Rechteckbecken) und 5 W/m³ bei ungünstigen Beckengeometrien (z. B. Umlaufbecken). Der Energiebedarf zur Abwasserumwälzung kann demzufolge nach einer einfachen Formel, die bei Bohn angegeben wird, berechnet werden.

Auch für die Rezirkulation des nitrathaltigen Belebtschlammes, die üblicherweise durch Kreiselpumpen erfolgt, bietet Bohn eine so genannte Pumpenformel an, die die erforderlichen Parameter berücksichtigt und mit entsprechenden Faktoren einbringt.

Der Energiebedarf der Nachklärung wird durch die Boden- und Schwimmschlammräumung, die Überschussschlammförderung und die Rücklaufschlammförderung verursacht. Der Energiebedarf zur Rücklaufschlammförderung, die entweder mit Schneckenpumpen oder mit Ein- oder Mehrkanalradpumpen erfolgt, kann analog zur Rezirkulation nach der so genannten Pumpenformel berechnet werden.

Die Anschlussleistung und damit auch der Energiebedarf der Räumerantriebe bei Schildräumern ist nicht direkt vom Abwasserzufluss und den Schmutzfrachten abhängig, sondern variiert nur mit der Räumergröße. Die ermittelten Anschlussleistungen und Abhängigkeiten sind Bohn zu entnehmen.

Hinsichtlich des Einflusses verschiedener örtlicher Randbedingungen auf den Energiebedarf der biologischen Reinigungsstufe stellt Bohn fest, dass eine Veränderung der zufließenden Abwassermenge bei konstanten Schmutzfrachten nur einen unwesentlichen Einfluss auf den Gesamtenergiebedarf von Belebungs- und Nachklärbecken hat, während bei dem umgekehrten Fall, der Veränderungen der Schmutzfrachten bei konstanter Abwassermenge, eine deutliche Zunahme des Energiebedarfs festzustellen ist.

Neben dem Energiebedarf der einzelnen Aggregate hängen die Energiekosten für den Betrieb einer kommunalen Kläranlage noch von folgenden Faktoren ab:

– Umfang und Art der Klärgasverwertung:
  – Deckung von Energiebedarfsspitzen durch Generatorbetrieb,
  – Deckung eines Teils der Grundlast durch Generatorbetrieb,
  – Direktantrieb von Pumpen oder Verdichtern mit Gasmotoren.

– Art und Anwendung der Stromlieferungsverträge:
  – Verhältnis von Arbeits- und Leistungspreis,
  – Verhältnis des Energiebedarfes in Hoch- und Niedertarifzeiten,
  – Verhältnis der mittleren zur maximalen Anschlussleistung.

Die Klärgasverwertung zur Eigenstromerzeugung oder zum Antrieb einzelner Aggregate kann eine bedeutende Einflussgröße auf den Fremdenergiebedarf und den Fremdenergiepreis darstellen. Wie aber bereits erläutert, muss die Wirtschaftlichkeit des Umfanges und der Art der Klärgasverwertung im Verhältnis zur Gesamtwirtschaftlichkeit der Kläranlage im Einzelfall untersucht und beurteilt werden. Eine weitere Betrachtung dieses Themas wird an dieser Stelle nicht vorgenommen. Es wird hier auf Müller und Kobel (1997) verwiesen; dort wurden bereits erhebliche Möglichkeiten zur Energieeinsparung, allerdings in der Schweiz, umgesetzt und nachgewiesen.

Bezüglich der Strompreise, die im Allgemeinen nach den Stromlieferungsverträgen für Großverbraucher berechnet werden, wird auf die Ausführungen bei Bohn verwiesen, der auch eine Formel zur Ermittlung des durchschnittlichen Fremdenergiepreises und somit die Grundlage zur Energiekostenberechnung anbietet.

5.4.5.3 Instandhaltungskosten

Instandhaltung der Klärtechnischen Ausrüstung. Die Instandhaltungsarbeiten der klärtechnischen Ausrüstung sind zum überwiegenden Teil vorbeugende Maßnahmen in Form von Inspektionen, z. B. der Ölstände und Dichtigkeiten, Wartungen, z. B. Ölwechsel und Abschmieren, sowie Reparaturen, z. B. Austausch von Verschleißteilen. Eine Instandhaltungskostendokumentation nach Einzelteilen der klärtechnischen Ausrüstung ist dabei Voraussetzung für eine schnelle und sichere Ermittlung der objektspezifischen Instandhaltungskosten über die Aggregatzuordnung.

Zur Bestimmung der Instandhaltungskosten der einzelnen Aggregate der klärtechnischen Ausrüstung wurden bei Bohn (1993) differenzierte Untersuchungen bezüglich der jeweiligen Maßnahmen, Intervalle und Kostenbestandteile durchgeführt. Dazu wurden über Umfragen bei Betreibern kommunaler Kläranlagen und Auswertungen von Maschinen- und Wartungskarteien Aufwandswerte und Intervalle für die Wartung und Reparatur, getrennt nach Eigen- und Fremdleistungen, ermittelt.

Exemplarisch wurden dabei für Schneckenpumpen die Ergebnisse eines Berechnungsblatts mit Hilfe der einfachen linearen und nichtlinearen Regressionsrechnung in Form von Kennwert- und Kostenfunktionen aufgetragen, auf deren Darstellung an dieser Stelle verzichtet wird.

Instandhaltung der klärtechnischen Baukonstruktion. Die Instandhaltungskosten der klärtechnischen Baukonstruktion lassen sich nur bedingt im Voraus ermitteln, da die unterschiedlichen und unabhängigen Einflussfaktoren nicht genau genug erfasst werden können. Eine Beeinflussung der eventuell erforderlichen Sanierungsmaßnahmen kann teilweise durch einen „betonfreundlichen Betrieb" möglich sein, bei dem beispielsweise auf den Einsatz von Tausalzen zur Enteisung von Räumerlaufbahnen verzichtet wird. Ein wesentlicher positiver Einflussfaktor ist eine fachgerechte, konstruktiv richtige sowie bezüglich der Betontechnologie klärverfahrenstechnisch angepasste Durchbildung der Bauwerke. Eine Auflistung der Schadensmechanismen, die eine Sanierung beziehungsweise Instandsetzung erforderlich machen, gibt Bohn wieder. Diese sind in erster Linie die mechanische

Beanspruchung, der Frost-Tausalz-Wechsel und die chemische Korrosion. Anhand dieser Schadensmechanismen ist festzustellen, dass die Instandsetzung von Bauwerksschäden demzufolge unter den Begriff der ausfallbedingten und nicht planmäßigen Instandhaltung fällt.

Die Instandsetzung erfolgt dabei in der Regel durch eine Erneuerung der Betonoberflächen, z. B. Wandkronen, Beckenwände, Schlammtrichter, durch eine entsprechende Untergrundvorbehandlung und eine nachfolgende zementgebundene Beschichtung, es entstehen dabei je nach Art und Umfang des Schadens Kosten im Bereich von ca. 3 €/m² bis 10 €/m².

Für die vorbeugende Instandhaltung in Form der zyklischen Inspektionen des Bauwerksgrundes oder die kontinuierliche Wartung in Form der Reinigung der Bauwerke können in Abhängigkeit des Verschmutzungsgrades und der Art der Bauwerke Kosten in Höhe von ca. 2 €/m² bis 5 €/m² zu reinigende Fläche angesetzt werden.

Instandhaltungskosten der Verfahrensstufen. Um für eine Wirtschaftlichkeitsbetrachtung bereits in den ersten Planungsphasen eine differenzierte Schätzung der voraussichtlichen Instandhaltungskosten vornehmen zu können, ist die Kenntnis von Grobkostenkennwerte erforderlich. Diese Instandhaltungskennwerte sind in der Regel auf die zuvor ermittelten Investitionskosten bezogen, nicht auf die Ausbaugröße einer Kläranlage, da die einzelnen Verfahrensstufen bei gleicher Ausbaugröße unterschiedlichste Investitionskosten verursachen können. Da die Instandhaltungskosten außer vom Verfahren (Technisierungsgrad) stark vom Alter der Anlage abhängig sind, nennt das ATV-Handbuch (1996) 0,3 % der Herstellungskosten in den ersten Jahren nach Erstellung. Für Belebungsanlagen muss nach 10 Jahren allerdings schon fast mit dem dreifachen gerechnet werden.

Für eine genauere Ermittlung ergeben sich die bauwerksspezifischen Instandhaltungskennwerte für die klärtechnische Ausrüstung durch die Zusammenfassung der Instandhaltungskosten der nach der Zuordnungsmatrix notwendigen Aggregate und Bauteile je Verfahrensstufe. Bei Bohn wird diese Anwendung exemplarisch anhand eines rechteckigen Vorklärbeckens durchgeführt, wobei Kostenfunktionen für einen Längsräumer mit Bodenräumschild und eine Kreiselpumpe mit Freistromrad ermittelt werden. Dazu ist zuerst die Ermittlung der Investitionskosten erforderlich.

5.4.5.4 Stoffkosten

Stoffeinsatz bei der Abwasser- und Schlammbehandlung. Die Stoffkosten bei der kommunalen Abwasserreinigung zählen zu den objektspezifischen Betriebs- und Instandhaltungskosten. Bei den klärtechnischen Bauwerken fallen dabei in erster Linie die Fällmittel zur chemisch-physikalischen Phosphatelimination, die Flockungs- und Flockungshilfsmittel zur Überführung kolloidal verteilter Abwasserinhaltsstoffe in flockigen Zustand sowie die Konditionierungsmittel zur Verbesserung der Schlammeigenschaften an. An Fällungs-, Flockungs- und Konditionierungsmittel werden vor allem Eisen- und Aluminiumsalze oder Kalkhydrat und

Natriumaluminat verwendet. Sowohl die Preise als auch der Bedarf der einzelnen Chemikalien schwanken in weiten Bereichen.

Weiterhin ist noch die Zugabe von Methanol als externe Kohlenstoffquelle bei der Denitrifikation zu nennen. Diesen Punkt haben Bohn und Wagner (1995) näher untersucht. Die sich daraus ergebenden Stoffkosten sind den Ausführungen dort zu entnehmen.

Einflussfaktoren des Stoffbedarfs. Bei der Phosphatfällung hängt der Stoffbedarf neben der Phosphorbelastung im Wesentlichen von der Art des eingesetzten Fällmittels ab, welches wiederum durch die Beschaffenheit des Abwassers und die angestrebten Auswirkungen auf die Schlammmenge und die Schlammeigenschaften bestimmt wird. Eine Formel zur näherungsweisen Berechnung wird bei Bohn (1993) angegeben. Weiterhin findet sich dort auch eine Zusammenstellung des Fällmittelbedarfes für verschiedene Fällmittel bei unterschiedliche Phosphorfrachten.

Der erforderliche Flockungsmittelbedarf ist in abhängig vom Phosphorgehalt im Ablauf der Nachklärung und von der Art des verwendeten Flockungsmittels. Bohn nennt in Abhängigkeit der Abwassermenge einen Stoffbedarf von etwa 0,6 g/(EW·d) bis 1,0 g/(EW·d) bei Eisen und von etwa 0,4 g/(EW·d) bis 0,6 g/(EW·d) bei Aluminium.

Der Bedarf an Konditionierungsmitteln bei der Schlammentwässerung lässt sich nicht über ein analytisches Berechnungsverfahren ermitteln. Die Wahl des Entwässerungsverfahrens hängt ebenso wie die Wahl des Konditionierungsmittels neben den spezifischen Schlammeigenschaften auch von der Art des geplanten Reststoffentsorgung (landwirtschaftliche Verwertung, Deponierung, thermische Behandlung) ab. Üblicherweise kommen Eisenchlorid, Eisensulfat und Kalkulatorischen zum Einsatz. Für den Bedarf gibt es bisher nur Anhaltswerte aus Untersuchungen an bestehenden Anlagen. Bohn nennt beispielsweise für Kammerfilterpressen einen Bedarf von ca. 0,9 kg $FeCl_3$/(EW·a) bis 1,3 kg $FeCl_3$/(EW·a) für Eisenchlorid und von ca. 3,3 kg $Ca(OH)_2$/(EW·a) bis 4,0 kg $Ca(OH)_2$/(EW·a) für Kalk.

Die zur Einhaltung der Stickstoffkonzentrationen in bestimmten Fällen erforderliche Zugabe von Methanol in die biologische Abwasserreinigung erfolgt entweder in vorgeschalteten Denitrifikationszonen oder bei bereits nitrifizierenden Abwasserreinigungsanlagen in einem nachgeschalteten Denitrifikationsverfahren. Die dafür erforderliche Methanolmenge wird von Bohn und Wagner (1995) auf 3,3 kg CH_3OH/kg NO_3-N bei vorgeschalteter Denitrifikation und 3,5 kg CH_3OH/kg NO_3-N bei nachgeschalteter Denitrifikation beziffert. Die sich daraus ableitenden Kosten sind der angegebenen Literatur zu entnehmen.

Stoffpreise und Stoffkosten. Neben dem Stoffbedarf schwanken auch die Kosten des Chemikalieneinsatzes bei kommunalen Kläranlagen. Dieser weite Streubereich ergibt sich insbesondere aus den jeweiligen Lieferformen, den in Lösungen, Pulvern und Granulaten vorhandenen unterschiedlichen Konzentrationen sowie aus den Liefermengen und den Transportentfernungen. So liegen die Stoffpreise für Eisenverbindungen zwischen ca. 70 €/t und 250 €/t, für Aluminiumverbindungen zwischen ca. 350 €/t und 550 €/t und für Calciumverbindungen zwischen 80

€/t und 100 €/t (Preisstand 1992). Weitere Fällmittelpreise sind im ATV-Handbuch (1996) tabellarisch zusammengestellt. Dort findet sich auch eine Darstellung der spezifischen Jahreskosten verschiedener Fällungsverfahren (Preisstand 1992).

Für die bereits erwähnte, bei Bohn dargestellte Zusammenstellung des Fällmittelbedarfes für verschiedene Fällmittel bei unterschiedliche Phosphorfrachten findet sich dort auch eine Zusammenstellung der Fällmittelkosten für unterschiedliche Phosphorfrachten bei verschiedenen Fällmitteln und Fällmittelpreisen. Es ist festzustellen, dass sich trotz deutlicher Unterschiede im Fällmittelbedarf durch die im gleichen Maße unterschiedlichen Fällmittelpreise nahezu identische Fällmittelkosten ergaben. In frühen Projektphasen kann aus diesem Grund von spezifischen Werten zwischen 0,90 €/(EW·a) und 1,20 €/(EW·a) ausgegangen werden. Es ist allerdings auch festzustellen, dass die spezifischen Kosten bei hohen Phosphorfrachten und bei Verwendung bestimmter Produkte einzelner Anbieter auf bis zu 4 €/(EW·a) ansteigen können.

5.4.5.5 Personalkosten

Einflussfaktoren des Personalbedarfes. Bei den Personalkosten, die mit etwa einem Drittel einen wesentlichen Anteil an den Betriebs- und Instandhaltungskosten einnehmen, handelt es sich ebenso wie bei den Kosten für die Reststoffentsorgung und bei den Kosten aus der Abwasserabgabe um anlagenspezifische Betriebskosten.

Auf Grund der zunehmenden Komplexität der Kläranlagen war in der Vergangenheit eine deutliche Zunahme des Personalaufwandes zu beobachten. Neben der Größe der Anlage gibt es zahlreiche weitere Faktoren, die den Personalaufwand beeinflussen können:

- Art und Umfang der Reststoffbeseitigung,
- Reinigungsgrad des Abwassers,
- Abwasserqualität,
- Auslastungsgrad, Ausrüstung und Alter der Kläranlage,
- Verhältnis von Eigenleistung zu Fremdleistung (vor allem bei Instandhaltung und Energieversorgung),
- Betriebsorganisation,
- Qualifikation des Personals,
- besondere örtliche Verhältnisse.

Da der Aufgabenumfang je nach den gegebenen Rahmenbedingungen sehr unterschiedlich sein kann, ist eine pauschale Festlegung der Personalkosten kaum möglich.

Bestimmung von Aufwandswerten. Laut ATV-Handbuch (1996) hat es sich in der Vergangenheit bewährt, den genauen Personalbedarf einer kommunalen Kläranlage durch Summierung des Zeitbedarfes für jede einzelne Betriebseinheit zu ermitteln. Bereits 1980 hat der ATV-Fachausschuss 2.12 „Betrieb von Kläranlagen" einen Arbeitsbericht über den Personalbedarf für Kläranlagen veröffentlicht, deren Aufwandswerte Bohn (1993) trotz der verhältnismäßig großen Streuungen für zu niedrig hält. Auf Grund der gestiegenen Anforderungen an den heutigen Standard wurden in einem neuen Arbeitsbericht des ATV-Fachausschusses 2.12 „Betrieb von Kläranlagen" (1994) wiederum Bemessungsblätter zur Ermittlung des Zeitaufwandes für die einzelnen Anlagenteile zur Verfügung gestellt.

Bohn (1993) hingegen schlägt eine Einteilung der Einzeltätigkeiten, die im Rahmen von Untersuchungen an 11 kommunalen Kläranlagen mit Ausbaugrößen von 15.000 bis 170.000 EW dokumentiert wurden, in die folgenden übergeordnete Tätigkeitsgruppen vor:

– Prozessdurchführung, gegliedert in
  – Allgemeine Betriebsaufgaben und
  – Betriebsüberwachung,

– Instandhaltung,
– Allgemeine Reinigungsarbeiten,
– Sonstige Arbeiten.

Die Beschreibung der Tätigkeitsgruppen werden bei Bohn näher erläutert, die durchschnittlichen Anteile an den Personalkosten zeigt Abb. 5.49.

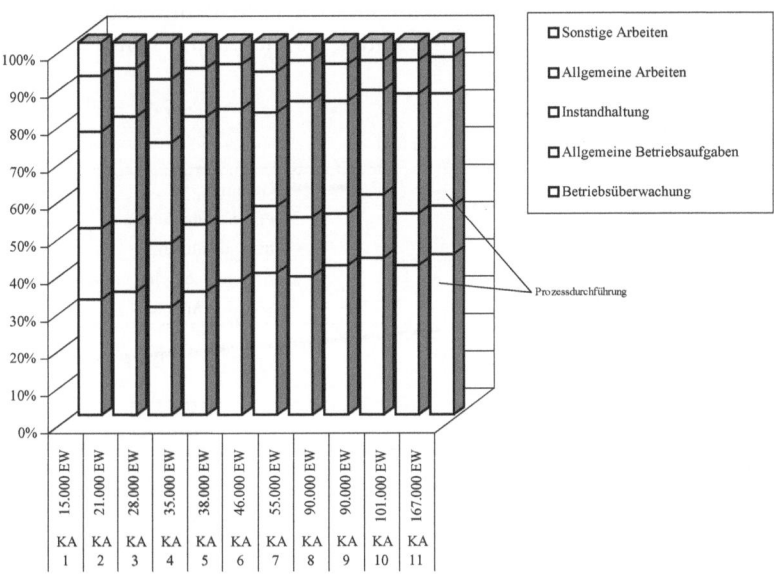

Abb. 5.49   Durchschnittliche Anteile der Tätigkeitsgruppen an den Personalkosten nach Bohn (1993)

Es ist dabei zu erkennen, dass sich innerhalb der Tätigkeitsgruppe Prozessdurchführung die Anteile für allgemeine Betriebsaufgaben mit zunehmender Ausbaugröße verkleinern und gleichzeitig die der Betriebsüberwachung deutlich vergrößern. Darüber hinaus steigt der Gesamtaufwand für die Prozessdurchführung von durchschnittlich ca. 50 % bei kleineren Anlagen auf 56 % bei Anlagen mit über 50.000 angeschlossenen Einwohnerwerten. Ebenso kann eine Zunahme des Anteils der Instandhaltung von ca. 26 % auf über 30 % festgestellt werden. Demgegenüber nehmen die Anteile für die allgemeine Reinigungsarbeiten und die sonstige Arbeiten entsprechend ab.

Der mit steigender Ausbaugröße zunehmende Anteil der Tätigkeitsgruppe Prozessdurchführung lässt sich durch die umfangreicheren Maßnahmen zur Eigenkontrolle begründen. Eine Zunahme des Instandhaltungsaufwandes resultiert zum Einen aus dem höheren Technisierungsgrad größerer Anlagen und, damit zusammenhängend, zum Anderen aus einer stärkeren Gliederung der Verfahrensstufe, z.B. mehrstraßige Ausbildung der Anlage.

Bei der weiteren Auswertung der Untersuchungen an den 11 kommunalen Kläranlagen ergaben sich verhältnismäßig gute Zusammenhänge von Aufwandswerten der Tätigkeitsgruppen mit der BSB_5-Belastung, hier ausgedrückt als Ausbaugröße, der Anlagen. In Abb. 5.50 sind die ermittelten, auf die Belastung bezogenen Aufwandswerte der Tätigkeitsgruppen Prozessdurchführung, Instandhaltung, Allgemeine Reinigungsarbeiten und Sonstige Arbeiten sowie des Gesamtstundenaufwandes aufgetragen. Mit Hilfe dieser angegebenen Funktionsgleichungen können nun die bei modernen Belebungsanlagen, mit mechanisch-biologischer und weitergehenden Reinigung sowie Schlammeindickung, -faulung und maschinelle Entwässerung ausgestattet, voraussichtlich entstehenden Personalkosten bestimmt werden.

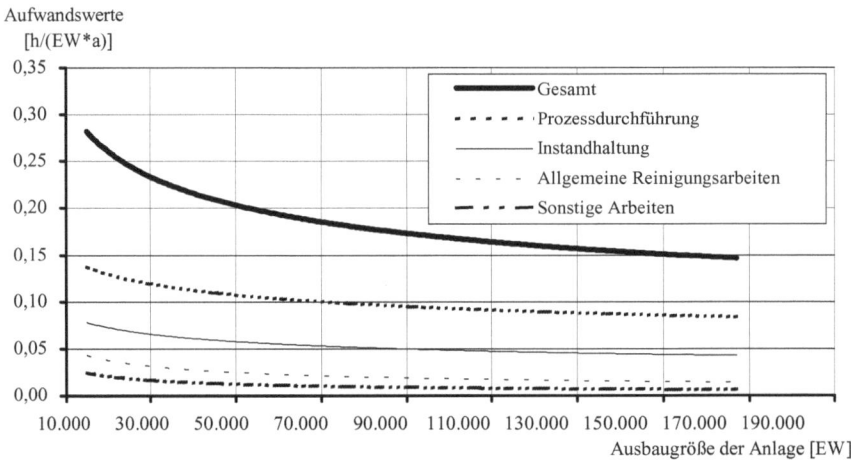

Abb. 5.50   Aufwandswerte zur Personalkostenermittlung bei Belebungsanlagen

Qualifikation und Kosten des Personals.   Außer von dem erforderlichen Arbeitsaufwand werden die Personalkosten auch von der Personalstruktur bestimmt. Auf Grund der zunehmenden Technisierung und der geforderten Maßnahmen zur Eigenkontrolle, die einen wachsenden Organisationsaufwand und damit steigende Anforderungen an die Qualifikation der Betriebsleitung erfordern, ist der Anteil des ungelernten Personals auf unter 30 % zurückgegangen.

Für eine Wirtschaftlichkeitsbetrachtung errechnen sich die Personalkosten über einen auf die tatsächlich erforderlichen jährlichen Arbeitsstunden bezogenen durchschnittlichen Mittellohn, der neben dem Lohn und Gehalt der Arbeiter und Angestellten auch sämtliche Sozial- uns Lohnnebenkosten enthält.

5.4.6 Reststoffbehandlung und -entsorgung

5.4.6.1 Rahmenbedingungen

Ein weiterer heute nicht mehr zu unterschätzender Faktor ist die Reststoffentsorgung, die sich in den letzten Jahren stark geändert und zunehmend höhere Kosten verursacht hat. An die Entsorgung der auf kommunalen Kläranlagen anfallenden Reststoffe Rechen- und Sandfanggut sowie Klärschlamm werden steigende umweltrechtliche Anforderungen gestellt, die nur durch kostenintensive Maßnahmen eingehalten werden können.

Die rechtlichen Rahmenbedingungen für die Entsorgung der Reststoffe wurden durch die 1993 in Kraft getretenen Technischen Anleitungen (TA) Siedlungsabfall gesteckt, ergänzt durch das 1996 in Kraft getretene Kreislaufwirtschafts- und Abfallgesetz, dem die Entsorgung, in der Vermeidung, Verwertung und Beseitigung zusammengefasst sind, unterliegt. Da die technischen und sonstigen Möglichkeiten der Vermeidung oder auch nur einer weiteren Verminderung des Reststoffanfalles bis heute vernachlässigbar gering sind, gilt es, für die anfallenden Mengen Entsorgungswege aufzubauen und zu sichern, die auch dem gesetzlichen Auftrag und Anspruch einer Verwertung Rechnung tragen.

5.4.6.2 Rechen- und Sandfanggut

Mit Rechen- und Sandfanggut als Abfälle aus Abwasseranlagen beschäftigt sich die ATV-Arbeitsgruppe 3.11.2 (1996). Die Kosten der Entsorgung des Rechen- und Sandfanggutes werden beispielsweise bei Wolf (1999) behandelt.

Nach Bohn (1993) hängt der Anfall an Rechen- und Sandfanggut von unterschiedlichen Faktoren ab. So sind neben den rein ausrüstungstechnischen Faktoren, beispielsweise der Maschenweite der Rechen oder Siebe und der Größe des Sandfanges, auch andere unterschiedliche Faktoren wie z. B. die Dichtigkeit des Kanalnetzes zu nennen.

Bei Wirtschaftlichkeitsvergleichen in frühen Projektphasen können die Kosten für die Behandlung und Entsorgung des Rechen- und Sandfanggutes nur über Erfahrungswerte für die anfallenden Mengen an Rechen- und Sandfanggut ermittelt werden.

Nach Bohn ist mit einem Sandanfall von ca. 3 l/(EW·a) bis 5 l/(EW·a) zu rechnen, Hosang und Bischof (1998) nennen mit 5 l/(EW·a) bis 12 l/(EW·a) einen Wert in der gleichen Größenordnung.

Für den Rechengutanfall nennt Bohn bei einem Grobrechen ca. 2,5 l/(EW·a) bis 5,5 l/(EW·a). Hosang und Bischof differenzieren: für Grobrechen liegen sie mit 2 l/(EW·a) bis 5 l/(EW·a) in der gleichen Größenordnung, für Feinrechen nennen sie 5 l/(EW·a) bis 15 l/(EW·a).

Für die Rechen- und Sandfanggutentsorgung ergeben sich bei Bohn bei angenommenen Deponiegebühren zwischen 30 €/t und 80 €/t Kostenkennwerte von durchschnittlich ca. 0,40 €/(EW·a) bis 1,30 €/(EW·a), allerdings ergeben sich diese Werte aus den gesetzlichen Anforderungen 1992.

Bei der Darstellung der Entsorgungsziele , wie sie bei Wolf (1999) näher beschrieben ist (vgl. Abb. 5.51), handelt es sich um eine vereinfachte Version für die Behandlung und Entsorgung von Rechen- und Sandfanggut, die sonst auf Grund der technischen Verfahrensvielfalt an Übersicht verlieren würde. Außerdem sind diese Entsorgungsziele auch regionalspezifisch zu sehen. Es ist anzumerken, dass sich die Entsorgungssicherheit auf mehrere Pfade der Entsorgung stützt, auf deren detaillierte Beschreibung an dieser Stelle jedoch verzichtet werden soll. Einzelheiten sind den Ausführungen bei Wolf (1999) zu entnehmen.

Abbildung 5.52 zeigt die Entwicklung der jährlichen Entsorgungskosten für Rechengut, die bei Wolf (1999) angegeben ist.

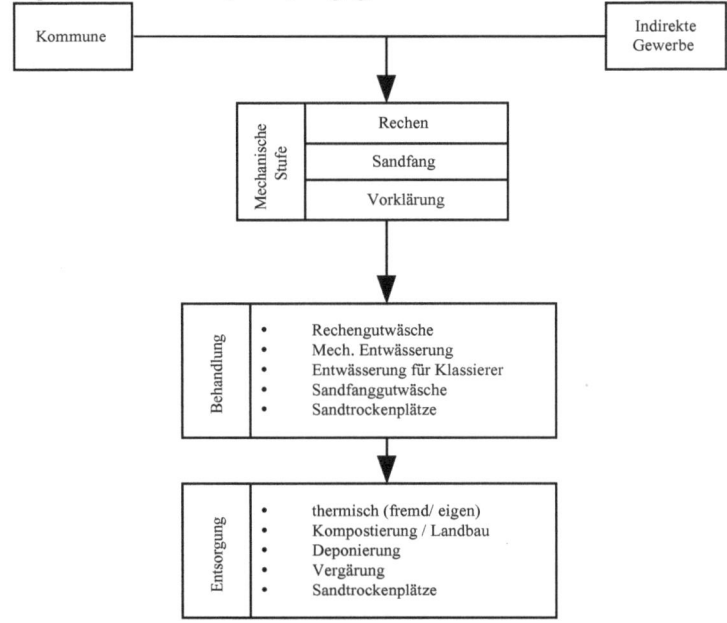

Abb. 5.51 Behandlung/Entsorgung von Rechengut und Sandfanggut nach Wolf (1999)

Darüber hinaus nennt Wolf Kennwerte von ca. 80 €/t bis 100 €/t für die Rechengutentsorgung „thermisch-fremd" sowie ca. 35 €/t bis 100 €/t für die Sandfanggutentsorgung „Rekultivierung-fremd", jeweils für 1999. Außerdem werden dort Kosten für eine Sandrecyclinganlage aufgeführt, auf deren Darstellung hier verzichtet wird.

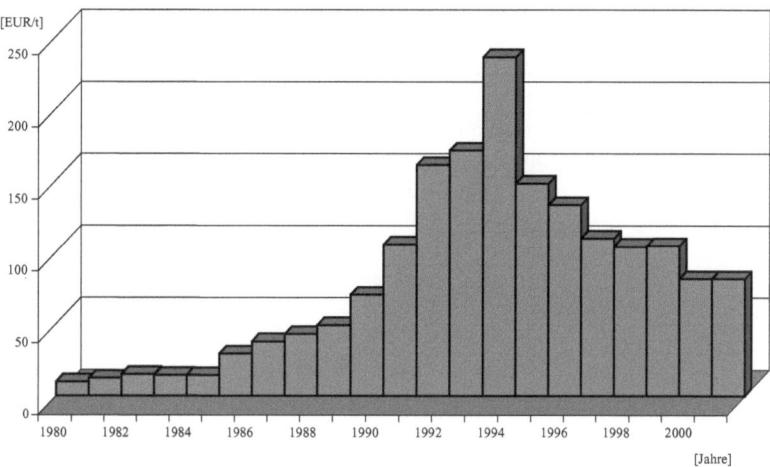

Abb. 5.52   Entwicklung der Entsorgungskosten für Rechengut nach Wolf (1999)

5.4.6.3   Klärschlamm

Klärschlammanfall. Bei Wirtschaftlichkeitsvergleichen in frühen Projektphasen können die Kosten sowohl für die Behandlung als auch für die Entsorgung des Klärschlammes nur über Erfahrungswerte für die anfallenden Mengen an Klärschlamm ermittelt werden. Die spezifischen Mengen an zu behandelndem und zu entsorgendem Klärschlamm differieren in Abhängigkeit des gewählten Reinigungsverfahrens. Entsprechende Werte hierfür können beispielsweise bei Hosang und Bischof (1998) sowie anderer einschlägiger Fachliteratur entnommen werden. Für Belebungsanlagen beispielsweise gibt Bohn (1993) eine Darstellung des durchschnittlichen Klärschlammanfalls in Abhängigkeit der Ausbaugröße an, die jedoch auf Grund der sich zwischenzeitlich mehrmals geänderten Mindestanforderungen nicht mehr dem aktuellen Stand entspricht. Auf die Wiedergabe dieser Darstellung wird aus diesem Grunde verzichtet.

Grundsätzliche Problematik der Bezugsgrößen. Ein grundsätzliches Problem besteht in der Vergleichbarkeit der Kosten der unterschiedlichen Behandlungs- als auch Entsorgungsverfahren auf Grund der oftmals sehr unterschiedlich gewählten Bezugsgrößen. Die Bezugsgrößen €/m³ und auch €/t sind insofern oft fehlerbehaftet, als sich mit den verschiedenen Behandlungsstufen der Feststoffgehalt des Klärschlammes und somit auch dessen Volumen beziehungsweise dessen Masse ändert. Auf eine genaue, durchgängige und vergleichbare Kostenangabe   ist also unbedingt zu achten. Der Arbeitsbericht der ATV-Arbeitsgruppe 3.1.5 „Kostenstrukturen der Klärschlammbehandlung und -entsorgung" (1999) schlägt zur Durchgängigkeit der Kostenangaben die Einheit der (schlamm-)spezifischen Kosten €/t TR$_{original}$ vor. Für übliche Verhältnisse ist eine Umrechnung mit den Angaben der aus dem ATV-Arbeitsbericht entnommenen möglich (Tabelle 5.19). Es ist allerdings darauf hinzuweisen, dass diese Umrechnungsfaktoren erheblichen Einfluss auf Kostenvergleiche haben können und daher für genauere Betrachtungen im Einzelfall ermittelt werden sollten.

Tabelle 5.19 Umrechnungsfaktoren auf verschiedene Einheiten bei der Schlammentsorgung für grobe Abschätzungen nach ATV (1999)

In	€/(EW·a)	€/m³ $KS_{stabilisiert}$	€/m³ $KS_{eingedickt}$	€/t $KS_{entwässert}$	€/t TR_{gesamt}
Von €/t $TR_{original}$	0,010	0,018	0,025	0,150	0,005·X **)
Annahme:	20 kg $TR_{original}/(E·a)$	35 kg $TR_{original}/m^3$	50 kg $TR_{original}/m^3$	300 kg $TR_{original}/m^3$	X[%]: Anteil $TR_{original}$

**) Der Anteil X gibt den Prozentsatz wieder, der die Original-Trockensubstanz des Klärschlamms darstellt. Der Anteil beträgt 100 %, wenn nicht feststoffrelevante Zuschlagstoffe bzw. Konditionierungsmittel (z. B. Kalk) zugegeben werden.

Wie in diesem Abschnitt und auch bereits im Zusammenhang mit der Erörterung der Investitionskosten der verschiedenen Klärschlammbehandlungsverfahren deutlich wurde, sind die Randbedingungen jeweils sehr unterschiedlich. Anhand der verschiedenen Verfahren der Schlammentwässerung soll hier exemplarisch aufgezeigt werden, dass sich die Wirtschaftlichkeit unter Berücksichtigung gleicher Randbedingungen, hierbei die gleiche Trockensubstanz TS, durchaus ändern kann. Bei dem aus dem ATV-Handbuch (1996) entnommenen Beispiel handelt es sich allerdings um die Jahreskosten, also die Zusammenfassung der Kapital- und Betriebskosten. Die Randbedingungen zur Ermittlung der spezifischen Entwässerungskosten können in der angegebenen Literatur entnommen werden.

Abb. 5.53 gibt bei der Darstellung der Entwässerungskosten ohne Berücksichtigung der Entwässerungsleistung zunächst ein verzerrtes Bild wieder.

Aus Abb. 5.53 wird ersichtlich, dass die Kammerfilterpresse annähernd die doppelten spezifischen Entwässerungskosten aufweist wie die beiden anderen Systeme. Vernachlässigt wurde dabei das Entwässerungsergebnis . Die Kammerfilterpresse verursacht durch den hohen Feststoffgehalt und die hierdurch bedingte geringere Schlammmenge wesentlich geringere Transport-, Deponie- oder Verbrennungskosten. So kann eine Kammerfilterpresse einen Feststoffgehalt von 42 % erreichen gegenüber etwa 25 % bei den beiden anderen Systemen.

Um einen Vergleich unter gleichen Voraussetzungen zu ermöglichen, wurden die drei Verfahren mit gleichem Entwässerungsergebnis von mindestens 35 % TS untersucht. Während die Kammerfilterpresse dieses Ergebnis durch Zugabe von Eisenchlorid und Kalk erreicht, müssen bei den anderen Systemen 130 kg Branntkalk pro m³ hinzugegeben werden. Das Ergebnis dieses Vergleichs zeigt Abb. 5.54.

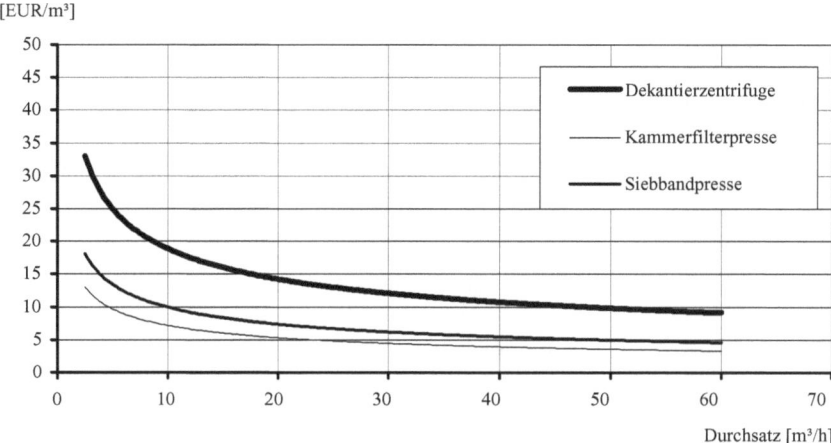

Abb. 5.53 Spezifische Entwässerungskosten für Schlammentwässerungsanlagen (Preisbasis 1992), Vergleich der Systeme ohne Berücksichtigung der Entwässerungsleistung

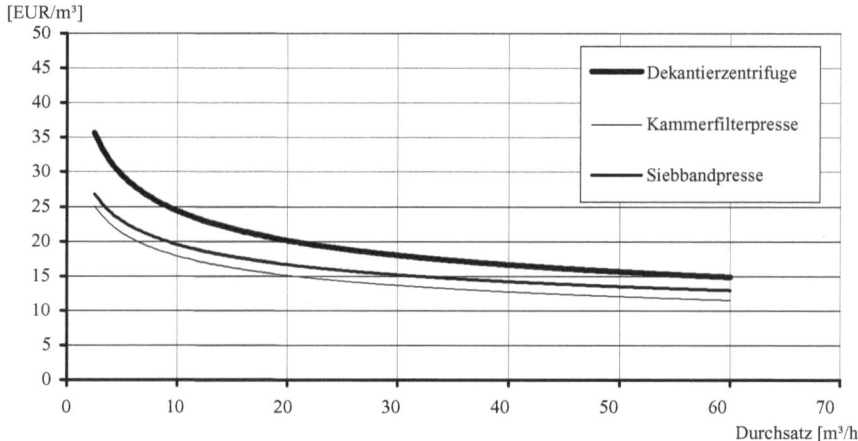

Abb. 5.54 Spezifische Entwässerungskosten für Schlammentwässerungsanlagen (Preisbasis 1992), Vergleich der Systeme bei Entwässerung auf min TS = 35 % mit Transport

Es wird deutlich, dass sich durch die Berücksichtigung des vorgenannten Rahmens die spezifischen Entwässerungskosten der Kammerfilterpresse an die der beiden Systeme angleichen. Obwohl die Kammerfilterpresse bei den Investitionskosten mehr als doppelt so teuer ist, rentiert sich oft deren Installation, da durch die höhere Entwässerungsleistung der Einsatz von Konditionierungsmitteln (Nachkalkung mit Branntkalk) minimiert werden kann. Bei einer Wirtschaftlichkeitsuntersuchung sind neben den bereits genannten Faktoren weiterhin der Schlammtransport sowie die Schlammdeponierung zu berücksichtigen. Nur so ist eine Aussage für den jeweiligen Einzelfall zu treffen.

Entsorgung des Klärschlammes. Als Verfahren der Klärschlammentsorgung sind darüber hinaus die landwirtschaftliche Verwertung, die Kompostierung, die Verbrennung und die Deponierung zu nennen. Detaillierte Beschreibungen dieser Verfahren werden bei Hosang und Bischof, aber auch in anderer Fachliteratur gegeben.

Die Entwicklung der zuvor genannten Entsorgungsverfahren von 1991 bis 1996 wurde im Rahmen einer ATV-Umfrage ermittelt, deren Auswertung bei Esch und Thaler (1998) vorgenommen wird. Abb. 5.55 gibt das Ergebnis wieder. Es zeigt sich deutlich eine Verschiebung zur stofflichen Verwertung und zur thermischen Behandlung. Laut Esch und Thaler sind dies die direkten Folgen der bereits erwähnten Technischen Anleitung (TA) Siedlungsabfall von 1993, nach der eine Deponierung nur mit einem Anteil organischer Substanz kleiner 5 % möglich ist.

Weiterhin hat nach dem Kreislaufwirtschafts- und Abfallgesetz (KrW-/AbfG) von 1994 die Verwertung Vorrang vor der Beseitigung. Den Angaben einzelner Abwasserverbände in Nordrhein-Westfalen zufolge sinkt der Anteil der stofflichen Verwertung zugunsten der Verbrennung, da zunehmend die Entsorgungssicherheit an Bedeutung gewinnt.

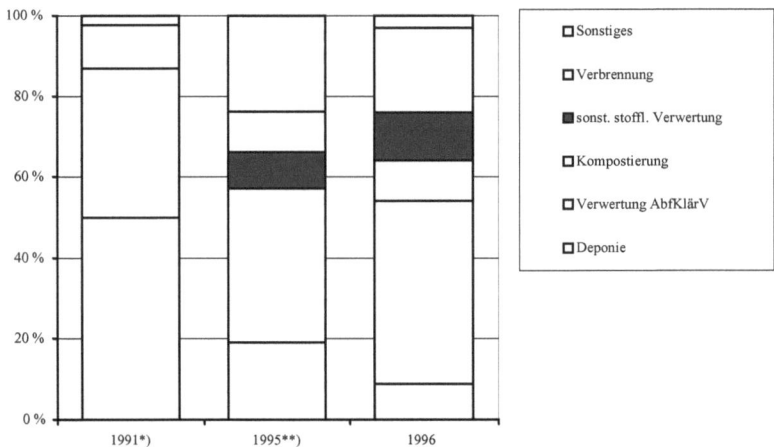

*) bereinigtes Ergebnis, stoffliche Verwertung zusammengefasst
**) vorläufiges Ergebnis, Kompostierung in Sonstiges

Abb. 5.55　Klärschlammverbleib in Deutschland 1991 bis 1996 nach Esch und Thaler (1998)

Bezüglich der Klärschlammentsorgungsverfahren sind in dem Arbeitsbericht der ATV-Arbeitsgruppe 3.1.5 „Kostenstrukturen der Klärschlammbehandlung und -entsorgung" relativ aktuelle (1999) spezifische Jahreskosten als Erfahrungswerte angegeben. Eine Aufteilung in Investitions- und Betriebskosten ist auch hierbei nicht konsequent für alle Verfahrensschritte durchführbar und birgt außerdem auf Grund vorhandener Unsicherheiten die Gefahr einer Überinterpretation. Weitere Quellen für Kostenangaben der Klärschlammentsorgung sind das ATV-Handbuch (1996), Bohn, Hosang und Bischof (1998) sowie die von Sander (1994) bisher unveröffentlichten Untersuchungen. Diese zuvor genannten Quellen sind in Tabelle 5.20 zusammengestellt.

Tabelle 5.20: (Jahres-)Kostenkennwerte für verschiedene Verfahrensschritte der Klärschlammentsorgung

	ATV-Arbeitsblatt	Sander	Hosang, Bischof	ATV-Handbuch	Bohn
	1999	1994	1993	1993	1992
			[€/t TR$_{original}$]		
Landwirtschaftliche Verwertung (ohne Transport):					
- nass	125 - 300	100 - 140	75 - 200		
- maschinell entwässert	75 - 180				
- ohne Angabe				10 - 200	50 - 150
Landbauliche Verwertung (ohne Transport):					
- maschinell entwässert	75 - 180				
- getrocknet	49 - 50				
- mit Transport		225 - 300			
Verbrennung (ohne Transport):					
- Monoverbrennung, maschinell entwässert	125 - 350		800		
- Monoverbrennung, getrocknet	35 - 60				
- in Müllverbrennungsanlagen	250 - 350				
- in Kohlekraftwerk	100 - 325		555 - 700		
- in Zement-/ Asphaltwerk	225				
- ohne Angabe, mit Transport		570		500	500 - 700
Klärschlammkompostierung:		400 - 500	175 - 500	175 - 500	
Thermische Entwässerung (Trocknung):	280 - 350	650 - 800		210	

5.4.6.4 Kosten aus der Abwasserabgabe

Rechtliche Grundlagen der Abwasserabgabe. Das seit dem 13. September 1976 geltende Gesetz über Abgaben für das Einleiten von Abwasser in Gewässer (Abwasserabgabengesetz - AbwAG) belegt das Einleiten von Abwasser in ein Gewässer mit einer Abgabe. Die Höhe der zu zahlenden Abwasserabgabe ist dabei von im AbwAG vorgenommenen Festlegungen wie etwa den in das Gewässer gelangenden Schmutzfrachten und von der Einhaltung wasserrechtlicher Vorgaben abhängig. Durch mehrmalige gesetzliche Änderungen wurden die Inhalte des AbwAG 1984, 1986, 1990 und 1994 geändert beziehungsweise angepasst. Die jüngsten Änderungen wurden durch Verordnung 1997 und zuletzt durch Gesetz 1998 herbeigeführt. Einzelheiten auch bezüglich der Einführung und Problematik der Abwasserabgabe werden bei Nisipeanu (1999) diskutiert. Im Weiteren werden die aus der Abwasserabgabe entstehenden Kosten erläutert mit dem Hinweis auf Bohn (1993), Bohn und Töpfer (1992) sowie Hosang und Bischof (1998).

Während Abb. 5.56 die sich seit Einführung des AbwAG 1976 verschärften Anforderungen bezüglich der Ablaufwerte der Abwasserreinigungsanlagen wiedergibt, zeigt Tabelle 5.21 den derzeitigen Stand der Mindestanforderungen nach der Abwasser-Verordnung vom März 1997, die sich auf die Ablaufwerte der Abwasserreinigungsanlagen beziehen.

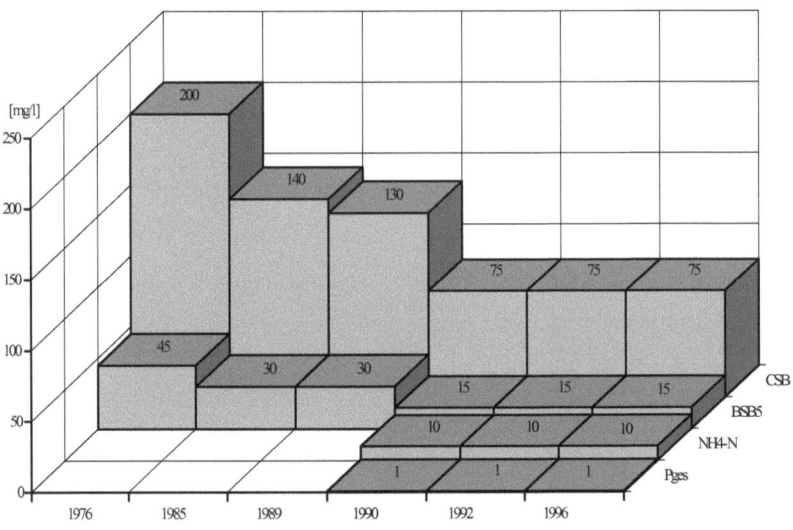

Abb. 5.56 Häufige Verschärfung der gesetzlichen Anforderungen am Beispiel der Werte für Kläranlagen über 100.000 EW in den Jahren 1976 - 1996

Besonders seit Einführung der 3. Novellierung des Abwasserabgabengesetzes im Jahre 1986 spielen die Kosten aus der Abwasserabgabe mit einer Vielzahl von

Planung der Betriebs- und Instandhaltungskosten 161

neuen Regelungen, insbesondere der drastischen Erhöhung der Abgabensätze und der schärferen abgabenrechtlichen Sanktionierung der so genannten Restverschmutzung, eine nicht mehr zu vernachlässigende Rolle bei den Betriebs- und Instandhaltungskosten. Bohn und Töpfer behandeln exemplarisch die Auswirkungen der 3. Novelle auf die Höhe der Abwasserabgabe. Sie führt schließlich dazu, dass die jährlich anfallenden Betriebs- und Instandhaltungskosten bei sehr vielen Kläranlagen deutlich steigen und dass der Anteil der Kosten aus der Abwasserabgabe einen nicht unwesentlichen Einflussfaktor auf die Wirtschaftlichkeit der Kläranlagen darstellt. So kann laut Bohn die Abwasserabgabe je nach Ausbaugrad und Reinigungsleistung die restlichen laufenden Kosten um ca. 5 % bis 8 % erhöhen, bei Anlagen mit unzureichenden Reinigungsleistungen auch um über 30 %. Weitere Ausführungen hierzu sowie zum Teil Berechnungsansätze sind Nisipeanu (1999) Hosang und Bischof sowie Bohn und Töpfer zu entnehmen.

Den derzeitigen Stand der Mindestanforderungen nach der Abwasser-Verordnung vom März 1997, die sich auf die Ablaufwerte der Abwasserreinigungsanlagen beziehen, zeigt Tabelle 5.21.

Tabelle 5.21 Mindestanforderungen nach der Abwa-VO vom März 1997 (Anhang 1)

Proben nach Größenklassen der Abwasserbehandlungsanlagen	Chemischer Sauerstoffbedarf (CSB) [mg/l]	Biochemischer Sauerstoffbedarf in 5 Tagen (BSB_5) [mg/l]	Ammonium-Stickstoff (NH_4-N) [mg/l]	Gesamt-Stickstoff (N_{ges}) [mg/l]	Phosphor gesamt (P_{ges}) [mg/l]	Einwohnerwerte (EG)
Größenklasse 1 kleiner als 60 kg/d BSB_5 (roh)	150	40	-	-	-	< 1.000
Größenklasse 2 60 bis kleiner 300 kg/d BSB_5 (roh)	110	25	-	-	-	1.000 bis < 5.000
Größenklasse 3 300 bis kleiner 600 kg/d BSB_5 (roh)	90	20	10	18	-	5.000 bis < 10.000
Größenklasse 4 600 bis kleiner 6000 kg/d BSB_5 (roh)	90	20	10	18	-	10.000 bis < 100.000
Größenklasse 5 6000 kg/d BSB_5 (roh) und größer	75	15	10	18	1	$\geq$ 100.000

Abbildung 5.56 bezieht sich auf die häufige Veränderung bzw. Verschärfung der gesetzlichen Anforderungen an die Ablaufwerte einer Kläranlage und zeigt die Entwicklung der Mindestanforderungen durch das Abwasserabgabengesetz bzw. die Abwasser-Verordnung.

Einflüsse auf die Höhe der Abwasserabgabe. Die Höhe der Abwasserabgabe richtet sich nach der Reinigungsleistung der Kläranlage bezüglich der im Abwasserabgabengesetz (AbwAG) festgelegten abgaberelevanten Verschmutzungsparameter. Für kommunale Kläranlagen stellen der chemische Sauerstoffbedarf sowie Stickstoff und Phosphor die maßgebenden abgaberelevanten Parameter dar. Aus den Schmutzfrachten im Ablauf der Kläranlage, die durch den Abwasseranfall und die erklärten Überwachungswerte näherungsweise wiedergegeben werden sowie aus den im Abwasserabgabengesetz festgelegten Abgabesätzen errechnet sich die Abwasserabgabe. Eine entsprechende Formel findet sich bei Bohn.

Kennwerte zur Abschätzung der Abwasserabgabe. Auf Grund der sich erst unter Betriebsbedingungen ergebenden genauen Ablaufwerte lassen sich die Kosten aus der Abwasserabgabe im Stadium der Planung nur grob schätzen. Einheitliche Kennwerte oder Kennwertfunktionen lassen sind aus diesem Grunde nur sehr schwer angeben. Bei Bohn wurde für die 1992 geltenden Regelungen nach dem Abwasserabgabengesetz die über den Nutzungszeitraum einer Kläranlage anfallende Abwasserabgabe in Abhängigkeit der Überwachungswerte und der Jahresschmutzwassermenge berechnet in Form eines Diagramms dargestellt, auf deren Wiedergabe hier auf Grund der zwischenzeitlichen starken gesetzlichen Änderungen verzichtet werden soll.

Sonstige Kosten. Unter die Sonstigen Kosten, die üblicherweise weniger als 10 % der gesamten laufenden Kosten ausmachen, fallen im Wesentlichen:

– Allgemeine Verwaltungskosten,
– Post- und Fernmeldegebühren,
– Kosten für Fahrzeuge,
– Kosten für Labor- und Büromaterial, Schutzkleidung etc.,
– Kosten für Öffentlichkeitsarbeit.

Bohn ermittelte an bestehenden Kläranlagen spezifische Kosten in Höhe von ca. 0,75 €/(EW·a) bei kleinen und bis zu 0,50 €/(EW·a) bei großen Anlagen. Bezogen auf die gesamte Betriebs- und Instandhaltungskosten entspricht dies einem Anteil von etwa 4 bis 6 %. Bei den erhöhten Kosten aus der Abwasserabgabe und der Reststoffentsorgung beträgt der Anteil der Sonstigen Kosten lediglich etwa 2 % bis 4 %.

5.4.6.5 Naturnahe Regenwasserentsorgung

Bezüglich der Betriebs- und Instandhaltungskosten lässt sich bei den naturnahen Regenwasserentsorgungsverfahren nur schwer eine genaue Aussage machen, da sie stark von der Art der Versickerungsanlage und von der Notwendigkeit und den Möglichkeiten zur Wartung abhängen.

Eine Beschreibung der unterschiedlichen Wartungs- und Instandhaltungsarbeiten kann bei Hamacher (2000) nachvollzogen werden. Grundsätzlich sind Wartungsarbeiten besonders bei der Rigolenversickerung schwierig oder gar nicht auszuführen, so dass hier besonderes Augenmerk auf eine ordnungsgemäße Bauausführung zu richten ist. Die sonstigen üblichen Wartungs- und Pflegearbeiten sind Tabelle 5.22 zu entnehmen, die die Angaben von Kommunen und Herstellern jeweils als Bandbreite und als gewichteten Mittelwert angibt.

Tabelle 5.22 Instandhaltungskosten von Versickerungsanlagen je Arbeitsgang nach Hamacher (2000)

Verfahren	Spezifische Instandhaltungskosten		Einheit	Häufigkeit pro Jahr
	Schwankungsbereich	Gewichteter Mittelwert		
Rasenpflege	0,03 - 0,25	0,13	€/m²	1 - 12
Laub entfernen	0,03 - 0,15	0,12	€/m²	1 - 2
Straßenbegleitstreifen mähen	0,05 - 0,25	0,17	€/m²	1 - 12
Störstoffe und Müll entfernen	0,25 – 0,75	0,50	€/m²	1 - 2
Hochdruckreinigung von Rohrrigolen	10,00 - 25,00	15,00	€/lfm	bei Bedarf

Der Aufwand für Wartung und Pflege einer Grünfläche mit integrierten Versickerungsmulden liegt demnach zwischen 0,25 €/(m²·a) und 1,75 €/(m²·a). Zur Ermittlung von mittleren jährlichen Betriebskosten kann mit einem Ansatz von 0,50 €/(m²·a) gerechnet werden.

Es bleibt jedoch noch anzumerken, dass ein Großteil der Wartungs- und Pflegearbeiten an den Grünflächen, beispielsweise für die Rasenpflege und das Laubentfernen, auch anfallen würde, wenn die Flächen nicht zur Versickerung genutzt würden. Insofern fallen keine zusätzlichen Kosten an.

6 Grundlagen der Kostenvergleichsrechnung

6.1 Wirtschaftlichkeitsrechnungen im Allgemeinen

Der Durchführung von Baumaßnahmen gehen i.d.R. Wirtschaftlichkeitsrechnungen voraus. Im öffentlichen Sektor ist dies auch rechtlich vorgegeben. So schreibt z.B. die niedersächsische Landeshaushaltsordnung in § 7 (2) vor, dass für Maßnahmen von wirtschaftlicher Bedeutung angemessene Wirtschaftlichkeitsuntersuchungen durchzuführen sind.

Zu den Aufgaben des Ingenieurs gehört neben der Planung von Vorhaben die Bewertung der Wirtschaftlichkeit der von ihm geplanten Projekte. Der zu diesem Thema gehörende Oberbegriff ist der Zweig der Wirtschaftlichkeitsrechnungen .

Ein Teilgebiet der Wirtschaftlichkeitsrechnungen sind die Kosten-Nutzen-Untersuchungen . Grundsätzlich handelt es sich dabei um den monetären Vergleich verschiedener Alternativen. Für jede Planungsalternative werden die Kosten sowie der Nutzen monetär erfasst, für den Vergleich aufbereitet, verglichen und bewertet. Im Ergebnis liegen sog. Nutzenbarwerte , ausgedrückt in Geldeinheiten, vor.

Während die Kostendaten verhältnismäßig einfach erfasst und aufbereitet werden können, bereitet die Bearbeitung der Nutzenseite oft erhebliche Probleme. Neben dem unmittelbar erfassbaren finanziellen Nutzen gibt es weitere, schwer zu bewertende Nutzenanteile, z.B. aus volkswirtschaftlicher Sicht oder aus dem ökologischen Bereich.

Beispiel 6.1:

Der Kauf eines Autos für einen jungen Existenzgründer im Bereich beratender Ingenieure verursacht Kapitalkosten und laufende Betriebskosten. Der unmittelbare Nutzen, den er daraus zieht, sind die Erlöse aus Aufträgen, zu deren Umsetzung er eben dieses Auto benötigt. Als kaufmännisch gut informierter Ingenieur hat er deshalb die Kosten für das Auto in die Kalkulation seiner Angebote eingearbeitet.

Der weitere Nutzen, der hier erzielt wird, ist von volkswirtschaftlicher Bedeutung, da durch seine Tätigkeit eine Wertschöpfung erreicht wird, die letztlich auch auf den Kauf des Autos mit zurückzuführen ist. Ein negativer Nutzen wird dadurch erzielt, dass das Auto die Umwelt belastet und somit weitere Kosten, die ggf. erst Generationen später „bezahlt" werden, verursacht. Diese Aspekte sind schwer zu erfassen.

Deshalb beschränken wir uns im Folgenden ausschließlich auf Kostenvergleichsrechnungen . Dabei werden lediglich die unmittelbar erfassbaren Kosten in die Vergleichsrechnung einbezogen. Damit der Vergleich zulässig ist, muss allerdings die Voraussetzung der Nutzengleichheit der Alternativen gegeben sein.

166 Grundlagen der Kostenvergleichsrechnung

Beispiel 6.2:

Der junge Ingenieur hat die Wahl zwischen zwei Fahrzeugen der Mittelklasse, die beide die gleiche mittlere Geschwindigkeit erreichen, den gleichen Benzinverbrauch haben und auch sonst die gleichen Kosten verursachen. Allerdings verursacht Alternative A (Fahrzeug A) 10 % geringere Anschaffungskosten und damit Kapitalkosten als Alternative B (Fahrzeug B). Der Ingenieur entscheidet sich also für Alternative A, weil die Gesamtkosten geringer sind. Stillschweigend setzt er voraus, dass der Nutzen beider Alternativen der gleiche ist, nämlich der ermöglichte Besuch von Auftraggebern und Baustellen in gleicher Zeit.

> Die Kostenvergleichsrechnung setzt die Nutzengleichheit der untersuchten Alternativen voraus. Die Nutzengleichheit muss im Vorfeld der Vergleichsrechnung gezeigt werden.

Im Bereich der Nutzen-Kosten-Untersuchungen werden weiterhin z.B. die folgenden Verfahren unterschieden:

– Erweiterter Kostenvergleich
Es wird versucht, zusätzlich zu den Kosten die unterschiedlichen Nutzen der Alternativen zu erfassen. Der Kosten-Nutzen-Vergleich wird teilweise durch Aufrechnung der Differenznutzenbarwerte ermöglicht.

Beispiel 6.3:

Als dritte Alternative kommt für den Ingenieur nun das Angebot des Fahrzeugs C in Betracht, das einen höheren Preis und einen höheren Benzinverbrauch hat, aber auch schneller ist. Der Ingenieur rechnet sich den Nutzen aus, den er dadurch erzielt, dass er weniger Stunden auf der Straße verbringt und deshalb mehr Zeit für die eigentliche Ingenieurarbeit hat.

– Kosten-Nutzen-Analyse
Es wird zusätzlich die gesamtwirtschaftliche bzw. regionale ökonomische Effizienz der Alternativen erfasst. Der Kosten-Nutzen-Vergleich erfolgt über die Kapitalwerte oder Kosten-Nutzen-Verhältnisse . Die Vorgehensweise ist problemabhängig.

– Nutzwertanalyse und weitere Verfahren
Bei der Nutzwertanalyse werden problemorientierte Zielsysteme geschaffen und Zielgewichte für sämtliche Zielkriterien eingeführt. Die Ermittlung der Maßnahmenwirkungen erfolgt über Zielerträge , die zusammen mit der Wichtung zu Zielwerten führen. Diese Werte werden monetär in Nutzwerte umgewandelt und die Alternativen entsprechend verglichen. Bei diesem Verfahren kommen also subjektive Bewertungen hinzu. Dies gilt auch für weitere Verfahren wie Kosten-Nutzwert-Analysen, Kombinationen der Verfahren und offene Bewertungsverfahren.

Zu den schwierigsten Zielkriterien zählt die Bewertung der ökologischen Auswirkungen, insbesondere wenn die Nachhaltigkeit einbezogen werden soll. Ansätze finden sich hier u.a. bei Weizsäcker (1995), der den „ökologischen Rucksack" beschreibt.

Im Folgenden wird ausschließlich die Thematik der Kostenvergleichsrechnung zur Bewertung von Planungsalternativen, die die Nutzengleichheit der Alternativen voraussetzt, behandelt. Die Kostenvergleichsrechnung steht in keinem direkten Zusammenhang mit der Kostenrechnung, wie sie z.B. in Kap. 3 behandelt wurde.

6.2 Methodik der Kostenvergleichsrechnung

6.2.1 Grundlagen

In den letzten Jahren ist es auf Grund der angespannten Finanzlage der öffentlichen Hauhalte bei gleichzeitig stetig wachsenden umweltrechtlichen Anforderungen erforderlich geworden, den Gesichtspunkt der Kostensicherheit und Wirtschaftlichkeit stärker als bisher zu berücksichtigen. Das Ziel, die zur Verfügung stehenden Mittel bestmöglich einzusetzen, ist nur zu erreichen, wenn die zur Entscheidung stehenden Projektalternativen auf Grund transparenter, nachvollziehbarer Planungen bewertet und miteinander verglichen werden können. Da auf diesem Gebiet nur wenig geeignetes Anleitungsmaterial zur Verfügung steht, hat die Länderarbeitsgemeinschaft Wasser (LAWA), Arbeitskreis „Nutzen-Kosten-Untersuchungen in der Wasserwirtschaft", die „Leitlinien zur Durchführung dynamischer Kostenvergleichsrechnungen (KVR-Leitlinien, 1998)" ausgearbeitet, die die Anwendung von geeigneten Vergleichsmethoden aufzeigen.

Zu Beginn einer Wirtschaftlichkeitsberechnung ist dabei zunächst zu klären, ob die Kostenvergleichsrechnung eine ausreichende Entscheidungshilfe liefert oder ob ein leistungsfähigeres Bewertungsverfahren angewendet werden muss und, ob die wesentlichen Voraussetzungen einer Kostenvergleichsrechnung erfüllt sind. Voraussetzungen sind zum einen die Feststellung, dass ein relativer Wirtschaftlichkeitsvergleich ausreicht und zum anderen die absolute Äquivalenz der zu vergleichenden Alternativen hinsichtlich ihrer Nutzen und Sozialkosten. Weisen die Alternativen unterschiedliche Leistungsbreiten auf, ist die Kostenvergleichsrechnung zur Prüfung der Wirtschaftlichkeit nicht geeignet. Dann wäre eine weitergehende Beurteilung vorzunehmen.

Die Voraussetzung für die Anwendung der Kostenvergleichsrechnung ist die Nutzengleichheit der zu untersuchenden Alternativen. Dies ist eine wesentliche Einschränkung, über die sich alle Beteiligten im Klaren sein müssen. Praktisch ist dies schwer zu erreichen. Der Ingenieur hat die Aufgabe, die Nutzengleichheit der Alternativen planerisch vorzusehen.

Der Kostenvergleich wird dann über Kostenreihen mit Kostenbarwerten bzw. Jahreskosten hergestellt. Ein Kosten-Nutzen-Vergleich entfällt, da die Nutzen gleichgesetzt wurden.

Beispiel 6.4:   Einfache Kostenvergleichsrechnung

Der ARA-Planer ermittelt für die Phosphat-Elimination einer Kläranlage einen Fällmittelbedarf von 300 kg Fe pro Tag (Fall A). Die Fällmitteldosieranlage hat ein Investitionsvolumen von 50.000 €. Für die Nutzungsdauer ND wird eine Zeit von 20 Jahren angesetzt. Die Fällmittelkosten betragen frei ARA 110 €/t Fe.

Alternativ schlägt der Planer den Bau eines Bio-P-Beckens (Fall B) vor. Es entstehen dadurch zusätzliche Investitionskosten in Höhe von 75.000 € (fast ausschließlich Bautechnik, ND: 40 Jahre). Der Fällmittelbedarf sinkt um 200 kg Fe pro Tag. Es soll mit einem Zinssatz von 6 % gerechnet werden.

Empfehlen Sie den Bau des Bio-P-Beckens?

Lösung:

Fall A: Die Kapitalkosten werden mit dem Annuitätenfaktor KFAKR gemäß Tabelle 3.9 berechnet. Bei einem Zinssatz i = 6 % und einer Nutzungsdauer von 20 Jahren ist KFAKR = 0,0872. Die Kapitalkosten betragen

$$KK = 50.000 \text{ €} \cdot 0{,}0872 = 4.360 \text{ €/a}.$$

Der Fällmittelbedarf B_{Fe} beträgt B_{Fe} = 300 kg Fe/d · 365 d = 110 t Fe/a. Die laufenden Kosten (BK) betragen also

$$BK = 110 \text{ t Fe/a} \cdot 110 \text{ €/t Fe} = 12.100 \text{ €/a}.$$

Die Gesamtkosten GK = KK+BK betragen

$$GK = 4.360 + 12.100 = 16.460 \text{ €/a}.$$

Fall B: ANF bei i = 6 % und ND = 40 Jahre beträgt KFAKR = 0,0665. Die zusätzlichen Kapitalkosten betragen

$$KK = 75.000 \text{ €} \cdot 0{,}0665 = 4.990 \text{ €/a}.$$

Die Betriebskosten ergeben sich aus dem Fällmittelbedarf B_{Fe} = 100 kg Fe/d · 365 d = 37 t Fe/a. Die Betriebskosten betragen also

$$BK = 37 \text{ t Fe/a} \cdot 110 \text{ €/t Fe} = 4.070 \text{ €/a}.$$

Die Gesamtkosten betragen

$$GK = 4.360 + 4.990 + 4.070 = 13.420 \text{ €/a}.$$

Ergebnis: Bei einer einfachen Kostenvergleichsrechnung sind die Gesamtkosten im Fall B mit 13.420 €/a geringer als im Fall A mit 16.460 €/a. Der Bau des Bio-P-Beckens wird also empfohlen.

Die Problematik im vorgestellten Beispiel besteht darin, dass die Entwicklung der Betriebskosten nicht bekannt ist. Das Verfahren ist statisch. Weiterhin sind die Nutzungsdauern von Fällmittelanlage und Becken unterschiedlich. Nach 20 Jahren muss in eine neue Fällmittelanlage investiert werden. Die Angabe von Jahreskosten vermittelt den Eindruck, dass hier dauerhaft mit den ermittelten Werten gerechnet werden kann, was wegen der unterschiedlichen Kostenentwicklungen nicht der Fall sein wird.

Aus diesem Grund wird in der nachfolgend beschriebenen Methodik die Anwendung von Kostenbarwerten bevorzugt, bei der die Gesamtkosten über einen gesamten Betrachtungszeitraum (Planungshorizont) ermittelt bzw. geschätzt werden. Dabei können dann unterschiedliche Nutzungsdauern durch die Vornahme von Reinvestitionen berücksichtigt werden. Außerdem wird die Entwicklung der Preise beachtet (dynamische Kostenvergleichsrechnung). Im Ergebnis liegen dann Werte in Form von angefallenen Kosten über den gesamten Planungshorizont vor, die trotz vieler Unsicherheiten wegen der relativen Unmöglichkeit, in die Zukunft zu schauen, einen wirtschaftlichen Vergleich der Alternativen mit noch zu diskutierenden Einschränkungen ermöglichen. Diese Gesamtkosten können dann zwar wie im o.g. Beispiel in Jahreskosten umgerechnet werden. Der Planer muss sich aber darüber im Klaren sein, dass es sich nicht um tatsächlich auftretende Kosten, sondern lediglich um Vergleichszahlen handelt. Das gilt selbstverständlich auch für die ermittelten Kostenbarwerte.

> Die bei der Kostenvergleichsrechnung ermittelten Zahlen werden in Geldeinheiten ausgedrückt. Bei der Bewertung der Zahlen ist aber nicht davon auszugehen, dass der Geldfluss in der errechneten Höhe tatsächlich stattfindet. Es handelt sich sowohl bei den ermittelten Kostenbarwerten als auch bei ggf. errechneten Jahreskosten stets nur um Vergleichswerte, um die wirtschaftliche Vorteilhaftigkeit der einen oder anderen Alternative zu beurteilen.

In der Praxis wird festgestellt, dass bei der Durchführung von Investitionsentscheidungen bereits bei den einfachen Verfahren (Kostenvergleichsrechnungen) vielfach Unsicherheiten bestehen. Die Schwierigkeiten bestehen u.a. in:

- der unvollständigen Berücksichtigung aller auftretenden Kostenwirkungen, sei es absichtlich oder weil keine ingenieurmäßigen/betrieblichen Erfahrungen vorliegen,
- unbegründbaren Annahmen bei den Kalkulationsgrundlagen wie Nutzungsdauer, Zinssatz, Preissteigerungen aus Unwissenheit oder politischem Willen,
- Vernachlässigung der Langlebigkeit von Abwasserbauten.

Im folgenden werden ausschließlich Kostenvergleichsrechnungen betrachtet.

6.2.2 Abgrenzung

Die Kostenvergleichsrechnung hat nichts mit Kostenrechnungen aus den Haushalts- und Finanzplanungen (vgl. Kap. 3) zu tun. Sie liefert die kostenmäßige Bewertung wasserwirtschaftlicher Maßnahmen im Rahmen von Investitionsentscheidungen. Der Vergleich liefert damit allein eine Aussage über die kostenmäßige Vorteilhaftigkeit einer Alternative beim Vergleich unterschiedlicher Möglichkeiten, eine bestimmte Leistung zu erbringen.

Diese Abgrenzung ist deshalb so wichtig, weil die aus der Vergleichsrechnung gewonnenen Ergebnisse nicht unmittelbar für Finanzplanungen, Vermögensbewertungen, Gebühren- und Beitragsrechnungen verwendet werden können.

Weiterhin muss zu den oben beschriebenen höherwertigen Verfahren abgegrenzt werden. Die Kostenvergleichsrechnung ist als Minimum an ökonomischer Information anzusehen, das für eine rationale Entscheidung über alternative abwasserwirtschaftliche Maßnahmen benötigt wird.

Die Rechnung selbst stellt ein einseitig an den Kosten orientiertes Bewertungsverfahren dar. Die Nutzenseite geht nicht in den Vergleich mit ein. Deshalb wird wie beschrieben eine Nutzengleichheit der Alternativen vorausgesetzt. Gegebenenfalls vorhandene geringfügige Unterschiede im Nutzen sind nach Untersuchung mittels einer Kostenvergleichsrechnung in der Bewertung ausführlich darzustellen. In Abb. 6.1 ist ein Beispiel mit zwei Alternativen zur Erreichung des gleichen Nutzens dargestellt: Der Nutzen von drei Kläranlagen in drei Orten wird alternativ dadurch erreicht, dass eine Kläranlage die Abwässer aus allen drei Orte reinigt, wobei die Abwässer per Pumpwerk und Druckrohrleitungen zugeleitet werden. Die Nutzengleichheit besteht in der gleichen Belastung des Vorfluters nach dem Zusammenfließen der Bäche.

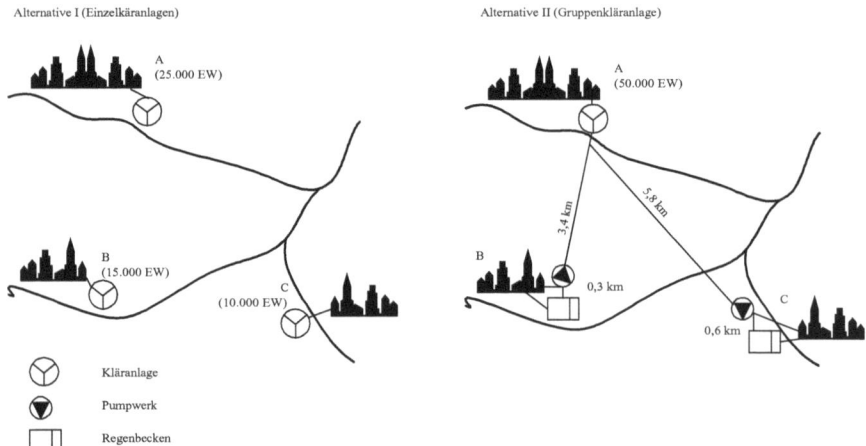

Abb. 6.1   Schematische Darstellung einer Zentralisierung von kleineren Abwasseranlagen

Somit gelten nach LAWA (1998) folgende Bedingungen:

- Eine vorgegebene Leistung (z.B. bestimmte Abwasserreinigungswerte) ist zwingend zu erbringen (normative Zielvorgabe).
- Nutzengleichheit der Alternativen; Ausnahme: die kostengünstigste Alternative weist zudem die größten Nutzenüberschüsse gegenüber den anderen Alternativen aus.

– In Geldeinheiten nicht bewertbare negative Konsequenzen (intangible Sozialkosten) dürfen keine Bedeutung haben bzw. müssen bei den Alternativen in gleicher Größenordnung auftreten.

6.2.3 Ablauf

Gemäß den KVR-Leitlinien ist die eigentliche Kostenvergleichsrechnung in fünf Stufen eingeteilt, wie sie in Abb. 6.2 dargestellt sind.

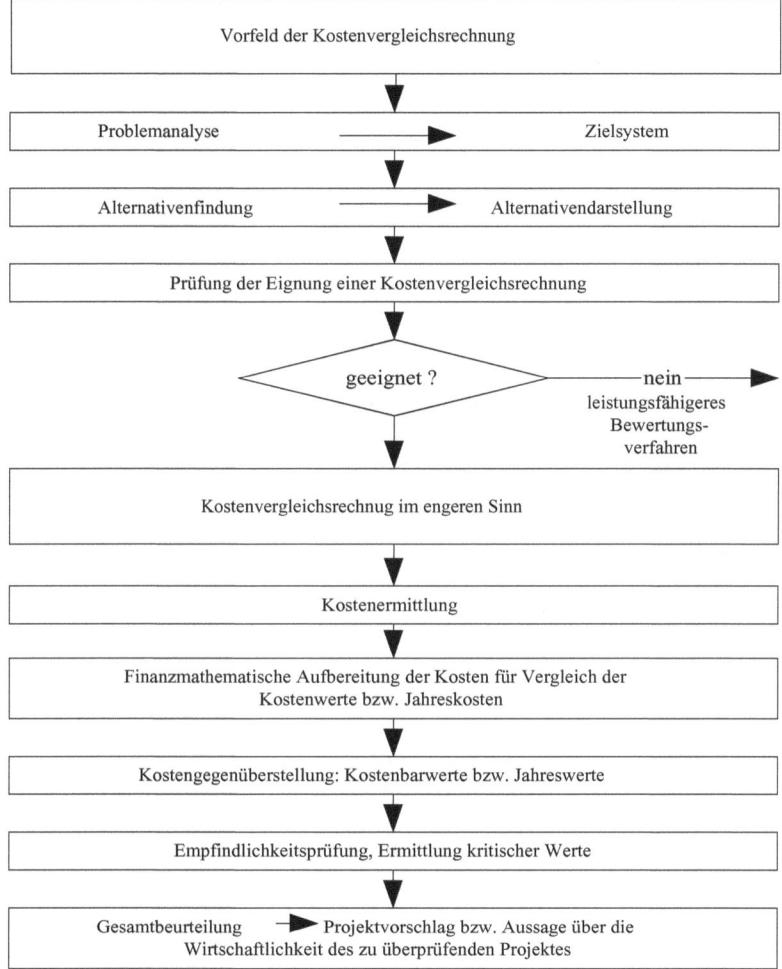

Abb. 6.2 Ablaufschema für eine Kostenvergleichsrechnung nach LAWA (1998)

172 Grundlagen der Kostenvergleichsrechnung

Zunächst wird im Vorfeld der Kostenvergleichsrechnung eine Problemanalyse (die Abwasserreinigung ist erforderlich) durchgeführt. Dann wird das Zielsystem definiert (es soll eine Kläranlage gebaut werden).

Danach werden Alternativen entwickelt (z.B. statt einer großen mehrere kleine Kläranlagen). Die Alternativen werden sorgfältig dargestellt. Es folgt die Prüfung, ob eine Kostenvergleichsrechnung möglich ist (liefern die Alternativen gleiche Schmutzfrachten, welche sonstigen Auswirkungen gibt es?). Danach folgt die Kostenvergleichsrechnung im engeren Sinn.

Für die Kostenermittlung sind alle Kosten (Investitionskosten, laufende Kosten, Reinvestitionskosten) zu ermitteln. Die Ermittlung der Kosten erfolgt mit bekannten Einheitswerten, Ausschreibungsergebnissen, Erfahrungen etc.. Da im Rahmen der Vorplanung lediglich eine Kostenschätzung vorgenommen werden kann (Kostenberechnung nach Entwurfsplanung, Kostenanschlag nach Vergabe, Kostenfeststellung beim Nachweis der tatsächlich entstandenen Kosten), sind die Beeinflussungsmöglichkeiten hier sehr groß. Es ist sehr viel Erfahrung erforderlich. Für die Kostenermittlung wird auf Kap. 5 verwiesen.

Es folgt die finanzmathematische Aufbereitung der Daten. Da dies die Quelle vieler Unsicherheiten ist, wird diese Problematik in den folgenden Abschnitten vertieft.

Bei der Kostengegenüberstellung werden entweder Kostenbarwerte oder Jahreskosten einander gegenübergestellt. Danach werden die Unsicherheits- und Risikomomente wie Zinssatz, wirtschaftliche Lebensdauer, allgemeine Inflationsrate oder relative Preisverschiebungen im Rahmen einer Empfindlichkeitsprüfung untersucht. Schließlich folgt die Gesamtbeurteilung und Ergebnisinterpretation.

6.3 Kostenermittlung

6.3.1 Allgemeines

Für die zu untersuchenden Alternativen sind alle entscheidungsrelevanten kostenwirksamen Effekte nach Kostenarten, also Investitions-, Betriebskosten etc. zu gliedern, zu erfassen und ihre Kosten zu ermitteln.

Die Qualität der Kostenaussage nimmt im Laufe der Projektplanung von der Kostenschätzung über die Kostenberechnung bis zum Kostenanschlag zu und endet bei realisierten Projekten in der Kostenfeststellung.

6.3.2 Kostenarten

6.3.2.1 Investitionskosten

Nach Definition der KVR-Leitlinien sind die Investitionskosten, oder auch Anschaffungs- oder Herstellkosten genannt, die zur Erstellung, zum Erwerb und zur Erneuerung von Anlagen erforderlichen einmalig aufzuwendenden Kosten. Sie enthalten die Kosten für Grunderwerb, Vorarbeiten, z. B. in Form von Planer- und Gutachterhonoraren, Vermessungen, Baugrunduntersuchungen etc. sowie Bau- und Erschließungskosten. Weiterhin sind Reinvestitionskosten für Anlagenteile enthalten, deren wirtschaftliche Nutzungsdauer geringer als die der Hauptanlage ist und infolgedessen während der Betriebsphase der Gesamtanlage ersetzt werden muss (z. B. der maschinelle Teile bei Entsorgungssystemen).

6.3.2.2 Betriebs- und Instandhaltungskosten

Die Betriebs- und Instandhaltungskosten, nach den KVR-Leitlinien auch als laufende Kosten bezeichnet, sind die zum Betrieb, zur Wartung, zur Unterhaltung und Überwachung von Anlagen erforderlichen, in der Betriebsphase regel- oder unregelmäßig wiederkehrenden Aufwendungen. Es erfolgt eine weitere Aufschlüsselung in Personalkosten einschließlich Personalneben- und Verwaltungskosten, Sachkosten in Form von Betriebs- und Hilfsmitteln sowie Energiekosten. In anderer Literatur werden die Betriebs- und Instandhaltungskosten weiter differenziert. Bei Bohn (1993) wird neben den Personal-, den Stoff- und den Energiekosten unterschieden in Instandhaltungskosten, Kosten aus der Abwasserabgabe und Kosten der Reststoffentsorgung, allerdings lediglich bezogen auf Abwasserreinigungsanlagen.

6.3.2.3 Sonstige Kostenbegriffe

Neben der Einteilung in Investitionskosten und Betriebs- und Instandhaltungskosten sehen die KVR-Leitlinien eine weitere Unterscheidung in fixe und variable Kosten vor, ebenso wie Bohn, allerdings mit den Bezeichnungen leistungsunabhängige sowie leistungsabhängige Kosten.

Fixe oder leistungsunabhängige Kosten fallen unabhängig von der Kapazitätsauslastung einer Anlage innerhalb eines bestimmten Zeitraumes an, sie entstehen vorwiegend aus der Leistungsvorhaltung oder Aufrechterhaltung der Betriebsbereitschaft einer Anlage. Solche Kosten sind nach Bohn u. a. die kalkulatorische Abschreibung und Verzinsung sowie die Lohn- und Gehaltskosten für das Stammpersonal.

Variable Kosten sind diejenigen Kosten, die sich mit der Kapazitätsauslastung ändern, z. B. in Abhängigkeit der Leistungsmenge bei Pumpwerken. Nach Bohn fällt der größte Teil der Instandhaltungskosten als betriebsgebundene und somit leistungsabhängige Kosten an. Diese so genannten Leistungskosten entstehen durch den Betrieb der Anlagen entweder als verbrauchsgebundene (Stoff- sowie Energiekosten) oder als betriebsgebundene Kosten (Verwaltungs- und Instandhaltungskosten sowie Kosten der Abwasserabgabe).

Auf eine weitere Differenzierung der Kostenbegriffe bzw. -einteilungen, wie sie gemäß den KVR-Leitlinien vorgenommen wird, wird in diesem Zusammenhang nicht eingegangen.

6.3.3 Aufbereitung für die Vergleichsrechnung

Grundsätzlich haben Kostenermittlungen den Zweck, die zu erwartenden Kosten als Grundlage für Planungs- und Ausführungsentscheidungen möglichst zutreffend vorauszuberechnen und entstandene Kosten der tatsächlichen Höhe nach festzulegen. Art, Umfang und Genauigkeit der Kostenermittlungen sind abhängig vom jeweiligen Stand der Planung, von verfügbaren Angaben und Erfahrungswerten sowie, im Falle der Kostenfeststellung, von den Abrechnungsgrundlagen. Zur Ermittlung der Kosten wird auf die Ausführungen in Kap. 5 verwiesen.

Bei der Kostenvergleichsrechnung selbst wird lediglich zwischen den Kostenarten:

- Investitionskosten und
- laufende Kosten für Betrieb und Unterhaltung

unterschieden.

Kostenbegriffe wie Kapitaldienst, Abschreibungen oder kalkulatorische Kosten spielen bei anderen ökonomischen Fragestellungen eine Rolle, z.B. bei der Kostenrechnung (vgl. Kap. 3). Auch werden Zuwendungen wie staatliche Zuschüsse oder zinsgünstige Darlehen oder auch Beiträge nicht berücksichtigt.

> Wenn für eine Alternative A eine Zuwendung geleistet wird, für eine Alternative B nicht, so ist dies bei der Gesamtbeurteilung entsprechend darzustellen.

Investitionskosten sind:

- Kosten für Grunderwerb,
- Kosten für Vorarbeiten (Projektentwicklung): Planung, Vermessung, Gutachten etc.,
- Bau- und Erschließungskosten einschließlich Bauleitungs- und Risikokosten. Sie sind nach der durchschnittlichen Nutzungsdauer der Anlagenteile zu gruppieren. Danach werden ermittelt:
- Reinvestitionskosten für Anlagenteile, die während der Betriebsphase der Gesamtanlage zu ersetzen sind, da ihre wirtschaftliche Nutzungsdauer geringer ist als die des Hauptanlageteils (z.B. maschinelle Einrichtungen in der Kanalisation).

Laufende Kosten sind:

- Personalkosten,
- Sachkosten,
- Energiekosten.

Es werden nicht nur die Fremdleistungen , sondern auch die jeweiligen Eigenleistungen einbezogen.

Je genauer die Planung vorgenommen wird, desto besser kann die Kostenermittlung durchgeführt werden.

Langjährig tätige Ingenieurbüros und Bauunternehmen haben eigene Kostenstatistiken, die sie aber i.d.R. nicht veröffentlichen. So bleiben dem Planer außerhalb solcher Betriebe nur die ATV-Handbücher und spezielle Veröffentlichungen, z.B. Bohn (1993), Günthert und Reicherter (2001) bzw. Kap. 5, um eine solide Kostenermittlung durchführen zu können.

6.4 Berücksichtigung von Preisentwicklungen

6.4.1 Prinzip der Realbewertung

Bei der Durchführung von Kostenvergleichsrechnungen soll die Frage beantwortet werden, welche der zu vergleichenden Lösungen den geringsten Aufwand erfordert. Die verschiedenen Einflussgrößen der Alternativen (Investitionskosten für Anlagenteile mit unterschiedlichen Nutzungsdauern und Betriebskosten, die zu verschiedenen Zeitpunkten anfallen) sind aber nicht unbedingt ohne Weiteres miteinander vergleichbar. Deshalb kommt ihr in Geldeinheiten ausgedrückten Wert, genauer die hinter dem Geld stehende Kaufkraft zur Anwendung. Das heißt weiterhin, dass die einzelnen Kostengrößen nur dann den gleichen güterwirtschaftlichen Aufwand erfordern, wenn ihnen die gleichen Kaufkraftverhältnisse zugrunde liegen.

Für zu unterschiedlichen Zeitpunkten anfallende Kosten, so genannte Nominalkosten , ist diese Bedingung infolge von Geldwertänderungen nicht von vornherein gegeben. Für Kostenvergleichsrechnungen müssen die Nominalkosten also immer auf die Kaufkraftverhältnisse eines Bezugsjahres, meist dem Zeitpunkt der Durchführung des Kostenvergleichs, bezogen werden. Man spricht dann von den Realkosten (in den KVR-Richtlinien wird auch von realen Nominalkosten gesprochen).

Beispiel 6.5:

Wenn 1960 ein Liter Milch 0,50 € gekostet hat (Nominalkosten) und in 2000 beträgt der Preis nominal unverändert 0,50 €, sind die Nominalkosten in beiden Fällen gleich. Real steckte 1960 hinter 0,50 € wegen der zwischenzeitlichen Preisentwicklung eine erheblich höhere Kaufkraft als 2000 (für 0,50 € kann man i.Allg. in 2000 nur Güter mit geringerem Wert kaufen als 1960). Deswegen war der Preis für einen Liter Milch 1960 real erheblich höher im Vergleich zum Preis in 2000 (Realkosten).

Ein Vergleich der Aufwendungen für Alternativen innerhalb von Kostenvergleichsrechnungen ist erst möglich, wenn für die Alternativen gleiche Kaufkraftverhältnisse zugrunde liegen. Dies ist aber infolge von Geldwertänderungen für zu unterschiedlichen Zeiten anfallende Kosten (Nominalkosten) nicht unbedingt gegeben. Es müssen daher alle nominalen Größen auf die Kaufkraftverhältnisse eines Basisjahres bezogen werden. Normalerweise wird hierfür der Zeitpunkt der Durchführung des Vergleiches gewählt. In eine Vergleichsrechnung müssen also die Realgrößen (reale Nominalkosten) eingehen.

176   Grundlagen der Kostenvergleichsrechnung

Beispiel 6.6:

Im Rahmen einer Vergleichsrechnung soll der Aufwand zum Erwerb eines Liters Milch in 1960 mit dem in 2000 verglichen werden. Es ist leicht einzusehen, dass der Aufwand in 1960 erheblich höher war.

Es ist für Vergleichsrechnungen notwendig, die Kostendaten im Hinblick auf die Kaufkraftverhältnisse aufzubereiten. Soll eine Investition von 10 Mio. € im Jahre 1990 mit einer heute anstehenden Investition in gleicher nominaler Höhe im Hinblick auf die Fragestellung, welche Investition real höhere Kosten verursacht, verglichen werden, ist eine Aktualisierung der Kostendaten erforderlich. Analog zum Beispiel 6.5 mit der Milch liegt auf der Hand, dass die Investition von 10 Mio. € heute weniger Aufwand bedeutet als 1990. Gleichwertig sind die Alternativen aber nur genau dann, wenn die hinter ihnen stehende Kaufkraft gleich groß ist bzw. der gleiche Aufwand erforderlich ist.

Dieses Prinzip ist analog auch zur Berechnung zukünftiger Kostengrößen geeignet. Bei Vorhandensein einer bestimmten Inflationsrate wird eine bestimmte nominale Kostengröße von heute mit der Zeit größer.

Beispiel 6.7:

Mit der Annahme einer Inflationsrate von 3,5 % p.a. (per annum = pro Jahr) beträgt die nominale Größe einer Kostengröße von heute, z.B. 100 €, nach fünf Jahren

$$100 \cdot (1 + 0,035)^5 = 100 \cdot 1,19 = 119 \text{ €}.$$

Dieser nominale Wert von 119 € in fünf Jahren hat aber die gleiche Kaufkraft wie die 100 € von heute und entspricht damit in der Gegenwart real 100 €. Es handelt sich um eine reine Geldwertänderung.

6.4.2 Aktualisierung von Kostendaten

Das Prinzip der Realbewertung wird dadurch erreicht, dass man bei allen Kostenvergleichen einen einheitlichen Preisniveaustand verwendet. Werden wie häufig üblich Kostendaten aus früheren Jahren herangezogen, so sind diese zu aktualisieren, das heißt auf den Preisniveaustand des der Kalkulation zugrundeliegenden Basisjahres umzurechnen.

Um diese Aktualisierung der Preisentwicklungen durchführen zu können, werden zum Beispiel die vom Statistischen Bundesamt jährlich im Statistischen Jahrbuch für die Bundesrepublik Deutschland veröffentlichten Preisindizes herangezogen. Diese Baupreis- und weitere Indizes werden für die vorliegende Problematik unterschieden nach Indizes für Investitionskosten IIK und Indizes für laufenden Kosten ILK. Ausgewählte Indizes sind in Tabelle 6.1 aufgeführt.. Für die überwiegende Zahl wasserwirtschaftlicher Maßnahmen mit Ausnahme der Indexreihen für Ortskanäle (ab 1958) und für Kläranlagen (ab 1991) wurden und werden keine spezifischen Indizes ermittelt. Dies gilt auch für die Abwasserbeseitigung im Allgemeinen. Zur Entstehung, Anwendung und Problematik der Baupreisindizes wird an dieser Stelle auf den ATV-Arbeitsbericht „Ermittlung und

Anwendung von Baupreisindizes für Ortskanalisationen und Kläranlagen" (1998) hingewiesen. Für Kläranlagen wird der Index ab 2002 nicht weitergeführt.

Günthert und Reicherter (2001) weisen darauf hin, dass die aktuelle Preisentwicklung deutlich vom Indexverlauf abweichen kann. Es wurden hier bei ihrer Untersuchung zu den Investitionskosten der Abwasserentsorgung in den 90er Jahren Differenzen von bis zu 40 % festgestellt. Begründet wird dies mit dem Umstand, dass der Index des Statistischen Bundesamtes aus abgerechneten Projekten ermittelt wird, während die aktuellen Preise aus submittierten Projekten stammen, wobei sich die Abrechnung gegenüber der Submission um mehrere Jahre verzögern kann und auch sämtliche Änderungen und Nachträge enthält. Günthert und Reicherter haben aus diesem Grund bei ihren Untersuchungen einen „korrigierten" Preisindex eingeführt, mit dem die aktuellen Einflüsse besser erfasst werden konnten.

> Die Verwendung von Indizes für zukünftige Kostenschätzungen muss stets sehr kritisch gesehen werden.

Die Indexverläufe der Investitionspreise von Ortskanälen, Kläranlagen und Wohngebäuden sind in Abb. 6.3 dargestellt. Bei dem Index für Kläranlagen wird neben der Gesamtbetrachtung noch zwischen der Preisentwicklung für M+E-Technik und Bau unterschieden. Es wird deutlich, dass sich die Preisentwicklung des Kläranlagenbaus insgesamt ähnlich wie die Entwicklung der Preise für Wohngebäude verhält. Die reinen Baupreise für Kläranlagen entwickeln sich wie die Preise für den Kanalbau, während der Preisanstieg für die M+E-Technik deutlich größer ist. Da ab 2002 der Index für die Kläranlagen nicht fortgeführt wird, wird stattdessen bis zum Vorliegen neuer Ergebnisse die Verwendung des Index für Wohngebäude empfohlen. Sollen die Preise für den reinen Bauteil der Kläranlage abgeschätzt werden, sollte der Index für den Kanalbau verwendet werden. Die Preise für die M+E-Technik sind mit entsprechenden Aufschlägen zu versehen.

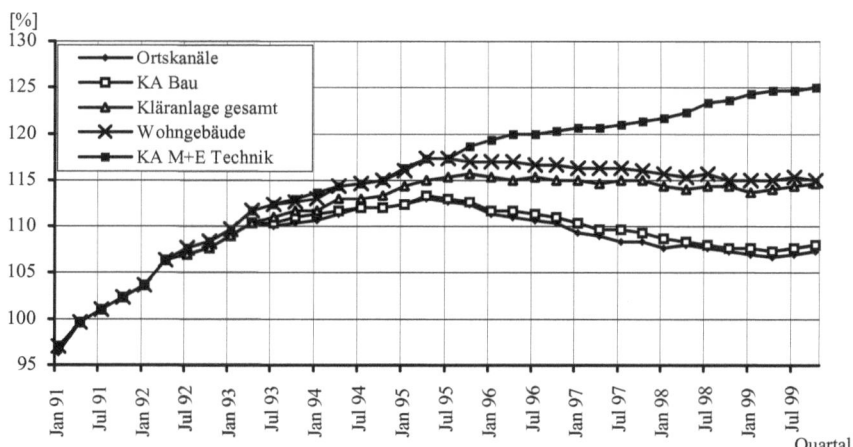

Abb. 6.3 Preisindizes für Kläranlagen, Ortskanäle und Wohngebäude (Statistisches Bundesamt)

Die Verwendung der in Tabelle 6.1 aufgeführten Zahlen führt zu einem aussagekräftigen Ergebnis im Hinblick auf langfristige Kostenvergleichsrechnungen, wenn im Rahmen einer Empfindlichkeitsprüfung die möglichen Abweichungen ausreichend gewürdigt werden.

> Aktuelle Indizes können unter der Homepage des Statistischen Bundesamtes www-genesis.destatis.de abgefragt werden.

Beispiel 6.8:   Aktualisierung von Kostendaten

Für die Vorplanung einer Kläranlage sollen zur Kostenschätzung auf der Preisniveaubasis Ende 2003 die Daten einer vergleichbaren Anlage herangezogen werden. Deren Investitionskosten betrugen auf das Jahresende 1998 bezogen 5,1 Mio. €, die Ende 1999 ermittelten laufenden Kosten 270.000 €. Diese teilen sich in 50 % Personal-, 20 % Sach- und 30 % Energiekosten auf. Von welchen aktualisierten Kostendaten kann ausgegangen werden?

Lösung:

Zunächst wird die Aktualisierung der Investitionskosten auf das Ende des letzten Jahres mit bekannten Indizes vorgenommen.

$$IK_{2001} = \frac{IIK_{2001}}{IIK_{1998}} \cdot IK_{1998} = \frac{100,7}{99,3} \cdot 5,1 \text{ Mio. } € = 5,17 \text{ Mio. } €$$

Ende 2001 würde die entsprechende Kläranlage 5,17 Mio. € kosten.

Mit der Annahme einer linearen Fortentwicklung der Preise beträgt die Steigerungsrate s der letzten m = 3 Jahre

$$s_{1999/2001} = \left(1 - \frac{IIK_{2001}}{IIK_{1999}}\right) \cdot \frac{100}{m} = \left(1 - \frac{100,7}{99,3}\right) \cdot \frac{100}{3} = 0,47 \text{ \%/ Jahr}$$

bzw. der Preissteigerungsfaktor SF

$$SF_{1999/2001} = \left(\frac{IIK_{2001}}{IIK_{1999}}\right)^{\frac{1}{m}} = \left(\frac{100,7}{99,3}\right)^{\frac{1}{3}} = 1,0047$$

und somit der aktualisierte Preis n = 2 Jahre nach 2001

$$IK_{2003} = IK_{2001} \cdot SF_{1999/2001}^{n} = 5,17 \text{ Mio. } € \cdot 1,0047^2 = 5,22 \text{ Mio. } €$$

Hier erfolgte bereits eine Wertung, denn es wurde lediglich die Preisentwicklung ab 1999 berücksichtigt. Da aber erst ab 1999 bzw. 2000 eine Steigerung festzustellen ist, wird angenommen, dass sich diese fortsetzt. Die Ermittlung einer Steigerungsrate mit Einbeziehung der Daten vor 1998 würde in diesem Fall die Rate verkleinern, was für unrealistisch gehalten wird. Dies ist im Erläuterungsbericht festzuhalten.

Tabelle 6.1 Ausgewählte Indizes zur Aktualisierung von Investitions- und laufenden Kosten (Statistisches Bundesamt)

Verwendungsbereich	1990	1991	1992	1993	1994	1995	1996	1997	1998	1999	2000	2001
Indizes für Investitionskosten IIK												
Ortskanäle	83,0	88,6	94,2	97,9	99,0	100	98,4	96,6	95,6	95,2	95,3	94,9
Kläranlagen	80,6	86,8	92,0	96,1	97,9	100	100	99,3	99,3	99,3	100	100,7
Wohngebäude	80,0	85,4	90,9	95,4	97,6	100	99,8	99,1	98,7	98,4	98,7	98,5
Indizes für laufende Kosten ILK												
tarifliche Monatsgehälter Gebietskörperschaften *[1])	82,6	87,9	89,9	95	95,8	100	102,2	103,7	105,8	108,7	110,2	113,4
HVPI *[2])	-	-	-	-	-	100	101,2	102,7	103,3	104,0	106,2	108,7
Strompreise Industrie *[3])	103,3	102,4	103,3	104,2	101,1	100	98,2	94,4	89,7	79,2	65,2	Tendenz steigend
Preisindex für die Lebenshaltung aller privaten Haushalte	84,1	87,2	91,6	95,7	98,3	100	101,4	103,3	104,3	104,9	106,9	109,6

*[1]) bis 1994 nur alte Bundesländer
*[2]) Harmonisierter Verbraucherpreisindex
*[3]) Sondervertragskunden (Energieindikatoren) www.bmwi.de am 06.01.2003

180 Grundlagen der Kostenvergleichsrechnung

Für die Aktualisierung der laufenden Kosten wird analog verfahren:

$$LK_{Personal, 2001} = LK_{Personal, 1999} \cdot \frac{ILK_{2001}}{ILK_{1999}}$$

$$= 0{,}5 \cdot 270.000\ € \cdot \frac{113{,}4}{108{,}7} = 140.837\ €$$

$$LK_{Personal, 2003} = LK_{Personal, 2001} \cdot \left(\frac{ILK_{2001}}{ILK_{1998}}\right)^{\frac{n}{m}}$$

$$= 140.837 \cdot \left(\frac{113{,}4}{105{,}8}\right)^{\frac{2}{4}} = 145.808\ €$$

Hier wurden die letzten m = 4 Jahre herangezogen, um auf die nächsten n = 2 Jahre hochzurechnen. Entsprechend werden die Werte für die Sachkosten 2003 berechnet:

$$LK_{Sach, 2003} = LK_{Sach, 1999} \cdot \left(\frac{ILK_{2001}}{ILK_{1999}}\right) \cdot \left(\frac{ILK_{2001}}{ILK_{1998}}\right)^{\frac{n}{m}}$$

$$= 0{,}2 \cdot 270.000\ € \cdot \left(\frac{108{,}7}{104{,}0}\right) \cdot \left(\frac{108{,}7}{103{,}3}\right)^{\frac{2}{4}} = 57.897\ €$$

Bei dem Energiekostenanteil kann keine solide Berechnung angestellt werden. Von 1999 bis 2000 sank das Preisniveau, danach stieg es, ohne dass konkrete Zahlen vorliegen. Hier muss eine angemessene Abschätzung vorgenommen werden. Zum Beispiel könnte hier für 2003 der gleiche Ansatz wie für 1999 gemacht werden. Eine Erläuterung ist erforderlich.

6.4.3 Berücksichtigung zukünftiger realer Preisänderungen

Solange davon ausgegangen wird, dass nur Geldwertänderungen die künftigen Preiserwartungen, z. B. bei Betriebs- und Instandhaltungskosten, beeinflussen, werden in der Kostenvergleichsrechnung die Preise auch für die Ermittlung zukünftiger Kosten als konstant mit den Werten zum Basisjahr angesetzt. Nur wenn die zu erwartenden nominalen Preisänderungen r_n anders einzuschätzen sind als die allgemeine Rate der Geldwertänderung I (Inflationsrate), ergibt sich eine zu berücksichtigende reale Preisänderungsrate. Wenn z.B. die Personalkosten geringer steigen als die allgemeinen Preise, ist dies mit der realen Preisänderungsrate r_r zu berücksichtigen (allerdings lediglich die Differenzen).

$$r_r = \frac{1 + r_n}{1 + I} - 1$$

Beispiel 6.9:

Mit der Inflationsrate von I = 3 % und einer abweichend zu erwartenden Steigung der Personalkosten von lediglich r_n = 2 % ergibt sich die reale Preisänderungsrate zu

$$r_r = \frac{1+0,02}{1+0,03} - 1 = -0,0097$$

also – 0,97 % für die Personalkosten.

Allgemein ist nach LAWA bei Wirtschaftlichkeitsberechnungen jedoch festzustellen, dass häufig zu hohe Steigerungsraten in Ansatz gebracht werden. Dafür gibt es drei wesentliche Fehlerquellen:

- Unkritische Verwendung der kurzfristigen Trends gerade vergangener Jahre.
- Ansatz nominaler statt realer Preissteigerungsraten.
- Ableitung der Planungsdaten aus statistisch erfassten Kostenentwicklungen, ohne dass z.B. Standarderhöhungen berücksichtigt wurden.

Letzteres ist im Kläranlagenbau von besonderer Bedeutung, da die Reinigungsleistung in den letzten Jahrzehnten drastisch erhöht wurde. Die Kostenvergleichsrechnung muss aber stets von leistungsgleichen Alternativen ausgehen.

> Es wird daher empfohlen, bei Kostenvergleichsrechnungen sowohl bei den laufenden Kosten als auch bei den Kosten für Reinvestitionen zunächst keine Preissteigerungen vorzusehen.

Im Rahmen von Empfindlichkeitsprüfungen können dann die Auswirkungen verschiedener Steigerungsraten bei den Betriebskosten untersucht werden. Realistisch ist eine reale Preissteigerungsrate bei wasserwirtschaftlichen Maßnahmen von 0 % bis etwa 2 % p.a., maximal 3 % p.a..

6.5 Kalkulationsgrundlagen

6.5.1 Grundsätzliches Vorgehen

Die Kosten im Zusammenhang mit einer Investitionsmaßnahme fallen während eines meist sehr langen Zeitraums von der ersten Voruntersuchung bis zum Ende der Nutzungsdauer an. Trägt man alle abfallenden Kosten auf einer Zeitachse auf, erhält man einen nahezu kontinuierlichen Kostenstrom.

In der Investitionsrechnung ist es üblich, die innerhalb eines Jahres anfallenden Kosten zu einer jährlichen Kostenreihe zusammenzufassen, so dass also jede Maßnahme in der Kostenvergleichsrechnung durch eine entsprechende Kostenreihe charakterisiert wird (vgl. Abb. 6.4).

Die eigentlichen Berechnungsverfahren sind nun nach dem statischen und dem dynamischen Verfahren zu differenzieren. Während das statische Verfahren alle Zahlungsströme eines Betrachtungszeitraumes ohne zeitliche Differenzierung zusammenfasst, was angesichts der Langlebigkeit wasserwirtschaftlicher Infrastrukturmaßnahmen zu gravierenden Kalkulationsfehlern führen würde, bezieht das dynamische Verfahren die zu verschiedenen Zeiten anfallenden Ausgaben und Einnahmen auf einen Bezugszeitpunkt und berücksichtigt den zeitlichen Anfall der Zahlungen durch Zinsen und Zinseszinsen, wie auch bei Eck-Düpont und Wolf (1992) beschrieben.

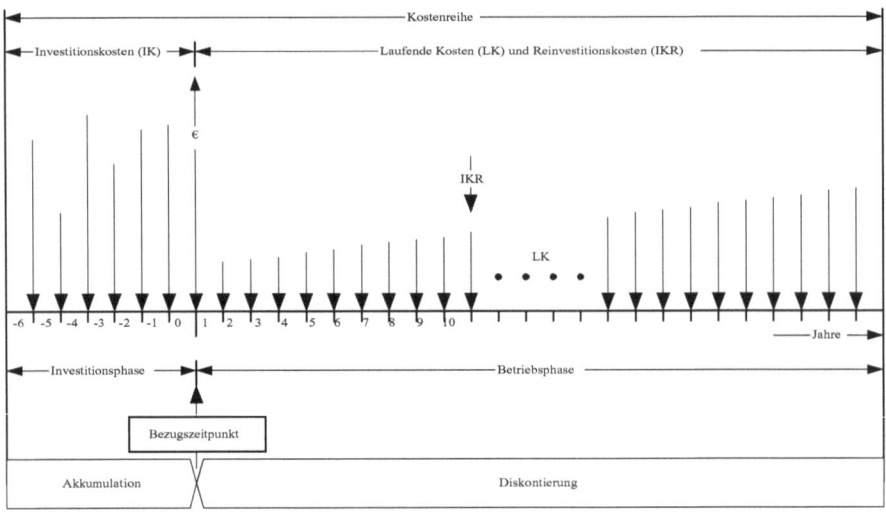

Abb. 6.4   Grundbegriffe zur zeitlichen Kostenverteilung nach LAWA (1998)

Den bei dem dynamischen Verfahren durch die wertmäßige Umrechnung entstehenden Wert einer nominalen Kostengröße im Bezugszeitpunkt nennt man ihren Barwert, entsprechend denjenigen einer Kostenreihe ihren Projektkostenbarwert. Zeitlich vor dem Bezugszeitpunkt anfallende Kosten sind aufzuzinsen (zu akkumulieren), danach anfallende abzuzinsen (zu diskontieren). Diese finanzmathematische Aufbereitung dient zur Einhaltung des zum Wirtschaftlichkeitsvergleich notwendigen Prinzips der Realbewertung (vgl. Abschn. 6.4.1). Im Hinblick auf die finanzmathematische Aufbereitung der Kostendaten ist weiterhin die Länge des Untersuchungszeitraumes und der Zinssatz von maßgeblicher Bedeutung. Gerade die Verwendung des Zinssatzes führt im Rahmen von Kostenvergleichsrechnungen immer wieder zu erheblichen Verwirrungen. Deshalb soll diesem Aspekt hier besondere Aufmerksamkeit gewidmet werden. In Tabelle 6.2 sind die wesentlichen Begriffe der dynamischen Kostenvergleichsrechnung zusammenfassend dargestellt.

Tabelle 6.2   Begriffe der dynamischen Kostenvergleichsrechnung

Jährliche Kostenreihe:	Die anfallenden Kosten innerhalb eines Jahres werden zu einer Summe zusammengefasst und am Ende des Jahres verrechnet.
Dynamisch:	Alle Kostendaten werden auf einen Zeitpunkt (Bezugszeitpunkt) wertmäßig umgerechnet.
Projektkostenbarwert:	nominale Kostengröße des Projektes im Bezugszeitpunkt (Gewährleistung des Prinzips der Realbewertung).

6.5.2 Nutzungsdauer und Untersuchungszeitraum

6.5.2.1 Definitionen der Nutzungsdauer

Für den Begriff der „Nutzungsdauer" existieren diverse Definitionen, die sich bei genauerer Betrachtung doch wesentlich, insbesondere bezüglich der Zielgröße, voneinander unterscheiden. Deshalb wird an dieser Stelle eine kurze Übersicht über die verwendeten Begriffe gegeben, da sie sowohl in den vielfältigen Literaturangaben als auch bei den Kostenvergleichsrechnungen bezüglich ihres Ansatzes zur Unsicherheit und Verwirrung beitragen. In der Praxis ist festzustellen, dass die Kostenvergleichsrechnungen für abwassertechnische Anlagen mit sehr unterschiedlichen Ansätzen der Nutzungsdauer durchgeführt werden.

In dem Arbeitsblatt ATV - A 133 wird ebenso wie im Steuerrecht von der betriebsgewöhnlichen Nutzungsdauer gesprochen. Es ist dabei der Zeitraum zu verstehen, in dem das Wirtschaftsgut mit einiger Sicherheit bei üblicher Nutzung für den Betrieb brauchbar sein dürfte.

Unter der wirtschaftlichen Nutzungsdauer versteht man unter Anlehnung an die KVR-Leitlinien den Zeitraum, dessen Ende erreicht ist, wenn die nach diesem Zeitpunkt anfallenden Kosten den dann noch erzielbaren Nutzen zu übersteigen beginnen.

Die verfahrenstechnische Nutzungsdauer ist nach Wagner (2000) als der Zeitraum zu betrachten, in dem die eingesetzte Anlage auf Grund der Entwicklung der Abwassertechnik beziehungsweise auf Grund der gesetzlichen Anforderungen genutzt werden kann.

Die technische Nutzungsdauer kann ebenfalls nach Wagner bei Anlagetypen, bei denen eine allmählich abnehmende Leistungsfähigkeit auftritt, beliebig oft durch Instandhaltungs- und Reparaturmaßnahmen ausgedehnt werden. Problematisch sei dabei jedoch in vielen Fällen die Abgrenzung zwischen Reinvestition und Instandhaltung.

6.5.2.2 Ansatz der Nutzungsdauer

Der einer Kostenvergleichsrechnung zweckmäßigerweise zugrundeliegende Untersuchungszeitraum für ein Projekt wird durch die wirtschaftliche Lebensdauer des Projektes bzw. von Projektteilen begrenzt. Da sich dieser Zeitpunkt nur sehr schwer vorhersagen lässt, wird im Allgemeinen die durchschnittliche Nutzungsdauer vergleichbarer Anlagen in Ansatz gebracht. Sie sollte vor Aufstellung einer Kostenvergleichsrechnung zwischen Planer, Betreiber und Aufsichtsbehörde abgestimmt werden. Diese so genannten Basis-Untersuchungsräume, die sich an der Lebensdauer der Hauptanlagen orientieren, entsprechen nach einer Empfehlung der KVR-Leitlinien beispielsweise für die Abwasserableitung 50 Jahre und für die Abwasserbehandlung 25 Jahre.

Da ein Projekt jedoch aus verschiedenen Teilen mit unterschiedlichen wirtschaftlichen Nutzungsdauern besteht, ist davon auszugehen, dass innerhalb des Untersuchungszeitraumes einzelne Anlagenteile zu ersetzen sein werden und somit als Reinvestitionskosten in die Kostenvergleichsrechnung eingehen. In Tabelle

184 Grundlagen der Kostenvergleichsrechnung

3.13 sind zur Festlegung des Zeitpunktes von Ersatzinvestitionen durchschnittliche Nutzungsdauern verschiedener abwassertechnischer Anlagenteile nach der KVR-Richtlinien aufgeführt. Eine weitere umfangreiche Sammlung von Nutzungsdauern diverser Bau- und Ausrüstungsteile aus unterschiedlicher Literatur zusammengestellt bietet z.B. Wagner (2000).

Bezüglich des Ansatzes der Nutzungsdauer gibt es in der Literatur sehr kontroverse Diskussionen, die hier beispielhaft kurz zusammengefasst werden sollen.

1992 erscheint Eck-Düpont und Wolf der Betrachtungszeitraum für die Abwasserbehandlung von 25 Jahren auf Grund der Erfahrungen mit den rasch ansteigenden Anforderungen an die Abwasserbehandlung nicht realitätsgerecht, sie schlagen Untersuchungszeiträume von 15 bis 20 Jahren vor.

Für den Bereich der Kläranlagen teilt auch Bohn (1993) diese Ansicht, da gerade bei kommunalen Kläranlagen, die einer raschen rechtlichen und dadurch auch technischen Entwicklung unterworfen sind, mit den technischen und wirtschaftlichen Nutzungsdauern ein meist zu langer Betrachtungszeitraum für dynamische Kostenvergleichsrechnungen dargestellt wird. Der maßgebende Ansatz kann seines Erachtens deswegen nur die verfahrenstechnische Nutzungsdauer von nur etwa 15 bis 20 Jahren sein.

2000 stellt Wagner dagegen die These auf und untermauert sie mit Hilfe analytischer Betrachtungen, dass es gerechtfertigt sei, für Kläranlagen höhere Nutzungsdauern, als sie früher üblich waren, in Kostenvergleichsrechnungen eingehen zu lassen. Er ist der Ansicht, der heutige Ansatz der Einflussgröße Nutzungsdauer, die eine sehr große Spannweite aufweist, sei nicht mehr zeitgemäß, da sich die Randbedingungen für Investitionen in Abwasseranlagen geändert hätten. Seines Erachtens sei mit Erreichen der schon hohen Anforderungen an Abwasserbehandlungsanlagen mit einer Verschärfung innerhalb der nächsten Jahre kaum noch zu rechnen, zumal Deutschland im europäischen und sogar weltweiten Vergleich mit seinen Standards in der Abwasserreinigung führend sei. Die Nutzungsdauer würde damit nicht mehr durch sich ändernde Anforderungsprofile, sondern vielmehr durch die Abnutzung bestimmt. Diese Ansicht wird durch eine Analyse von Nutzungszeiten von Anlagen des Entsorgungsverbandes Saar gestützt, die zeigt, dass die bisher üblichen Rechnungsansätze in vielen Fällen deutlich unter den tatsächlichen Nutzungsdauern liegen.

Als Basis-Untersuchungszeiträume sollten, wenn keine genaueren Ansätze gemacht werden können, für Abwasserableitung 50 Jahre und für Abwasserbehandlung 25 angesetzt werden.

6.5.2.3 Untersuchungszeitraum

Da sich ein Projekt aus verschiedenen Teilen mit unterschiedlich langen Lebensdauern zusammensetzt, sind während des Untersuchungszeitraumes einzelne Anlagenteile zu ersetzen und dementsprechend die daraus resultierenden Reinvestitionskosten einzustellen. Im Hinblick auf einen Kostenvergleich zweier Alternativen ist der Untersuchungszeitraum grundsätzlich so zu wählen, dass die Nutzungsdauern aller investierten und reinvestierten Anlagenteile vollständig aufgebraucht sind, um Restwerte auszuschließen (größtes gemeinsames Vielfaches).

Die Alternativen in Abb. 6.5 sind nur dann vergleichbar, wenn sie über einen Untersuchungszeitraum von 280 Jahren verglichen werden.

Die Nutzungsdauer der Anlagenteile in Alternative 1 beträgt 40 Jahre, die der 2. Alternative 70 Jahre. Jeder Untersuchungszeitraum abweichend von 280 Jahren ergäbe bei der einen oder anderen Alternative einen Restwert, der den Vergleich mit einfachen Mitteln schwierig macht.

Orth entwickelte 1988 ein Verfahren, um einen Wirtschaftlichkeitsvergleich unabhängig vom Untersuchungszeitraum (Planungshorizont) durchzuführen. Da zum Verständnis dieses Verfahrens Kenntnisse erforderlich sind, die erst im Folgenden beschrieben werden, wird das Verfahren in Abschn. 6.5.7 vorgestellt.

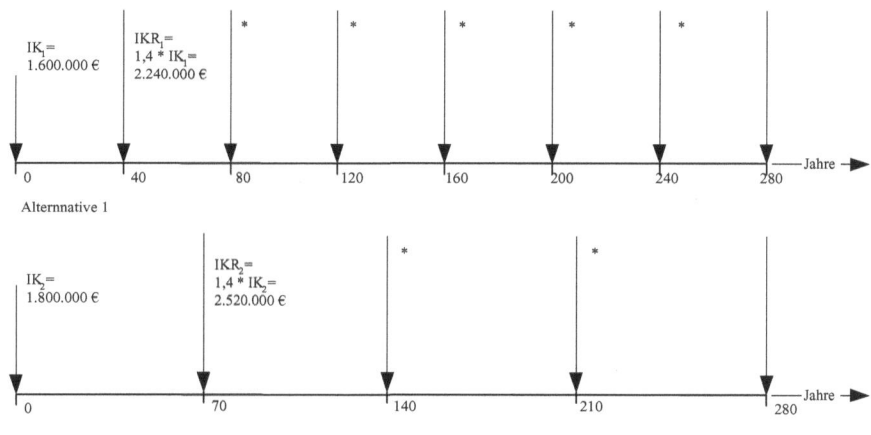

Abb. 6.5   Äquivalente Investitionskostenreihen der Alternativen 1 und 2

6.5.3 Zinssatz

Um die zeitliche Gewichtung der zu verschiedenen Zeitpunkten entstehenden Nominalkosten in der Kostenvergleichsrechnung berücksichtigen zu können, ist neben der Nutzungsdauer auch ein Zinssatz festzulegen. Damit können Minder- und Höherschätzung zukünftiger beziehungsweise vergangener Kostenwirkungen gegenüber gegenwärtigen oder solchen zum Bezugspunkt gewichtet beschrieben werden. Anders ausgedrückt könnte eine Ressource bei späterem Einsatz zwischenzeitlich in anderer Verwendung Nutzen stiften, was monetär beschrieben wird.

Die Festlegung eines Zinssatzes dient zur Einhaltung des Prinzips der Realbewertung . Weil die Verwendung des geeigneten Zinssatzes häufig erhebliche Verständnisprobleme verursacht, wird an dieser Stelle ausführlich auf diese Problematik eingegangen.

Beispiel 6.10:

Unser junger Ingenieur hat die Wahl zwischen zwei Fahrzeugen A und B, die beide gleich hohe Betriebskosten und gleich hohe Nutzungsdauern (10 Jahre) aufweisen. Das Fahrzeug

A kostet 30.000 €, das Fahrzeug B 40.000 €. Ein einfacher Überschlag zeigt dem Ingenieur, dass Fahrzeug A 25 % günstiger ist als Fahrzeug B (30.000 / 40.000 = 0,75). Nun rechnet er sich den gesamten Kapitaldienst für beide Alternativen aus, wenn er eine Fremdfinanzierung vornimmt. Das Kreditinstitut 1 bietet ihm einen Kredit über die volle Investitionssumme bei einer Laufzeit von 10 Jahren zu einem Zinssatz von 3 % an, das Kreditinstitut 2 zu einem von 7 %.

Mit der Annuitätenmethode nach Kap. 3, Tabelle 3.9 errechnet sich der Kapitaldienst für Fahrzeug A bei Kreditinstitut 1 zu

$$KD_{A,1} = 30.000 \text{ €} \cdot 0{,}11723 \cdot 10 \text{ Jahre} = 35.169 \text{ €}$$

Für das Fahrzeug B ergibt sich

$$KD_{B,1} = 40.000 \text{ €} \cdot 0{,}11723 \cdot 10 \text{ Jahre} = 46.892 \text{ €}$$

Der Unterschied beträgt 35.169 / 46.892 = 0,75, der gesamte Kapitaldienst ist also für Fahrzeug A nach wie vor um 25 % geringer als bei Alternative B. Die Verwendung eines alternativen Zinssatzes, z.B. 7 %, wird keine Veränderung dieses Ergebnisses bewirken, da der Annuitätenfaktor für beide Alternativen bei gleichem Zinssatz und gleicher Nutzungsdauer konstant bleibt.

Im Hinblick auf einen Kostenvergleich ist es bei ausschließlicher Betrachtung von Investitionskosten für Alternativen mit gleicher Nutzungsdauer also völlig unerheblich, welcher Zinssatz in die Berechnung einfließt. Der Einfachheit halber brauchen lediglich die Investitionskosten miteinander verglichen zu werden. Obwohl dies zunächst trivial erscheint, ist es für die weiteren Überlegungen eine wichtige Voraussetzung.

> Werden bei gleicher Nutzungsdauer lediglich die Investitionskosten betrachtet, ist die Höhe des Zinssatzes im Rahmen von Kostenvergleichsrechnungen irrelevant.

Im Hinblick auf einen Kostenvergleich ist es in diesem Fall nämlich ebenso unerheblich, ob die Zahlungen, die 10 Jahre lang jedes Jahr an das Kreditinstitut erfolgen, auf einen bestimmten Bezugszeitpunkt diskontiert werden oder nicht. Nach dem Prinzip der Realbewertung wäre dies erforderlich. Da aber in beiden Fällen der gleiche Diskontierungsfaktor zum Ansatz käme, wäre das Ergebnis wieder dasselbe: Fahrzeug A ist 25 % günstiger als Fahrzeug B. Eine Nominalbewertung führt also zum selben Ergebnis wie eine Realbewertung.

Auch kämen wir zu dem gleichen Ergebnis, wenn Fahrzeug A zusätzlich noch 25 % geringere Betriebskosten aufweisen würde. Wieder müssen wir die Annuitäten 10 Jahre lang addieren und die jährlichen Betriebskosten ebenso. Am Ende zeigt sich, dass Fahrzeug A 25 % günstiger ist als Fahrzeug B (sowohl in den Kapitalkosten als auch in den Betriebskosten, hier also in den Gesamtkosten). Und auch wenn die Betriebskosten jährlich um 4 % mit der Inflationsrate wachsen, käme dasselbe Ergebnis heraus, da es ja für beide Alternativen gleich wäre.

> Lediglich wenn bei den zu untersuchenden Alternativen die Investitionskosten deutlich von den Betriebskosten abweichen, ist die Bewertung nicht trivial.

Beispiel 6.11a:

Gegeben sind analog zu LAWA (1998) zwei nutzengleiche Alternativen bei einer Nutzungsdauer von 50 Jahren:

Alternative 1 : Investitionskosten IK_1 =   2.800.000 €
                Laufende Kosten LK_1 =   20.000 €/a
Alternative 2 : Investitionskosten IK_2 =   500.000 €
                Laufende Kosten LK_2 =   130.000 €/a

Gemäß den obigen Ausführungen soll nun der Wirtschaftlichkeitsvergleich dadurch ermöglicht werden, dass die nominalen Zahlungen für jedes Jahr ermittelt und addiert werden. Da nun aber die Investitionskosten von den Betriebskosten für beide Alternativen abweichen, müssen der tatsächliche Zinssatz für die Annuitätenzahlungen (die bleiben 50 Jahre lang nominal konstant) und die Inflationsrate für die laufenden Kosten (die steigen nominal mit der Inflationsrate) in Ansatz gebracht werden.

Der langjährige Kapitalmarktzins weist mit einem Zyklus von 8 - 9 Jahren Schwankungen zwischen 6 % und 10 % auf (Wöhe, 1996). Die durchschnittliche Inflationsrate von 1950 - 1998 betrug 3 % (Uni Würzburg, 2002). Für die folgende Berechnung wird ein Zinssatz von 8 % und eine Inflationsrate von 3 % angesetzt.

Beispiel 6.11b:

Um die Annuität zu berechnen, kommt der Kapitalwiedergewinnungsfaktor KFAKR (vgl. Abschn. 3.2.3, Tabelle 3.9) zur Anwendung. Er beträgt bei einem Zinssatz von 8 % und einer Laufzeit von 50 Jahren KFAKR (8 %; 50) = 0,08174. Die Investition multipliziert mit diesem Faktor ergibt die nominal konstante jährliche Zahlung. Die Summierung über 50 Jahre ergibt den nominalen Barwert der Investition.

Unterliegt eine jährliche Zahlung einer gleichförmigen jährlichen Steigerung i, so wird die Summe über den Zeitraum n mit Hilfe des Akkumulationsfaktors für gleichförmige Kostenreihen AFAKR (i;n) (vgl. Abschn. 6.5.6.2, Tabelle 6.6) berechnet. Bei einem Zinssatz i = 3 % und einer Laufzeit von n = 50 Jahren beträgt dieser AFAKR (3 %; 50) = 112,797.

Für Alternative 1 ergibt sich also am Ende der Periode folgende nominale Gesamtzahlung:

GK_1 = 2.800.000 € · 0,08174 · 50 + 20.000 € · 112,797 = 13.699.540 €

Für Alternative 2 ergibt sich entsprechend:

GK_2 = 500.000 € · 0,08174 · 50 + 130.000 € · 112,797 = 16.707.110 €

Die Alternative 1 ist bezogen auf die Alternative 2 um 18 % günstiger .

Bei dem obigen Beispiel handelt es sich um einen Vergleich der insgesamt fließenden Nominalkosten beider Alternativen. Das ist streng genommen nur zulässig, wenn die jährlichen Zahlungen für beide Alternativen jeweils gleich hoch sind, weil ansonsten das Prinzip der Realbewertung verletzt wird. Bei Alternative 1 beträgt die jährliche Zahlung im 1. Jahr ca. 250.000 €, bei Alternative 2 ca. 170.000 €. Im letzten Jahr beträgt die jährliche Zahlung bei Alternative 1 ca. 314.000 €, bei Alternative 2 ca. 594.000 €. Es wird deutlich, dass sich die jährlichen nominalen Zahlungen schneiden. Deshalb soll das Ergebnis der nominalen Betrachtung zunächst überschlägig als hinreichend genau angesehen werden. Die Realbewertung ist auf diesem Weg zudem auch sehr aufwändig, weil für jedes einzelne Jahr die Zahlung diskontiert werden müsste. Die Realbewertung in diesem Zusammenhang erfolgt am Schluss dieses Abschnitts.

Beim Zinssatz ist – so zeigen die obigen Ausführungen - ebenso wie bei den Preissteigerungen eine Unterscheidung zwischen realen und nominalen Ansätzen von Bedeutung, es gelten somit die gleichen wie unter Abschn. 6.4.1 genannten Grundsätze. Bei Verwendung der nominalen Ansätze ist auch die Inflationsrate zu berücksichtigen. Da der inflationäre Effekt bei gleichzeitiger Langlebigkeit abwasserwirtschaftlicher Projekte wegen seiner Schwankungen und Unsicherheiten jedoch zu eliminieren ist, sollte entsprechend auch niemals von den aktuellen nominalen Zinssätzen ausgerichtet nach den aktuellen Gegebenheiten des Kapitalmarktes ausgegangen werden.

Die KVR-Leitlinien empfehlen als Standardwert für Kostenvergleichsrechnungen einen realen Zinssatz von 3 % p.a.. Diese Empfehlung fußt auf umfangreichen wirtschaftswissenschaftlichen Untersuchungen im Rahmen der periodischen Fortschreibung des Bundesverkehrswegeplanes zum Januar 1986.

Beispiel 6.11c:

Zur Ermittlung des Projektkostenbarwertes PKBW wird zu der Einmalzahlung der Investition die Summe der jährlichen laufenden Kosten, die einer Preissteigerung unterworfen sind, addiert. Dies geschieht mit Hilfe des Diskontierungsfaktors für gleichförmige Kostenreihen DFAKR (i;n). Mit diesem Faktor werden die jährlichen Zahlungen auf den Bezugszeitpunkt diskontiert (vgl. Abschn. 6.5.1). Deshalb ist der Faktor stets kleiner als die Laufzeit; mit zunehmender Laufzeit wird dieser Effekt größer. Mit n = 50 Jahren und einem wie von der LAWA empfohlenen Zinssatz von 3 % beträgt der Diskontierungsfaktor DFAKR (3 %; 50) = 25,7298.

Für Alternative 1 ergibt sich der Projektkostenbarwert

$PKBW_1 = 2.800.000 € + 20.000 € \cdot 25,7298 = 3.315.000 €$

Für Alternative 2 ergibt sich:

$PKBW_2 = 500.000 € + 130.000 € \cdot 25,7298 = 3.845.000 €$.

Alternaive 1 ist also bezogen auf Alternative 2 um 14 % günstiger als Alternative 2.

Der Vergleich zeigt also eine ungefähre Übereinstimmung (18 % und 14 %) in den Berechnungsmethoden. Vielfach wird nun aber in der Praxis ein scheinbar betriebswirtschaftlich relevanter Zinssatz angesetzt, der dem aktuellen Marktzinssatz entspricht. Es wird fälschlicherweise unterstellt, dass der in der Vergleichsrechnung zur Anwendung kommende Zinssatz ein Kapitalmarktzinssatz ist und nicht wie tatsächlich lediglich eine Rechengröße zur Einhaltung des Prinzips der

Realbewertung. Welches Ergebnis würde nun der Einsatz des aktuellen Marktzinssatzes ergeben?

Beispiel 6.11d:

Bei einem Zinssatz von 8 % und einer Laufzeit von 50 Jahren ist DFAKR (8 %; 50) = 12,2335.

Für Alternative 1 ergibt sich der Projektkostenbarwert

$PKBW_1$ = 2.800.000 € + 20.000 € · 12,2335 = 3.045.000 €

Für Alternative 2 ergibt sich:

$PKBW_2$ = 500.000 € + 130.000 € ·12,2335 = 2.090.000 €.

Alternaive 1 ist also bezogen auf Alternative 2 um 46 % ungünstiger als Alternative 2.

Es darf also bei Vergleichsrechnungen niemals vom aktuellen nominalen Zinssatz ausgegangen werden. Eine Verwendung von i = 3 % abweichenden Zinssätzen führt zu gravierenden Fehlentscheidungen (- 46 % statt + 14 % bzw. + 18 %). Der Fehler wird mit zunehmenden Unterschieden von Investitions- und Betriebskosten bei den Alternativen größer. Auch eine hin und wieder vorgenommene Unterscheidung in eine betriebswirtschaftliche und eine volkswirtschaftliche Betrachtungsweise bei Kostenvergleichsrechnungen, bei der dann in der betriebswirtschaftlichen Rechnung der Kapitalmarktzins angesetzt wird, ist sinnleer.

> Bei abwasserwirtschaftlichen Vorhaben ist im Rahmen von Kostenvergleichsrechnungen stets ein realer Zinssatz von 3 % p.a. anzusetzen. Es handelt sich dabei nicht um einen Kapitalmarktzins, sondern um eine Rechengröße zur Wahrung des Prinzips der Realbewertung.

Im Rahmen einer Empfindlichkeitsprüfung sollten die Auswirkungen der Rechenergebnisse bei Verwendung der Bandbreite von 2 % bis höchstens 5 % p.a. untersucht werden.

Zur Realbewertung im Kostenvergleich. Mit Beispiel 6.11 wurde gezeigt, dass die Nominalbewertung unter Einsatz eines marktüblichen Zinssatzes sowie der Inflationsrate i.H.v. 3 % zu einem ähnlichen Ergebnis führt wie bei der Anwendung der Methodik, die die LAWA vorschlägt. Da aber die Höhen der jährlichen nominalen Raten für beide Alternativen verschieden sind, wird das Prinzip der Realbewertung verletzt. Deshalb wird an dieser Stelle eine genaue Analyse vorgenommen. Dazu werden als Variablen Z für den marktüblichen Zinssatz und I für die Inflationsrate eingeführt.

Mit der Annahme, dass eine getätigte Investition mit Hilfe eines Annuitätendarlehens über die Laufzeit n mit dem Zinssatz Z finanziert wird, erhält man wie in Beispiel 6.11 eine über die gesamte Laufzeit nominal konstante Rate, die mit der Annuitätenformel KFAKR (Z, n) berechnet wird (vgl. Abschn. 3.2.3). Allerdings ist bei der Realbewertung zu beachten, dass diese Rate jährlich ihre Kaufkraft ändert. Sie wird i.d.R. und vereinfachend mit der Inflationsrate kleiner. Sie ist also mit der Inflationsrate jährlich mit dem Faktor DFAKE (I, n) abzuzinsen und dann die Summe über die Laufzeit zu bilden.

Parallel dazu sind die laufenden Kosten zu betrachten. Sie steigen nominal jährlich mit der Inflationsrate an. Um eine Realbewertung zu erreichen, müssen die jährlichen Raten wiederum mit der Inflationsrate abgezinst werden. Das bedeutet, dass die jährliche real bewertete Rate nominal konstant bleibt. Die Kaufkraft bleibt für die laufenden Raten stets gleich, weil sie ja mit der Inflationsrate steigen.

Der Projektkostenbarwert $PKBW_A$ für diese Realbewertung ergibt sich nun zu

$$PKBW_A = IK \cdot \frac{Z}{I} \cdot \frac{1 - \frac{1}{(1+I)^n}}{1 - \frac{1}{(1+Z)^n}} + LK \cdot n \tag{6.1}$$

Es wird deutlich, dass bei Gleichheit von I und Z der Bruch zu 1 wird und der Projektkostenbarwert aus den Investitionskosten im Bezugszeitpunkt zzgl. zu den real bewerteten laufenden Kosten gebildet wird.

Die LAWA schlägt nun wie oben bereits beschrieben vor, die Realbewertung mit der folgenden Methodik durchzuführen: Es sollen die nominalen Investitionskosten genommen werden und die laufenden Kosten mit dem Diskontierungsfaktor für eine gleichförmige Kostenreihe DFAKR (i, n) multipliziert und die Ergebnisse zur Ermittlung des Projektkostenbarwertes $PKBW_B$ addiert werden. Dabei soll ein Zinssatz von i = 3 % angesetzt werden.

$$PKBW_B = IK + LK \cdot \frac{(1+i)^n}{i(1+i)^n} \tag{6.2}$$

Die Frage ist nun, welcher Zinssatz i tatsächlich der korrekten Realbewertung mit Gl. (6.1) entspricht. Dies hängt lediglich von den anzunehmenden Größen Z und I sowie von der Laufzeit ab. Mit der Annahme von Z_1 = 7 % und Z_2 = 8 % sowie I = 3 % wird beim Vergleich zweier Alternativen unabhängig von dem Verhältnis von Investitions- und laufenden Kosten mit Gl. (6.2) das selbe Ergebnis wie mit Gl. (6.1) bei den Werten i erreicht, die in Abb. 6.6 dargestellt sind.

Im Ergebnis kann festgestellt werden, dass bei langen Nutzungsdauern, wie sie im Bereich der Abwasserbeseitigung zu erwarten sind, ausschließlich Zinssätze in der Größenordnung von i = 3 % in Gl. (6.1) einzusetzen sind, um eine Realbewertung für den Vergleich zweier Alternativen vornehmen zu können. Das empfiehlt auch die LAWA. Bei kurzen Nutzungsdauern nähert sich i dem Marktzins an.

Dieses Ergebnis zeigt auch, dass eine unterschiedliche Betrachtungsweise, also z.B. mit der Verwendung von i = 3 % aus volkswirtschaftlicher Sicht und i = Z aus betriebswirtschaftlicher Sicht, sinnleer ist.

Beispiel 6.11e:

Mit Z = 8 % und I = 3 % ergibt sich unter Verwendung der Gl. (6.1) für die Alternative 1 ein Projektkostenbarwert von

$$PKBW_{A1} = 2.800.000 \cdot \frac{0,08}{0,03} \cdot \frac{1 - \frac{1}{(1+0,03)^{50}}}{1 - \frac{1}{(1+0,08)^{50}}} + 20.000 \cdot 50 = 6.889.006 \, €$$

Für die Alternative 2 ergibt sich unter den gleichen Voraussetzungen

$$PKBW_{A2} = 500.000 \cdot \frac{0,08}{0,03} \cdot \frac{1 - \frac{1}{(1+0,03)^{50}}}{1 - \frac{1}{(1+0,08)^{50}}} + 130.000 \cdot 50 = 7.551.607 \, €$$

Die Alternative 1 ist bezogen auf Alternative 2 um 8,8 % günstiger als Alternative 2.

Bei Verwendung der Gl. (6.2), also der Methode nach LAWA, ergibt sich für Alternative 1 bei Ansatz des exakten Zinssatzes von i = 3,43 % mit DFAKR (3,43 %, 50)=23,7547

$PKBW_{B1} = 2.800.000 \, € + 20.000 \, € \cdot 23,7547 = 3.275.094 \, €$

Entsprechend ergibt sich für Alternative 2

$PKBW_{B2} = 500.000 \, € + 130.000 \, € \cdot 23,7547 = 3.588.111 \, €$

Die Alternative 1 ist bezogen auf Alternative 2 um ebenfalls um 8,7 % ≅ 8,8 % günstiger als Alternative 2. Beide Verfahren führen also zum selben Ergebnis.

Mit diesem Zahlenbeispiel wird auch deutlich, dass die absoluten Größen des Ergebnisses - hier in € - völlig unerheblich sind. Darauf wird im folgenden Abschnitt näher eingegangen.

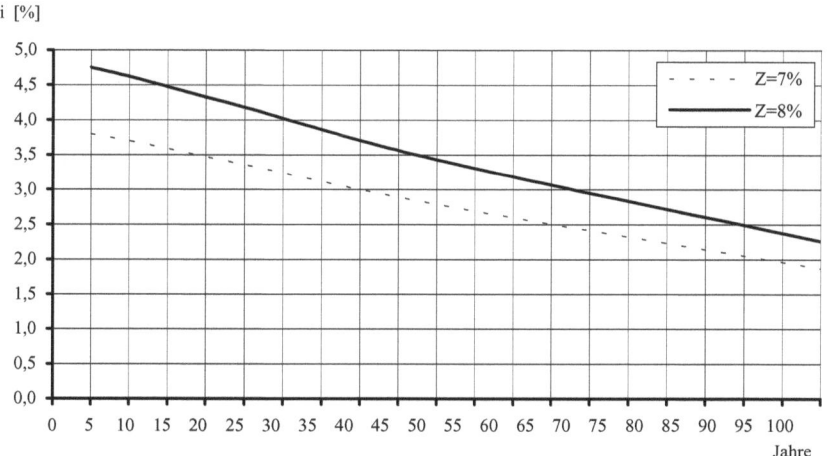

Abb. 6.6   Zinssatz i als Funktion der Nutzungsdauer für eine korrekte Realbewertung

6.5.4 Projektkostenbarwerte und Jahreskosten

Es ist möglich, das Ergebnis einer Kostenvergleichsrechung in Form der Gegenüberstellung von Projektkostenbarwerten (wie in Abschn. 6.5.3) oder von Jahreskosten zu ermitteln.

Bei der Ermittlung von Projektkostenbarwerten werden sämtliche reale - also diskontierte nominale - jährliche Zahlungen summiert und zu der Investition addiert. Man erhält den gesamten realen Barwert des Projektes aus den Kapitalkosten und den laufenden Kosten. Bei den Jahreskosten wird die Investition mit der Annuitätenmethode gleichmäßig auf die Laufzeit verteilt. Man erhält die jährliche Rate aus den Kapitalkosten, zu der dann die laufenden jährlichen Kosten addiert werden. Da in beiden Fällen das Prinzip der Realbewertung eingehalten wird, spricht man jeweils von dynamischen Verfahren. Bei Verwendung von nominalen Kostengrößen spricht man - wie bereits dargestellt - von statischen Verfahren, die aber wegen der Notwendigkeit der Einhaltung des Prinzips der Realbewertung für die langlebigen abwasserwirtschaftlichen Maßnahmen nicht zur Anwendung kommen sollten.

Die korrekte Ermittlung von Projektkostenbarwerten und Jahreskosten führt zu demselben Ergebnis.

Beispiel 6.11f:

Gegeben sind analog zu LAWA 1998 zwei nutzengleiche Alternativen bei einer Nutzungsdauer von 50 Jahren:

Alternative 1 : Investitionskosten IK_1 = 2.800.000 €
Laufende Kosten LK_1 = 20.000 €/a
Alternative 2 : Investitionskosten IK_2 = 500.000 €
Laufende Kosten LK_2 = 130.000 €/a

Zur Ermittlung des Projektkostenbarwertes PKBW wird zu der Einmalzahlung der Investition die Summe der jährlichen laufenden Kosten, die einer Preissteigerung unterworfen sind, addiert. Dies geschieht mit Hilfe des Diskontierungsfaktors für gleichförmige Kostenreihen DFAKR (i; n). Mit diesem Faktor werden die jährlichen Zahlungen auf den Bezugszeitpunkt diskontiert. Deshalb ist der Faktor stets kleiner als die Laufzeit; mit zunehmender Laufzeit wird dieser Effekt größer. Mit n = 50 Jahren und einem wie von der LAWA empfohlenen Zinssatz von 3 % beträgt der Diskontierungsfaktor DFAKR (3 %; 50) = 25,7298. Für Alternative 1 ergibt sich der Projektkostenbarwert

$PKBW_1$ = 2.800.000 € + 20.000 € · 25,7298 = 3.315.000 €

Für Alternative 2 ergibt sich:

$PKBW_2$ = 500.000 € + 130.000 € · 25,7298 = 3.845.000 €.

Alternaive 1 ist also bezogen auf Alternative 2 um 14 % günstiger als Alternative 2.

Zur Ermittlung der Jahreskosten JK wird die Einmalzahlung mit Hilfe des Annuitätenfaktors (auch Kapitalwiedergewinnungsfaktors) KFAKR (i; n) in eine jährliche Kostenreihe umgewandelt. Die jährlichen laufenden Kosten werden addiert. Bei einer Laufzeit von n = 50 Jahren und einem Zinssatz von i = 3 % beträgt KFAKR (3 %; 50) = 0,03887. Für Alternative 1 ergeben sich die Jahreskosten zu:

$JK_1 = 2.800.000\ € \cdot 0{,}03887 + 20.000\ € = 128.836\ €$

Für Alternative 2 ergibt sich:

$JK_2 = 500.000\ € \cdot 0{,}03887 + 130.000\ € = 149.435\ €$

Alternative 1 ist also bezogen auf Alternative 2 um 14 % günstiger als Alternative 2.

Das Beispiel zeigt, dass beide Verfahren zum selben Ergebnis führen. Deutlich wird darüber hinaus, dass die hier ermittelten Jahreskosten in keinem unmittelbaren Zusammenhang mit den betriebswirtschaftlich zu erbringenden Jahreskosten bzw. Annuitäten stehen. Diese sind wegen des real höheren Zinssatzes höher und steigen wegen der zunehmenden laufenden Kosten mit der Zeit.

Beide Verfahren liefern im Ergebnis lediglich Rechengrößen in Geldeinheiten, die einen Vergleich zwischen den Alternativen ermöglichen (hier 14 % Differenz). Die Verwendung von Geldeinheiten trägt in der Praxis oft zur Verwirrung bei, weil suggeriert wird, dass es sich um tatsächliche Zahlungsströme handelt. Die die Kostenvergleichsrechnung anwendenden Ingenieure müssen aber bedenken, dass ihre Ausführungen auch von Beteiligten verstanden werden sollen, die sich nicht eingehend mit der Materie beschäftigt haben. Deshalb wird empfohlen, auf die Verwendung von Jahreskosten im Rahmen der Kostenvergleichsrechnung zu verzichten.

> Die Ergebnisse der Kostenvergleichsrechnung sind in Geldeinheiten ausgedrückte Rechengrößen. Sie stehen in keinem unmittelbaren Zusammenhang mit den tatsächlich zukünftig erfolgenden Zahlungsströmen. Es wird daher empfohlen, statt der Jahreskosten ausschließlich Projektkostenbarwerte zu verwenden.

Zur Anwendung höherwertiger Stufen der Kostenvergleichsrechnung, z.B. für Stufenausbaukonzepte oder sich dynamisch entwickelnder Gestehungskosten bei sich ändernder Nutzung der Anlagen wird auf die weiterführende Literatur, z.B. die KVR-Richtlinien, verwiesen. Im Folgenden wird entsprechend den o.g. Vorschlägen auf die Verwendung von Jahreskosten verzichtet. Beispiele hierfür können ebenfalls den KVR-Richtlinien entnommen werden.

6.5.5 Berücksichtigung von Investitionszuschüssen

Wie bei Bohn (1993) näher ausgeführt wird, sind durch die in den einzelnen Bundesländern unterschiedlich gewährten staatlichen Investitionskostenzuschüsse und Kostenverrechnungsmöglichkeiten Verfälschungen in der grundsätzlichen Aussage über die relative Wirtschaftlichkeit zwischen technischen Lösungsalternativen möglich. Insbesondere bei stark voneinander abweichenden Investitionskosten der Alternativen können sie das Entscheidungskriterium Wirtschaftlichkeit wesentlich beeinflussen, indem teilweise die tatsächlich unwirtschaftlichere Variante scheinbar wirtschaftlicher wird.

Die Berücksichtigung von Investitionszuschüssen wird auch bei Eck-Düpont und Wolf (1992) im Zusammenhang mit der Unterscheidung nach der betriebs- oder volkswirtschaftlichen Betrachtungsweise behandelt. Bei der volkswirtschaftlichen Betrachtungsweise werden alle Kosten und Nutzen berücksichtigt, unabhängig davon, ob sie für den jeweiligen Unternehmensträger relevant sind oder nicht. Zuschüsse, Beihilfen und zinsgünstige Darlehen können deshalb nicht zu einer verbesserten Wirtschaftlichkeit im volkswirtschaftlichen Sinne führen. Diese Betrachtungsweise sollte für den Zuschussgeber maßgebend sein, während für den Unternehmensträger die betriebswirtschaftliche Betrachtung mit Berücksichtigung der Investitionszuschüsse interessanter ist.

Maßgeblich für die Einbeziehung bzw. Nichteinbeziehung von Zuschüssen ist also der Adressat der Kostenvergleichsrechnung. Grundsätzlich sollten die Zuschüsse zunächst nicht in die Vergleichsrechnung einbezogen werden, um die technischen Alternativen losgelöst von politischen Randbedingungen beurteilen zu können. Im Rahmen der Empfindlichkeitsprüfungen und des Berichts sind dann die Auswirkungen des Fließens von Zuschüssen darzustellen.

6.5.6 Zeitliche Gewichtung von Kostengrößen

Im Rahmen von abwasserwirtschaftlichen Projekten fallen die relevanten Kostengrößen zu unterschiedlichen Zeitpunkten an. Zur Wahrung des Prinzips der Realbewertung sind alle Kosten auf einen einheitlichen Bezugszeitpunkt zu beziehen. Dabei werden vor dem Bezugszeitpunkt anfallende Kosten akkumuliert (aufgezinst) und danach anfallende Kosten diskontiert (abgezinst). Im Ergebnis dieser finanzmathematischen Aufbereitung erhält man Barwerte . Ihre Summe ergibt den Projektkostenbarwert .

In dieser Form aufzubereitende Kostengrößen sind Einzelkosten , z.B. in Form von Investitionen, jährlich wiederkehrende gleiche Kosten (gleichförmige Kostenreihen), z.B. Betriebskosten, und progressiv steigende Kostenreihen , d.h. Kostenreihen, die jährlich um den gleichen Prozentsatz steigen.

6.5.6.1 Umrechnung von Einzelkosten

Einzelkosten können vor oder nach dem Bezugszeitpunkt anfallen. Vor dem Bezugszeitpunkt, für den zumeist das Ende der Investitionsphase gewählt wird, anfallende Kosten werden akkumuliert. Dies geschieht mit dem Akkumulationsfaktor für Einzelzahlungen AFAKE :

$$AFAKE(i;n) = (1+i)^n = q^n \tag{6.3}$$

wobei i der Zinssatz und n die Anzahl der Jahre zwischen Kostenanfall und Bezugszeitpunkt (Zinszeitraum) ist.

Tabelle 6.3 enthält Werte des Akkumulationsfaktors für einmalige Kosten AFAKE(i; n).

Beispiel 6.12:

Das Grundstück für ein RÜB wird 10 Jahre vor Inbetriebnahme erworben, die Kanalanbindung 5 Jahre vor Inbetriebnahme hergestellt. Die Gestehungskosten für den Grunderwerb betrugen $GK_1=2{,}7$ Mio. €, die für den Kanalanschluss $GK_2 = 1{,}3$ Mio. €.

Bei Verwendung des Zinssatzes von i = 3 % ergibt sich der Barwert der Gestehungskosten GKBW:

$$\begin{aligned}GKBW &= GK_1 \cdot AFAKE\ (3\ \%; 10) + GK_2 \cdot AFAKE\ (3\ \%;\ 5)\\ &= 2{,}7\ \text{Mio.}\ €\cdot 1{,}34392 + 1{,}3\ \text{Mio.}\ €\cdot 1{,}15927\\ &= 3{,}63\ \text{Mio.}\ € + 1{,}51\ \text{Mio.}\ € = 5{,}14\ \text{Mio.}\ €.\end{aligned}$$

Wären die Kosten zum Zeitpunkt der Inbetriebnahme angefallen, hätten statt 4 Mio. € real 5,14 Mio. € aufgewendet werden müssen.

Es wird noch einmal darauf hingewiesen, dass diese Berechnung nur für einen Alternativenvergleich relevant ist. Es ist nicht zulässig, z.B. die zum Zeitpunkt der Inbetriebnahme tatsächlichen Grundstückspreise in die Vergleichsrechnung einzubringen, weil nicht der Wert der Anlage im Rahmen dieser Fragestellung relevant ist, sondern was mit dem Geld für die Investition alternativ hätte bewirkt werden können.

Nach dem Bezugszeitpunkt anfallende Kostengrößen werden diskontiert bzw. abgezinst. Dazu wird der Diskontierungsfaktor für Einzelzahlungen DFAKE verwendet.

$$DFAKE\ (i; n) = \frac{1}{(1+i)^n} = \frac{1}{q^n} \tag{6.4}$$

Tabelle 6.4 enthält Werte des Diskontierungsfaktors für einmalige Kosten DFAKE(i; n).

Beispiel 6.13a:

Es soll der Barwert für die Kosten einer Reinvestition im Jahr n = 25, deren Nominalwert zum Bezugszeitpunkt, also zum Zeitpunkt 0, $IKR_0 = 3{,}5$ Mio. € beträgt, ermittelt werden. Gesucht ist der Reinvestitionskostenbarwert nach 25 Jahren $IKR_{25}BW_0$.

Es wird also angenommen, dass keine reale Preissteigerung erfolgt. Zum Verständnis noch einmal: die Reinvestition wird nach 25 Jahren aller Erfahrung nach nominal größer sein als heute, real aber nur dann auch größer, wenn für die vorliegende Maßnahme eine Preissteigerung zu erwarten ist, die oberhalb der durchschnittlichen Preissteigerungsrate liegt. Ist dies nicht der Fall, besagt das Prinzip der Realbewertung eben das, dass die Reinvestition real die gleichen Kosten verursacht wie die Investition zum Bezugszeitpunkt.

Doch wie hoch ist ihr Barwert zum Zeitpunkt 0, welche Kaufkraft steckt heute hinter der in 25 Jahren zu tätigenden Reinvestition?

$$\begin{aligned}IKR_{25}BW_0 &= IKR_0 \cdot DFAKE\ (3\ \%;\ 25)\\ &= 3{,}5\ \text{Mio.}\ €\cdot 0{,}47761\\ &= 1{,}67\ \text{Mio.}\ €\end{aligned}$$

Der Barwert der in 25 Jahren zu tätigenden Reinvestition beträgt also 1,67 Mio. €.

Tabelle 6.3 Akkumulationsfaktor für einmalige Kosten AFAKE(i; n)

							Zinssatz i in Prozent	
	0,5	1,0	1,5	2,0	2,5	3,0	3,5	4,0
1	1,005	1,01	1,015	1,02	1,025	1,03	1,035	1,04
2	1,010025	1,0201	1,030225	1,0404	1,050625	1,0609	1,071225	1,0816
3	1,015075	1,030301	1,045678	1,061208	1,076891	1,092727	1,108718	1,124864
4	1,020151	1,040604	1,061363	1,082432	1,103813	1,125509	1,147523	1,169858
5	1,025251	1,051010	1,077284	1,104081	1,131408	1,159274	1,187686	1,216652
6	1,030378	1,061520	1,093443	1,126162	1,159693	1,194052	1,229255	1,265319
7	1,035529	1,072135	1,109844	1,148686	1,188686	1,229874	1,272279	1,315931
8	1,040707	1,082856	1,126492	1,171659	1,218403	1,26677	1,316809	1,368569
9	1,045911	1,093685	1,14339	1,195093	1,248863	1,304773	1,362897	1,423311
10	1,05114	1,104622	1,160540	1,218994	1,280085	1,343916	1,410599	1,480244
11	1,056396	1,115668	1,177948	1,243374	1,312087	1,384234	1,45997	1,539454
12	1,061678	1,126825	1,195618	1,268242	1,344889	1,425761	1,511069	1,601032
13	1,066986	1,138093	1,213552	1,293607	1,378511	1,468534	1,563956	1,665073
14	1,072321	1,149474	1,231755	1,319479	1,412974	1,51259	1,618695	1,731676
15	1,077683	1,160968	1,250232	1,345868	1,448298	1,557967	1,675349	1,800943
16	1,083071	1,172578	1,268985	1,372786	1,484506	1,604706	1,733986	1,872981
17	1,088487	1,184304	1,288020	1,400241	1,521618	1,652848	1,794676	1,947900
18	1,093929	1,196147	1,307340	1,428246	1,559659	1,702433	1,857489	2,025816
19	1,099399	1,208108	1,326950	1,456811	1,59865	1,753506	1,922501	2,106849
20	1,104896	1,220190	1,346855	1,485947	1,638616	1,806111	1,989789	2,191123
21	1,11042	1,232391	1,367057	1,515666	1,679582	1,860295	2,059431	2,278768
22	1,115972	1,244715	1,387563	1,54598	1,721571	1,916103	2,131512	2,369918
23	1,121552	1,257163	1,408377	1,576899	1,764611	1,973587	2,206114	2,464715
24	1,12716	1,269734	1,429502	1,608437	1,808726	2,032794	2,283328	2,563304
25	1,132796	1,282432	1,450945	1,640606	1,853944	2,093778	2,363245	2,665836
30	1,1614	1,347848	1,563080	1,811362	2,097568	2,427262	2,806794	3,243397
35	1,190727	1,416602	1,683881	1,99989	2,373205	2,813862	3,33359	3,946089
40	1,220794	1,488863	1,814018	2,20804	2,685064	3,262038	3,95926	4,801020
45	1,251621	1,564810	1,954213	2,437854	3,037903	3,781596	4,702359	5,841175
50	1,283226	1,644631	2,105242	2,691588	3,437109	4,383906	5,584927	7,106683
55	1,315629	1,728524	2,267944	2,971731	3,888773	5,082149	6,633141	8,646366
60	1,34885	1,816696	2,443219	3,281031	4,39979	5,891603	7,878091	10,51962
65	1,38291	1,909366	2,632041	3,622523	4,977958	6,829983	9,356701	12,79873
70	1,417831	2,006763	2,835456	3,999558	5,632103	7,917822	11,11283	15,57161
75	1,453633	2,109128	3,054591	4,415835	6,372207	9,178926	13,19855	18,94525
80	1,490339	2,216715	3,290662	4,875439	7,209568	10,64089	15,67574	23,04979
85	1,527971	2,329789	3,544978	5,382879	8,156964	12,33571	18,61786	28,04360
90	1,566555	2,448632	3,818948	5,943133	9,228856	14,30047	22,11218	34,11933
95	1,606112	2,573537	4,114492	6,561699	10,4416	16,57816	26,26233	41,51138
100	1,646668	2,704813	4,432045	7,244646	11,81372	19,21863	31,19141	50,50494

Zinszeitraum n in Jahren

	Zinssatz i in Prozent							
	4,5	5,0	5,5	6,0	6,5	7,0	7,5	8,0
1	1,045	1,05	1,055	1,06	1,065	1,07	1,075	1,08
2	1,09202	1,1025	1,11302	1,1236	1,13422	1,1449	1,155625	1,1664
3	1,14116	1,15762	1,17424	1,19101	1,20794	1,22504	1,242296	1,25971
4	1,19251	1,21550	1,23882	1,26247	1,28646	1,31079	1,335469	1,36048
5	1,24618	1,27628	1,30696	1,33822	1,37008	1,40255	1,435629	1,46932
6	1,30226	1,34009	1,37884	1,41851	1,45914	1,50073	1,543301	1,58687
7	1,36086	1,40710	1,45467	1,50363	1,55398	1,60578	1,659049	1,71382
8	1,42210	1,47745	1,53468	1,59384	1,65499	1,71818	1,783477	1,85093
9	1,48609	1,55132	1,61909	1,68947	1,76257	1,83845	1,917238	1,99900
10	1,55296	1,62889	1,70814	1,79084	1,87713	1,96715	2,061031	2,15892
11	1,62285	1,71033	1,80209	1,89829	1,99915	2,10485	2,215608	2,33163
12	1,69588	1,79585	1,90120	2,01219	2,12909	2,25219	2,381779	2,51817
13	1,77219	1,88564	2,00577	2,13292	2,26748	2,40984	2,560413	2,71962
14	1,85194	1,97993	2,11609	2,26090	2,41487	2,57853	2,752444	2,93719
15	1,93528	2,07892	2,23247	2,39655	2,57184	2,75903	2,958877	3,17216
16	2,02237	2,18287	2,35526	2,54035	2,73901	2,95216	3,180793	3,42594
17	2,11337	2,29201	2,48480	2,69277	2,91704	3,15881	3,419352	3,70001
18	2,20847	2,40661	2,62146	2,85433	3,10665	3,37993	3,675804	3,99601
19	2,30786	2,52695	2,76564	3,02559	3,30858	3,61652	3,951489	4,31570
20	2,41171	2,65329	2,91775	3,20713	3,52364	3,86968	4,247851	4,66095
21	2,52024	2,78596	3,07823	3,39956	3,75268	4,14056	4,566439	5,03383
22	2,63365	2,92526	3,24753	3,60353	3,99660	4,43040	4,908922	5,43654
23	2,75216	3,07152	3,42615	3,81974	4,25638	4,74052	5,277092	5,87146
24	2,87601	3,22509	3,61458	4,04893	4,53305	5,07236	5,672874	6,34118
25	3,00543	3,38635	3,81339	4,29187	4,82769	5,42743	6,098339	6,84847
30	3,74531	4,32194	4,98395	5,74349	6,61436	7,61225	8,754955	10,0626
35	4,66734	5,51601	6,51382	7,68608	9,06225	10,6765	12,56887	14,7853
40	5,81636	7,03998	8,51330	10,2857	12,4160	14,9744	18,04423	21,7245
45	7,24824	8,98500	11,1265	13,7646	17,0110	21,0024	25,90483	31,9204
50	9,03263	11,4674	14,5419	18,4201	23,3066	29,4570	37,18974	46,9016
55	11,2563	14,6356	19,0057	24,6503	31,9321	41,3150	53,39069	68,9138
60	14,0274	18,6791	24,8397	32,9876	43,7498	57,9464	76,64924	101,257
65	17,4807	23,8399	32,4645	44,1449	59,9410	81,2728	110,0398	148,779
70	21,7841	30,4264	42,4299	59,0759	82,1244	113,989	157,9765	218,606
75	27,1469	38,8326	55,4542	79,0569	112,517	159,876	226,7957	321,204
80	33,8300	49,5614	72,4764	105,795	154,158	224,234	325,5945	471,954
85	42,1584	63,2543	94,7237	141,578	211,211	314,500	467,4330	693,456
90	52,5371	80,7303	123,800	189,464	289,377	441,102	671,0606	1018,91
95	65,4707	103,034	161,801	253,546	396,472	618,669	963,3943	1497,12
100	81,5885	131,501	211,468	339,302	543,201	867,716	1383,077	2199,76

Zinszeitraum n in Jahren

Tabelle 6.4   Diskontierungsfaktor für einmalige Kosten DFAKE(i; n)

	Zinssatz i in Prozent							
	2,0	2,5	3,0	3,5	4,0	4,5	5,0	5,5
1	0,98039	0,97561	0,97087	0,96618	0,96154	0,95694	0,95238	0,94787
2	0,96117	0,95181	0,94260	0,93351	0,92456	0,91573	0,90703	0,89845
3	0,94232	0,92860	0,91514	0,90194	0,88900	0,87630	0,86384	0,85161
4	0,92385	0,90595	0,88849	0,87144	0,85480	0,83856	0,82270	0,80722
5	0,90573	0,88385	0,86261	0,84197	0,82193	0,80245	0,78353	0,76513
6	0,88797	0,86230	0,83748	0,81350	0,79031	0,76790	0,74622	0,72525
7	0,87056	0,84127	0,81309	0,78599	0,75992	0,73483	0,71068	0,68744
8	0,85349	0,82075	0,78941	0,75941	0,73069	0,70319	0,67684	0,65160
9	0,83676	0,80073	0,76642	0,73373	0,70259	0,67290	0,64461	0,61763
10	0,82035	0,78120	0,74409	0,70892	0,67556	0,64393	0,61391	0,58543
11	0,80426	0,76214	0,72242	0,68495	0,64958	0,61620	0,58468	0,55491
12	0,78849	0,74356	0,70138	0,66178	0,62460	0,58966	0,55684	0,52598
13	0,77303	0,72542	0,68095	0,63940	0,60057	0,56427	0,53032	0,49856
14	0,75788	0,70773	0,66112	0,61778	0,57748	0,53997	0,50507	0,47257
15	0,74301	0,69047	0,64186	0,59689	0,55526	0,51672	0,48102	0,44793
16	0,72845	0,67362	0,62317	0,57671	0,53391	0,49447	0,45811	0,42458
17	0,71416	0,65720	0,60502	0,55720	0,51337	0,47318	0,43630	0,40245
18	0,70016	0,64117	0,58739	0,53836	0,49363	0,45280	0,41552	0,38147
19	0,68643	0,62553	0,57029	0,52016	0,47464	0,43330	0,39573	0,36158
20	0,67297	0,61027	0,55368	0,50257	0,45639	0,41464	0,37689	0,34273
21	0,65978	0,59539	0,53755	0,48557	0,43883	0,39679	0,35894	0,32486
22	0,64684	0,58086	0,52189	0,46915	0,42196	0,37970	0,34185	0,30793
23	0,63416	0,56670	0,50669	0,45329	0,40573	0,36335	0,32557	0,29187
24	0,62172	0,55288	0,49193	0,43796	0,39012	0,34770	0,31007	0,27666
25	0,60953	0,53939	0,47761	0,42315	0,37512	0,33273	0,29530	0,26223
30	0,55207	0,47674	0,41199	0,35628	0,30832	0,26700	0,23138	0,20064
35	0,50003	0,42137	0,35538	0,29998	0,25342	0,21425	0,18129	0,15352
40	0,45289	0,37243	0,30656	0,25257	0,20829	0,17193	0,14205	0,11746
45	0,41020	0,32917	0,26444	0,21266	0,17120	0,13796	0,11130	0,08988
50	0,37153	0,29094	0,22811	0,17905	0,14071	0,11071	0,08720	0,06877
55	0,33650	0,25715	0,19677	0,15076	0,11566	0,08884	0,06833	0,05262
60	0,30478	0,22728	0,16973	0,12693	0,09506	0,07129	0,05354	0,04026
65	0,27605	0,20089	0,14641	0,10688	0,07813	0,05721	0,04195	0,03080
70	0,25003	0,17755	0,12630	0,08999	0,06422	0,04590	0,03287	0,02357
75	0,22646	0,15693	0,10895	0,07577	0,05278	0,03684	0,02575	0,01803
80	0,20511	0,13870	0,09398	0,06379	0,04338	0,02956	0,02018	0,01380
85	0,18577	0,12259	0,08107	0,05371	0,03566	0,02372	0,01581	0,01056
90	0,16826	0,10836	0,06993	0,04522	0,02931	0,01903	0,01239	0,00808
95	0,15240	0,09577	0,06032	0,03808	0,02409	0,01527	0,00971	0,00618
100	0,13803	0,08465	0,05203	0,03206	0,01980	0,01226	0,00760	0,00473

Zinszeitraum n in Jahren

	Zinssatz i in Prozent							
	6,0	6,5	7,0	7,5	8,0	8,5	9,0	9,5
1	0,94340	0,93897	0,93458	0,93023	0,92593	0,92166	0,91743	0,91324
2	0,89000	0,88166	0,87344	0,86533	0,85734	0,84946	0,84168	0,83401
3	0,83962	0,82785	0,81630	0,80496	0,79383	0,78291	0,77218	0,76165
4	0,79209	0,77732	0,76290	0,74880	0,73503	0,72157	0,70843	0,69557
5	0,74726	0,72988	0,71299	0,69656	0,68058	0,66505	0,64993	0,63523
6	0,70496	0,68533	0,66634	0,64796	0,63017	0,61295	0,59627	0,58012
7	0,66506	0,64351	0,62275	0,60275	0,58349	0,56493	0,54703	0,52979
8	0,62741	0,60423	0,58201	0,56070	0,54027	0,52067	0,50187	0,48382
9	0,59190	0,56735	0,54393	0,52158	0,50025	0,47988	0,46043	0,44185
10	0,55839	0,53273	0,50835	0,48519	0,46319	0,44229	0,42241	0,40351
11	0,52679	0,50021	0,47509	0,45134	0,42888	0,40764	0,38753	0,36851
12	0,49697	0,46968	0,44401	0,41985	0,39711	0,37570	0,35553	0,33654
13	0,46884	0,44102	0,41496	0,39056	0,36770	0,34627	0,32618	0,30734
14	0,44230	0,41410	0,38782	0,36331	0,34046	0,31914	0,29925	0,28067
15	0,41727	0,38883	0,36245	0,33797	0,31524	0,29414	0,27454	0,25632
16	0,39365	0,36510	0,33873	0,31439	0,29189	0,27110	0,25187	0,23409
17	0,37136	0,34281	0,31657	0,29245	0,27027	0,24986	0,23107	0,21378
18	0,35034	0,32189	0,29586	0,27205	0,25025	0,23028	0,21199	0,19523
19	0,33051	0,30224	0,27651	0,25307	0,23171	0,21224	0,19449	0,17829
20	0,31180	0,28380	0,25842	0,23541	0,21455	0,19562	0,17843	0,16282
21	0,29416	0,26648	0,24151	0,21899	0,19866	0,18029	0,16370	0,14870
22	0,27751	0,25021	0,22571	0,20371	0,18394	0,16617	0,15018	0,13580
23	0,26180	0,23494	0,21095	0,18950	0,17032	0,15315	0,13778	0,12402
24	0,24698	0,22060	0,19715	0,17628	0,15770	0,14115	0,12640	0,11326
25	0,23300	0,20714	0,18425	0,16398	0,14602	0,13009	0,11597	0,10343
30	0,17411	0,15119	0,13137	0,11422	0,09938	0,08652	0,07537	0,06570
35	0,13011	0,11035	0,09366	0,07956	0,06763	0,05754	0,04899	0,04174
40	0,09722	0,08054	0,06678	0,05542	0,04603	0,03827	0,03184	0,02651
45	0,07265	0,05879	0,04761	0,03860	0,03133	0,02545	0,02069	0,01684
50	0,05429	0,04291	0,03395	0,02689	0,02132	0,01692	0,01345	0,01070
55	0,04057	0,03132	0,02420	0,01873	0,01451	0,01126	0,00874	0,00680
60	0,03031	0,02286	0,01726	0,01305	0,00988	0,00749	0,00568	0,00432
65	0,02265	0,01668	0,01230	0,00909	0,00672	0,00498	0,00369	0,00274
70	0,01693	0,01218	0,00877	0,00633	0,00457	0,00331	0,00240	0,00174
75	0,01265	0,00889	0,00625	0,00441	0,00311	0,00220	0,00156	0,00111
80	0,00945	0,00649	0,00446	0,00307	0,00212	0,00146	0,00101	0,00070
85	0,00706	0,00473	0,00318	0,00214	0,00144	0,00097	0,00066	0,00045
90	0,00528	0,00346	0,00227	0,00149	0,00098	0,00065	0,00043	0,00028
95	0,00394	0,00252	0,00162	0,00104	0,00067	0,00043	0,00028	0,00018
100	0,00295	0,00184	0,00115	0,00072	0,00045	0,00029	0,00018	0,00011

Zinszeitraum n in Jahren

Mit Hilfe der eingeführten Faktoren kann auch die Auswirkung einer realen Preissteigerung festgestellt werden. Dabei wird angenommen, dass die Reinvestitionskosten einer Preissteigerung unterliegen, die von der allgemeinen Preisentwicklung abweicht.

Beispiel 6.13b:

Für die o.g. Reinvestition soll der Einfluss einer realen Preissteigerung von 1 % untersucht werden. Dazu werden zunächst die realen Reinvestitionskosten IKR_{25} im Jahr n = 25 bei einer Preissteigerungsrate von 1 % berechnet. Die Preissteigerungsrate r wirkt wie ein realer Zinssatz, so dass zur Hochrechnung auf das Jahr n = 25 der AFAKE zu verwenden ist. Dieser beträgt AFAKE (1 %; 25) = 1,28243.

IKR_{25} = IKR_0 · AFAKE (1 %; 25)
= 3,5 Mio. € · 1,28243
= 4,49 Mio. €

Gesucht ist der Reinvestitionskosten-Barwert zum Zeitpunkt 0 (Berechnung wie oben):

$IKR_{25}BW_0$ = IKR_0 · DFAKE (3 %; 25)
= 4,49 Mio. € · 0,47761
= 2,14 Mio. €

Der Barwert der in 25 Jahren zu tätigenden Reinvestition beträgt mit der Annahme einer realen Preissteigerungsrate von r = 1 % also 2,14 Mio. € gegenüber 1,67 Mio. € mit der Annahme, dass keine reale Preissteigerung erfolgt.

Allgemein kann der Faktor zur Berechnung des Barwertes einer Ersatzinvestition mit der Annahme einer konstanten realen Preissteigerungsrate also wie folgt angegeben werden:

$$\text{AFAKE}(r;n) \cdot \text{DFAKE}(i;n) = \left(\frac{1+r}{1+i}\right)^n = \left(\frac{SF}{q}\right)^n \qquad (6.5)$$

mit: r = Preissteigerungsrate
i = Zinssatz
SF = 1+r = Preissteigerungsfaktor
q = 1+i = Zinsfaktor

> Die Annahme einer realen Preissteigerungsrate ist allgemein schwierig zu vertreten. Wenn keine begründeten Voraussetzungen für die Annahme sprechen, sollte von dem Ansatz der Berechnung mit einer realen Preissteigerungsrate abgesehen werden.

6.5.6.2 Umrechnung gleichförmiger Kostenreihen

Diese Umrechnung ist immer dann erforderlich, wenn z.B. laufend anfallende Betriebskosten auf den Bezugszeitpunkt diskontiert werden müssen. Es handelt sich um einen Standardfall der Kostenvergleichsrechnung.

Zur Anwendung kommt der Diskontierungsfaktor für gleichförmige Kostenreihen DFAKR.

$$\text{DFAKR}(i; n) = \frac{(1+i)^n - 1}{i \cdot (1+i)^n} = \frac{q^n - 1}{((q-1) \cdot q)^n} \tag{6.6}$$

Tabelle 6.5 enthält Werte des Diskontierungsfaktors für gleichförmige Kostenreihen DFAKR (i; n).

Beispiel 6.14:

Die laufenden Kosten eines Projekts betragen ab dem Bezugszeitpunk 130.000 € pro Jahr. Zu ermitteln ist der Barwert im Bezugszeitpunkt bei einer Laufzeit von n = 25 Jahren und mit der Annahme eines Zinssatzes von i = 3 %.

PKBW = 130.000 € · DFAKR (3 %; 25)
= 130.000 € · 17,4131
= 2,26 Mio. €

Liegt der Bezugszeitpunkt im Endpunkt einer Kostenreihe, so ist die jährlich wiederkehrende Kostenreihe durch Multiplikation mit dem Akkumulationsfaktor für gleichförmige jährliche Kostenreihen AFAKR zu ermitteln.

$$\text{AFAKR}(i; n) = \frac{(1+i)^n - 1}{i} = \frac{q^n - 1}{q - 1} \tag{6.7}$$

Tabelle 6.6 enthält Werte des Akkumulationsfaktors für gleichförmige jährliche Kostenreihen AFAKR(i; n).

Beispiel 6.15:

Vor der Fertigstellung einer Baumaßnahme fallen jährliche Planungsleistungen in Höhe von 20.000 € an.

Wie groß ist der Barwert zum Zeitpunkt der Inbetriebnahme, wenn die Zahlungen 4 Jahre lang erfolgten und ein Zinssatz von 3 % angesetzt wird?

PKBW = 20.000 € · AFAKR (3 %; 4)
= 20.000 € · 4,18363
= 83.673 €

Der Projektkostenbarwert beträgt zum Zeitpunkt der Inbetriebnahme PKBW = 83.673 €.

Tabelle 6.5 Diskontierungsfaktor für gleichförmige Kostenreihen DFAKR (i; n)

	\multicolumn{8}{c}{Zinssatz i in Prozent}
	2,0	2,5	3,0	3,5	4,0	4,5	5,0	5,5
1	0,98039	0,97561	0,97087	0,96618	0,96154	0,95694	0,95238	0,94787
2	1,94156	1,92742	1,91347	1,89969	1,88609	1,87267	1,85941	1,84632
3	2,88388	2,85602	2,82861	2,80164	2,77509	2,74896	2,72325	2,69793
4	3,80773	3,76197	3,71710	3,67308	3,62990	3,58753	3,54595	3,50515
5	4,71346	4,64583	4,57971	4,51505	4,45182	4,38998	4,32948	4,27028
6	5,60143	5,50813	5,41719	5,32855	5,24214	5,15787	5,07569	4,99553
7	6,47199	6,34939	6,23028	6,11454	6,00205	5,89270	5,78637	5,68297
8	7,32548	7,17014	7,01969	6,87396	6,73274	6,59589	6,46321	6,33457
9	8,16224	7,97087	7,78611	7,60769	7,43533	7,26879	7,10782	6,95220
10	8,98259	8,75206	8,53020	8,31661	8,11090	7,91272	7,72173	7,53763
11	9,78685	9,51421	9,25262	9,00155	8,76048	8,52892	8,30641	8,09254
12	10,57534	10,25776	9,95400	9,66333	9,38507	9,11858	8,86325	8,61852
13	11,34837	10,98318	10,63496	10,30274	9,98565	9,68285	9,39357	9,11708
14	12,10625	11,69091	11,29607	10,92052	10,56312	10,22283	9,89864	9,58965
15	12,84926	12,38138	11,93794	11,51741	11,11839	10,73955	10,37966	10,03758
16	13,57771	13,05500	12,56110	12,09412	11,65230	11,23402	10,83777	10,46216
17	14,29187	13,71220	13,16612	12,65132	12,16567	11,70719	11,27407	10,86461
18	14,99203	14,35336	13,75351	13,18968	12,65930	12,15999	11,68959	11,24607
19	15,67846	14,97889	14,32380	13,70984	13,13394	12,59329	12,08532	11,60765
20	16,35143	15,58916	14,87747	14,21240	13,59033	13,00794	12,46221	11,95038
21	17,01121	16,18455	15,41502	14,69797	14,02916	13,40472	12,82115	12,27524
22	17,65805	16,76541	15,93692	15,16712	14,45112	13,78442	13,16300	12,58317
23	18,29220	17,33211	16,44361	15,62041	14,85684	14,14777	13,48857	12,87504
24	18,91393	17,88499	16,93554	16,05837	15,24696	14,49548	13,79864	13,15170
25	19,52346	18,42438	17,41315	16,48151	15,62208	14,82821	14,09394	13,41393
30	22,39646	20,93029	19,60044	18,39205	17,29203	16,28889	15,37245	14,53375
35	24,99862	23,14516	21,48722	20,00066	18,66461	17,46101	16,37419	15,39055
40	27,35548	25,10278	23,11477	21,35507	19,79277	18,40158	17,15909	16,04612
45	29,49016	26,83302	24,51871	22,49545	20,72004	19,15635	17,77407	16,54773
50	31,42361	28,36231	25,72976	23,45562	21,48218	19,76201	18,25593	16,93152
55	33,17479	29,71398	26,77443	24,26405	22,10861	20,24802	18,63347	17,22517
60	34,76089	30,90866	27,67556	24,94473	22,62349	20,63802	18,92929	17,44985
65	36,19747	31,96458	28,45289	25,51785	23,04668	20,95098	19,16107	17,62177
70	37,49862	32,89786	29,12342	26,00040	23,39451	21,20211	19,34268	17,75330
75	38,67711	33,72274	29,70183	26,40669	23,68041	21,40363	19,48497	17,85395
80	39,74451	34,45182	30,20076	26,74878	23,91539	21,56534	19,59646	17,93095
85	40,71129	35,09621	30,63115	27,03680	24,10853	21,69511	19,68382	17,98987
90	41,58693	35,66577	31,00241	27,27932	24,26728	21,79924	19,75226	18,03495
95	42,38002	36,16917	31,32266	27,48350	24,39776	21,88280	19,80589	18,06945
100	43,09835	36,61411	31,59891	27,65543	24,50500	21,94985	19,84791	18,09584

Zinszeitraum n in Jahren

	\multicolumn{8}{c}{Zinssatz i in Prozent}							
	6,0	6,5	7,0	7,5	8,0	8,5	9,0	9,5
1	0,94340	0,93897	0,93458	0,93023	0,92593	0,92166	0,91743	0,91324
2	1,83339	1,82063	1,80802	1,79557	1,78326	1,77111	1,75911	1,74725
3	2,67301	2,64848	2,62432	2,60053	2,57710	2,55402	2,53129	2,50891
4	3,46511	3,42580	3,38721	3,34933	3,31213	3,27560	3,23972	3,20448
5	4,21236	4,15568	4,10020	4,04588	3,99271	3,94064	3,88965	3,83971
6	4,91732	4,84101	4,76654	4,69385	4,62288	4,55359	4,48592	4,41983
7	5,58238	5,48452	5,38929	5,29660	5,20637	5,11851	5,03295	4,94961
8	6,20979	6,08875	5,97130	5,85730	5,74664	5,63918	5,53482	5,43344
9	6,80169	6,65610	6,51523	6,37889	6,24689	6,11906	5,99525	5,87528
10	7,36009	7,18883	7,02358	6,86408	6,71008	6,56135	6,41766	6,27880
11	7,88687	7,68904	7,49867	7,31542	7,13896	6,96898	6,80519	6,64730
12	8,38384	8,15873	7,94269	7,73528	7,53608	7,34469	7,16073	6,98384
13	8,85268	8,59974	8,35765	8,12584	7,90378	7,69095	7,48690	7,29118
14	9,29498	9,01384	8,74547	8,48915	8,24424	8,01010	7,78615	7,57185
15	9,71225	9,40267	9,10791	8,82712	8,55948	8,30424	8,06069	7,82818
16	10,10590	9,76776	9,44665	9,14151	8,85137	8,57533	8,31256	8,06226
17	10,47726	10,11058	9,76322	9,43396	9,12164	8,82519	8,54363	8,27604
18	10,82760	10,43247	10,05909	9,70601	9,37189	9,05548	8,75563	8,47127
19	11,15812	10,73471	10,33560	9,95908	9,60360	9,26772	8,95011	8,64956
20	11,46992	11,01851	10,59401	10,19449	9,81815	9,46334	9,12855	8,81238
21	11,76408	11,28498	10,83553	10,41348	10,01680	9,64363	9,29224	8,96108
22	12,04158	11,53520	11,06124	10,61719	10,20074	9,80980	9,44243	9,09688
23	12,30338	11,77014	11,27219	10,80669	10,37106	9,96295	9,58021	9,22089
24	12,55036	11,99074	11,46933	10,98297	10,52876	10,10410	9,70661	9,33415
25	12,78336	12,19788	11,65358	11,14695	10,67478	10,23419	9,82258	9,43758
30	13,76483	13,05868	12,40904	11,81039	11,25778	10,74684	10,27365	9,83472
35	14,49825	13,68696	12,94767	12,27251	11,65457	11,08778	10,56682	10,08699
40	15,04630	14,14553	13,33171	12,59441	11,92461	11,31452	10,75736	10,24725
45	15,45583	14,48023	13,60552	12,81863	12,10840	11,46531	10,88120	10,34904
50	15,76186	14,72452	13,80075	12,97481	12,23348	11,56560	10,96168	10,41371
55	15,99054	14,90282	13,93994	13,08360	12,31861	11,63229	11,01399	10,45478
60	16,16143	15,03297	14,03918	13,15938	12,37655	11,67664	11,04799	10,48088
65	16,28912	15,12795	14,10994	13,21217	12,41598	11,70614	11,07009	10,49745
70	16,38454	15,19728	14,16039	13,24893	12,44282	11,72576	11,08445	10,50798
75	16,45585	15,24788	14,19636	13,27454	12,46108	11,73880	11,09378	10,51467
80	16,50913	15,28482	14,22201	13,29238	12,47351	11,74748	11,09985	10,51892
85	16,54895	15,31178	14,24029	13,30481	12,48197	11,75325	11,10379	10,52162
90	16,57870	15,33145	14,25333	13,31346	12,48773	11,75709	11,10635	10,52333
95	16,60093	15,34581	14,26262	13,31949	12,49165	11,75964	11,10802	10,52442
100	16,61755	15,35629	14,26925	13,32369	12,49432	11,76134	11,10910	10,52511

Zinszeitraum n in Jahren

Tabelle 6.6 Akkumulationsfaktor für gleichförmige jährliche Kostenreihen AFAKR(i;n)

	Zinssatz i in Prozent							
	2,0	2,5	3,0	3,5	4,0	4,5	5,0	5,5
1	1,00000	1,00000	1,00000	1,00000	1,00000	1,00000	1,00000	1,00000
2	2,02000	2,02500	2,03000	2,03500	2,04000	2,04500	2,05000	2,05500
3	3,06040	3,07563	3,09090	3,10622	3,12160	3,13703	3,15250	3,16803
4	4,12161	4,15252	4,18363	4,21494	4,24646	4,27819	4,31013	4,34227
5	5,20404	5,25633	5,30914	5,36247	5,41632	5,47071	5,52563	5,58109
6	6,30812	6,38774	6,46841	6,55015	6,63298	6,71689	6,80191	6,88805
7	7,43428	7,54743	7,66246	7,77941	7,89829	8,01915	8,14201	8,26689
8	8,58297	8,73612	8,89234	9,05169	9,21423	9,38001	9,54911	9,72157
9	9,75463	9,95452	10,15911	10,36850	10,58280	10,80211	11,02656	11,25626
10	10,94972	11,20338	11,46388	11,73139	12,00611	12,28821	12,57789	12,87535
11	12,16872	12,48347	12,80780	13,14199	13,48635	13,84118	14,20679	14,58350
12	13,41209	13,79555	14,19203	14,60196	15,02581	15,46403	15,91713	16,38559
13	14,68033	15,14044	15,61779	16,11303	16,62684	17,15991	17,71298	18,28680
14	15,97394	16,51895	17,08632	17,67699	18,29191	18,93211	19,59863	20,29257
15	17,29342	17,93193	18,59891	19,29568	20,02359	20,78405	21,57856	22,40866
16	18,63929	19,38022	20,15688	20,97103	21,82453	22,71934	23,65749	24,64114
17	20,01207	20,86473	21,76159	22,70502	23,69751	24,74171	25,84037	26,99640
18	21,41231	22,38635	23,41444	24,49969	25,64541	26,85508	28,13238	29,48120
19	22,84056	23,94601	25,11687	26,35718	27,67123	29,06356	30,53900	32,10267
20	24,29737	25,54466	26,87037	28,27968	29,77808	31,37142	33,06595	34,86832
21	25,78332	27,18327	28,67649	30,26947	31,96920	33,78314	35,71925	37,78608
22	27,29898	28,86286	30,53678	32,32890	34,24797	36,30338	38,50521	40,86431
23	28,84496	30,58443	32,45288	34,46041	36,61789	38,93703	41,43048	44,11185
24	30,42186	32,34904	34,42647	36,66653	39,08260	41,68920	44,50200	47,53800
25	32,03030	34,15776	36,45926	38,94986	41,64591	44,56521	47,72710	51,15259
30	40,56808	43,90270	47,57542	51,62268	56,08494	61,00707	66,43885	72,43548
35	49,99448	54,92821	60,46208	66,67401	73,65222	81,49662	90,32031	100,25136
40	60,40198	67,40255	75,40126	84,55028	95,02552	107,03032	120,79977	136,60561
45	71,89271	81,51613	92,71986	105,78167	121,02939	138,84997	159,70016	184,11917
50	84,57940	97,48435	112,79687	130,99791	152,66708	178,50303	209,34800	246,21748
55	98,58653	115,55092	136,07162	160,94689	191,15917	227,91796	272,71262	327,37749
60	114,05154	135,99159	163,05344	196,51688	237,99069	289,49795	353,58372	433,45037
65	131,12616	159,11833	194,33276	238,76288	294,96838	366,23783	456,79801	572,08339
70	149,97791	185,28411	230,59406	288,93786	364,29046	461,86968	588,52851	753,27120
75	170,79177	214,88830	272,63086	348,53001	448,63137	581,04436	756,65372	990,07643
80	193,77196	248,38271	321,36302	419,30679	551,24498	729,55770	971,22882	1299,57139
85	219,14394	286,27857	377,85695	503,36739	676,09012	914,63234	1245,08707	1704,06892
90	247,15666	329,15425	443,34890	603,20503	827,98333	1145,26901	1594,60730	2232,73102
95	278,08496	377,66415	519,27203	721,78082	1012,78465	1432,68426	2040,69353	2923,67123
100	312,23231	432,54865	607,28773	862,61166	1237,62370	1790,85596	2610,02516	3826,70247

Zinszeitraum n in Jahren

Kalkulationsgrundlagen

					Zinssatz i in Prozent			
	6,0	6,5	7,0	7,5	8,0	8,5	9,0	9,5
1	1,00000	1,00000	1,00000	1,00000	1,00000	1,00000	1,00000	1,00000
2	2,06000	2,06500	2,07000	2,07500	2,08000	2,08500	2,09000	2,09500
3	3,18360	3,19923	3,21490	3,23063	3,24640	3,26223	3,27810	3,29403
4	4,37462	4,40717	4,43994	4,47292	4,50611	4,53951	4,57313	4,60696
5	5,63709	5,69364	5,75074	5,80839	5,86660	5,92537	5,98471	6,04462
6	6,97532	7,06373	7,15329	7,24402	7,33593	7,42903	7,52333	7,61886
7	8,39384	8,52287	8,65402	8,78732	8,92280	9,06050	9,20043	9,34265
8	9,89747	10,07686	10,25980	10,44637	10,63663	10,83064	11,02847	11,23020
9	11,49132	11,73185	11,97799	12,22985	12,48756	12,75124	13,02104	13,29707
10	13,18079	13,49442	13,81645	14,14709	14,48656	14,83510	15,19293	15,56029
11	14,97164	15,37156	15,78360	16,20812	16,64549	17,09608	17,56029	18,03852
12	16,86994	17,37071	17,88845	18,42373	18,97713	19,54925	20,14072	20,75218
13	18,88214	19,49981	20,14064	20,80551	21,49530	22,21094	22,95338	23,72363
14	21,01507	21,76730	22,55049	23,36592	24,21492	25,09887	26,01919	26,97738
15	23,27597	24,18217	25,12902	26,11836	27,15211	28,23227	29,36092	30,54023
16	25,67253	26,75401	27,88805	29,07724	30,32428	31,63201	33,00340	34,44155
17	28,21288	29,49302	30,84022	32,25804	33,75023	35,32073	36,97370	38,71350
18	30,90565	32,41007	33,99903	35,67739	37,45024	39,32300	41,30134	43,39128
19	33,75999	35,51672	37,37896	39,35319	41,44626	43,66545	46,01846	48,51345
20	36,78559	38,82531	40,99549	43,30468	45,76196	48,37701	51,16012	54,12223
21	39,99273	42,34895	44,86518	47,55253	50,42292	53,48906	56,76453	60,26384
22	43,39229	46,10164	49,00574	52,11897	55,45676	59,03563	62,87334	66,98891
23	46,99583	50,09824	53,43614	57,02790	60,89330	65,05366	69,53194	74,35286
24	50,81558	54,35463	58,17667	62,30499	66,76476	71,58322	76,78981	82,41638
25	54,86451	58,88768	63,24904	67,97786	73,10594	78,66779	84,70090	91,24593
30	79,05819	86,37486	94,46079	103,3994	113,2832	124,2147	136,3075	149,6875
35	111,4347	124,0346	138,2368	154,2516	172,3168	192,7016	215,7107	241,6884
40	154,7619	175,6319	199,6351	227,2565	259,0565	295,6825	337,8824	386,5199
45	212,7435	246,3245	285,7493	332,0645	386,5056	450,5304	525,8587	614,5193
50	290,3359	343,1796	406,5289	482,5299	573,7701	683,3684	815,0835	973,4448
55	394,1720	475,8795	575,9285	698,5425	848,9232	1033,476	1260,091	1538,479
60	533,1281	657,6898	813,5203	1008,656	1253,213	1559,919	1944,792	2427,978
65	719,0828	906,7857	1146,755	1453,865	1847,248	2351,509	2998,288	3828,261
70	967,9321	1248,068	1614,134	2093,020	2720,080	3541,787	4619,223	6032,642
75	1300,948	1715,655	2269,657	3010,609	4002,556	5331,558	7113,232	9502,864
80	1746,599	2356,290	3189,062	4327,927	5886,935	8022,758	10950,57	14965,82
85	2342,981	3234,016	4478,576	6219,107	8655,706	12069,40	16854,80	23565,82
90	3141,075	4436,576	6287,185	8934,142	12723,93	18154,16	25939,18	37104,27
95	4209,104	6084,187	8823,853	12831,92	18701,50	27303,54	39916,63	58417,02
100	5638,368	8341,558	12381,66	18427,69	27484,51	41061,09	61422,67	91968,39

Zinszeitraum n in Jahren

6.5.6.3 Umrechnung progressiv steigender Kostenreihen

Bisher wurden lediglich die Fälle betrachtet, in denen entweder keine reale Preissteigerung der laufenden Kosten (Normalfall) oder eine jährlich konstante Steigerung der laufenden Kosten zu erwarten waren. Für einige Kostenbereiche ist es jedoch möglich, dass eine progressiv steigende Reihe zu erwarten ist, d.h. es gibt eine jährlich konstante Steigerungsrate r der Kosten. Diese Kostenprogression wird mit einem Umrechnungsfaktor zur Barwertberechnung berücksichtigt. Der auf den Bezugszeitpunkt bezogene Barwert einer jährlich um r [%] steigenden Kostenreihe wird durch Multiplikation des Diskontierungsfaktors für Reihenprogression DFAKRP mit der Ursprungskostengröße, d.h. mit dem Preisstand im Bezugszeitpunkt, erreicht.

$$\text{DFAKRP}(r;i;n) = \frac{(1+r) \cdot ((1+i)^n - (1+r)^n)}{(1+r)^n \cdot (i-r)} = \frac{SF \cdot (q^n - SF^n)}{q^n \cdot (q - SF)} \tag{6.8}$$

Tabelle A1 im Anhang enthält Werte des Diskontierungsfaktors für progressiv jährlich steigende Kostenreihen DFAKRP (r; i; n).

Beispiel 6.16:

Die laufenden Kosten einer Kläranlage betragen 130.000 € im Bezugszeitpunkt. Wie hoch ist der Kostenbarwert der laufenden Kosten LKBW bei einer Betriebsphase von 25 Jahren, einem realen Zinssatz von i = 3 % und einer konstanten Preissteigerungsrate von r = 2 % p.a.?

$$\begin{aligned}
\text{LKBW} &= 130.000 \text{ €} \cdot \text{DFAKRP (2 \%; 3 \%; 25)} \\
&= 130.000 \text{ €} \cdot 22{,}0766 \\
&= 2.870.000 \text{ €}
\end{aligned}$$

Würde man die jährlich Preissteigerungsrate unberücksichtigt lassen, käme man zu folgendem Ergebnis:

$$\begin{aligned}
\text{LKBW} &= 130.000 \text{ €} \cdot \text{DFAKR (3 \%; 25)} \\
&= 130.000 \text{ €} \cdot 17{,}4131 \\
&= 2.264.000 \text{ €}
\end{aligned}$$

und somit zu der erheblichen Unterbewertung von 21 %.

6.5.7 Unabhängigkeit vom Untersuchungszeitraum

Bereits in Abschn. 6.5.2 und 6.5.3 wurde die Abhängigkeit des Ergebnisses eines Kostenvergleichs zweier Alternativen von der Wahl des Untersuchungszeitraums angesprochen. Sind die Nutzungsdauern der Alternativen nicht gleich groß, muss bei der Variante mit der geringeren Nutzungsdauer nach deren Ablauf reinvestiert werden, weil die Alternative ihre Nutzungsdauer noch nicht erreicht hat. Ein Vergleich wird erst dann möglich, wenn keine Restwerte bei der einen oder anderen Alternative entstehen, was erst mit der Wahl des kleinsten gemeinsamen Vielfachen als Planungshorizont erreicht wird.

Kalkulationsgrundlagen

In Abb. 6.5 in Abschn. 6.5.2.3 sind zwei Alternativen 1 und 2 wie in einem Beispiel in den KVR- Richtlinien dargestellt. Alternative 1 hat eine Nutzungsdauer von 40 Jahren, Alternative 2 von 70 Jahren. Ein Vergleich ohne Restwertproblematik ist erst bei einem Planungshorizont von 280 Jahren, dem kleinsten gemeinsamen Vielfachen, möglich.

Beispiel 6.17:

Gegeben sind, wie in Abb. 6.5 dargestellt, zwei Alternativen 1 und 2. Alternative 1 weist Investitionskosten im Bezugszeitpunkt i.H.v. IK_1 = 1.600.000 € bei einer Nutzungsdauer von n = 40 Jahren, Alternative 2 dagegen IK_2 = 1.800.000 € bei n = 70 Jahren. Welche Alternative ist wirtschaftlicher?

$IKBW_1$	= IK_1		= 1.600.000 €
	+ $IK_1 \cdot$ DFAKE (3%;40)	= $IK_1 \cdot$ 0,3066	= 490.560 €
	+ $IK_1 \cdot$ DFAKE (3%;80)	= $IK_1 \cdot$ 0,0940	= 150.400 €
	+ $IK_1 \cdot$ DFAKE (3%;120)	= $IK_1 \cdot$ 0,0288	= 46.080 €
	+ $IK_1 \cdot$ DFAKE (3%;160)	= $IK_1 \cdot$ 0,0088	= 14.080 €
	+ $IK_1 \cdot$ DFAKE (3%;200)	= $IK_1 \cdot$ 0,0027	= 4.320 €
	+ $IK_1 \cdot$ DFAKE (3%;240)	= $IK_1 \cdot$ 0,0008	= 1.280 €
$IKBW_1$			= 2.306.720 €
$IKBW_2$	= KK_2		= 1.800.000 €
	+ $IK_2 \cdot$ DFAKE (3%;70)	= $IK_2 \cdot$ 0,1263	= 227.340 €
	+ $IK_2 \cdot$ DFAKE (3%;140)	= $IK_2 \cdot$ 0,0160	= 28.800 €
	+ $IK_2 \cdot$ DFAKE (3%;210)	= $IK_2 \cdot$ 0,0020	= 3.600 €
$IKBW_2$			= 2.059.740 €

Alternative 2 ist um 246.980 € = 12 % bezogen auf Alternative 2 wirtschaftlicher.

Das Beispiel beinhaltet ein recht aufwändiges Verfahren zur Eliminierung des Restwertes. Orth (1988) schlägt dagegen vor, Restwerte bei Beibehaltung der dynamischen Investitionsrechnung durchaus zuzulassen, diese aber entsprechend zu diskontieren. Für eine Investition oder eine Reihe von Investitionen, deren Nutzungsdauer den Planungshorizont überschreitet, entwickelte Orth den Diskontierungsfaktor DFRW(i; n; l), wobei l die Länge des Planungshorizonts darstellt.

$$\text{DFRW}(i;n;l) = \frac{1-(1+i)^{-l}}{1-(1+i)^{-n}} = \frac{1-q^{-l}}{1-q^{-n}} \tag{6.9}$$

Beispiel 6.18:

Für den Alternativenvergleich im o.a. Beispiel ergibt sich für Alternative 1 ein Diskontierungsfaktor

$$\text{DFRW}_1(3\%;40;210) = \frac{1-(1+0,03)^{-280}}{1-(1+0,03)^{-40}} = 1,4417$$

und für Alternative 2

$$\text{DFRW}_2(3\%;70;210) = \frac{1-(1+0,03)^{-280}}{1-(1+0,03)^{-70}} = 1,1443$$

Somit ergibt sich für Alternative 1 ein Investitionskostenbarwert

IKBW$_1$ = 1.600.000 € · 1,4417 = 2.306.720 € und für Alternative 2

IKBW$_2$ = 1.800.000 € · 1,1443 = 2.059.740 €.

Alternative 2 ist um ebenfalls 246.980 € = 12 % bezogen auf Alternative 2 wirtschaftlicher.

Die Verwendung des Diskontierungsfaktors nach Orth führt also zu dem selben Ergebnis.

Grundwald (1997) vereinfacht die Vorgehensweise noch dadurch, dass er einen Barwertvergleichsfaktor BWVF entwickelt, der auch die Berechnung unabhängig vom Planungshorizont ermöglicht.

$$\text{BWVF}(i;n(A),n(B)) = \frac{\text{DFRW}_A}{\text{DFRW}_B} = \frac{\frac{1-q_A^{-1}}{1-q_A^{-n}}}{\frac{1-q_B^{-1}}{1-q_B^{-n}}} = \frac{1-q_B^{-n}}{1-q_A^{-n}} = \frac{1-(1+i)^{-n(B)}}{1-(1+i)^{-n(A)}} \quad (6.10)$$

mit gleichem Planungshorizont für beide Alternativen und deshalb

$$1-q_A^{-1} = 1-q_B^{-1}$$

Auf diese Weise wird der Barwertvergleichsfaktor unabhängig von der Wahl des Planungshorizonts. Der Vorteilhaftigkeitsfaktor f der Alternative B gegenüber der Alternative B wird ermittelt durch

$$f = \text{BWVF}(i;(n(A);n(B)) \cdot \frac{\text{IK}_A}{\text{IK}_B} \quad (6.11)$$

Beispiel 6.19:

Um wie viel ist Alternative 2 gegenüber Alternative 1 aus obigem Beispiel wirtschaftlicher bei Verwendung des Barwertvergleichsfaktors BWVF nach Grunwald?

$$\text{BWVF}(3\%;40;70) = \frac{1-(1+0,03)^{-70}}{1-(1+0.03)^{-40}} = 1,2599$$

$$f = 1,2599 \cdot \frac{1.600.000\ €}{1.800.000\ €} = 1,12$$

Nach dem Ansatz von Grunwald ergibt sich ebenfalls ein Vorteil der Alternative 2 gegenüber der von Alternative 1 i.H.v. 12 %.

Grunwald stellt weiterhin fest, dass höhere Zinssätze die Alternativen begünstigen, die frühzeitige Reinvestitionen erfordern. So wird z.B. im Bereich der Kanalsanierung, bei der für Renovierungen meistens niedrigere Nutzungsdauern anzusetzen sind als für Erneuerungen, bei Verwendung hoher Zinssätze also die Renovierung tendenziell bevorzugt. In Verbindung mit den Ausführungen in Abschn. 6.5.3, in dem vor der Verwendung von hohen Zinssätzen in der Kostenvergleichsrechnung gewarnt wird, ist hier also besondere Aufmerksamkeit geboten.

> Achtung: Hohe Zinssätze begünstigen tendenziell Alternativen mit kurzer Nutzungsdauer. Dies kann zu Fehlentscheidungen führen.

Sander et al. (2003) stellen ein an der Fachhochschule Hannover entwickeltes Programm (KanKo) vor, mit dem die Vorteilhaftigkeit von Kanalerneuerungsmaßnahmen gegenüber Kanalrenovierungsmaßnahmen bewertet werden kann. Dabei kommt der o.g. Ansatz nach Grunwald zur Anwendung. Das Programm kann vom Besitzer dieses Buches unentgeltlich unter www.gekim.de (gekim Gesellschaft für kommunales Infrastrukturmanagement mbH) heruntergeladen werden.

Zu untersuchen ist im Zusammenhang mit der Nutzungsdauer weiterhin, wann die günstigere Alternative die Rentabilitätsschwelle erreicht. In dem Beispiel ist die Alternative 1 zunächst 40 Jahre (bis zur ersten Reinvestition) günstiger als Alternaive B. Zu diesem Zweck ist die zeitliche Entwicklung der Investitionskostenbarwerte darzustellen. Es wird in den KVR-Richtlinien gezeigt, dass in dem vorliegenden Beispiel die Schwelle nach 40 Jahren erreicht wird.

Wenn die Zeitspanne bis zum Erreichen der Rentabilitätsschwelle als Mindestnutzungsdauer akzeptiert wird, kann abschließend der günstigeren Alternative unabhängig von einer noch vorzunehmenden Empfindlichkeitsprüfung zunächst der Vorzug gegeben werden. Diese Zeitspanne wird bei großen Vorteilhaftigkeitsfaktoren f i.d.R. mit der Nutzungsdauer der kurzlebigeren Alternative übereinstimmen.

6.5.8 Ergebnisbeeinflussung durch Wahl der Eingangsparameter

Wie bereits bei der Darstellung der Kalkulationsgrundlagen und der Eingangsparameter in die Kostenvergleichsrechnung deutlich wurde, ist beim Ansatz der Nutzungsdauer, beim Ansatz des Zinssatzes und bei der Berücksichtigung von Investitionszuschüssen ein außerordentlich großer Ermessensspielraum möglich, der in der Literatur auch vielfältig diskutiert wird.

In Abschn. 6.5.2 wurden die verschiedenen Definitionen sowie Ansätze der Nutzungsdauer abwassertechnischer Bauteile bereits ausführlich dargestellt. Die unterschiedlichen Betrachtungsweisen und Begriffsbestimmungen führen zu einer weiten Streuung der in der Literatur angegebenen Zahlenwerte. Neben der Zusammenstellung durchschnittlicher Nutzungsdauern in den KVR-Leitlinien seien hier noch einmal die umfangreichen Untersuchungen beziehungsweise Zusammenstellungen von Wagner (2000) erwähnt, die allerdings verdeutlichen, dass die Schwankungsbreite der vorzufindenden Ansätze die gleiche Größenordung hat wie die der Minimalwerte, also mit dem Faktor zwei in die Kostenvergleichsrechnung eingehen würde.

Weiterhin ist nach Wagner der Ansatz der Nutzungsdauern bei Systementscheidungen immer mit Spekulationen verbunden und in einem gewissen Umfang subjektiv. Ob der gewählte Ansatz zutreffend war, lässt sich in der Regel leider erst Jahrzehnte nach der Investition feststellen. Die unkritische Übernahme von

Werten der Vergangenheit erscheint bedenklich, zumal in den meisten Fällen eine Änderung der Rahmenbedingungen zu berücksichtigen ist.

Bezüglich der Zinssätze lässt sich feststellen, dass dort häufig ein am aktuellen Kapitalmarkt orientierter Zinssatz gewählt wird, beispielsweise in den Erläuterungen zur Wirtschaftlichkeitsuntersuchung bei Bohn (1993), der ausführt, dass für längerfristige Betrachtungen üblicherweise mit einem durchschnittlichen nominellen Zinssatz von etwa 7 % p.a. bis 8 % p.a. gerechnet werden könne, während die KVR-Leitlinien ausdrücklich einen Standardwert von 3 % p.a. empfehlen.

Generell begünstigen in der Kostenvergleichsrechnung niedrige Zinssätze investitionskostenintensive Alternativen, dagegen höhere Werte solche Projekte, bei denen die laufenden Kosten stärker zu Buche schlagen.

Die Berücksichtigung von Investitionszuschüssen dürfte bei einer Kostenvergleichsrechnung nach der volkswirtschaftlichen Betrachtungsweise, wie sie im Allgemeinen durchgeführt wird, keinen Ermessensspielraum bieten, da bei ihr alle Kosten und Nutzen berücksichtigt werden. Zuschüsse, Beihilfen und zinsgünstige Darlehen können daher nicht zu einer verbesserten Wirtschaftlichkeit im volkswirtschaftlichen Sinne führen.

Eck-Düpont und Wolf (1992) haben die Auswirkungen verschiedener Annahmen auf das Ergebnis von Kostenvergleichsrechnungen als Erweiterung eines in den KVR-Leitlinien dokumentierten Beispiels untersucht, in mehreren Abbildungen dargestellt und diskutiert. Untersucht wurden dabei insbesondere der Einfluss des Untersuchungszeitraumes, der Einfluss der volks- sowie der betriebswirtschaftlichen Betrachtungsweise, der Einfluss einer Vermischung realer und nominaler Ansätze sowie der Einfluss der Preissteigerungsrate.

6.6 Kostengegenüberstellung

Wie bereits dargestellt, dient die Umrechnung der Kosten alternativer Maßnahmen dazu, wertmäßig tatsächlich vergleichbare Kosteninformationen zu erhalten. Dazu sind als dynamische Kostenvergleiche grundsätzlich sowohl die Gegenüberstellung der Projektkostenbarwerte als auch die der Jahreskosten geeignet. Allerdings wird, um Fehlinterpretationen vorzubeugen, die Berechnung von Projektkostenbarwerten empfohlen. Anpassungen dieser Verfahren sind dann erforderlich, wenn die zu vergleichenden Maßnahmen unterschiedlich lange Nutzungsdauern oder Kostensprünge, etwa durch einen Stufenausbau, aufweisen.

Nach einer sorgfältig durchgeführten finanzmathematischen Aufbereitung werden die ermittelten Barwerte einander gegenübergestellt, um dann den im Folgenden beschriebenen Prüfungen und Beurteilungen unterworfen zu werden.

Weitere Ausführungen sowie Zahlenbeispiele werden in den KVR-Leitlinien behandelt.

6.7 Empfindlichkeitsprüfung und Bericht

Da in die Kostenvergleichsrechnungen oftmals mit Unsicherheiten behaftete Ansätze eingehen, ist eine Empfindlichkeitsprüfung als Bestandteil der Kostenvergleichsrechnung unerlässlich. Sie dient im Wesentlichen dazu, die kostenmäßigen Auswirkungen möglicher Änderungen wichtiger Eingangsparameter auf das Ergebnis zu ermitteln. Neben dem Zinssatz, der bei den Empfindlichkeitsprüfungen in einer Bandbreite von 2 % bis 5 % variiert wird, werden noch die Auswirkungen der Nutzungsdauer sowie der Kostenansätze bei den Investitions- und laufenden Kosten untersucht.

Als Ergebnis gehen die so genannten kritische Werte der Berechnungsgrößen aus der Sensitivitätsanalyse hervor, bei denen die ursprünglich kostengünstigste Alternative durch Veränderung der Eingangsdaten gerade dieselben Jahreskosten beziehungsweise denselben Projektkostenbarwert aufweist wie eine vorher ungünstigere Alternative. Die kritischen Werte haben also den Charakter von Höchst- oder Mindestwerten für die Vorteilhaftigkeit der einen oder der anderen Alternative. Die Stabilität der Kostenvergleichsrechnung kann somit besser beurteilt werden.

Im Bericht müssen alle Annahmen und Informationen zum Projekt enthalten sein. Weiterhin sind erforderlich:

- eine ausführliche Zusammenfassung,
- ein aus den Untersuchungen abgeleiteter Vorschlag,
- weitere Alternativen außerhalb des Vergleichs.

Der Bericht dient als Grundlage für die politische Entscheidung zur Wahl einer Alternative. Die Aufgabe des Ingenieurs ist erfüllt, wenn er die Zusammenhänge wie oben beschrieben neutral darstellt.

6.8 Beispiel für eine Kostenvergleichsrechnung

Im Rahmen der Planung eines Entwässerungssystems für ein außerhalb einer Stadt befindliches Wohn- und Gewerbegebiet wurden zwei Alternativen für die Zuleitung der Abwässer zur Kläranlage erarbeitet:

- Zuleitung per Freispiegelkanal,
- Zuleitung per Druckrohrleitung.

Im Hinblick auf eine Entscheidung für eine der erarbeiteten Alternativen soll eine Wirtschaftlichkeitsuntersuchung durchgeführt werden. Im Folgenden wird die prinzipielle Vorgehensweise beispielhaft dargestellt:

6.8.1 Technische Darstellung der Alternativen

Alternative 1 (A1): Freispiegelkanal:

Anschluss des Gebiets durch einen Freispiegelkanal. Der Kanal hat ab dem Endpunkt des Gebiets eine Gesamtlänge von 13,7 km. Die laufenden Kosten bestehen im Wesentlichen aus den Kanalspülungen.

Alternative 2 (A2): Druckrohrleitung:

Anschluss des Gebiets durch eine Druckrohrleitung. Die Leitung hat ab dem Endpunkt des Gebiets eine Länge von nur 11,3 km, weil die Leitungsführung gegenüber der Freispiegelleitung auf Grund des Geländeverlaufs günstiger gestaltet werden kann. Es sind zwei Pumpstationen erforderlich. Die laufenden Kosten bestehen im Wesentlichen aus Energie- und Unterhaltungskosten für die Pumpwerke.

6.8.2 Eignung der Kostenvergleichsrechnung

Beide Alternativen erbringen den gleichen Nutzen, nämlich die Zuleitung der Abwässer zur Kläranlage. Negative Effekte gegenüber Dritten (Sozialkosten) entstehen nicht. Die Kostenvergleichsrechnung ist also im Hinblick auf die Entscheidung der ökonomischen Effizienz der Alternativen geeignet.

6.8.3 Kostenermittlung

Tabelle 6.7 Zusammenstellung der Kosten für die Alternativen A1 und A2

Alternative A1	
– Investitionskosten IK_1	
Kanalbau 13,7 km · 300 €/m	4.110.000 €
– Laufende Kosten LK_1	
Spülung und Wartung 13,7 km · 2 €/(m·a)	27.400 €/a
Alternative A2	
– Investitionskosten IK_2	
Bau der Druckrohrleitung 11,3 km · 150 €/m	1.695.000 €
Pumpstationen	1.200.000 €
Gesamtinvestitionskosten	2.895.000 €
– Laufende Kosten LK_2	
Wartungskosten Pumpwerke	11.300 €/a
Energiekosten Pumpwerke	5.600 €/a
Laufende Kosten gesamt	16.900 €/a

Die Alternative 1 verursacht also Gesamtinvestitionskosten i.H.v. 4.110.000 € bei laufenden Kosten i.H.v. 27.400 € pro Jahr, während die Alternative 2 lediglich 2.895.000 € an Investitionskosten bei laufenden Kosten i.H.v. 16.900 € pro Jahr ergibt. Die Alternative A2 erscheint auf den ersten Blick sowohl bei den Investitions- als auch bei den laufenden Kosten als die wirtschaftlich günstigere.

6.8.4 Finanzmathematische Aufbereitung

Als Zinssatz wird mit dem Standardwert von i = 3 % gerechnet. Für die durchschnittlichen Nutzungsdauern werden die folgenden Annahmen getroffen:

- Freigefällekanal   75 Jahre
- Druckrohrleitung   30 Jahre
- Pumpstationen   25 Jahre

Der gemeinsame Untersuchungszeitraum beträgt 150 Jahre (kleinstes gemeinsames Vielfaches). Für die Ermittlung der Projektkostenbarwerte werden die laufenden Kosten mit dem Diskontierungsfaktor für gleichförmige Zahlungsreihen DFAKR in ihren Barwert zum Bezugszeitpunkt umgerechnet und zu den Investitionskosten addiert. Die Ersatzinvestitionen nach Ablauf der Nutzungsdauer werden als Einzelzahlungen mit dem Faktor DFAKE ebenfalls in ihre Barwerte zum Bezugszeitpunkt umgerechnet und zu den Investitionskosten addiert.

Die Berechnung wird in Tabelle 6.8 vorgenommen.

Tabelle 6.8   Berechnung der Projektkostenbarwerte PKBW für die Alternativen A1 und A2

	Umrechnungsfaktor	Barwert in €
Alternative A1		
IK_1: 4.110.000 €		4.110.000
Ersatz nach 75 Jahren	DFAKE(3 %; 75)=0,10895	448.000
LK_1: 27.400 €/a	DFAKR(3 %; ∞) =33,3333	913.000
$PKBW_1$		5.471.000
Alternative A2		
IK_2: 1.695.000 € (Leitung)		1.695.000
Ersatz nach 30 Jahren	DFAKE(3 %; 30)=0,41199	698.000
Ersatz nach 60 Jahren	DFAKE(3 %; 60)=0,16973	288.000
Ersatz nach 90 Jahren	DFAKE(3 %; 90)=0,06993	119.000
Ersatz nach 120 Jahren	DFAKE(3 %; 120)=0,0288	49.000
IK2: 1.200.000,- € (Pumpstationen)		1.200.000
Ersatz nach 25 Jahren	DFAKE(3 %; 25)=0,47761	573.000
Ersatz nach 50 Jahren	DFAKE(3 %; 50)=0,22811	274.000
Ersatz nach 75 Jahren	DFAKE(3 %; 75)=0,10895	130.000
Ersatz nach 100 Jahren	DFAKE(3 %; 100)=0,05203	62.000
Ersatz nach 125 Jahren	DFAKE(3 %; 125)=0,0249	30.000
LK_2: 16.900 €	DFAKR(3 %; ∞) =33,3333	563.000
$PKBW_2$		5.681.000

6.8.5 Kostengegenüberstellung

Der Projektkostenbarwert der Alternative A2 ist mit $PKBW_2 = 5.681.000$ € um 210.000 € = 4 % höher als der Projektkostenbarwert der Alternative A1 mit $PKBW_1 = 5.471.000$ €. Danach ist die Alternative A1 wirtschaftlich günstiger zu beurteilen.

6.8.6 Empfindlichkeitsprüfung

Es sind im Rahmen von Empfindlichkeitsprüfungen Variationen des Zinssatzes in der maximalen Bandbreite von i = 2 % bis i = 5 % sowie Variationen der Nutzungsdauern vorzunehmen. Dies wird an dieser Stelle nicht im Einzelnen durchgeführt. Es wird auf die KVR-Richtlinien verwiesen.

6.8.7 Gesamtbeurteilung

Unabhängig von hier nicht im Einzelnen dargestellten Empfindlichkeitsprüfungen kann davon ausgegangen werden, dass eine Entscheidung für die eine oder andere Alternative bei einer Kostenvorteilhaftigkeit von lediglich 4 % auf der Basis einer Kostenvergleichsrechnung im vorgestellten Rahmen nicht sicher getroffen werden kann.

Im Rahmen der Darstellung sollten weitere beeinflussende Randbedingungen (Soft-Facts) in die Bewertung einbezogen werden.

7 Planung, Ausschreibung und Vergabe

7.1 Einflussfaktoren

Wie bereits in Kap. 6 erläutert, sind die ersten Schritte im Rahmen einer Projektbearbeitung die wichtigsten im Hinblick auf den wirtschaftlichen Erfolg der Maßnahme.

Die sich aus den in Kap. 5 genannten Kosten ergebenden Kapitalkosten und Betriebskosten werden maßgeblich durch den Planer, und zwar zu Beginn eines Projektes, beeinflusst. Es gilt der in Abb. 7.1 dargestellte Grundsatz, dass die Möglichkeit der Kostenbeeinflussung vor Beginn eines Projektes 100% beträgt, weil das Projekt in dieser Phase vollständig verworfen werden könnte, ohne dass überhaupt oder nur sehr geringe Kosten entstanden sind.

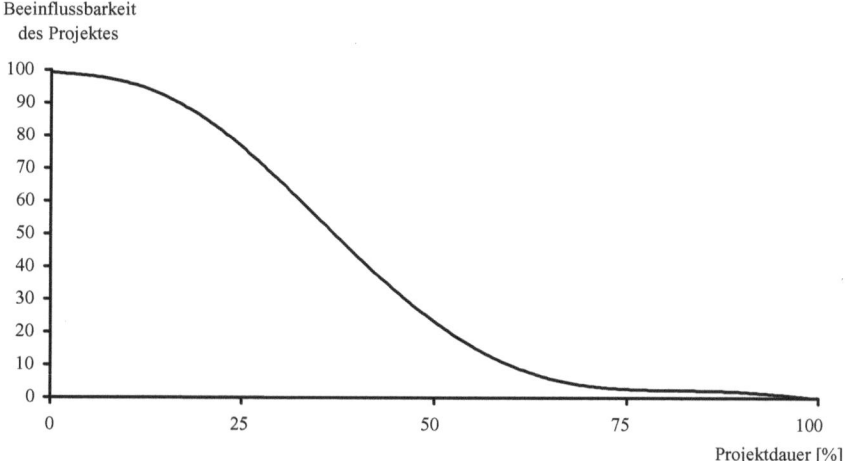

Abb. 7.1   Kostenbeeinflussbarkeit in Abhängigkeit von Projektphasen

Einen Überblick über die möglichen Einflussfaktoren nach Bucksteeg (2001) gibt Abb. 7.2.

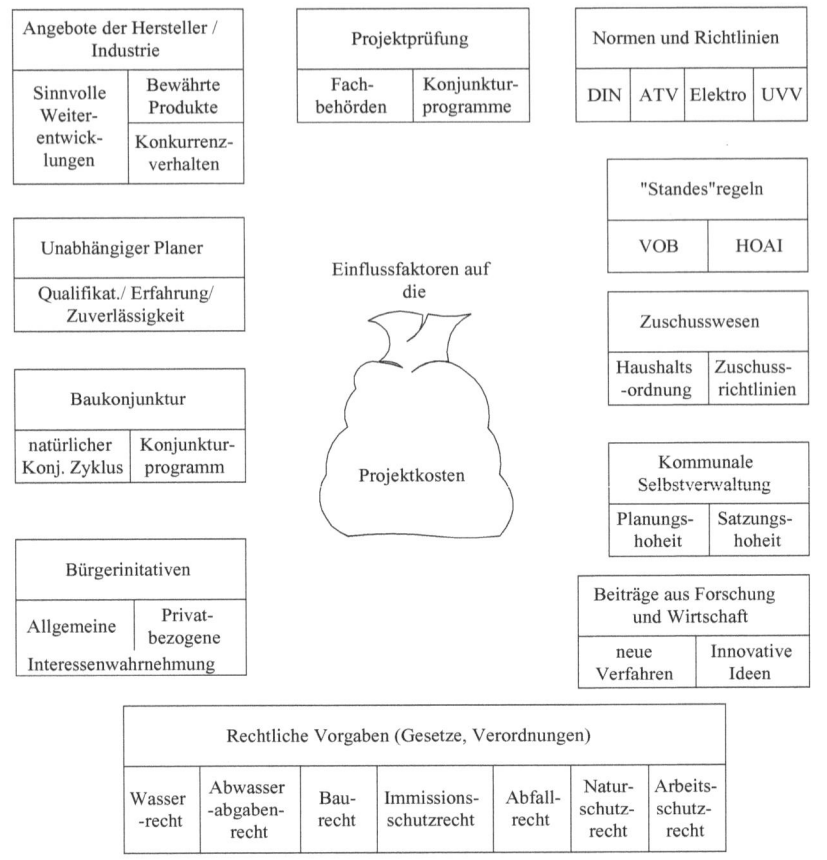

Abb. 7.2   Einflussfaktoren auf die Projektkosten nach Bucksteeg (2001)

Mit der Planungsphase entstehen erste (Planungs-)Kosten in der Größenordnung von 3 % der anrechenbaren Baukosten. Darin ist die Entwurfsplanung, die eine umfassende Beeinflussbarkeit zulässt, enthalten (Basis: 1 Mio. € anrechenbare Kosten; mit zunehmenden Kosten wird der Anteil kleiner). In dieser Phase mit geringen Kosten bei maximaler Kostenbeeinflussungsmöglichkeit ist es – neben der Findung der optimalen technischen Lösung – aus ökonomischen Gründen sinnvoll, größte Anstrengungen zur Findung der optimalen wirtschaftlichen Lösung zu unternehmen. Organisatorisch geschieht dies durch ein Zusammenwirken verschiedener Beteiligter in der Planungsphase (vgl. Abb. 7.3). So kann auf den (technischen) Planer durch den Bauherrn, durch andere Planungsteammitglieder, durch den Projektsteuerer, im Rahmen eines Ingenieurwettbewerbs oder durch externe Begutachtung einer oder mehrerer Varianten Einfluss genommen werden. Dabei sind auch Mischformen möglich. Da durch derartige Maßnahmen erfahrungsgemäß Einsparungen im zweistelligen Prozentbereich der Baukosten erzielt werden, ist selbst eine Verdopplung oder Verdreifachung der Planungskosten aus ökonomischer Sicht zu rechtfertigen.

Einflussfaktoren 217

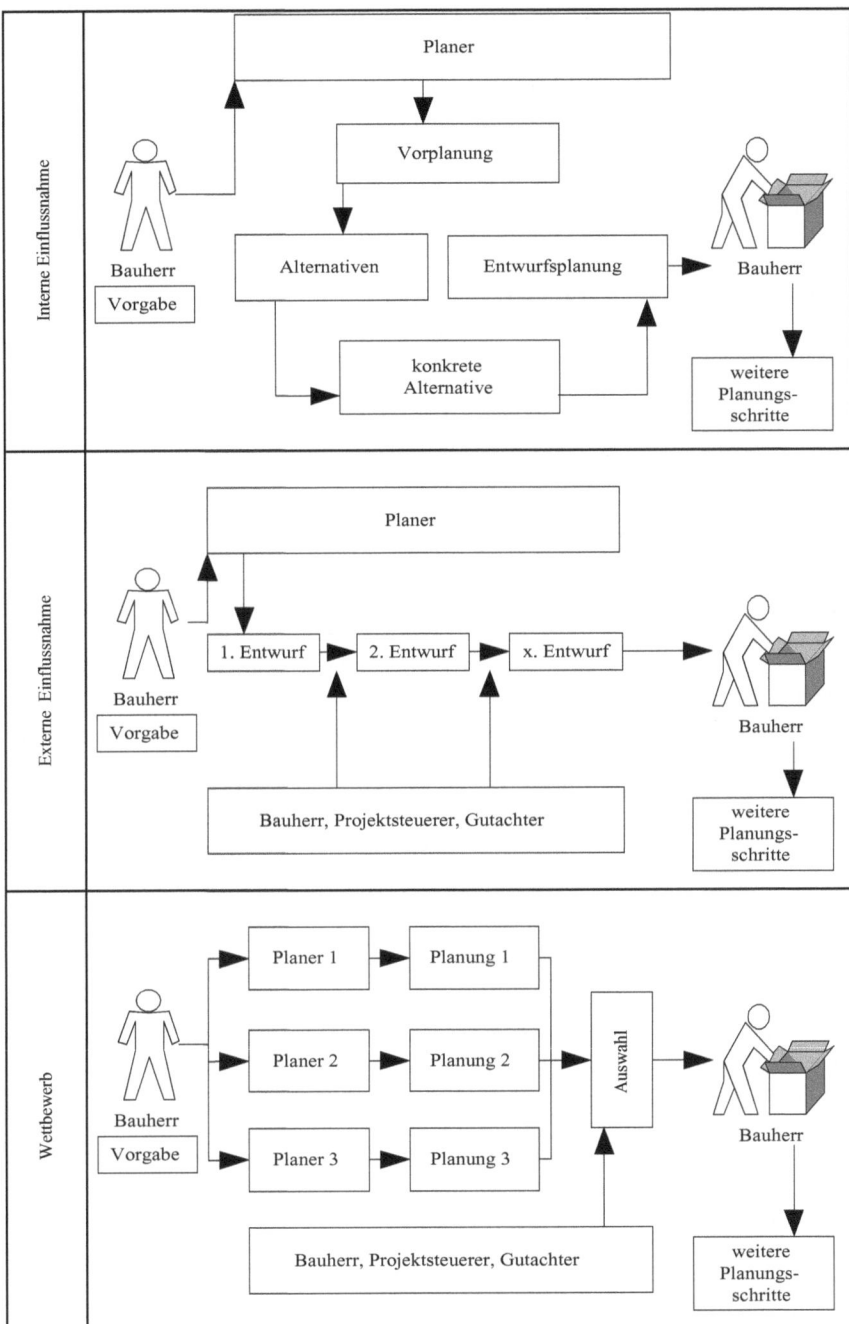

Abb. 7.3　Verfahren zur Findung der optimalen technischen und wirtschaftlichen Lösung

Wie bereits ausgeführt, dienen die Kostenvergleichsrechnungen auf der Basis von Kostenschätzungen zumeist der Vorauswahl von Alternativen. Dazu ist es erforderlich, die Vorplanungen so weit auszudehnen, dass eine situationsgerechte Beurteilung möglicher Verfahrensvarianten unter Kostengesichtspunkten verlässlich erfolgen kann und somit Fehlentscheidungen vermieden werden. In dem ATV-Arbeitsbericht „Durchgängige Kostenplanung und -steuerung bei kommunalen Kläranlagen" (1998) wird auf diese Problematik näher eingegangen. Werden die Kostenschätzungen mit globalen Erfahrungswerten durchgeführt, ist die Streubreite durch die dann vorhandenen Kostenunsicherheiten meist so hoch, dass keine signifikanten Kostenunterschiede mehr erkennbar sind und somit das Kostenkriterium oft nicht mehr verlässlich als Entscheidungsgrundlage für Variantenvergleiche herangezogen werden kann. Aus diesem Grund sollten vor allem während der ersten Projektphasen der Grundlagenermittlung und Vorplanung differenziertere Kostenbetrachtungen auf der Grundlage von Mengen- und Einzelkostenansätzen mit entsprechend differenzierten Kostenkennwerten durchgeführt werden.

Auch bei Bohn et al. (1999) wird auf diesen Sachverhalt näher eingegangen. Demnach genügt es nicht, in den ersten und frühesten Planungsphasen mit groben Kostenkennwerten zu operieren, da diese üblicherweise nicht sämtliche im Projekt vorhandenen Kosteneinflüsse berücksichtigen. Beispielsweise können pauschale Kostenkennwerte in €/EW, mit denen unterschiedliche Projektarten und unterschiedliche Projektstandards nur schwer berücksichtigt werden können, einen derart hohen Streubereich aufweisen, dass damit sinnvolle Variantenvergleiche unter Kostengesichtspunkten ebenso wenig möglich sind wie eine frühzeitige Projektbudgetierung .

Wie bereits erläutert, sind in der Phase der Projektentwicklung die Möglichkeiten zur Optimierung der Planung und Minimierung der Bau- und Betriebskosten besonders aussichtsreich, da oft noch zahlreiche und kostenwirksame alternative Planungsüberlegungen möglich sind. Der erhöhte Aufwand gerade in dieser Phase der Vorplanung wirft weiteren Diskussionsstoff auf. Bucksteeg und Englmann (1994) weisen darauf hin, dass die Honorarordnung für Architekten und Ingenieure (HOAI) kostengünstige aber planungsintensive Lösungen nur unzureichend belohne und das Ziel Kostensparen nur unzureichend fördere. Aus ihrer Sicht war eine Anpassung der HOAI aus den oben genannten Gründen unbedingt notwendig. Dieser Punkt wird bei Müller (1997) wieder aufgegriffen. Er ergänzt, dass es durch die Möglichkeit des § 4a der neuen HOAI (1995) zumindest zulässig ist, Erfolgshonorare auszuhandeln. Durch das Argument des Auftraggebers, dass eine Planung doch sowieso optimal ausgeführt werde und damit ein Erfolgshonorar nur mit anfänglich zu hohem Kostenrahmen entstehen könne, ist es dagegen mitunter schwierig, eine passende Bezugsbasis für solche Regelungen zu finden.

Nach Bucksteeg werden die Projektkosten unabhängig von der ingenieurmäßigen Bearbeitung ganz wesentlich von der Baukonjunktur beeinflusst. So sind zahlreiche dokumentierte Kosteneinsparungen in den 90iger Jahren nicht mit neuen Abwicklungsarten und/oder neuen Organisationsformen (vgl. Kap. 2), sondern ganz oder überwiegend mit dem konjunkturell bedingten Preisverfall zu begründen.

7.2 Planung

7.2.1 Ingenieurplanung

Die klassische Form der Planung ist die, dass sich der Bauherr selbst oder mit einem Baumeister seiner Wahl Gedanken über die Zusammenhänge des von ihm vorgesehenen Projektes macht und dieses dann mit dem Baumeister und anderen am Bau Beteiligten realisiert. Mit der zunehmenden Vielfalt der möglichen Bauvorhaben wurden Architekten bzw. Ingenieure als Vertreter des Bauherrn dazwischen geschaltet. Diese können beim Bauherrn angestellt sein oder als Freiberufler projektgebunden vom Bauherrn beauftragt werden. Auch Mischformen sind möglich.

Im Bereich der Abwasserbeseitigung sind zumeist die Kommunen (vgl. Kap. 2) die Bauherren. Der Bauherr beschäftigt i.d.R. einen oder mehrere Ingenieure als Spezialisten im Bereich Tiefbau bei kleinen Gemeinden (Amtsleiter, Sachgebietsleiter oder Mitarbeiter im Amt) bis hin zu eigenen Planungsabteilungen für den Abwasserbereich bei großen Gemeinden, Eigenbetrieben, Verbänden oder anderen Betriebsformen. Je nach der vorhandenen Organisation werden ganze Planungen oder Teile von Planungen an Dritte, Ingenieurbüros bzw. Ingenieurgesellschaften, vergeben. In Verbindung mit dem Wechsel der Organisationsform z.B. bei Privatisierungen kann die Planung auch auf den Privaten übertragen werden, der sich ggf. wiederum eigener Planungsabteilungen oder beauftragter Ingenieurbüros bedient.

In jedem Fall gibt es eine besondere „Vertrauensbeziehung" zwischen Bauherr und Ingenieur. Der Ingenieur vertritt den Bauherrn wie ein Anwalt seinen Mandanten. Dazu sind eine hohe Qualifikation, umfangreiche Erfahrung, unbedingte Zuverlässigkeit und vor allem vollständige Unabhängigkeit die notwendigen Voraussetzungen. Dies führt i.d.R. dazu, dass langfristige Bindungen zwischen Bauherrn und Ingenieurbüros entstehen. In Verbindung mit der überwiegend regionalen Betätigung der meisten Ingenieurbüros besteht damit aber grundsätzlich auch die Gefahr der Entstehung von Abhängigkeiten sowie der Ausbildung gewisser „Planungsspezialitäten", die dann den Weg zu innovativen Alternativen verschließen. Viele Ingenieurbüros wirken dem z.B. durch Fortbildungsmaßnahmen für ihre Mitarbeiter entgegen.

Bucksteeg stellt fest, dass mit dieser herkömmlichen Planungsweise oft nicht das optimale Planungskonzept gefunden wird, dass nicht immer alle möglichen Lösungsalternativen untersucht werden und dass teilweise keine sachgerechten Kostenvergleichsrechnungen (vgl. Kap. 6) durchgeführt werden.

Der Bauherr hat die Aufgabe, durch die Wahl geeigneter Ingenieurbüros zur technisch und wirtschaftlich optimalen Lösungsfindung beizutragen. Dazu sind Qualifikation, Erfahrung, Zuverlässigkeit und vor allem Unabhängigkeit der Büros notwendige Voraussetzungen.

7.2.2 Planung durch mehrere Ingenieurbüros

Eine Möglichkeit zum Erlangen von alternativen Lösungsansätzen besteht darin, mehrere Ingenieurbüros (z.B. ca. drei bis fünf) mit ersten Teilleistungen wie Grundlagenermittlung und Vorplanung zu beauftragen. Der Bauherr begutachtet die Alternativen nach technischer Lösung und Wirtschaftlichkeit bzw. lässt diese durch einen unabhängigen Gutachter prüfen. Im Ergebnis kann die beste Lösung bzw. eine Mischlösung aus verschiedenen Alternativen zur Ausführung kommen.

Weiterhin ist es möglich, die Planungsphasen der Honorarordnung für Architekten und Ingenieure (HOAI) durch verschiedene Büros bearbeiten zu lassen. So können beispielsweise die Phasen 1 - 4 und ggf. 5 (Grundlagenermittlung, Vorplanung, Entwurfsplanung, Genehmigungsplanung und Ausführungsplanung) von einem und die verbleibenden Phasen (5) und 6 - 8 (Vorbereitung der Vergabe, Mitwirkung bei der Vergabe, Bauoberleitung) bzw. die Bauleitung von einem anderen Büro durchgeführt werden.

Die Planung durch mehrere Ingenieurbüros, insbesondere zur Alternativenfindung, ist ein geeignetes und in letzter Zeit vermehrt anzutreffendes Instrument zur Verbesserung der Wirtschaftlichkeit abwassertechnischer Maßnahmen.

In Abb. 7.4 sind die möglichen Verfahrensschritte dargestellt.

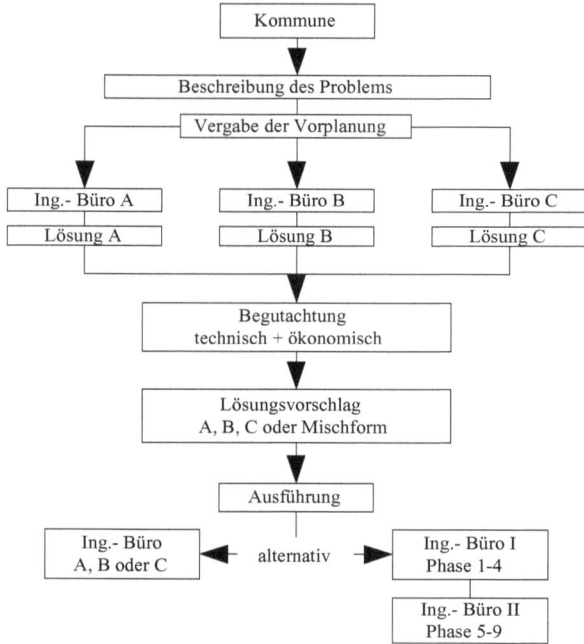

Abb. 7.4 Planung durch mehrere Ingenieurbüros

7.2.3 Ideenwettbewerbe

Dieses Verfahren zur Findung verschiedener innovativer Lösungen (Ideen) ist aus Architekturwettbewerben bekannt und wird noch sehr wenig im Bereich der Abwasserbeseitigung praktiziert.

1996 erschien eine Richtlinie „Grundsätze und Richtlinien für Wettbewerbe auf dem Gebiet für Raumplanung des Städtebaus und der Raumplanung (GRW 1995)", die die Verfahrensweise bei der Durchführung von Wettbewerben auch für Ingenieurbauwerke beschreibt. Vennebusch (1997) und Hajek (1997) berichteten über ein Pilotprojekt in Bayern.

Die grundsätzliche Abwicklung eines Ideenwettbewerbs ist in Abb. 7.5 dargestellt.

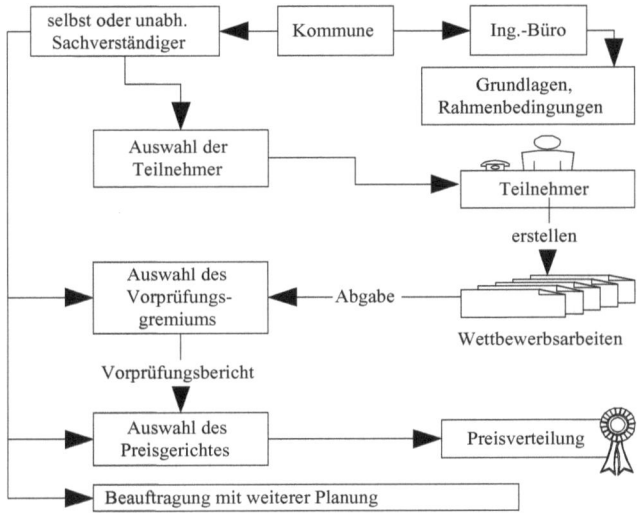

Abb. 7.5   Durchführung eines Ideenwettbewerbs zur Erstellung einer Abwasseranlage

Wettbewerbsverfahren sind zeitlich, fachlich, personell und vor allem kostenmäßig sehr aufwändig. Es kann davon ausgegangen werden, dass der so herbeigeführte Vorentwurf ein Vielfaches an Kosten gegenüber den klassischen Planungsmethoden erzeugt. Nach den Erfahrungen aus dem o.g. Pilotprojekt ist ein Ideenwettbewerb nur dann sinnvoll, wenn

- komplexe Aufgabenstellungen mit schwierigen Randbedingungen vorliegen,
- die volle Identifikation des Bauherrn mit dem Wettbewerb vorhanden ist,
- die Mitwirkung nur hochqualifizierter, erfahrener, engagierter Ingenieure im Vorprüfungsgremium und im Preisgericht gegeben ist.

7.3 Ausschreibung

7.3.1 Allgemeines

Grundsätzlich gibt es nach der Verdingungsordnung für Bauleistungen VOB drei Ausschreibungsarten:

- Die öffentliche Ausschreibung muss stattfinden, wenn nicht Eigenart der Leistung oder besondere Umstände eine Abweichung rechtfertigen (§3, Nr.2. VOB/A). Die Aufforderung zur Abgabe eines Angebots richtet sich an eine unbeschränkte Zahl von Unternehmen.
- Die beschränkte Ausschreibung ist unter bestimmten Voraussetzungen zulässig, z.B. wenn die öffentliche Ausschreibung kein annehmbares Ergebnis gehabt hat oder einen unverhältnismäßig hohen Aufwand verursachen würde(§3, Nr.3. VOB/A). Die Aufforderung zur Abgabe eines Angebots richtet sich an eine beschränkte Zahl von Teilnehmern, z.B. auch nach einem öffentlichen Teilnahmewettbewerb .
- Die freihändige Vergabe ist ebenfalls nur unter bestimmten, eng gefassten Voraussetzungen möglich (§3, Nr.4. VOB/A).

Die Vergabebestimmungen nach der EG-Sektorenrichtlinie (VOB/A-SKR), das ist die Richtlinie 98/4 des Europäischen Parlaments und des Rates (16.02.1998), schreiben vor, dass Bauaufträge mit einem geschätzten Gesamtauftragswert von mindestens 5 Mio. € ohne Umsatzsteuer EU-weit ausgeschrieben werden müssen. Werden die Bauaufträge losweise vergeben, sind die Bestimmungen anzuwenden bei jedem Los mit einem geschätzten Auftragswert von mindestens 1 Mio. € sowie unabhängig davon für alle Bauaufträge, bis mindestens 80% des geschätzten Gesamtauftragswertes aller Bauaufträge für die bauliche Anlage erreicht wird. Der Gesamtauftragswert umfasst auch den geschätzten Wert der vom Auftraggeber bereitgestellten Stoffe, Bauteile und Leistungen. Lieferungen, die nicht zur Ausführung der baulichen Anlage erforderlich sind, dürfen dann nicht mit einem Bauauftrag vergeben werden, wenn dadurch für sie die Anwendung der für Lieferleistung geltenden EG-Vergabebestimmungen (Lieferkoordinierungsrichtlinie) umgangen wird. Dort beträgt die Anwendungsschwelle 200.000 €.

Die Bestimmungen gelten u.a. für alle öffentlichen Auftraggeber und für juristische Personen des privaten Rechts, an denen Gebietskörperschaften (z.B. Gemeinden), juristische Personen des öffentliches Rechts (z.B. Körperschaften oder Anstalten), oder Verbände des öffentlichen Rechts allein oder gemeinsam mit Mehrheit unmittelbar oder mittelbar beteiligt sind und die zu dem besonderen Zweck gegründet wurden, im Allgemeininteresse liegende Aufgaben mit gewerblicher Art zu erfüllen.

Auch Ingenieurleistungen im kommunalen Bereich müssen auf Grund der Verdingungsordnung für freiberufliche Leistungen VOF (2000) in Verbindung mit der Verordnung über die Vergabe öffentlicher Aufträge (Vergabeverordnung VgV, 2001) ab einem Auftragswert von 200.000 € ohne Mehrwertsteuer europaweit ausgeschrieben werden. Dies gilt auch für privatisierte Unternehmen im öffentlichen Bereich. Die VOF ist immer anzuwenden, wenn eine schöpferische Leistung in Form eines Unikats erbracht werden soll, also wenn die Leistung nicht vorab und erschöpfend beschreibbar ist. Die in Tabelle 7.1 dargestellte Vorgehensweise wird bei der Durchführung der Ausschreibung empfohlen:

Tabelle 7.1 Durchführung der Ausschreibung nach VOF

1	Schwellenwertberechnung von Vorplanung bis Objektbetreuung (auch Optionen auf weitere Aufträge sind zu berücksichtigen). Dies gilt nur für vergleichbare Leistungen. So dürfen die Ingenieurleistungen z.B. für Kläranlagen- und Tragwerksplanungen getrennt ermittelt werden.
2	Vergabebekanntmachung nach Bekanntmachungsmuster.
3	Teilnahmeanträge sind bis 37 Tage nach Bekanntgabe zu stellen.
4	Beurteilung der Auswahlkriterien (finanzielle, wirtschaftliche, fachliche Leistungsfähigkeit).
5	Beurteilung der Auftragskriterien (zusätzliche Bedingungen).
6	Abschließende Wertung und Vergabevermerk.
7	Mitteilung der Nichtberücksichtigung 14 Tage vor Auftragserteilung an betroffene Unternehmen.
8	Möglichkeit der Inanspruchnahme der Vergabeprüfstelle.
9	Verhandlungsverfahren.

Obwohl kleine Büros und Existenzgründer nach VOF besonders berücksichtigt werden sollen, lässt sich ein Anspruch für diese Unternehmen nur schwer durchsetzen.

7.3.2 Leistungsverzeichnis

Die Leistungsbeschreibung mit Leistungsverzeichnis (§9 Nr.6 ff VOB) ist die klassische Form der Ausschreibung. Das Ingenieurbüro schreibt einzelne Gewerke (z.B. Bau, Elektro) oder Lose in einem Leistungsverzeichnis aus, wertet die Angebote und lässt die Aufträge vergeben.

Eine Ergänzung stellt die Zulassung von Sondervorschlägen dar. Sie ermöglicht eine Alternativenfindung durch den Anbieter bzw. durch die vom ihm beauftragten Ingenieure. Zu beachten ist hierbei, dass die Beurteilung der Wirtschaftlichkeit der Alternativen ein hohes Maß an Qualifikation und Erfahrung erfordert.

7.3.3 Leistungsprogramm (Funktionalausschreibung)

Bei der Leistungsbeschreibung mit Leistungsprogramm (§9 Nr. 10 ff VOB) erfolgt die Ausschreibung „systemoffen", d.h. ohne Festlegung der technischen Lösungsansätze. Der Auftraggeber legt lediglich den Zweck der fertigen Leistung und die vom Bauwerk zu erfüllenden technischen, wirtschaftlichen und funktionalen Anforderungen fest. Für eine Kläranlage wäre dies z.B. Ausbaugröße und Reinigungsgrad.

Im Gegensatz zu einem Leistungsverzeichnis nach im Vorfeld erfolgter Planung muss hier ein Programm sehr sorgfältig beschrieben werden. Dazu liegen bei Auftraggebern und Ingenieurbüros verhältnismäßig wenig Erfahrungen vor. Der Ruhrverband hat zu diesem Thema 2001 ein Handbuch für Funktionalausschreibungen mit zahlreichen Erläuterungen und Beispielen vorgelegt.

Die Planungsaufgabe wird im Wesentlichen auf die anbietenden Generalunternehmer verlagert. Die Aufgabe für den Auftraggeber liegt dann in der Angebotsprüfung und -wertung. Hierbei können verschiedenartige Bewertungsverfahren eingesetzt werden. Ein Beispiel ist auch bei Gerold (1997) beschrieben. An dieser Stelle wird lediglich festgestellt, dass für das Verfahren eine hohe Qualifikation und große Erfahrung des Büros bzw. Gutachters erforderlich ist, um zu einem angemessenen Ergebnis zu gelangen. Außerdem ist es für das Büro i.d.R. schwierig, den Generalunternehmer zu kontrollieren.

Nach Mayerhofer (1996) entspricht die Funktionalausschreibung, die in der VOB namentlich nicht genannt wird, eher einer Leistungsbeschreibung lediglich mit Zielvorgabe. Dies könne bei entsprechender Anwendung dazu führen, dass die Grundsätze der VOB nach einem konsequenten Wettbewerb außer Acht gelassen werden. Es wird daher verschiedentlich, z.B. auch bei Bucksteeg, eine Unterscheidung von Leistungsbeschreibungen mit Leistungsprogramm und Funktionalausschreibungen gefordert.

Kritisiert wird auch teilweise, dass der Planungsaufwand, der ja unabhängig von der Erstellung des Leistungsprogramms entsteht, nicht vergütet wird. Dies kann z.B. nach Bucksteeg zur Marktverdrängung von Ingenieurbüros und mittelständigen Bau- und Lieferfirmen führen und die Oligopolisierung auf dem Bietermarkt zugunsten von großen Generalunternehmen fördern. Der Ruhrverband sieht im Gegensatz dazu gute Chancen für den Mittelstand, entsprechende Aufträge zu erhalten.

Hinsichtlich der kostenmindernden Wirkung von Funktionalausschreibungen gegenüber Ausschreibungen mit Leistungsverzeichnis gibt es höchst unterschiedliche Angaben. Der Ruhrverband führt hier Zahlen zwischen 0 % und 40 % an.

7.4 Vergabe

Die Vergabe steht in engem Zusammenhang mit den oben genannten Planungs- und Ausschreibungsarten sowie mit der Betriebsform (vgl. Kap. 2). Vergaben können im Offenen Verfahren, im Nichtoffenen Verfahren und im Verhandlungsverfahren erfolgen.

7.4.1 Losweise Vergabe

In §4 VOB wird die losweise Vergabe unterschieden in Teillose zur Teilung umfangreicher Bauleistungen bzw. in Fachlose, bei denen nach verschiedenen Fachgebieten oder Gewerbezweigen getrennt vergeben werden soll.

Die Einteilung in Lose ist das übliche Ausschreibungs- bzw. Vergabeverfahren. Es setzt eine äußerst sorgfältige und detaillierte Bearbeitung voraus, um Fehler und damit verbundene Nachforderungen zu vermeiden. Die meisten spezialisierten Ingenieurbüros verfügen aber über hinreichende Qualifikation und Erfahrung, um auch umfangreiche und anspruchsvolle Projekte mit diesem Verfahren abzuwickeln.

7.4.2 Vergabe an Generalunternehmer

Bei diesem Verfahren wird keine Loseinteilung vorgenommen, sondern das gesamte Packet an einen Generalunternehmer (GU) vergeben, der dann in eigener Verantwortung ggf. Subunternehmer einschaltet. Das Vorhaben wird nach Fertigstellung „schlüsselfertig" übergeben. Alle Leistungen erfolgen demnach aus einer Hand, was auf der einen Seite die Abwicklung für den Auftraggeber erleichtert. Auf der anderen Seite hat er auf die Einzelheiten der Leistungserbringung keinen bzw. wenig Einfluss.

Neben dem klassischen Verfahren der Vergabe an einen Generalunternehmer, bei dem die Gemeinde baut und auch finanziert, kann das Verfahren auch als Forderungskauf (Forfaitierungsmodell) (vgl. Kap. 4.3.2), bei dem der GU baut und finanziert und die Gemeinde betreibt, abgewickelt werden. Dabei übernimmt der GU die Zwischenfinanzierung während der Bauphase sowie die Wartung innerhalb eines vereinbarten Zeitraums. Die Gemeinde zahlt den Barwert der Anlage einschließlich eingerechneter Zinsen über eine vereinbarte Laufzeit (z.B. 20 Jahre) an ein Kreditinstitut, das wiederum die Aufwendungen des GU finanziert.

Das Forfaitierungsmodell ist in Abb. 7.6 dargestellt.

Zur Gestaltung des Forfaitierungsmodells sind zwei Verträge zu schließen:

– Vertrag zwischen GU und Gemeinde zur Erstellung des Bauwerks und
– Vertrag zwischen GU, Auftraggeber und Kreditinstitut, in dem geregelt ist, dass die Gemeinde die Ratenzahlung garantiert (Forderungskaufvertrag).

Mit diesem Verfahren ist es für das Kreditinstitut möglich, die günstigen Kommunalkreditkonditionen zu gewähren. Da es sich um ein „kreditähnliches Geschäft" handelt, muss es durch die Rechtsaufsicht der Kommune genehmigt werden.

Weiterhin ist noch das Betreibermodell zu nennen, bei dem der GU plant, baut, finanziert und betreibt (vgl. Kap. 2).

226 Planung, Ausschreibung und Vergabe

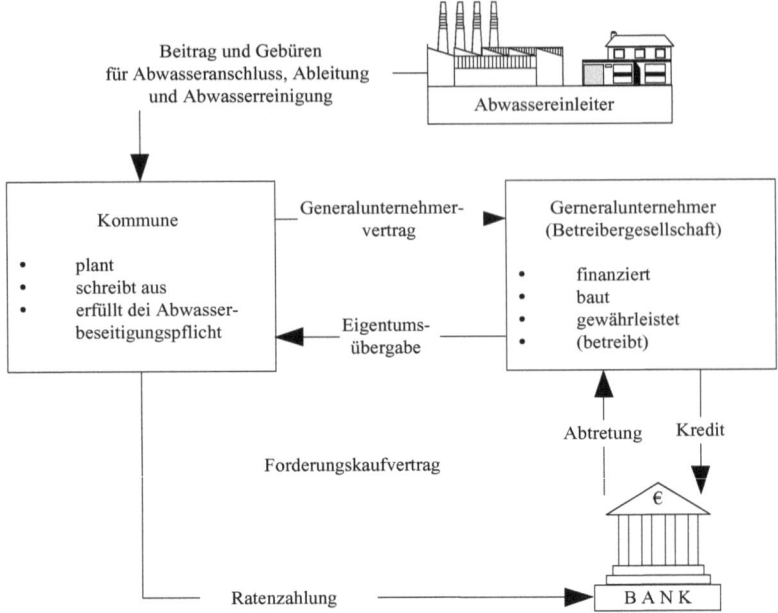

Abb. 7.6   Forfaitierungsmodell

8 Qualitätsmanagement in Abwasserbetrieben

8.1 Einführung

Seit Beginn der Industrialisierung wurde auch ständig darüber nachgedacht, wie die Qualität von Produkten und Dienstleistung gesichert sowie die dazu führenden Arbeitsabläufe aus ökonomischer Sicht optimal strukturiert werden können. Dieses wurde i.d.R. betriebsintern durchgeführt und unterlag zunächst keiner Beeinflussung durch Fremdorganisationen. Nach und nach entwickelten sich in den verschiedenen Industriestaaten übergreifende qualitätssichernde Systeme, die in nationale Normen mündeten. Das Technische Komitee 176 (TC 176) der Internationalen Gesellschaft für Normung (ISO) versuchte schließlich, diese nationalen Normen zusammenzufassen. Die erste Qualitätssicherungsnorm ISO 9000 wurde 1987 vorgelegt. Nachdem die Europäische Gemeinschaft die Übernahme zur Europanorm beantragt hatte, wurde sie mit der Öffnung der Binnenmärkte 1992 eingeführt. 1994 gab es die erste, im Jahr 2000 die zweite grundlegende Überarbeitung. DIN EN ISO 9000 steht für Deutsche Industrienorm, Europanorm, Internationale Gesellschaft für Normung (International Organization for Standardization) und Nummer der Norm.

In Deutschland hat die Automobilindustrie mit der Einführung von definiertem Qualitätsmanagement (QM) begonnen. Die Normung nach DIN EN ISO 9000 selbst ist zwar nicht zwingend, doch verlangten die Betriebe ihre Einführung von der Zulieferindustrie wegen der Standardisierung und leichten Prüfbarkeit. Darüber hinaus gab es individuelle und weitergehende Forderungen, die aber vielfach mit der DIN EN ISO 9000 verknüpft werden konnten. Die Einführung in weiteren Branchen folgte nach und nach.

Vielfach wird QM mit DIN EN ISO 9000 gleichgesetzt. Dazu ist anzumerken, dass es weitere Normen gibt, mit deren Hilfe Abläufe organisiert und Qualitätssicherungen betrieben werden können. Außerdem ist das Praktizieren von QM nicht an einen Standard gebunden. Grundsätzlich führt jeder Betrieb ein QM-System, denn in jedem Betrieb sind Abläufe mehr oder weniger geregelt. Zumeist wird in der Praxis aber die fehlende Durchgängigkeit der nicht genormten Systeme beklagt. Nach allgemeiner Auffassung stellt insbesondere die aktuelle DIN EN ISO 9000:2000 eine gute Grundlage für ein durchgängiges QM-System dar.

> Jeder Betrieb hat ein QM-System. Die Anlehnung an eine Norm trägt nach allgemeiner Auffassung aber zur Vereinfachung und Verbesserung des QM-Systems bei.

Im Folgenden wird der Begriff QM-Systeme für genormte Systeme verwendet.

8.2 Gründe für die Einführung von QM-Systemen

Allgemein werden häufig die folgenden Gründe zur Einführung von QM-Systemen genannt:
- Klare Regelungen der Verantwortlichkeiten,
- klare Prozesse und Abläufe,
- vereinfachte Einarbeitung neuer Mitarbeiterinnen und Mitarbeiter,
- Erhöhung von Arbeitszufriedenheit und Arbeitsfreude,
- Motivation der Mitarbeiterinnen und Mitarbeiter,
- Kostenoptimierung,
- Verbesserung des Unternehmensimages,
- Erhöhung der Kundenzufriedenheit,
- frühzeitige Erkennung von organisatorischen Problemen,
- kontinuierliche Verbesserung der Unternehmensorganisation,
- Sicherung des fachlichen und organisatorischen Know-hows,
- Verbesserung der Wettbewerbsfähigkeit,
- etc..

Die Zusammenstellung macht deutlich, dass die Motivationen unabhängig von der Branche gelten.

8.3 Übersicht über QM-Systeme

8.3.1 DIN EN ISO 9000 ff.

Die aus dem Jahr 1987 stammende und 1994 überarbeitete Norm war nach Funktionen in 20 Elemente gegliedert. Beispiele für solche Funktionen sind Vertragsprüfung, Designlenkung, Beschaffung, Prüfungen, Lenkung fehlerhafter Produkte, Wartung etc.. Die strikte Einteilung in diese Funktionen wurde vielfach wegen ihrer Starrheit und wegen des fehlenden Praxisbezuges kritisiert.

Mit der DIN EN ISO 9000:2000 erfolgte eine vollständige Überarbeitung. Sie basiert nun auf Elementen, die prozessorientiert aufgebaut sind. Die Darstellung erfolgt häufig wie in Abb. 8.1.

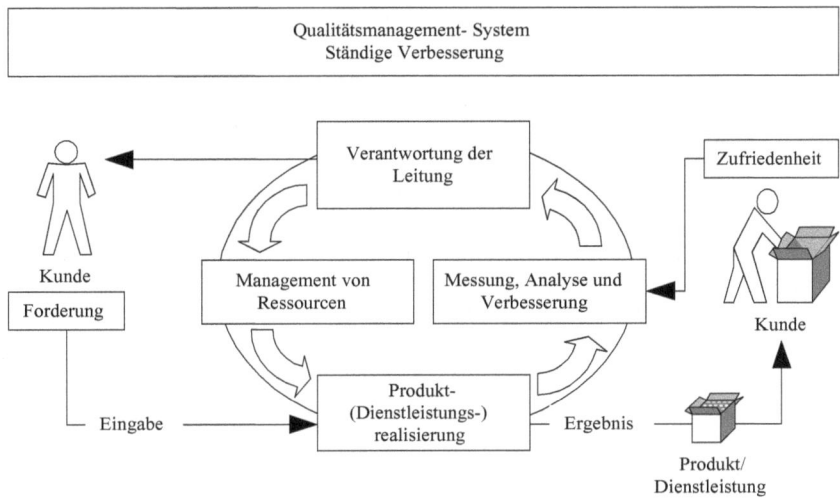

Abb. 8.1 Erweitertes Prozessmodell der DIN EN ISO 9000:2000

Die Bestandteile der Norm sind:

1. Verantwortung der Leitung
   Qualitätspolitik
   Kundenforderungen/-erwartungen
   Qualitätsziele
   Organisation
   Periodische Überprüfung der QM-Systems
2. Management von Ressourcen
   Personal
   Andere Ressourcen (Information/Infrastruktur)
3. Produktrealisierung
   Kundendienst
   Produkte- und Dienstleistungsentwicklung
   Lieferantenregelungen
   Beschaffung
   Prozesslenkung
4. Messung, Analyse und Verbesserung
   Messung der Systemwirksamkeit
   Messungen an Prozessen
   Datenanalysen
   Bewertungen und Behandlung von fehlerhaften Produkten
   Verbesserungstätigkeiten

Die Normenreihe DIN EN ISO 9000:2000 besteht aus einer Reihe von einzelnen Normen und Leitfäden. Sie wurden entwickelt, um Organisationen jeder Art und Größe mit wirksamen QM-Systemen eine Struktur zu geben:

1. Die ISO 9000 beschreibt Grundlagen für QM-Systeme und legt die Terminologie für die QM-Systeme fest.
2. Die ISO 9001 legt die Anforderungen an ein QM-System für den Fall fest, dass eine Organisation ihre Fähigkeit darlegen muss, Produkte bereitzustellen, die die Anforderungen der Kunden und die behördlichen Anforderungen erfüllen, und anstrebt, die Kundenzufriedenheit zu erhöhen.
3. Die ISO 9004 stellt einen Leitfaden bereit, der sowohl die Wirksamkeit als auch die Effizienz des QM-Systems betrachtet. Das Ziel dieser Norm besteht in der Leistungsverbesserung der Organisation sowie der Verbesserung der Zufriedenheit der Kunden und anderer interessierter Parteien.
4. Die ISO 19011 gibt Anleitungen für das Auditieren von Qualitäts- und Umweltmanagementsystemen.

Die Realisation der Implementierung eines QM-Systems erfolgt in folgender Weise:

1. Wille der Unternehmensleitung zur Einführung von QM,
2. Bereitschaft der Mitarbeiter zur Einführung von QM,
3. Analyse der eigenen Strukturen und Abläufe,
4. Zusammenführung von eigenen Strukturen und Norm (Anpassung der eigenen Strukturen an die Norm), nicht Überstülpen der Norm auf den Betrieb,
5. Aufbau der QM-Dokumentation individuell für den Betrieb,
6. Motivation und Schulung der Mitarbeiter,
7. Inkraftsetzen des QM-Systems durch die Leitung,
8. ggf. Zertifizierung durch eine unabhängige Institution.

> Der unbedingte Wille der Unternehmensleitung ist die Voraussetzung für die Einführung von QM. Die vorhandene Struktur des Betriebes wird mit der Norm in Einklang gebracht. Die Norm darf nicht übergestülpt werden.

Der Aufbau des Systems muss dokumentiert werden. Diese Qualitätsmanagementdokumentation wird i.d.R. in drei Teile entsprechend Abb. 8.2 gegliedert:

Die Dreieckform wird in der Darstellung oft gewählt, weil die Umfänge nach unten hin zunehmen:

- Im QM-Handbuch (Stufe A) sind der Aufbau des Systems, die Unternehmenspolitik und die Ziele in allgemeiner Form aufgeführt. Es werden z.B. die Verantwortlichkeiten geregelt, die Dienstleistung in allgemeiner Form beschrieben und die Wege zur Verbesserung dargestellt. Diese Darstellung wird häufig auch gern Dritten (z.B. Kunden) zugänglich gemacht.
- In den Verfahrensanweisungen (Stufe B) sind einzelne Tätigkeiten beschrieben, z.B. dass an bestimmten Tagen in Woche bestimmte Analysen durchzuführen sind.

- In den übrigen Unterlagen (Stufe C) werden alle Formulare (z.B. Betriebstagebuch), Berichte (z.B. Messergebnisse) und Arbeitsanweisungen (z.B. wie die Analyse zu erfolgen hat) geführt.

Zu beachten ist, dass der Aufbau in Form der Gliederung in allen drei Stufen gleich ist.

Neben dieser Dokumentation dürfen keine weiteren QM-relevanten Dokumente geführt werden. Die Aktualität der gesamten Dokumentation wird durch das Führen von Revisionsnummern der einzelnen Dokumente gewährleistet. Nicht mehr gültige Dokumente werden nach den internen Regelungen des Systems archiviert.

Die Normenreihe DIN EN ISO 9000 kann beim Deutschen Institut für Normung bezogen werden.

Abb. 8.2   Die Hierarchie der QM-Dokumentation

8.3.2 DIN EN ISO 14000 ff.

Die Umweltmanagementnorm DIN EN ISO 140001 wurde 1996 eingeführt. Sie war von vornherein prozessorientiert und lässt sich organisatorisch einfach mit der ISO 9000 verknüpfen. Zielsetzungen des Umweltmanagementsystems (UMS) sind die Einhaltung gesetzlicher Forderungen, die kontinuierliche Verbesserung des betrieblichen Umweltschutzes und das Bereitstellen von Informationen über den betrieblichen Umweltschutz für die Öffentlichkeit. Die Norm ist in folgende Elemente gegliedert:

1. Umweltpolitik/Leitbild
2. Planung
   Umweltanalyse (Ermitteln von relevanten Umweltaspekten)
   Sichere Einhaltung der gesetzlichen und anderer Forderungen
   Zielsetzungen (Strategien, Konzepte, Einzelziele)
   Umweltmanagementprogramme (Festsetzen von Maßnahmen)

3. Implementierung
   Organisationsstruktur und Verantwortlichkeiten festlegen
   Schulung, Bewusstsein (Identifizierung), Kompetenzregelung
   Kommunikation
   Dokumentation des UMS (Managementhandbuch)
   Lenkung der Dokumente
   Ablauflenkung (Prozessbeschreibung, Zuständigkeiten, Dokumente)
   Notfallvorsorge und -maßnahmen
4. Überwachung und Korrekturmaßnahmen
   Überwachung und Messung
   Abweichungen (Soll-/Ist-Prüfungen), Korrektur- und Vorsorgemaßnahmen
   Umweltmanagementsystem-Audit (Funktionskontrolle des Systems)
5. Bewertung durch die oberste Leitung

Das System ist wie die ISO 9000 kreisförmig von 1. bis 5. nach dem Prinzip Planen, Handeln, Kontrollieren, Bewerten und wieder Planen aufgebaut (vgl. Abb. 8.1). Auch hinsichtlich der Handbuchs und der Zertifizierung gilt das gleich wie bei der ISO 9000.

8.3.3 Weitere Systeme

8.3.3.1 EMAS

Das Umweltmanagement und die Umweltbetriebsprüfung des Europäischen Parlaments und Rates EMAS hat die ISO 14001 als Grundlage und geht über deren Forderung hinaus. Wesentlicher Bestandteil der EMAS-Verordnung ist eine schriftliche Umwelterklärung, mit der die Öffentlichkeit über die Umweltauswirkung und die Umweltleistungen des Unternehmens informiert wird. Die Registrierung als Organisation und die Verwendung des EMAS-Zeichens ist mit jährlich zu erneuernder Umwelterklärung möglich. Die Prüfung erfolgt durch einen unabhängigen Umweltgutachter.

8.3.3.2 TQM

Das Total Quality Management (TQM) der European Foundation for Quality Management (EFQM) stellt eine Erweiterung der o.g. Systeme dar. Es werden alle am Prozess Beteiligten einbezogen, auch die Öffentlichkeit und die Umwelt.

Bemerkenswert ist die Möglichkeit der Selbstbewertung nach einem Punktesystem. Auf diese Weise kann der Prozess der ständigen Verbesserung selbst überwacht werden. Außerdem gibt es das Instrument des European Quality Award, der jährlich an ein Unternehmen vergeben wird. Um diesen Preis können sich alle Betriebe mit EFQM-System bewerben.

Das System wird allgemein als sehr anspruchsvoll angesehen.

8.3.3.3 Arbeitsschutzsysteme

Es existieren zwei Systeme zur Organisation des Arbeitsschutzes, die mit den Systemen der ISO-Reihe kombiniert werden können:

- Occupational Health and Safety Assesment Series (OHSAS) 18001 aus dem Jahr 1999.
- Occupational Health and Risk-Managementsystem (OHRIS) aus dem Jahr 1998.

OHSAS ist ein System und OHRIS ein deutsches Arbeitsschutzmanagementsystem. Es verfolgt die Ziele Sicherheit, Gesundheitsschutz und Arbeitssicherheit.

8.3.3.4 Übergreifende Managementsysteme

Neben den o.g. Systemen gibt es die Möglichkeit, für die unterschiedlichen Belange von Unternehmen und deren Teilbereiche, z.B. auch für die einer Gemeinde, spezielle Managementsysteme zu realisieren. Hierauf wird an dieser Stelle wegen der Vielfalt der Möglichkeiten nicht näher eingegangen.

Werden verschiedene Systeme miteinander gekoppelt, spricht man auch von Integrierten Managementsystemen IMS.

8.4 Zertifizierung

Die Einführung eines QM-Systems ist losgelöst von dessen Zertifizierung zu sehen. Wie bereits erläutert, hat jeder Betrieb ein mehr oder weniger strukturiertes System. Lehnt sich der Betrieb beim Aufbau und bei der Arbeit im Zusammenhang mit dem System an eine bestimmte Norm an, besteht die Möglichkeit, dass er sich von einer unabhängigen, akkreditierten Organisation bescheinigen lässt, normgerecht zu arbeiten.

> Zu beachten ist, dass eine Zertifizierung nur möglich ist, wenn der Betrieb das System eingeführt hat und bereits damit arbeitet.

In Deutschland stehen 24 akkreditierte Organisationen für eine Zertifizierung im Bereich Wasser/Abwasser zur Verfügung.

8.5 Umsetzungsstand in Deutschland

Nach Angaben der ATV haben bis 2002 ca. 60 Betriebe eine Zertifizierung in den Bereichen des Qualitätsmanagements, des Umweltmanagements und des EMAS (Eco Management and Audit Scheme) erreicht.

In dem Arbeitsbericht der Ad-hoc-Arbeitsgruppe WI-00.2 „Managementsysteme und Zertifizierung" der ATV-DVWK (2002) berichten die Betriebe von fast nur positiven Erfahrungen. Seit 1997 bietet die ATV-DVWK das Merkblatt ATV-M 801 „Integriertes Qualitätsmanagement für Betreiber von Abwasseranlagen" an, nachdem die ATV-DVWK erst 1996 eine entsprechende Arbeitsgruppe eingerichtet hatte. In 2003 soll die überarbeitete Version nach der Revision der DIN EN ISO 9000 in 2000 erfolgen.

Die ATV fasst den qualitativen Nutzen von Managementsystemen auf Grund der Erfahrungen der bereits zertifizierten Betriebe wie folgt zusammen:

– Kontinuierliche Verbesserung aller Unternehmensbereiche (nicht nur der Abwassertechnik),
– Fehlerreduktion und Beschleunigung in den Arbeitsabläufen und Verbesserung der Prozesssicherheit,
– Vorteile der kontinuierlichen Verbesserung gegenüber von oben verordneter Reorganisationen in größeren Zeitabschnitten,
– dokumentierte Erfüllung der gesetzlichen Vorschriften und sonstigen Vorgaben,
– zufriedene Mitarbeiter dank klarer Kompetenzen und mehr Eigenverantwortung,
– bessere Identifikation der Mitarbeiter mit dem Unternehmen,
– Verbesserung der Rechtssicherheit und Verminderung des Haftungsrisikos für Organisationsverschulden,
– Leistungsausweis gegenüber Dritten und Nachweis der Sorgfaltspflicht,
– reduzierte Umweltbelastung dank Einbeziehung aller Umweltaspekte,
– Steigerung der Effizienz beim internen und externen Informationsfluss,
– kontinuierliche Verbesserung der Kundenzufriedenheit und Transparenz innerhalb des Unternehmensgebietes,
– gute Möglichkeit, sich später mit anderen Unternehmen vergleichen zu können (Benchmarking, vgl. Kap. 9)
– Steigerung der Wettbewerbsfähigkeit,
– Problemlose Erweiterung des IMS auf andere Unternehmensfelder wie z.B. Wasser, Abfall, Straßen u.s.w..

> Zu beachten ist nach Angaben der ATV, dass Kosten infolge der Aufdeckung von Defiziten durch ein IMS nicht dem IMS zugerechnet werden dürfen.

Eine quantitative, monetäre Bewertung in Form einer Kosten-Nutzen-Rechnung für QM-Systeme ist in 2002 wegen des kurzen statistischen Zeitraums nach der Einführung noch nicht möglich. Keiner der von der ATV beschriebenen Betriebe beurteilt jedoch in einer qualitativen Betrachtung den Aufwand und die Kosten für die Einführung als unangemessen hoch oder gar falsch, da der Nutzen bei weitem überwiegt.

Einen individuellen Bericht über Erfahrungen mit der Einführung eines Integrierten Qualitäts- und Umweltmanagementsystems in Lübeck gibt z.B. Thyen (2002).

9 Ansätze zur Kostenminimierung

9.1 Beeinflussbarkeit der Kosten

In Kap. 3 wurde dargestellt, in welchem Zusammenhang Kosten und Gebühren (Preise) bei der Abwasserbeseitigung stehen und welche Einflussmöglichkeiten bei der Gestaltung der Gebührenhöhe vorhanden sind. Die Beeinflussung der Gebührenhöhe ist im Wesentlichen eine politische Frage, die an dieser Stelle nicht erörtert werden soll. Auch die Beeinflussung der kalkulatorischen Kosten, beispielsweise durch Verlängerung der Abschreibungszeiten, ist nicht Gegenstand dieses Kapitels.

Gerade im Zusammenhang mit der Diskussion über alternative Betriebsformen der Abwasserbeseitigung (vgl. Kap. 2) wird oft über die Kosten der Abwasserbeseitigung - und dann i.d.R. über Kostensenkungspotenziale - gesprochen. Laut dem 51. Jahresbericht der Wasserwirtschaft der Bundesministerien für Umwelt und Verbraucherschutz für 2001 (BRD, 2002) betragen im Mittel bei den deutschen Abwasserbetrieben die Kosten für Abschreibung und Zinsen 56 %, die für Personal 13 %, für Energie- und Material 12 %, für Klärschlammbehandlung und -entsorgung 4 % und für die Abwasserabgabe 3 %. Der Fixkostenanteil, also der Anteil, der unabhängig von der zu beseitigenden Abwassermenge vorhanden ist, beträgt 75 % bis 85 %. Die Verteilung der großen Kostenblöcke zwischen Abwasserbehandlung und Abwasserableitung nach Bellefontaine et al. (1999) ist in Abb. 9.1 dargestellt.

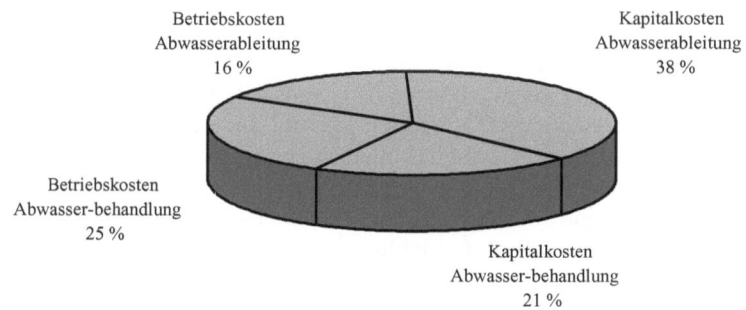

Abb. 9.1   Kostenverteilung auf Abwasserableitung und -behandlung nach Bellefontaine et al. (1999)

236   Ansätze zur Kostenminimierung

Hinsichtlich der Gesamthöhe der Kapitalkosten ergibt sich mit 59 % ein ähnliches Bild wie in 2001. Zu beachten ist insbesondere, dass der Betriebskostenanteil bei der Abwasserbehandlung 55 % und bei der Abwasserableitung nur 30 % beträgt.

Bei den Betriebskosten der Abwasserbehandlung ergibt sich nach Bode (2001) für den Ruhrverband die in Abb. 9.2 dargestellte Verteilung.

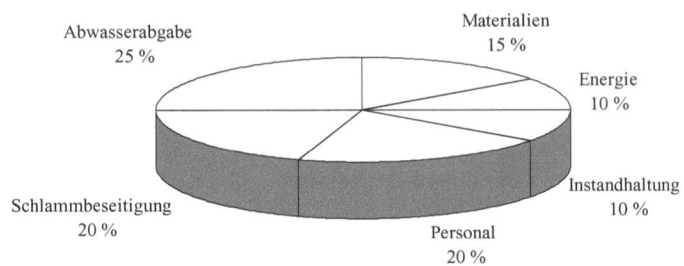

Abb. 9.2   Kostenverteilung bei den Betriebskosten der Abwasserbehandlung nach Bode (2001)

Bei den Materialien und bei der Energie bestehen nur geringfügige Kostensenkungspotenziale durch den optimierten und am tatsächlichen Bedarf orientierten Einsatz. Allerdings besteht z.B. bei einer Reduzierung des Fällmitteleinsatzes auch die Gefahr der Ablaufgrenzwertüberschreitung, die eine drastische Erhöhung der Abwasserabgabe zur Folge hätte. Ggf. kann durch den Einkauf von Materialien oder Energie z.B. in einem Verbund bessere Preise erzielt werden. Für die weiteren Betrachtungen wird das Einsparpotenzial gemäß den Erfahrungen des Autors auf 10 %, also 2,5 % der Material- und Energiekosten geschätzt.

Eine Reduzierung der erfahrungsgemäß am Notwendigsten orientierten Instandhaltung stellt lediglich eine zeitliche Verlagerung der anfallenden Kosten dar. Ein wirksames Kostensenkungspotenzial wird hier – ebenso wie für die Schlammbeseitigung und für die Abwasserabgabe - nicht gesehen.

Eine Reduzierung der Personalkosten ist grundsätzlich möglich. Zu beachten ist hierbei aber, dass notwendige Tätigkeiten ggf. auf andere Unternehmen verlagert werden und dann die Kosten lediglich nicht mehr als Personal-, sondern z.B. als Unterhaltungskosten gebucht werden. Außerdem muss im Einzelfall untersucht werden, inwieweit eine Reduzierung des Personals eine Verschlechterung der Leistung zur Folge hat, oder ob tatsächlich eine Reduzierung ohne Leistungsminderung, z.B. durch gemeinsame Erledigung von Aufgaben in einem Verbund, erreicht werden kann. Nach den Erfahrungen des Autors als Betriebsleiter verschiedener Kläranlagen kann das Potenzial hier rel. hoch mit 30 %, d.h. 6 % der Betriebskosten, angesetzt werden.

Insgesamt ergibt sich ein Kostensenkungspotenzial bei den Betriebskosten der Abwasserreinigung von ca. 8,5 %. Das sind ca. 5 % der Gesamtkosten der Abwasserbehandlung. Werden die oben getroffenen Annahmen auch auf die Betriebskosten der Abwasserableitung übertragen, ergibt sich ein Kostensenkungspotenzial bei der gesamten Abwasserableitung von ca. 2,5 %. Insgesamt beträgt das Kostensenkungspotenzial bei der Abwasserbeseitigung auf Grund von Einsparungen bei den Betriebkosten ca. 3,5 % der Gesamtkosten. Die Kapitalkosten können nicht gesenkt werden, da sie durch bereits realisierte Bauvorhaben fixiert sind. Zeitlich auftretende Abweichungen durch wechselnde Zinssätze bleiben hierbei unberücksichtigt.

> Das Kostensenkungspotenzial im laufenden Betrieb ist mit deutlich weniger als 5% der Gesamtkosten sehr gering. Das Kostensenkungspotenzial bei zukünftig zu realisierenden Maßnahmen ist deutlich höher zu bewerten.

Die oben aufgeführten Betrachtungen machen auch deutlich, dass eine Kostenreduzierung z.B. allein durch Veränderung der Betriebsform schwer bzw. nicht möglich ist. Bei einer Privatisierung käme zudem erschwerend hinzu, dass auf wesentliche Kostenarten zusätzlich die Mehrwertsteuer erhoben werden muss. Mit der Annahme, dass ein Privater die Kapitalkosten ebenso finanzieren muss wie der öffentlich-rechtliche Betrieb (obwohl dieser grundsätzlich günstigere Finanzierungskonditionen zu erwarten hat), fällt dann auf mehr als 50 % der Kosten die Mehrwertsteuer, die ja schon einmal gezahlt wurde, ein zweites Mal und auf die Personalkosten zusätzlich an. Insgesamt erhöhen sich die Kosten dadurch – je nach Kosten- und Altersstruktur der Anlage – um ca. 10 %, also um deutlich mehr als das Kostensenkungspotenzial. (Anmerkung: Diese Betrachtung gilt nur für den privaten Endverbraucher. Ein umsatzsteuerpflichtiger Endverbraucher könnte die Mehrwertsteuer als Vorsteuer geltend machen und somit von einer Privatisierung eher profitieren, wenn die Kosten direkt in Rechnung gestellt werden würden. Das ist allerdings wegen der i.d.R. bei der Kommune liegenden Abwasserbeseitigungspflicht nicht möglich (vgl. Kap. 2).)

Das vorrangige Ziel muss also darin bestehen, zukünftige Maßnahmen im Bereich der Abwasserbeseitigung so zu gestalten, dass die Kosten so wenig wie möglich steigen. Das kann grundsätzlich auch durch eine Änderung der Betriebsform günstig beeinflusst werden (vgl. Kap. 2). Hinsichtlich der Möglichkeiten der Kostenbeeinflussung durch Planung, Ausschreibung und Vergabe wird auf Kap. 7 verwiesen.

9.2 Kläranlagen

Im 1. Arbeitsbericht der ATV-Arbeitsgruppe „Kostenanalyse und -steuerung" (1998) werden 66 Kosteneinflussfaktoren bei Kläranlagenprojekten genannt, die in 6 Gruppen gegliedert werden:

1. Kosteneinflüsse durch abwasser- und gewässerspezifische Vorgaben,
2. Kosteneinflüsse durch standortspezifische Gegebenheiten,
3. Kosteneinflüsse durch Planungsentscheidungen,
4. Kosteneinflüsse durch materiell-rechtliche Anforderungen,
5. Kosteneinflüsse durch Gestaltung der behördlichen Zulassungsverfahren,
6. Sonstige Kosteneinflüsse.

Auf die Kosteneinflussfaktoren wird an dieser Stelle nicht im Einzelnen eingegangen. Es wird auf den Arbeitsbericht verwiesen.

Nach Bode (2001) sind grundsätzlich u.a. die folgenden Punkte zu beachten, um das Kostensenkungspotenzial auf Kläranlagen so weit wie möglich auszuschöpfen:

1. Umfassende Ermittlung der Projektgrundlagen (vgl. Kap. 7),
2. Untersuchung von Planungsvarianten und Durchführung von Kostenvergleichsrechnungen (vgl. Kap. 6),
3. Einbeziehung von Erweiterungsmaßnahmen (statt Neubauten) in die Planungsalternativen,
4. Schulung u.a. des Kostenbewusstseins der Beteiligten (vgl. Kap. 8),
5. kritische Auseinandersetzung mit den Behörden bei zu hohen Forderungen,
6. geschicktes Ausschreibungsverhalten und straffes Projektmanagement (vgl. Kap. 7),
7. intensive Wahrung der Bauherreninteressen auf der Baustelle,
8. Wahl des richtigen Investitionszeitpunktes.

Die Kostenstellen auf der Kläranlage, die Kostensenkungspotenziale haben, sind vielfältig (vgl. Kap. 5). Im Einzelnen müssen betrachtet werden:

– Grunderwerb, Erschließung,
– mechanische Reinigung,
– biologische Reinigung (baulich),
– Nachklärung und Schlammführung (baulich),
– biologische Reinigung (maschinell),
– Nachklärung und Schlammführung (maschinell),
– Schlammbehandlung,
– bauliche Anlagen.

Alle genannten Kostenstellen bergen Kosteneinsparpotenziale. Bei der Planung zukünftiger Maßnahmen sind die Punkte einzeln und in ihrer Gesamtheit zu beleuchten. Kroiß (2001) hat sich umfassend mit den Möglichkeiten der Minimierung von Kosten auf Kläranlagen und hier speziell auf die der biologischen Reinigung beschäftigt. In Bezug auf die Beeinflussungsmöglichkeiten der Gesamtkosten wird dieser Aspekt allerdings oft überbewertet. Kroiß regt in diesem Zusammenhang zusätzlich zu den o.g. Punkten folgende Maßnahmen an:

– Die Durchführung von Pilotuntersuchungen ist ab ca. 100.000 EW wirtschaftlich sinnvoll. Volumina und Kosten von Belebungsbecken können bei scheinbar ähnlichen Fällen (gleiche EW-Werte) um den Faktor 2-3 schwanken.

- Der wirtschaftliche Nutzen des Einsatzes von MSR-Technik wird oft überschätzt. Es gilt der Grundsatz: So viele Messgeräte wie nötig und so wenig wie möglich, wobei die Robustheit der Geräte vor der Anzahl der Messparameter stehen soll (1 € Investition in Messgeräte haben Jahreskosten in gleicher Höhe zur Folge wie Investitionen i.H.v. 5 € - 6 € in Beckenvolumen).
- Das Einsparpotential durch die Minimierung der Beckenvolumina ist bei großen Anlagen relativ größer als bei kleinen Anlagen.
- Bei kleinen Anlagen ist die simultane anaerobe Schlammstabilisierung mit ihren rel. großen Beckenvolumina i.d.R. die insgesamt kostengünstigste Alternative.
- Der Grad der Reinigungsleistung beeinflusst die Gesamtkosten wenig. Die Sicherheit der Reinigungsleistung kann durch Beckengröße rel. günstig im Vergleich zu nachgeschalteten Stufen gewährleistet werden.
- Funktionale Ausschreibungen setzen die sorgfältige Festlegung von div. Bemessungsparametern voraus. Besondere Bedeutung hat dies auch beim Schlammindex, der überlinear in die Bemessung der Nachklärbeckengröße eingeht. Vor der Festlegung zu niedriger Indizes wird wegen der Gefahr der Blähschlammbildung gewarnt.

Zu beachten ist weiterhin, dass bei allen Kostenstellen nicht grundsätzlich auf höchstem Ausstattungsniveau geplant werden muss. So müssen beispielsweise Rohrleitungen nicht unbedingt deshalb unterirdisch verlegt werden, nur weil diese aus überzogenen Arbeitsschutzgesichtspunkten andernfalls eine Stolperstelle darstellen würden. In Frankreich und den Niederlanden werden die Becken teilweise nicht unterirdisch, sondern überirdisch errichtet und dadurch Kosten gespart. In den Niederlanden sind teilweise keine Sandfänge, sondern Sandablassschieber in den Belebungsbecken zu finden.

Andererseits kann die Verwendung zunächst scheinbar günstiger Materialien zu hohen Folgekosten führen (z.B. verzinktes Stahlrohr statt hochlegiertem Stahl im Kontaktbereich mit Abwasser), wenn diese vor Ablauf der geplanten Nutzungsdauer ersetzt werden müssen (vgl. Kap. 6).

Die vielfältigen Einsparpotenziale können hier nicht im Einzelnen dargestellt werden. Grundsätzlich sollte der Bauherr bzw. der Betreiber der Anlage über ein vertieftes Know-how und eine umfassende Erfahrung mit der Planung und dem Betrieb von Kläranlagen verfügen. Ausgehend von dieser Position sollte ein ebenso erfahrener Planer bzw. mehrere Planer (vgl. Kap. 7) mit der Konzeption von geeigneten Lösungen und Lösungsalternativen beauftragt werden. Im Dialog kann dann unter Anwendung geeigneter Methoden der Kostenvergleichsrechnung (vgl. Kap. 6) und unter Einbringung der gesamten Erfahrung die wirtschaftlichste Lösung gefunden werden.

> Eine Planung auf höchstem ingenieurtechnischem Niveau führt zu den niedrigsten Kosten im späteren Projektbetrieb. Das Wissen um die ökonomischen Zusammenhänge ist Bestandteil des Ingenieurwesens.

9.3 Kanalsanierung

Die Kanalsanierung wird unterteilt in drei Bereiche (vgl. Kap. 5):

- Reparatur,
- Renovierung (Renovation),
- Erneuerung.

Im Rahmen dieses Abschnitts wird beleuchtet, welche grundlegende Sanierungsstrategie für einen Kanalnetzbetreiber wirtschaftlich vorteilhaft ist. Weiterhin wird eine Hilfe bei der Entscheidung angeboten, ob ein Kanalabschnitt aus wirtschaftlichen Gründen eher renoviert oder eher erneuert werden sollte.

Ausdrücklich nicht behandelt wird die Frage, welches Material bei der Kanalerneuerung bzw. beim Kanalneubau eingesetzt werden sollte – Steinzeug, Beton oder Kunststoff. Zurzeit liegt kein verlässlicher Ansatz über die tatsächlich zu erwartende Nutzungsdauer des Gesamtsystems Kanal in vergleichbaren Fällen für das ein oder andere Material vor. Da der Ansatz der Nutzungsdauer im Rahmen einer Wirtschaftlichkeitsuntersuchung aber den entscheidenden Ausschlag geben würde, kann hier gegenwärtig keine fundierte Aussage getroffen werden.

9.3.1 Sanierungsstrategien

Die Abwasserkanalisation in Deutschland weist nahezu überall gravierende Schäden auf (vgl. Kap. 5). Kanalnetzbetreiber haben sich auf der Basis der Europanorm EN 752-5 „Entwässerungssysteme außerhalb von Gebäuden – Sanierung" mit der Sanierung in den von ihnen zu verantwortenden Systemen auseinander zu setzen. Nach der EN 752 werden für Sanierungen, also für alle Maßnahmen zur Wiederherstellung oder Verbesserung von vorhandenen Entwässerungssystemen, ganzheitliche Lösungen unter Beachtung baulicher, betrieblicher, hydraulischer und umweltrelevanter Aspekte gefordert.

Grundsätzlich stellt sich dabei die Frage, ob es wirtschaftlicher ist, entweder

- erkannte schwerwiegende Schäden im Rahmen von Sofortmaßnahmen zu beheben oder
- eine vorbeugende Instandhaltung zu betreiben, d.h. im Zusammenhang mit der Zustandsuntersuchung der Kanäle frühzeitig erkannte und noch nicht schwerwiegende Schäden bereits im Vorfeld planmäßig zu sanieren.

Im Rahmen eines grundlegenden Projekts haben Milojevi et al. (1999) unter Berücksichtigung der Grundlagen der Kostenvergleichsrechnung (vgl. Kap. 6) verschiedene Sanierungsstrategien im Hinblick auf ihre Wirtschaftlichkeit für ein Kanalnetzgebiet in Berlin untersucht:

- Variante 1:   Sanierung der Schäden SK 1 und SK 2
- Variante 2:   Sanierung der Schäden SK 1, SK 2 und SK 3
- Variante 3:   Sanierung aller Schäden

Mit Schadensklasse SK 1: kurzfristig, SK 2: mittelfristig, SK 3: langfristig, SK 0: sofort erforderliche Sanierung.

Es wurden die Kosten für die drei Sanierungsvarianten, angewendet auf das Untersuchungsgebiet, ermittelt. Dabei ergibt sich für Variante 1 der größte Anteil an der Haltungslänge, an der keine Maßnahmen durchzuführen wären, und für Variante 3 der niedrigste Anteil. Der Anteil von Renovierung und Erneuerung wächst mit der Variantenzahl (vorbeugende Sanierung). Die so ermittelten Kosten wurden einander gegenübergestellt; ein Kostenvergleich gemäß Kap. 6 war wegen der nicht gegebenen Nutzengleichheit der Varianten nicht möglich.

Das Ergebnis der Untersuchung ist in Abb. 9.3 dargestellt. Es wurde das Verhältnis der Projektkostenbarwerte jeder Variante zu den Herstellungskosten des gesamten Untersuchungsnetzes berechnet und über der zu erwartenden Restnutzungsdauer aufgetragen. Im Ergebnis zeigt sich, dass bei Durchführung der 1. Variante 29 % der Herstellungskosten aufzuwenden wären, um die Nutzungsdauer von 51 Jahren um 71 Jahre auf 122 Jahre zu verlängern. Die Variante 2 ergibt eine Verlängerung der Restnutzungsdauer auf 150 Jahre, womit allerdings eine deutliche Erhöhung des Verhältnisses der Sanierungskosten zu den Herstellungskosten verbunden ist. Entsprechendes gilt für Variante 3.

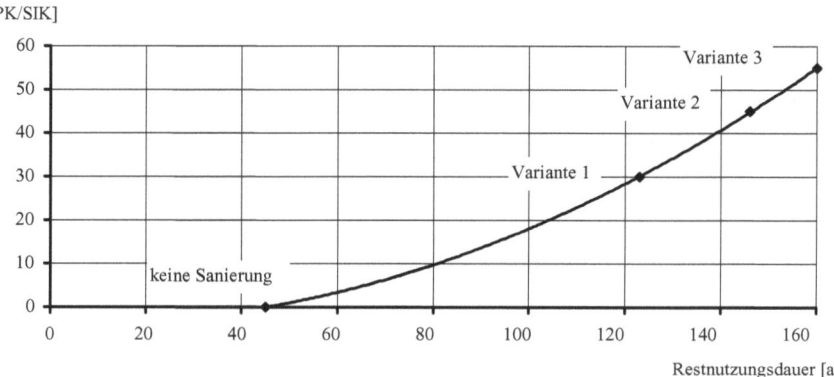

Abb. 9.3   Kosten-Nutzen-Verhältnis der Sanierungsvarianten 1 bis 3 nach Jacobi (2001)

Mit dieser Untersuchung konnte gezeigt werden, dass mit der vorweggenommenen Sanierung (Variante 1) mit vergleichsweise geringem Mitteleinsatz eine deutliche Verlängerung der Nutzungsdauer von Kanälen erreicht werden kann. Die vorbeugende Sanierung erfordert einen relativ hohen Aufwand bei relativ geringer weiterer Erhöhung der Nutzungsdauer und ist danach aus technischer und wirtschaftlicher Sicht nicht vorteilhaft.

9.3.2 Kanalrenovierung oder Kanalerneuerung

Kanalnetzbetreiber stehen nach der Entscheidung für eine Sanierung häufig vor der Frage, ob in dem konkreten Fall eine Renovierung oder eine Erneuerung wirtschaftlich vorteilhaft ist.

An der Fachhochschule Hannover wurde hierzu in 2002 eine grundlegende Untersuchung angestellt und auf der Basis der Kostenkennwerte von Günthert und Reicherter (2001) ein Programm KanKo (Sander et al., 2003) entwickelt, mit dem unter strenger Beachtung der Regeln der Kostenvergleichsrechnung (vgl. Kap. 6) Hinweise zur relativen Vorteilhaftigkeit der einen oder anderen Alternative für Nennweiten von DN 200 bis DN 800 gegeben werden. Dabei können die Varianten mit verschiedenen Nutzungsdauern berechnet werden.

Das Programm KanKo kann vom Inhaber dieses Buches unentgeltlich unter www.gekim.de (gekim Gesellschaft für kommunales Infrastrukturmanagement GmbH) heruntergeladen werden.

9.4 Zentralisierung und weitere Synergien

Die gegenwärtige Struktur der Abwasserwirtschaft in Deutschland ist geprägt durch die Abwasserbeseitigungspflicht, die bei den Kommunen liegt. Dies hat unabhängig von der Frage der Wirtschaftlichkeit dazu geführt, dass nahezu jede Kommune über mindestens eine Kläranlage verfügt. Im ländlichen Raum mit relativ wenigen Einwohnern pro Kommune existieren deshalb vielfach relativ kleine Kläranlagen. Kleine Kläranlagen verursachen aber höhere Kosten bezogen auf die angeschlossenen Einwohnerwerte als große Kläranlagen (vgl. Kap. 5).

1993 haben Sander et al. eine grundlegende Untersuchung der Frage, bis zu welcher Entfernung der zentrale Betrieb einer Kläranlage (Zentralisierung) bei steigenden Pumpkosten mit der Entfernung gegenüber mehreren kleinen wirtschaftlich ist, durchgeführt. Diese Gruppenlösung, bestehend aus einer Gruppenkläranlage und einem zugehörigen Abwassertransportsystem, stellt die Alternative zu den üblichen Kläranlagengrößen im ländlichen Raum mit Einzugsgebieten zwischen 60 und 90 km²/Anlage dar. Sander et al. kommen zu dem Ergebnis, dass eine Gruppenlösung bis zu einem Gebietsradius von etwa 20 km die kostengünstigere Alternative relativ unabhängig von dem Einzugsgebiet der alternativen Einzelanlagen darstellt.

Der wirtschaftlich optimale Radius liegt in Abhängigkeit von der Ausbaugröße der alternativen Einzelkläranlagen zwischen 7 km und 12 km (vgl. Abb. 9.4). Das Einsparpotenzial beträgt gegenüber dem Bau und Betrieb von Einzelkläranlagen bis ca. 13 % der Kosten.

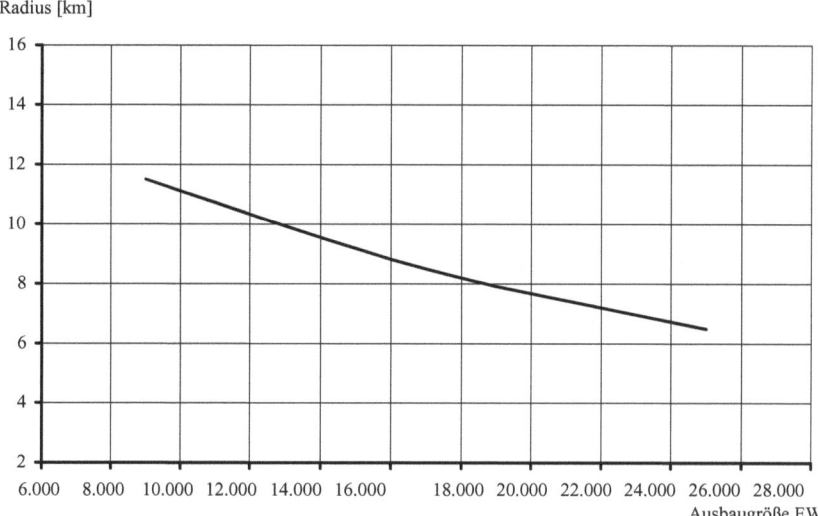

Abb. 9.4 Optimaler Radius eines Abwasserentsorgungsgebietes in Abhängigkeit der Ausbaugröße der alternativen Einzelkläranlagen nach Sander et al. (1993)

Mit Verwendung anderer Kostenkennwerte kommen die Autoren zu Ergebnissen der wirtschaftlichen Vorteilhaftigkeit bei noch größeren Einzugsgebieten. Es wird Betreibern und Planern neuer Abwasseranlagen empfohlen, Gebietsgrößen von mindestens 350 km² bis 1.000 km² für zentrale Kläranlagen im ländlichen Raum in den Wirtschaftlichkeitsuntersuchungen zu berücksichtigen.

Weitere Kostensenkungen sind durch den gemeinsamen Betrieb im Verbund, z.B. im Rahmen eines Verbandes, möglich.

Hinsichtlich möglicher Synergieeffekte durch die Zusammenlegung der Wasserversorgung mit der Abwasserbeseitigung weist Mauer (2002) darauf hin, dass u.A. aus hygienischen Gründen eine Zusammenlegung der Abwasserbeseitigung mit den Bereichen Strom und Gas wirtschaftlich sinnvoller ist.

9.5 Benchmarking

In Kap. 3 wird die Methodik der Kostenrechnung bei Abwasserbetrieben vorgestellt. Es wird im Zusammenhang mit den Ausführungen in Kap. 5, wo die Kosten der Abwasserbeseitigung aufgeführt sind, deutlich, dass ein Kostenvergleich der verschiedenen Betriebe untereinander wegen der Vielfältigkeit der Realisierungsmöglichkeiten in Bau, Betrieb und Kostenrechnung äußerst schwierig ist.

Der Begriff Benchmarking kommt aus dem Englischen. Benchmark bedeutet Bezugspunkt oder Maßstab; der Benchmarktest ist ein Leistungstest. Um einen

Vergleich in Form von Kennzahlen zu ermöglichen, werden zunächst die Leistungs- und Kostendaten des entsprechenden Untersuchungsgegenstandes – hier die von Abwasserbetrieben – normiert. Die am Test teilnehmenden Betriebe ermitteln dann ihre eigenen Kennzahlen und können diese mit denen anderer Betriebe vergleichen. Im Rahmen von Diskussionen erfolgt eine Ursachenanalyse der Abweichungen und schließlich das Aufzeigen von Maßnahmen zur Ausschöpfung des Verbesserungspotenzials .

Die ATV-DVWK (2001) hat sich im Rahmen einer Ad-hoc-Arbeitsgruppe mit der Thematik für Abwasseranlagen beschäftigt. Schulz et al. (1998) berichten über Benchmarking in der Abwasserbehandlung. Nach Schulz (2001) haben sich bei der Auswertung erster Projekte mit ca. 20 Standorten bereinigte Abweichungen zwischen einzelnen Ist-Werten und Bestwerten von 20 % bis 30 % ergeben.

Dies zeigt, dass mit der Durchführung von Benchmarking-Projekten erhebliche Einsparpotenziale aufgezeigt und auf der Basis von Diskussionen der Teilnehmer auch umgesetzt werden können. Gerade für nicht im Wettbewerb stehende öffentliche Unternehmen ist dies eine geeignete Möglichkeit, die Wirtschaftlichkeit ihrer Betriebe zu verbessern.

Benchmarking wird auch in den Niederlanden als ausgezeichnetes Hilfsmittel angesehen, sich eine Übersicht über die eigene Branche zu verschaffen und aus den vorteilhaften Methoden der Kollegen zu lernen (Esch und Oomens, 2003).

9.6 Controlling

Das Controlling ist ein Instrument zur Unternehmenssteuerung. Die Aufgabe des Controllings besteht darin, den Unternehmensführungen entscheidungsreife Informationen zur Verfügung zu stellen, die Unternehmensplanung zu unterstützen, Ergebniskontrollen und Abweichungsanalysen durchzuführen, das Berichtswesen zu pflegen und betriebliche Teilpläne und -funktionen zu koordinieren. Ein wichtiges Instrument ist dabei die kurzfristige Erfolgsrechnung (vgl. Kap. 3).

> Das Controlling darf nicht mit Kontrolle gleichgesetzt werden. Die Funktionen des Controllings können weit darüber hinaus reichen.

Obwohl sich das Controlling immer stärker auch auf kommunaler Ebene durchsetzt, wird es in Abwasserbetrieben noch selten praktiziert.

Ein oft in diesem Zusammenhang verwendeter Begriff ist das Projektcontrolling. Gemeint sind hier verschiedene Instrumente zur Steuerung eines Projekts. Es handelt sich dabei also nicht um Controlling im eigentlichen Sinn, sondern um einen Bestandteil des Projektmanagements . Es wird verwiesen auf z.B. Zielaseck (1999) und ATV-DVWK (2000).

Die Bedeutung der Notwendigkeit von Projektcontrolling wird in Abb. 9.5 deutlich, wonach Planungs- und Ausführungsfehler die häufigsten Schadensursachen bei Schäden an Gebäuden sind. Es kann unterstellt werden, dass dies grundsätzlich auf alle Baubereiche, also auch auf die Abwasserbeseitigung, übertragbar ist.

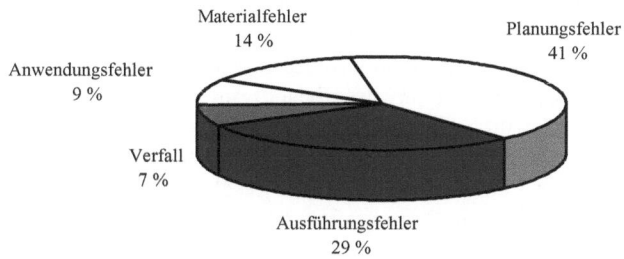

Abb. 9.5   Verteilung der Schadensursachen in Deutschland nach BRD (2002)

9.7 Alternative Betriebsformen

Oftmals wird argumentiert, dass Privatisierungen grundsätzlich zur Verbesserung der Wirtschaftlichkeit führen und dass dies auch für die Abwasserbeseitigung gelte. Dabei ist aber zu beachten, dass als wesentliche Voraussetzung für die Verbesserung der Wirtschaftlichkeit das Vorhandensein eines Marktes gegeben sein muss. Unter marktwirtschaftlichen Bedingungen ergeben sich dann Strukturen und Preise, die für die Marktteilnehmer vorteilhaft sind.

Die Herstellung der Marktsituation ist für leitungsgebundene Produkte zunächst einmal schwieriger als für nicht leitungsgebundene. In der Strom- und Gaswirtschaft konnte ein Markt durch die Festlegung entsprechender Durchleitungsregeln geschaffen werden. Eventuell ist dies auch für Wasser denkbar.

Im Abwasserbereich ist dies nicht möglich, weil die Abwasserbehandlung sofort nach dem Abwasseranfall vollzogen werden muss. Dies ist nur in relativer Nähe zum Anfallort möglich. Eine Durchleitung oder gar ein Transport zu alternativen Behandlungsstellen ist allenfalls theoretisch möglich. Im Ergebnis existieren grundsätzlich Monopolbetriebe mit einer Netzstruktur zum Sammeln und Behandeln des Abwassers. Verstärkt wird dieses Monopolsystem noch dadurch, dass aus seuchenhygienischen und Gründen des Umweltschutzes ein Anschluss- und Benutzungszwang der „Marktteilnehmer" verhängt wird.

> Keine zum Regiebetrieb alternative Betriebsform kann die Monopolstruktur der Abwasserwirtschaft beseitigen.

Im Wissen um die Monopolstruktur des historisch gewachsenen Abwasserbetriebes darf mit dieser Betätigung kein Gewinn erzielt werden. Die Kosten sind auf die Nutzer umzulegen (vgl. Kap. 3).

Bei einer vorgesehenen Privatisierung wird ein scheinbarer Markt dadurch geschaffen, dass die Leistung der Abwasserbeseitigung öffentlich ausgeschrieben wird. Das öffentliche Monopol soll durch ein privates Monopol ersetzt werden, wobei die Marktsituation durch den Wettbewerb bei der Kaufpreis- und Betreibungspreisabgabe hergestellt wird. Da aber wegen der Langlebigkeit der Investitionsgüter in Verbindung mit der Monopolstruktur nur langfristige Vertragsbindungen zwischen der – nach wie vor abwasserbeseitigungspflichtigen – Kommune und dem Privaten wirtschaftlich sinnvoll sind, wird stillschweigend davon ausgegangen, dass der „Gewinner" der Ausschreibung auch nach langer Zeit (teilweise werden Verträge mit einer Laufzeit von 30 Jahren geschlossen) der günstigste Bieter ist. Das vorherzusagen ist schwierig und setzt mindestens äußerst hochwertige Verträge voraus.

Da nach Auffassung von Sander (1998) die vorgesehene Privatisierung oft nicht dadurch motiviert ist, die Preissituation für den Bürger zu verbessern, sondern um Geld in die leeren kommunalen Kassen zu bekommen, wird oft im Kostenvergleich eine wesentliche Frage nicht gestellt: Kann die Kommune die Aufgabe der Abwasserbeseitigung langfristig nicht genauso wirtschaftlich wie ein privates Unternehmen durchführen, wenn doch kein Markt da ist, der anderweitig zur wirtschaftlichen Verbesserung der Situation des Privaten beiträgt? Im Gegenteil muss der Private noch zusätzlich einen Gewinnanteil erwirtschaften, von momentanen Problemen wie der zusätzlichen Mehrwertsteuerbelastung ganz abgesehen.

Es gibt keinen Grund anzunehmen, dass ein öffentlicher Betrieb die Aufgabe der Abwasserbeseitigung unwirtschaftlicher durchführt als ein privater, wenn er sich ansonsten verhält wie ein privater, wobei allerdings die Tarifbestimmungen des öffentlichen Dienstes die Gestaltungsfreiheit minimieren. Dazu ein Zitat von Bode (2001) aus den ansonsten so marktfreundlichen USA (Wasserwirtschaft):

> „Think private to stay public."

Bode weist auch darauf hin, dass in Großbritannien die Kosten nach der dort stattgefundenen Privatisierung höher gestiegen sind als in Deutschland. Auch in Deutschland gibt es hierfür Beispiele.

Die Realisation des o.g. Zitates zum privatwirtschaftlichen Denken erfolgt mit zunehmender Tendenz in Form der Eigenbetriebe, die ein der privatwirtschaftlichen Betätigung ähnliches Verhalten ermöglicht. Für kleinere Betriebe bietet insbesondere die interkommunale Zusammenarbeit ein zusätzliches Optimierungspotenzial, z.B. in Form von Verbandlösungen.

Schließlich sei noch darauf hingewiesen, dass die abschließende Entscheidung über die wirtschaftliche Vorteilhaftigkeit einer Privatisierung oder einer privatisierungsähnlichen Lösung gegenüber der öffentlich-rechtlichen Lösung nur im Einzelfall unter Berücksichtigung der individuellen Verhältnisse und insbesondere unter Beachtung der vertraglichen Lösung getroffen werden kann.

9.8 Wirtschaftliche Betätigung öffentlicher Unternehmen

Eine Möglichkeit zur Verbesserung der Wirtschaftlichkeit besteht darin, die Leistungen über das eigentliche Aufgabengebiet hinaus anzubieten. So kann z.B. der Abwasserbetrieb einer Kommune die Betriebsführung der Abwasseranlagen einer anderen Kommune übernehmen. Für private Unternehmen ist dies grundsätzlich uneingeschränkt möglich. Öffentliche Unternehmen unterliegen dagegen dem Örtlichkeitsprinzip , nach dem es kommunalen Unternehmen untersagt ist, auch außerhalb des Gemeindegebiets wirtschaftlich tätig zu werden. Dieses Prinzip ist zum Zeitpunkt des Erscheinens dieses Buches umstritten. Nach Auffassung von Burgi (2002) ist das Verbot der überörtlichen Marktteilnahme kommunaler Unternehmen u.A. mit Bezug auf die Garantie der kommunalen Selbstverwaltung (Art. 28, Abs. 2 GG) und nach dem Demokratieprinzip verfassungsrechtlich aber gut begründet.

Öffentliche Unternehmen sind nach einem Urteil des OLG Celle (Az: 13 / Verg 9/01 v. 8.11.2001) vom Ausschreibungs- und Vergabeverfahren von vornherein auszuschließen, da das fehlende Insolvenzrisiko der öffentlichen Unternehmen den Wettbewerb gegenüber den Unternehmen, die diesem Risiko ausgesetzt sind, verzerrt. Das Urteil trifft Regie- und Eigenbetriebe, Anstalten des öffentlichen Rechts und Verbände. Es wird diskutiert, diese Regelung wie in der VOB/A (Verdingungsordnung für Bauleistungen, Teil A) bereits vorhanden auch in die VOL/A (Verdingungsordnung für Leistungen) aufzunehmen.

Lediglich bei sog. Eigengeschäften (In-House-Geschäften) kann auf eine Ausschreibung der Leistung verzichtet werden. Dies ist dann relevant, wenn z.B. eine abwasserbeseitigungspflichtige Stadt diese Leistung an eine eigene Gesellschaft vergeben will. Voraussetzung ist nach einem Urteil des Europäischen Gerichtshofes (EuGH) aus 1999, dass die Stadt über die Gesellschaft wie über eine eigene Dienststelle verfügen kann. Nach Auffassung der Vergabekammer Halle ist dieses Kriterium nicht mehr gegeben, wenn an der Gesellschaft Unternehmen der freien Wirtschaft mit mindestens 10 % beteiligt sind (EUWID, 13/2002). In diesem Fall bestünde wiederum Ausschreibungspflicht.

Grundsätzlich fallen alle wettbewerbsfähigen und ausschreibungspflichtigen Leistungen wie Betriebsführungen, Betreiberprojekte und Aufträge im Rahmen von Kooperations- und Konzessionsmodellen unter die genannten Kriterien. Die interkommunale Zusammenarbeit ist hingegen nicht betroffen, wenn die Leistung nicht wettbewerbsfähig und ausschreibungspflichtig ist.

In diesem Zusammenhang ist abschließend noch der § 103 GWB (Gesetz gegen Wettbewerbsbeschränkung) zu erwähnen, auf dessen Grundlage die Privatisierung z.B. der Bahn, der Post und der Telekommunikation durchgeführt wurde. Zum Zeitpunkt des Erscheinens dieses Buches wird die Privatisierung der Wasserversorgung auf der Basis des § 103 GWB diskutiert. Eine gleichlautende und gegenwärtig nicht geführte Diskussion über die Privatisierung des Abwasserbeseitigung wäre nach Auffassung des Autors wegen des grundsätzlichen Monopolcharakters dieser Leistung unangemessen (vgl. Abschn. 9.7).

Anhang 1

Finanzmathematische Umrechnungsfaktoren

Begriff	Faktor	Bezeichnungen	Tabelle / Seite
KFAKR (i, n), a	$\dfrac{(1+i)^n \cdot i}{(1+i)^n - 1}$	Kapitalwiedergewinnungsfaktor, Verrentungsfaktor, Annuitätenfaktor (RMZ in Excel)	3.9 / 38
AFAKE (i, n)	$(1+i)^n$	Akkumulationsfaktor für einmalige Kosten, Aufzinsungsfaktor	6.3 / 196
DFAKE (i, n)	$\dfrac{1}{(1+i)^n}$	Diskontierungsfaktor für einmalige Kosten, Barwertfaktor	6.4 / 198
DFAKR (i, n)	$\dfrac{(1+i)^n - 1}{i \cdot (1+i)^n}$	Diskontierungsfaktor für eine gleichförmige Kostenreihe, Diskontierungssummenfaktor, Abzinsungssummenfaktor, Rentenbarwertfaktor, Kapitalisierungsfaktor	6.5 / 202
AFAKR (i, n)	$\dfrac{(1+i)^n - 1}{i}$	Akkumulationsfaktor für eine gleichförmige Kostenreihe, Endwertfaktor, Aufzinsungssummenfaktor	6.6 / 204
DFAKRP (r, i, n)	$(1+r) \dfrac{(1+i)^n - (1+r)^n}{(1+i)^n \cdot (i-r)}$	Diskontierungsfaktor für eine progressiv jährlich steigende Kostenreihe	A.1-A.8 / 250

Tabelle A.1 Diskontierungsfaktor für eine progressiv jährlich steigende Kostenreihe
r = 0,5 %

	\multicolumn{9}{c}{Zinssatz i in Prozent}								
	2,0	2,5	3,0	3,5	4,0	4,5	5,0	5,5	6,0
1	0,985	0,980	0,976	0,971	0,966	0,962	0,957	0,953	0,948
2	1,956	1,942	1,928	1,914	1,900	1,887	1,873	1,860	1,847
3	2,913	2,884	2,857	2,829	2,803	2,776	2,750	2,725	2,699
4	3,855	3,809	3,763	3,718	3,675	3,632	3,589	3,548	3,507
5	4,784	4,715	4,647	4,582	4,517	4,454	4,393	4,332	4,273
6	5,699	5,603	5,510	5,420	5,332	5,246	5,162	5,080	5,000
7	6,600	6,474	6,352	6,234	6,119	6,006	5,898	5,792	5,689
8	7,488	7,329	7,174	7,024	6,879	6,738	6,602	6,470	6,342
9	8,364	8,166	7,976	7,792	7,614	7,442	7,276	7,116	6,961
10	9,226	8,987	8,758	8,537	8,324	8,119	7,921	7,731	7,548
11	10,075	9,792	9,521	9,260	9,010	8,770	8,539	8,317	8,104
12	10,913	10,582	10,265	9,963	9,673	9,396	9,130	8,876	8,632
13	11,737	11,356	10,992	10,645	10,314	9,998	9,696	9,408	9,132
14	12,550	12,115	11,701	11,308	10,933	10,577	10,238	9,914	9,606
15	13,351	12,859	12,393	11,951	11,532	11,134	10,756	10,397	10,056
16	14,140	13,588	13,068	12,575	12,110	11,669	11,252	10,857	10,482
17	14,917	14,304	13,726	13,182	12,669	12,184	11,727	11,295	10,886
18	15,683	15,005	14,369	13,771	13,209	12,680	12,182	11,712	11,270
19	16,438	15,693	14,996	14,343	13,731	13,156	12,617	12,110	11,633
20	17,181	16,367	15,607	14,898	14,235	13,614	13,033	12,489	11,978
21	17,914	17,028	16,204	15,437	14,722	14,055	13,432	12,849	12,304
22	18,636	17,677	16,787	15,961	15,193	14,479	13,813	13,193	12,614
23	19,347	18,312	17,355	16,469	15,648	14,886	14,178	13,520	12,908
24	20,048	18,935	17,910	16,963	16,088	15,278	14,528	13,832	13,186
25	20,738	19,546	18,451	17,442	16,513	15,655	14,862	14,129	13,450
30	24,041	22,427	20,965	19,638	18,432	17,334	16,332	15,416	14,578
35	27,108	25,038	23,189	21,534	20,050	18,715	17,512	16,426	15,442
40	29,957	27,403	25,155	23,171	21,413	19,852	18,461	17,218	16,104
45	32,601	29,547	26,895	24,583	22,562	20,786	19,222	17,839	16,611
50	35,057	31,489	28,433	25,803	23,529	21,556	19,834	18,326	17,000
55	37,338	33,250	29,793	26,856	24,345	22,188	20,326	18,709	17,297
60	39,456	34,845	30,996	27,764	25,032	22,709	20,721	19,009	17,526
65	41,423	36,290	32,060	28,549	25,612	23,137	21,038	19,244	17,700
70	43,249	37,600	33,001	29,226	26,100	23,490	21,293	19,428	17,834
75	44,945	38,787	33,834	29,810	26,511	23,780	21,497	19,573	17,937
80	46,519	39,862	34,570	30,315	26,858	24,018	21,662	19,687	18,015
85	47,982	40,837	35,221	30,751	27,150	24,214	21,794	19,776	18,076
90	49,339	41,720	35,796	31,127	27,396	24,376	21,900	19,846	18,122
95	50,600	42,521	36,305	31,451	27,603	24,509	21,985	19,900	18,157
100	51,771	43,246	36,756	31,731	27,778	24,618	22,054	19,943	18,184

Zinszeitraum n in Jahren

						Zinssatz i in Prozent		
	6,5	7,0	7,5	8,0	8,5	9,0	9,5	10,0
1	0,944	0,939	0,935	0,931	0,926	0,922	0,918	0,914
2	1,834	1,821	1,809	1,796	1,784	1,772	1,760	1,748
3	2,674	2,650	2,626	2,602	2,579	2,556	2,533	2,511
4	3,467	3,428	3,390	3,352	3,315	3,279	3,243	3,208
5	4,216	4,159	4,104	4,050	3,997	3,945	3,894	3,844
6	4,922	4,846	4,772	4,699	4,628	4,559	4,492	4,426
7	5,588	5,491	5,396	5,303	5,213	5,126	5,041	4,957
8	6,217	6,096	5,979	5,866	5,755	5,648	5,544	5,443
9	6,811	6,665	6,525	6,389	6,257	6,130	6,006	5,886
10	7,371	7,200	7,035	6,876	6,722	6,574	6,430	6,292
11	7,899	7,702	7,512	7,329	7,153	6,983	6,820	6,662
12	8,398	8,173	7,957	7,750	7,552	7,361	7,177	7,000
13	8,868	8,616	8,374	8,143	7,921	7,709	7,505	7,309
14	9,312	9,032	8,764	8,508	8,263	8,029	7,806	7,592
15	9,731	9,422	9,128	8,848	8,580	8,325	8,082	7,850
16	10,127	9,789	9,468	9,164	8,874	8,598	8,336	8,085
17	10,500	10,134	9,787	9,458	9,146	8,850	8,568	8,301
18	10,852	10,457	10,084	9,732	9,398	9,082	8,782	8,498
19	11,184	10,761	10,363	9,986	9,631	9,295	8,978	8,677
20	11,498	11,047	10,623	10,223	9,847	9,493	9,158	8,842
21	11,794	11,315	10,866	10,444	10,047	9,674	9,323	8,992
22	12,073	11,567	11,093	10,649	10,233	9,842	9,474	9,129
23	12,336	11,804	11,306	10,840	10,405	9,996	9,613	9,254
24	12,585	12,026	11,504	11,018	10,564	10,139	9,741	9,368
25	12,820	12,234	11,690	11,184	10,711	10,270	9,858	9,473
30	13,809	13,103	12,453	11,853	11,300	10,789	10,315	9,875
35	14,549	13,737	12,997	12,321	11,702	11,134	10,612	10,131
40	15,103	14,201	13,386	12,647	11,976	11,364	10,805	10,294
45	15,518	14,540	13,663	12,875	12,162	11,517	10,931	10,397
50	15,828	14,788	13,862	13,033	12,290	11,619	11,013	10,463
55	16,060	14,969	14,003	13,144	12,376	11,688	11,067	10,505
60	16,234	15,102	14,104	13,221	12,436	11,733	11,102	10,532
65	16,364	15,198	14,177	13,275	12,476	11,763	11,124	10,549
70	16,461	15,269	14,228	13,313	12,504	11,783	11,139	10,560
75	16,534	15,321	14,265	13,339	12,522	11,797	11,149	10,567
80	16,588	15,359	14,291	13,358	12,535	11,806	11,155	10,571
85	16,629	15,386	14,310	13,370	12,544	11,812	11,159	10,574
90	16,659	15,407	14,324	13,379	12,550	11,816	11,162	10,576
95	16,682	15,421	14,333	13,386	12,554	11,818	11,163	10,577
100	16,699	15,432	14,340	13,390	12,557	11,820	11,165	10,578

Zinszeitraum n in Jahren

Tabelle A.2 Diskontierungsfaktor für eine progressiv jährlich steigende Kostenreihe
r = 1,0 %

	Zinssatz i in Prozent								
	2,0	2,5	3,0	3,5	4,0	4,5	5,0	5,5	6,0
1	0,990	0,985	0,981	0,976	0,971	0,967	0,962	0,957	0,953
2	1,971	1,956	1,942	1,928	1,914	1,901	1,887	1,874	1,861
3	2,942	2,913	2,885	2,857	2,830	2,803	2,777	2,751	2,726
4	3,903	3,856	3,810	3,764	3,720	3,676	3,633	3,591	3,550
5	4,855	4,785	4,716	4,649	4,584	4,519	4,457	4,395	4,335
6	5,797	5,700	5,605	5,513	5,423	5,335	5,249	5,165	5,084
7	6,731	6,602	6,477	6,355	6,237	6,122	6,011	5,902	5,797
8	7,655	7,491	7,332	7,178	7,028	6,884	6,744	6,608	6,476
9	8,570	8,367	8,170	7,980	7,797	7,620	7,449	7,283	7,124
10	9,476	9,229	8,992	8,763	8,543	8,331	8,127	7,930	7,740
11	10,374	10,080	9,798	9,527	9,268	9,019	8,779	8,549	8,328
12	11,262	10,918	10,588	10,273	9,972	9,683	9,407	9,142	8,888
13	12,142	11,743	11,363	11,001	10,655	10,325	10,010	9,709	9,422
14	13,013	12,557	12,123	11,711	11,319	10,946	10,591	10,252	9,930
15	13,876	13,358	12,868	12,404	11,964	11,546	11,149	10,773	10,414
16	14,730	14,148	13,599	13,080	12,590	12,126	11,686	11,270	10,876
17	15,576	14,927	14,316	13,740	13,198	12,686	12,203	11,747	11,316
18	16,413	15,693	15,018	14,384	13,788	13,228	12,700	12,203	11,735
19	17,242	16,449	15,707	15,012	14,362	13,751	13,178	12,640	12,134
20	18,064	17,194	16,383	15,626	14,918	14,257	13,638	13,058	12,515
21	18,877	17,928	17,045	16,224	15,459	14,746	14,080	13,459	12,877
22	19,682	18,651	17,695	16,808	15,984	15,219	14,506	13,842	13,223
23	20,479	19,363	18,332	17,378	16,495	15,675	14,915	14,209	13,552
24	21,268	20,065	18,956	17,934	16,990	16,117	15,309	14,560	13,865
25	22,050	20,757	19,569	18,477	17,471	16,544	15,688	14,896	14,164
30	25,845	24,066	22,458	21,000	19,676	18,472	17,375	16,375	15,460
35	29,458	27,141	25,076	23,232	21,581	20,099	18,765	17,563	16,477
40	32,896	29,997	27,451	25,208	23,226	21,470	19,910	18,519	17,276
45	36,170	32,650	29,603	26,956	24,648	22,627	20,853	19,288	17,904
50	39,286	35,115	31,555	28,503	25,876	23,603	21,629	19,906	18,396
55	42,253	37,404	33,324	29,872	26,936	24,426	22,268	20,403	18,784
60	45,077	39,531	34,928	31,084	27,853	25,120	22,794	20,803	19,088
65	47,765	41,507	36,382	32,156	28,644	25,705	23,228	21,124	19,326
70	50,324	43,342	37,701	33,105	29,328	26,199	23,585	21,383	19,514
75	52,760	45,047	38,896	33,944	29,919	26,615	23,879	21,591	19,661
80	55,078	46,630	39,980	34,687	30,429	26,966	24,121	21,758	19,777
85	57,286	48,102	40,962	35,344	30,870	27,262	24,320	21,892	19,868
90	59,387	49,468	41,853	35,926	31,251	27,512	24,484	22,001	19,939
95	61,387	50,738	42,661	36,441	31,579	27,723	24,619	22,087	19,995
100	63,291	51,917	43,393	36,897	31,864	27,900	24,731	22,157	20,039

Zinszeitraum n in Jahren

	\multicolumn{8}{c}{Zinssatz i in Prozent}
	6,5	7,0	7,5	8,0	8,5	9,0	9,5	10,0
1	0,948	0,944	0,940	0,935	0,931	0,927	0,922	0,918
2	1,848	1,835	1,822	1,810	1,797	1,785	1,773	1,761
3	2,701	2,676	2,652	2,628	2,604	2,581	2,558	2,535
4	3,510	3,470	3,431	3,393	3,355	3,318	3,282	3,246
5	4,277	4,219	4,163	4,108	4,054	4,001	3,949	3,899
6	5,004	4,927	4,851	4,777	4,705	4,634	4,565	4,498
7	5,694	5,594	5,497	5,402	5,310	5,221	5,133	5,048
8	6,348	6,224	6,104	5,987	5,874	5,764	5,657	5,553
9	6,969	6,819	6,675	6,534	6,399	6,268	6,140	6,017
10	7,557	7,381	7,211	7,046	6,887	6,734	6,586	6,443
11	8,115	7,911	7,714	7,525	7,342	7,166	6,997	6,834
12	8,645	8,411	8,187	7,972	7,766	7,567	7,376	7,193
13	9,147	8,883	8,632	8,391	8,160	7,938	7,726	7,523
14	9,623	9,329	9,049	8,782	8,526	8,282	8,049	7,825
15	10,074	9,750	9,442	9,148	8,868	8,601	8,346	8,103
16	10,502	10,147	9,810	9,490	9,186	8,896	8,621	8,358
17	10,908	10,522	10,157	9,810	9,482	9,170	8,874	8,593
18	11,293	10,876	10,482	10,110	9,757	9,424	9,108	8,808
19	11,658	11,210	10,788	10,390	10,014	9,659	9,323	9,005
20	12,005	11,525	11,075	10,651	10,252	9,876	9,522	9,187
21	12,333	11,823	11,345	10,896	10,475	10,078	9,705	9,353
22	12,644	12,104	11,598	11,125	10,681	10,265	9,874	9,506
23	12,940	12,369	11,837	11,339	10,874	10,438	10,030	9,647
24	13,220	12,620	12,061	11,539	11,053	10,599	10,174	9,776
25	13,486	12,856	12,271	11,727	11,220	10,747	10,306	9,894
30	14,622	13,853	13,146	12,496	11,896	11,342	10,830	10,355
35	15,493	14,600	13,787	13,046	12,369	11,749	11,180	10,657
40	16,162	15,160	14,256	13,440	12,699	12,027	11,413	10,853
45	16,674	15,579	14,600	13,721	12,930	12,216	11,569	10,981
50	17,068	15,894	14,851	13,923	13,092	12,346	11,673	11,065
55	17,370	16,129	15,035	14,067	13,205	12,434	11,743	11,120
60	17,601	16,306	15,170	14,170	13,284	12,495	11,789	11,155
65	17,779	16,438	15,269	14,243	13,339	12,536	11,820	11,179
70	17,915	16,537	15,341	14,296	13,377	12,564	11,841	11,194
75	18,019	16,611	15,394	14,334	13,404	12,583	11,855	11,204
80	18,100	16,667	15,433	14,361	13,423	12,597	11,864	11,210
85	18,161	16,709	15,461	14,380	13,436	12,606	11,870	11,214
90	18,208	16,740	15,482	14,394	13,445	12,612	11,874	11,217
95	18,244	16,763	15,497	14,404	13,452	12,616	11,877	11,219
100	18,272	16,781	15,508	14,411	13,456	12,619	11,879	11,220

Zinszeitraum n in Jahren

Tabelle A.3   Diskontierungsfaktor für eine progressiv jährlich steigende Kostenreihe
r = 1,5 %

	\multicolumn{9}{c}{Zinssatz i in Prozent}
	2,0	2,5	3,0	3,5	4,0	4,5	5,0	5,5	6,0
1	0,995	0,990	0,985	0,981	0,976	0,971	0,967	0,962	0,958
2	1,985	1,971	1,957	1,942	1,928	1,915	1,901	1,888	1,874
3	2,971	2,942	2,913	2,886	2,858	2,831	2,804	2,778	2,752
4	3,951	3,903	3,856	3,810	3,765	3,721	3,678	3,635	3,593
5	4,927	4,856	4,786	4,718	4,651	4,586	4,522	4,459	4,398
6	5,898	5,798	5,701	5,607	5,515	5,425	5,338	5,252	5,169
7	6,864	6,732	6,604	6,479	6,358	6,241	6,126	6,015	5,907
8	7,826	7,657	7,493	7,335	7,181	7,033	6,889	6,749	6,614
9	8,782	8,572	8,369	8,174	7,985	7,802	7,626	7,455	7,291
10	9,734	9,479	9,233	8,996	8,769	8,550	8,338	8,135	7,939
11	10,682	10,377	10,084	9,803	9,534	9,275	9,027	8,788	8,559
12	11,624	11,266	10,923	10,595	10,281	9,980	9,693	9,417	9,153
13	12,563	12,146	11,749	11,371	11,010	10,665	10,336	10,022	9,722
14	13,496	13,018	12,563	12,131	11,721	11,330	10,959	10,604	10,267
15	14,425	13,881	13,366	12,878	12,415	11,976	11,560	11,164	10,789
16	15,349	14,736	14,157	13,610	13,093	12,604	12,141	11,703	11,288
17	16,269	15,582	14,936	14,327	13,754	13,213	12,703	12,222	11,767
18	17,185	16,420	15,704	15,031	14,399	13,805	13,246	12,720	12,225
19	18,095	17,250	16,460	15,721	15,029	14,380	13,772	13,200	12,663
20	19,002	18,072	17,206	16,398	15,644	14,939	14,279	13,662	13,083
21	19,904	18,886	17,941	17,062	16,244	15,481	14,770	14,106	13,485
22	20,801	19,692	18,665	17,713	16,829	16,008	15,244	14,533	13,870
23	21,694	20,490	19,379	18,351	17,401	16,520	15,703	14,944	14,239
24	22,583	21,281	20,082	18,977	17,958	17,017	16,146	15,340	14,592
25	23,468	22,063	20,775	19,591	18,502	17,499	16,574	15,720	14,930
30	27,825	25,864	24,091	22,488	21,034	19,713	18,512	17,417	16,417
35	32,077	29,482	27,173	25,115	23,275	21,627	20,147	18,815	17,614
40	36,225	32,927	30,037	27,498	25,260	23,281	21,527	19,968	18,578
45	40,273	36,207	32,699	29,659	27,017	24,711	22,693	20,918	19,353
50	44,222	39,331	35,172	31,620	28,573	25,948	23,676	21,701	19,978
55	48,076	42,305	37,470	33,398	29,951	27,017	24,506	22,347	20,480
60	51,836	45,137	39,606	35,011	31,171	27,940	25,207	22,879	20,885
65	55,505	47,833	41,590	36,474	32,251	28,739	25,798	23,318	21,211
70	59,085	50,400	43,435	37,801	33,207	29,430	26,297	23,679	21,473
75	62,578	52,845	45,148	39,005	34,054	30,026	26,719	23,977	21,684
80	65,986	55,172	46,741	40,097	34,804	30,542	27,075	24,223	21,854
85	69,311	57,389	48,221	41,087	35,468	30,988	27,375	24,425	21,991
90	72,556	59,499	49,596	41,985	36,056	31,374	27,628	24,592	22,101
95	75,722	61,508	50,874	42,800	36,576	31,707	27,842	24,730	22,190
100	78,811	63,421	52,062	43,539	37,037	31,995	28,023	24,843	22,261

Zinszeitraum n in Jahren

| | \multicolumn{8}{c}{Zinssatz i in Prozent} |
	6,5	7,0	7,5	8,0	8,5	9,0	9,5	10,0
1	0,953	0,949	0,944	0,940	0,935	0,931	0,927	0,923
2	1,861	1,848	1,836	1,823	1,811	1,798	1,786	1,774
3	2,727	2,702	2,677	2,653	2,629	2,606	2,583	2,560
4	3,552	3,512	3,472	3,433	3,395	3,358	3,321	3,285
5	4,338	4,280	4,223	4,166	4,112	4,058	4,005	3,954
6	5,088	5,008	4,931	4,856	4,782	4,710	4,640	4,571
7	5,802	5,700	5,600	5,503	5,409	5,317	5,227	5,140
8	6,483	6,355	6,232	6,112	5,995	5,882	5,773	5,666
9	7,131	6,977	6,828	6,684	6,544	6,409	6,278	6,151
10	7,750	7,567	7,391	7,221	7,057	6,899	6,746	6,598
11	8,339	8,127	7,923	7,726	7,537	7,355	7,180	7,011
12	8,900	8,658	8,425	8,201	7,987	7,781	7,582	7,392
13	9,436	9,161	8,899	8,647	8,407	8,176	7,955	7,744
14	9,946	9,639	9,346	9,067	8,800	8,545	8,301	8,068
15	10,432	10,092	9,769	9,461	9,168	8,888	8,622	8,367
16	10,895	10,522	10,168	9,831	9,512	9,208	8,919	8,643
17	11,337	10,930	10,544	10,179	9,834	9,505	9,194	8,898
18	11,757	11,316	10,900	10,507	10,135	9,783	9,449	9,133
19	12,158	11,683	11,236	10,814	10,416	10,041	9,686	9,350
20	12,541	12,031	11,553	11,103	10,680	10,281	9,905	9,551
21	12,905	12,362	11,852	11,375	10,926	10,505	10,108	9,735
22	13,252	12,675	12,135	11,630	11,157	10,713	10,297	9,906
23	13,583	12,972	12,402	11,870	11,372	10,907	10,471	10,063
24	13,898	13,254	12,654	12,095	11,574	11,088	10,633	10,208
25	14,199	13,521	12,892	12,307	11,763	11,256	10,783	10,342
30	15,503	14,665	13,896	13,190	12,539	11,939	11,385	10,872
35	16,528	15,544	14,650	13,837	13,095	12,417	11,796	11,226
40	17,334	16,219	15,216	14,311	13,493	12,752	12,077	11,463
45	17,968	16,737	15,641	14,659	13,779	12,986	12,270	11,621
50	18,466	17,136	15,959	14,914	13,983	13,150	12,402	11,727
55	18,858	17,442	16,198	15,101	14,130	13,265	12,492	11,798
60	19,166	17,676	16,377	15,239	14,235	13,345	12,554	11,845
65	19,409	17,857	16,512	15,339	14,310	13,402	12,596	11,877
70	19,599	17,995	16,613	15,413	14,364	13,441	12,625	11,898
75	19,749	18,102	16,689	15,467	14,402	13,469	12,645	11,912
80	19,867	18,184	16,746	15,507	14,430	13,488	12,658	11,922
85	19,959	18,247	16,788	15,536	14,450	13,502	12,667	11,928
90	20,032	18,295	16,820	15,557	14,464	13,511	12,674	11,933
95	20,089	18,332	16,844	15,572	14,474	13,518	12,678	11,935
100	20,134	18,360	16,862	15,584	14,482	13,522	12,681	11,937

Zinszeitraum n in Jahren

Tabelle A.4 Diskontierungsfaktor für eine progressiv jährlich steigende Kostenreihe
r = 2,0 %

	\multicolumn{9}{c}{Zinssatz i in Prozent}
	2,0	2,5	3,0	3,5	4,0	4,5	5,0	5,5	6,0
1	1,000	0,995	0,990	0,986	0,981	0,976	0,971	0,967	0,962
2	2,000	1,985	1,971	1,957	1,943	1,929	1,915	1,902	1,888
3	3,000	2,971	2,942	2,914	2,886	2,859	2,832	2,805	2,779
4	4,000	3,951	3,904	3,857	3,811	3,766	3,722	3,679	3,637
5	5,000	4,927	4,856	4,787	4,719	4,652	4,587	4,524	4,462
6	6,000	5,898	5,799	5,703	5,609	5,517	5,428	5,341	5,256
7	7,000	6,865	6,733	6,606	6,482	6,361	6,244	6,130	6,019
8	8,000	7,826	7,658	7,496	7,338	7,185	7,037	6,894	6,755
9	9,000	8,783	8,574	8,372	8,178	7,989	7,808	7,632	7,462
10	10,000	9,736	9,481	9,237	9,001	8,774	8,556	8,345	8,143
11	11,000	10,683	10,380	10,088	9,809	9,540	9,283	9,035	8,798
12	12,000	11,626	11,269	10,928	10,601	10,288	9,989	9,702	9,428
13	13,000	12,565	12,150	11,755	11,378	11,018	10,675	10,347	10,034
14	14,000	13,498	13,022	12,570	12,140	11,731	11,342	10,971	10,618
15	15,000	14,428	13,886	13,373	12,887	12,426	11,989	11,574	11,180
16	16,000	15,352	14,742	14,165	13,620	13,105	12,618	12,157	11,720
17	17,000	16,273	15,589	14,945	14,339	13,768	13,229	12,720	12,240
18	18,000	17,188	16,428	15,714	15,044	14,414	13,822	13,265	12,740
19	19,000	18,100	17,258	16,472	15,735	15,045	14,399	13,792	13,222
20	20,000	19,007	18,081	17,219	16,413	15,662	14,959	14,301	13,685
21	21,000	19,909	18,896	17,954	17,079	16,263	15,503	14,793	14,131
22	22,000	20,807	19,703	18,680	17,731	16,850	16,031	15,269	14,560
23	23,000	21,701	20,502	19,395	18,371	17,423	16,545	15,730	14,973
24	24,000	22,590	21,293	20,099	18,998	17,982	17,043	16,175	15,370
25	25,000	23,475	22,077	20,793	19,614	18,528	17,528	16,605	15,752
30	30,000	27,835	25,882	24,116	22,518	21,068	19,750	18,551	17,458
35	35,000	32,090	29,506	27,205	25,153	23,318	21,673	20,195	18,865
40	40,000	36,242	32,957	30,077	27,545	25,311	23,336	21,584	20,026
45	45,000	40,294	36,244	32,747	29,715	27,077	24,775	22,758	20,984
50	50,000	44,248	39,375	35,228	31,684	28,642	26,020	23,749	21,774
55	55,000	48,107	42,357	37,535	33,471	30,029	27,096	24,586	22,426
60	60,000	51,872	45,196	39,680	35,093	31,257	28,028	25,293	22,964
65	65,000	55,547	47,901	41,673	36,565	32,345	28,834	25,891	23,407
70	70,000	59,132	50,476	43,526	37,901	33,309	29,531	26,396	23,774
75	75,000	62,631	52,929	45,249	39,113	34,163	30,134	26,822	24,076
80	80,000	66,046	55,266	46,851	40,213	34,920	30,655	27,182	24,325
85	85,000	69,378	57,491	48,340	41,211	35,591	31,107	27,487	24,530
90	90,000	72,630	59,610	49,724	42,116	36,185	31,497	27,744	24,700
95	95,000	75,803	61,628	51,010	42,938	36,711	31,835	27,961	24,840
100	100,000	78,899	63,550	52,206	43,684	37,177	32,127	28,144	24,956

Zinszeitraum n in Jahren

	Zinssatz i in Prozent							
	6,5	7,0	7,5	8,0	8,5	9,0	9,5	10,0
1	0,958	0,953	0,949	0,944	0,940	0,936	0,932	0,927
2	1,875	1,862	1,849	1,836	1,824	1,811	1,799	1,787
3	2,754	2,728	2,703	2,679	2,655	2,631	2,607	2,584
4	3,595	3,554	3,514	3,474	3,436	3,398	3,360	3,324
5	4,401	4,341	4,283	4,226	4,170	4,115	4,062	4,009
6	5,173	5,092	5,013	4,936	4,860	4,787	4,715	4,645
7	5,912	5,807	5,705	5,606	5,509	5,415	5,324	5,234
8	6,620	6,489	6,362	6,239	6,119	6,003	5,890	5,781
9	7,298	7,139	6,985	6,837	6,693	6,553	6,419	6,288
10	7,947	7,759	7,577	7,401	7,232	7,068	6,910	6,758
11	8,569	8,349	8,138	7,935	7,739	7,550	7,369	7,194
12	9,165	8,912	8,670	8,438	8,215	8,001	7,795	7,598
13	9,735	9,449	9,176	8,914	8,663	8,423	8,193	7,972
14	10,282	9,961	9,655	9,363	9,084	8,818	8,563	8,320
15	10,805	10,449	10,110	9,787	9,480	9,187	8,908	8,642
16	11,306	10,914	10,541	10,188	9,852	9,533	9,230	8,941
17	11,786	11,357	10,951	10,566	10,202	9,857	9,529	9,218
18	12,246	11,780	11,340	10,924	10,531	10,160	9,808	9,475
19	12,686	12,182	11,708	11,261	10,840	10,443	10,068	9,713
20	13,108	12,566	12,058	11,580	11,131	10,708	10,310	9,934
21	13,512	12,933	12,390	11,881	11,404	10,956	10,535	10,139
22	13,899	13,281	12,705	12,166	11,661	11,188	10,745	10,329
23	14,269	13,614	13,004	12,434	11,903	11,406	10,940	10,505
24	14,624	13,931	13,287	12,688	12,130	11,609	11,123	10,668
25	14,964	14,233	13,556	12,928	12,343	11,799	11,292	10,819
30	16,459	15,546	14,708	13,940	13,233	12,582	11,981	11,426
35	17,665	16,579	15,595	14,701	13,887	13,144	12,465	11,843
40	18,636	17,392	16,276	15,272	14,366	13,547	12,804	12,128
45	19,418	18,032	16,800	15,702	14,719	13,836	13,042	12,324
50	20,049	18,536	17,203	16,024	14,977	14,044	13,208	12,458
55	20,557	18,933	17,513	16,267	15,167	14,193	13,325	12,550
60	20,967	19,245	17,752	16,449	15,307	14,300	13,407	12,613
65	21,297	19,491	17,935	16,586	15,409	14,377	13,465	12,656
70	21,563	19,684	18,076	16,689	15,485	14,432	13,505	12,685
75	21,777	19,837	18,184	16,766	15,540	14,471	13,534	12,706
80	21,950	19,956	18,268	16,824	15,580	14,499	13,553	12,720
85	22,089	20,051	18,332	16,868	15,610	14,520	13,567	12,729
90	22,201	20,125	18,381	16,901	15,632	14,534	13,577	12,736
95	22,292	20,184	18,419	16,925	15,648	14,545	13,584	12,740
100	22,364	20,230	18,448	16,944	15,660	14,552	13,589	12,743

Zinszeitraum n in Jahren

Tabelle A.5 Diskontierungsfaktor für eine progressiv jährlich steigende Kostenreihe
r = 2,5 %

	\multicolumn{9}{c}{Zinssatz i in Prozent}
	2,0	2,5	3,0	3,5	4,0	4,5	5,0	5,5	6,0
1	1,005	1,000	0,995	0,990	0,986	0,981	0,976	0,972	0,967
2	2,015	2,000	1,985	1,971	1,957	1,943	1,929	1,916	1,902
3	3,030	3,000	2,971	2,942	2,914	2,887	2,859	2,833	2,806
4	4,049	4,000	3,952	3,904	3,858	3,812	3,768	3,724	3,681
5	5,074	5,000	4,928	4,857	4,788	4,720	4,654	4,589	4,526
6	6,104	6,000	5,899	5,800	5,704	5,611	5,519	5,430	5,344
7	7,139	7,000	6,865	6,735	6,608	6,484	6,364	6,248	6,134
8	8,179	8,000	7,827	7,660	7,498	7,341	7,189	7,041	6,899
9	9,223	9,000	8,784	8,576	8,375	8,181	7,994	7,813	7,638
10	10,274	10,000	9,737	9,484	9,240	9,006	8,780	8,562	8,353
11	11,329	11,000	10,685	10,382	10,092	9,814	9,547	9,290	9,044
12	12,389	12,000	11,628	11,272	10,932	10,607	10,296	9,998	9,712
13	13,455	13,000	12,567	12,154	11,760	11,385	11,027	10,685	10,358
14	14,526	14,000	13,501	13,027	12,576	12,148	11,740	11,353	10,983
15	15,602	15,000	14,430	13,891	13,380	12,896	12,437	12,001	11,588
16	16,683	16,000	15,356	14,747	14,173	13,630	13,117	12,632	12,172
17	17,770	17,000	16,276	15,595	14,954	14,350	13,781	13,244	12,737
18	18,862	18,000	17,192	16,435	15,724	15,057	14,429	13,839	13,284
19	19,959	19,000	18,104	17,266	16,483	15,749	15,062	14,417	13,812
20	21,062	20,000	19,011	18,090	17,231	16,429	15,679	14,979	14,323
21	22,170	21,000	19,914	18,906	17,968	17,095	16,282	15,524	14,817
22	23,284	22,000	20,813	19,713	18,694	17,749	16,871	16,054	15,295
23	24,403	23,000	21,707	20,513	19,410	18,390	17,445	16,569	15,757
24	25,527	24,000	22,596	21,305	20,116	19,019	18,006	17,070	16,203
25	26,657	25,000	23,482	22,090	20,811	19,636	18,554	17,556	16,635
30	32,391	30,000	27,845	25,900	24,141	22,547	21,101	19,787	18,590
35	38,267	35,000	32,103	29,530	27,237	25,191	23,360	21,719	20,243
40	44,288	40,000	36,259	32,987	30,117	27,591	25,363	23,391	21,641
45	50,458	45,000	40,316	36,281	32,794	29,770	27,138	24,838	22,822
50	56,781	50,000	44,274	39,419	35,284	31,748	28,711	26,091	23,821
55	63,261	55,000	48,138	42,408	37,600	33,544	30,106	27,176	24,666
60	69,900	60,000	51,908	45,255	39,753	35,175	31,343	28,115	25,380
65	76,705	65,000	55,588	47,968	41,756	36,656	32,439	28,928	25,983
70	83,677	70,000	59,179	50,552	43,618	38,000	33,411	29,631	26,494
75	90,822	75,000	62,685	53,013	45,350	39,220	34,272	30,241	26,925
80	98,144	80,000	66,105	55,358	46,960	40,328	35,036	30,768	27,290
85	105,647	85,000	69,444	57,592	48,457	41,334	35,713	31,224	27,598
90	113,336	90,000	72,703	59,720	49,850	42,247	36,313	31,620	27,859
95	121,216	95,000	75,883	61,747	51,145	43,076	36,845	31,962	28,080
100	129,290	100,000	78,986	63,678	52,349	43,829	37,317	32,258	28,266

Zinszeitraum n in Jahren

						Zinssatz i in Prozent		
	6,5	7,0	7,5	8,0	8,5	9,0	9,5	10,0
1	0,962	0,958	0,953	0,949	0,945	0,940	0,936	0,932
2	1,889	1,876	1,863	1,850	1,837	1,825	1,812	1,800
3	2,780	2,755	2,729	2,705	2,680	2,656	2,633	2,609
4	3,638	3,597	3,556	3,516	3,477	3,438	3,400	3,363
5	4,464	4,403	4,344	4,286	4,229	4,174	4,119	4,066
6	5,259	5,176	5,096	5,017	4,940	4,865	4,792	4,720
7	6,024	5,916	5,812	5,710	5,612	5,515	5,422	5,330
8	6,760	6,626	6,495	6,369	6,246	6,127	6,011	5,899
9	7,468	7,305	7,147	6,993	6,845	6,702	6,563	6,428
10	8,150	7,956	7,768	7,586	7,411	7,242	7,079	6,922
11	8,807	8,579	8,360	8,149	7,946	7,751	7,563	7,382
12	9,438	9,176	8,925	8,683	8,452	8,229	8,015	7,810
13	10,046	9,748	9,463	9,190	8,929	8,679	8,439	8,209
14	10,631	10,296	9,976	9,671	9,380	9,102	8,836	8,582
15	11,195	10,821	10,466	10,128	9,806	9,499	9,207	8,928
16	11,737	11,324	10,932	10,561	10,208	9,873	9,554	9,251
17	12,258	11,806	11,377	10,972	10,588	10,225	9,880	9,552
18	12,760	12,267	11,802	11,363	10,948	10,555	10,184	9,833
19	13,243	12,709	12,206	11,733	11,287	10,866	10,469	10,094
20	13,708	13,133	12,592	12,085	11,607	11,159	10,736	10,338
21	14,156	13,538	12,960	12,418	11,910	11,434	10,986	10,565
22	14,587	13,927	13,311	12,735	12,196	11,692	11,220	10,776
23	15,001	14,299	13,645	13,035	12,467	11,935	11,438	10,973
24	15,400	14,656	13,964	13,321	12,722	12,164	11,643	11,157
25	15,784	14,997	14,268	13,591	12,963	12,379	11,835	11,328
30	17,499	16,501	15,588	14,752	13,983	13,276	12,625	12,024
35	18,914	17,715	16,629	15,645	14,751	13,936	13,193	12,513
40	20,083	18,694	17,450	16,333	15,328	14,421	13,601	12,856
45	21,049	19,483	18,096	16,863	15,763	14,778	13,894	13,097
50	21,846	20,120	18,605	17,271	16,090	15,040	14,104	13,267
55	22,504	20,634	19,007	17,585	16,336	15,233	14,256	13,386
60	23,048	21,048	19,323	17,827	16,521	15,375	14,365	13,469
65	23,497	21,383	19,573	18,013	16,660	15,479	14,443	13,528
70	23,868	21,652	19,769	18,156	16,765	15,556	14,499	13,569
75	24,174	21,870	19,924	18,267	16,844	15,613	14,540	13,598
80	24,427	22,045	20,046	18,352	16,903	15,654	14,569	13,619
85	24,635	22,187	20,142	18,417	16,948	15,684	14,590	13,633
90	24,808	22,301	20,218	18,468	16,981	15,707	14,605	13,643
95	24,950	22,393	20,278	18,506	17,007	15,723	14,615	13,650
100	25,068	22,468	20,325	18,536	17,026	15,736	14,623	13,655

Zinszeitraum n in Jahren

Tabelle A.6 Diskontierungsfaktor für eine progressiv jährlich steigende Kostenreihe
r = 3,0 %

	\multicolumn{9}{c}{Zinssatz i in Prozent}								
	2,0	2,5	3,0	3,5	4,0	4,5	5,0	5,5	6,0
1	1,010	1,005	1,000	0,995	0,990	0,986	0,981	0,976	0,972
2	2,030	2,015	2,000	1,986	1,971	1,957	1,943	1,929	1,916
3	3,059	3,029	3,000	2,971	2,943	2,915	2,887	2,860	2,833
4	4,099	4,049	4,000	3,952	3,905	3,859	3,813	3,769	3,725
5	5,149	5,074	5,000	4,928	4,858	4,789	4,721	4,656	4,591
6	6,209	6,103	6,000	5,899	5,801	5,706	5,612	5,522	5,433
7	7,280	7,138	7,000	6,866	6,736	6,609	6,487	6,367	6,251
8	8,361	8,178	8,000	7,828	7,662	7,500	7,344	7,192	7,046
9	9,453	9,222	9,000	8,785	8,578	8,378	8,185	7,998	7,818
10	10,555	10,272	10,000	9,738	9,486	9,244	9,010	8,785	8,568
11	11,669	11,327	11,000	10,686	10,385	10,097	9,819	9,553	9,298
12	12,793	12,387	12,000	11,630	11,276	10,937	10,613	10,303	10,006
13	13,928	13,453	13,000	12,569	12,158	11,766	11,392	11,035	10,695
14	15,074	14,523	14,000	13,503	13,031	12,583	12,156	11,750	11,364
15	16,232	15,599	15,000	14,433	13,896	13,388	12,905	12,448	12,014
16	17,401	16,680	16,000	15,359	14,753	14,181	13,641	13,129	12,645
17	18,581	17,766	17,000	16,280	15,602	14,963	14,362	13,794	13,259
18	19,773	18,858	18,000	17,196	16,442	15,734	15,069	14,444	13,856
19	20,977	19,955	19,000	18,108	17,274	16,494	15,763	15,078	14,435
20	22,192	21,057	20,000	19,016	18,099	17,243	16,444	15,697	14,998
21	23,420	22,164	21,000	19,919	18,915	17,981	17,111	16,301	15,546
22	24,659	23,277	22,000	20,818	19,723	18,708	17,766	16,891	16,077
23	25,911	24,396	23,000	21,713	20,524	19,426	18,409	17,467	16,594
24	27,175	25,520	24,000	22,603	21,317	20,132	19,039	18,030	17,096
25	28,451	26,649	25,000	23,489	22,103	20,829	19,658	18,579	17,584
30	35,022	32,379	30,000	27,855	25,918	24,165	22,577	21,135	19,824
35	41,922	38,250	35,000	32,117	29,553	27,269	25,229	23,402	21,764
40	49,167	44,266	40,000	36,276	33,017	30,156	27,637	25,413	23,445
45	56,773	50,430	45,000	40,337	36,317	32,842	29,825	27,197	24,901
50	64,761	56,745	50,000	44,300	39,462	35,340	31,812	28,780	26,162
55	73,147	63,217	55,000	48,168	42,459	37,664	33,617	30,183	27,255
60	81,953	69,847	60,000	51,944	45,314	39,826	35,256	31,428	28,201
65	91,198	76,641	65,000	55,629	48,035	41,838	36,746	32,532	29,021
70	100,906	83,603	70,000	59,226	50,627	43,709	38,098	33,512	29,732
75	111,100	90,735	75,000	62,737	53,097	45,449	39,327	34,380	30,347
80	121,803	98,044	80,000	66,165	55,450	47,068	40,443	35,151	30,880
85	133,041	105,532	85,000	69,510	57,693	48,575	41,457	35,835	31,342
90	144,840	113,205	90,000	72,775	59,830	49,976	42,377	36,441	31,742
95	157,230	121,067	95,000	75,962	61,865	51,279	43,214	36,979	32,088
100	170,239	129,122	100,000	79,073	63,805	52,492	43,973	37,456	32,389

Zinszeitraum n in Jahren

	Zinssatz i in Prozent							
	6,5	7,0	7,5	8,0	8,5	9,0	9,5	10,0
1	0,967	0,963	0,958	0,954	0,949	0,945	0,941	0,936
2	1,902	1,889	1,876	1,863	1,850	1,838	1,825	1,813
3	2,807	2,781	2,756	2,731	2,706	2,682	2,658	2,634
4	3,682	3,640	3,599	3,558	3,518	3,479	3,441	3,403
5	4,528	4,466	4,406	4,347	4,289	4,232	4,177	4,123
6	5,346	5,262	5,180	5,099	5,021	4,944	4,870	4,797
7	6,138	6,028	5,921	5,817	5,716	5,617	5,521	5,428
8	6,903	6,765	6,631	6,501	6,375	6,253	6,134	6,019
9	7,644	7,475	7,312	7,154	7,001	6,854	6,711	6,572
10	8,360	8,158	7,964	7,777	7,596	7,421	7,253	7,090
11	9,052	8,816	8,589	8,370	8,160	7,958	7,763	7,575
12	9,722	9,449	9,187	8,937	8,696	8,465	8,243	8,030
13	10,369	10,058	9,761	9,476	9,204	8,944	8,694	8,455
14	10,996	10,645	10,310	9,991	9,687	9,396	9,119	8,853
15	11,601	11,210	10,837	10,483	10,145	9,824	9,518	9,226
16	12,187	11,753	11,341	10,951	10,580	10,228	9,894	9,576
17	12,754	12,276	11,825	11,398	10,993	10,610	10,247	9,903
18	13,302	12,780	12,288	11,824	11,385	10,971	10,579	10,209
19	13,832	13,265	12,732	12,230	11,758	11,312	10,892	10,496
20	14,344	13,732	13,157	12,618	12,111	11,634	11,186	10,764
21	14,840	14,181	13,564	12,987	12,446	11,939	11,463	11,015
22	15,320	14,613	13,955	13,340	12,765	12,227	11,723	11,251
23	15,783	15,030	14,329	13,676	13,067	12,499	11,968	11,471
24	16,232	15,430	14,687	13,996	13,354	12,756	12,198	11,678
25	16,665	15,816	15,030	14,302	13,626	12,998	12,415	11,871
30	18,629	17,539	16,543	15,631	14,794	14,026	13,319	12,667
35	20,291	18,963	17,765	16,680	15,695	14,800	13,985	13,241
40	21,697	20,141	18,751	17,507	16,390	15,384	14,476	13,654
45	22,887	21,114	19,548	18,160	16,925	15,823	14,837	13,951
50	23,893	21,918	20,191	18,675	17,338	16,155	15,103	14,165
55	24,745	22,582	20,710	19,081	17,656	16,404	15,299	14,319
60	25,466	23,132	21,130	19,401	17,901	16,592	15,443	14,430
65	26,075	23,586	21,468	19,654	18,091	16,734	15,549	14,509
70	26,591	23,961	21,742	19,854	18,236	16,841	15,628	14,567
75	27,028	24,272	21,963	20,011	18,349	16,921	15,685	14,608
80	27,397	24,528	22,141	20,136	18,435	16,982	15,728	14,638
85	27,710	24,740	22,285	20,234	18,502	17,027	15,759	14,659
90	27,974	24,915	22,401	20,311	18,554	17,062	15,782	14,675
95	28,198	25,060	22,495	20,372	18,594	17,087	15,799	14,686
100	28,387	25,180	22,571	20,420	18,624	17,107	15,811	14,694

Zinszeitraum n in Jahren

Tabelle A.7 Diskontierungsfaktor für eine progressiv jährlich steigende Kostenreihe
r = 3,5 %

	Zinssatz i in Prozent								
	2,0	2,5	3,0	3,5	4,0	4,5	5,0	5,5	6,0
1	1,015	1,010	1,005	1,000	0,995	0,990	0,986	0,981	0,976
2	2,044	2,029	2,015	2,000	1,986	1,971	1,957	1,943	1,930
3	3,089	3,059	3,029	3,000	2,971	2,943	2,915	2,888	2,861
4	4,149	4,099	4,049	4,000	3,952	3,905	3,859	3,814	3,770
5	5,225	5,148	5,073	5,000	4,928	4,858	4,790	4,723	4,657
6	6,317	6,208	6,103	6,000	5,900	5,802	5,707	5,614	5,524
7	7,424	7,279	7,137	7,000	6,867	6,737	6,611	6,489	6,370
8	8,548	8,359	8,177	8,000	7,829	7,663	7,502	7,347	7,196
9	9,688	9,451	9,221	9,000	8,786	8,580	8,381	8,189	8,003
10	10,846	10,553	10,271	10,000	9,739	9,489	9,247	9,014	8,790
11	12,020	11,665	11,326	11,000	10,688	10,388	10,101	9,825	9,560
12	13,211	12,789	12,385	12,000	11,632	11,279	10,942	10,619	10,310
13	14,420	13,923	13,450	13,000	12,571	12,162	11,771	11,399	11,044
14	15,647	15,069	14,521	14,000	13,506	13,036	12,589	12,164	11,760
15	16,892	16,226	15,596	15,000	14,436	13,901	13,395	12,915	12,459
16	18,155	17,394	16,676	16,000	15,362	14,759	14,189	13,651	13,141
17	19,437	18,573	17,762	17,000	16,283	15,608	14,972	14,373	13,808
18	20,737	19,764	18,853	18,000	17,200	16,449	15,744	15,082	14,459
19	22,057	20,967	19,950	19,000	18,112	17,282	16,505	15,777	15,094
20	23,396	22,181	21,051	20,000	19,020	18,107	17,255	16,459	15,714
21	24,755	23,407	22,159	21,000	19,924	18,924	17,994	17,128	16,320
22	26,133	24,645	23,271	22,000	20,824	19,734	18,723	17,784	16,912
23	27,532	25,896	24,389	23,000	21,719	20,535	19,441	18,428	17,489
24	28,952	27,158	25,512	24,000	22,609	21,329	20,149	19,060	18,053
25	30,392	28,433	26,641	25,000	23,496	22,115	20,847	19,679	18,604
30	37,919	34,995	32,367	30,000	27,865	25,936	24,189	22,606	21,168
35	46,015	41,884	38,233	35,000	32,130	29,577	27,300	25,266	23,444
40	54,725	49,116	44,244	40,000	36,293	33,046	30,195	27,683	25,464
45	64,094	56,707	50,401	45,000	40,357	36,354	32,888	29,879	27,257
50	74,172	64,676	56,710	50,000	44,325	39,505	35,395	31,875	28,848
55	85,014	73,042	63,173	55,000	48,198	42,509	37,728	33,689	30,260
60	96,676	81,823	69,795	60,000	51,979	45,372	39,899	35,337	31,513
65	109,222	91,041	76,579	65,000	55,670	48,101	41,919	36,835	32,625
70	122,717	100,718	83,529	70,000	59,273	50,701	43,799	38,196	33,612
75	137,235	110,876	90,649	75,000	62,790	53,180	45,548	39,433	34,488
80	152,852	121,540	97,944	80,000	66,223	55,542	47,176	40,557	35,266
85	169,652	132,734	105,418	85,000	69,575	57,793	48,691	41,579	35,956
90	187,723	144,484	113,075	90,000	72,847	59,938	50,101	42,507	36,568
95	207,163	156,819	120,919	95,000	76,041	61,983	51,413	43,350	37,112
100	228,076	169,768	128,956	100,000	79,159	63,932	52,634	44,117	37,594

Zinszeitraum n in Jahren

	6,5	7,0	7,5	8,0	8,5	9,0	9,5	Zinssatz i in Prozent 10,0
1	0,972	0,967	0,963	0,958	0,954	0,950	0,945	0,941
2	1,916	1,903	1,890	1,877	1,864	1,851	1,839	1,826
3	2,834	2,808	2,782	2,757	2,732	2,707	2,683	2,659
4	3,726	3,683	3,641	3,600	3,560	3,520	3,481	3,443
5	4,593	4,530	4,469	4,409	4,350	4,292	4,236	4,180
6	5,435	5,349	5,265	5,183	5,103	5,025	4,949	4,874
7	6,254	6,142	6,032	5,926	5,822	5,721	5,623	5,527
8	7,050	6,908	6,771	6,637	6,508	6,382	6,260	6,142
9	7,823	7,649	7,481	7,319	7,162	7,009	6,862	6,720
10	8,575	8,366	8,166	7,972	7,786	7,605	7,431	7,263
11	9,305	9,060	8,825	8,598	8,381	8,171	7,969	7,775
12	10,015	9,731	9,459	9,198	8,948	8,708	8,478	8,257
13	10,704	10,380	10,070	9,774	9,490	9,218	8,959	8,710
14	11,375	11,008	10,658	10,325	10,007	9,703	9,413	9,136
15	12,026	11,615	11,224	10,853	10,499	10,163	9,842	9,537
16	12,659	12,202	11,769	11,359	10,969	10,600	10,248	9,914
17	13,274	12,770	12,294	11,844	11,418	11,014	10,632	10,269
18	13,872	13,320	12,800	12,309	11,846	11,408	10,995	10,603
19	14,453	13,852	13,286	12,754	12,254	11,782	11,337	10,918
20	15,018	14,366	13,755	13,181	12,643	12,137	11,661	11,214
21	15,567	14,863	14,206	13,590	13,014	12,474	11,967	11,492
22	16,100	15,344	14,640	13,982	13,368	12,794	12,257	11,754
23	16,618	15,810	15,058	14,358	13,706	13,098	12,531	12,000
24	17,122	16,260	15,460	14,718	14,028	13,387	12,789	12,232
25	17,612	16,695	15,848	15,063	14,336	13,661	13,034	12,450
30	19,860	18,668	17,580	16,585	15,673	14,837	14,069	13,362
35	21,809	20,338	19,012	17,814	16,730	15,745	14,850	14,034
40	23,499	21,753	20,198	18,808	17,564	16,446	15,439	14,530
45	24,963	22,951	21,178	19,612	18,223	16,987	15,884	14,896
50	26,233	23,965	21,989	20,261	18,743	17,405	16,219	15,166
55	27,333	24,824	22,660	20,786	19,155	17,727	16,472	15,364
60	28,288	25,551	23,216	21,211	19,479	17,976	16,663	15,511
65	29,115	26,167	23,675	21,554	19,736	18,168	16,807	15,619
70	29,832	26,689	24,055	21,831	19,938	18,316	16,916	15,699
75	30,453	27,130	24,369	22,055	20,098	18,431	16,998	15,758
80	30,992	27,504	24,629	22,236	20,225	18,519	17,060	15,801
85	31,459	27,821	24,844	22,382	20,325	18,587	17,107	15,833
90	31,864	28,089	25,022	22,501	20,404	18,640	17,142	15,857
95	32,215	28,316	25,170	22,597	20,466	18,681	17,168	15,874
100	32,519	28,508	25,291	22,674	20,515	18,712	17,188	15,887

Zinszeitraum n in Jahren

Tabelle A.8 Diskontierungsfaktor für eine progressiv jährlich steigende Kostenreihe
r = 4,0 %

	Zinssatz i in Prozent								
	2,0	2,5	3,0	3,5	4,0	4,5	5,0	5,5	6,0
1	1,020	1,015	1,010	1,005	1,000	0,995	0,990	0,986	0,981
2	2,059	2,044	2,029	2,015	2,000	1,986	1,972	1,958	1,944
3	3,119	3,089	3,059	3,029	3,000	2,971	2,943	2,915	2,888
4	4,200	4,148	4,098	4,049	4,000	3,952	3,906	3,860	3,815
5	5,302	5,224	5,148	5,073	5,000	4,929	4,859	4,791	4,724
6	6,425	6,315	6,207	6,102	6,000	5,900	5,803	5,708	5,616
7	7,571	7,422	7,277	7,137	7,000	6,867	6,738	6,613	6,491
8	8,739	8,545	8,358	8,176	8,000	7,830	7,665	7,505	7,350
9	9,930	9,685	9,448	9,220	9,000	8,787	8,582	8,384	8,192
10	11,144	10,841	10,550	10,270	10,000	9,741	9,491	9,250	9,019
11	12,383	12,015	11,662	11,324	11,000	10,689	10,391	10,105	9,830
12	13,645	13,205	12,785	12,384	12,000	11,633	11,282	10,947	10,625
13	14,932	14,413	13,919	13,448	13,000	12,573	12,166	11,777	11,406
14	16,245	15,638	15,064	14,518	14,000	13,508	13,040	12,595	12,172
15	17,583	16,882	16,220	15,593	15,000	14,438	13,906	13,402	12,924
16	18,947	18,144	17,387	16,673	16,000	15,365	14,764	14,197	13,661
17	20,338	19,424	18,565	17,759	17,000	16,286	15,614	14,981	14,384
18	21,757	20,723	19,755	18,849	18,000	17,204	16,456	15,754	15,094
19	23,203	22,041	20,957	19,945	19,000	18,116	17,290	16,516	15,790
20	24,677	23,378	22,170	21,046	20,000	19,025	18,116	17,267	16,473
21	26,181	24,734	23,395	22,153	21,000	19,929	18,934	18,007	17,144
22	27,714	26,111	24,632	23,265	22,000	20,829	19,744	18,737	17,801
23	29,277	27,508	25,881	24,382	23,000	21,725	20,546	19,456	18,447
24	30,870	28,925	27,141	25,504	24,000	22,616	21,341	20,165	19,080
25	32,495	30,363	28,415	26,632	25,000	23,503	22,128	20,864	19,701
30	41,110	37,874	34,969	32,355	30,000	27,875	25,953	24,213	22,635
35	50,604	45,952	41,847	38,217	35,000	32,143	29,600	27,331	25,303
40	61,065	54,638	49,066	44,222	40,000	36,310	33,076	30,233	27,728
45	72,594	63,978	56,642	50,373	45,000	40,378	36,389	32,935	29,933
50	85,297	74,023	64,593	56,675	50,000	44,350	39,548	35,450	31,938
55	99,296	84,824	72,937	63,130	55,000	48,228	42,559	37,791	33,760
60	114,722	96,438	81,695	69,743	60,000	52,014	45,430	39,971	35,417
65	131,721	108,928	90,886	76,517	65,000	55,710	48,166	42,000	36,924
70	150,453	122,359	100,532	83,456	70,000	59,319	50,775	43,888	38,294
75	171,096	136,802	110,655	90,564	75,000	62,842	53,262	45,646	39,539
80	193,842	152,333	121,280	97,846	80,000	66,281	55,632	47,283	40,671
85	218,908	169,034	132,430	105,305	85,000	69,639	57,892	48,807	41,700
90	246,530	186,994	144,133	112,946	90,000	72,918	60,046	50,225	42,636
95	276,968	206,307	156,414	120,774	95,000	76,119	62,100	51,545	43,486
100	310,510	227,074	169,303	128,792	100,000	79,244	64,057	52,774	44,260

Zinszeitraum n in Jahren

	Zinssatz i in Prozent							
	6,5	7,0	7,5	8,0	8,5	9,0	9,5	10,0
1	0,977	0,972	0,967	0,963	0,959	0,954	0,950	0,945
2	1,930	1,917	1,903	1,890	1,877	1,864	1,852	1,839
3	2,861	2,835	2,809	2,783	2,758	2,733	2,709	2,684
4	3,771	3,727	3,685	3,643	3,602	3,562	3,522	3,483
5	4,659	4,595	4,532	4,471	4,411	4,353	4,295	4,239
6	5,526	5,438	5,352	5,268	5,187	5,107	5,029	4,953
7	6,373	6,257	6,145	6,036	5,930	5,827	5,726	5,628
8	7,200	7,054	6,913	6,776	6,643	6,514	6,389	6,267
9	8,007	7,828	7,655	7,488	7,326	7,169	7,017	6,871
10	8,796	8,581	8,373	8,173	7,980	7,794	7,615	7,441
11	9,566	9,312	9,068	8,834	8,608	8,391	8,182	7,981
12	10,318	10,023	9,740	9,469	9,210	8,960	8,721	8,491
13	11,052	10,714	10,391	10,082	9,786	9,503	9,233	8,973
14	11,769	11,385	11,020	10,671	10,339	10,021	9,719	9,429
15	12,469	12,038	11,628	11,239	10,868	10,516	10,180	9,860
16	13,153	12,673	12,217	11,786	11,376	10,988	10,619	10,268
17	13,821	13,289	12,787	12,312	11,863	11,438	11,035	10,653
18	14,473	13,889	13,338	12,819	12,329	11,867	11,431	11,018
19	15,110	14,471	13,871	13,307	12,777	12,277	11,806	11,362
20	15,732	15,037	14,387	13,777	13,205	12,668	12,163	11,688
21	16,339	15,588	14,886	14,230	13,616	13,041	12,502	11,996
22	16,932	16,123	15,369	14,666	14,010	13,397	12,824	12,287
23	17,511	16,643	15,836	15,086	14,387	13,736	13,129	12,562
24	18,076	17,148	16,288	15,490	14,749	14,061	13,420	12,822
25	18,629	17,639	16,725	15,879	15,096	14,370	13,695	13,069
30	21,201	19,896	18,706	17,620	16,626	15,715	14,880	14,112
35	23,486	21,854	20,385	19,061	17,864	16,779	15,795	14,899
40	25,514	23,552	21,808	20,254	18,865	17,621	16,502	15,495
45	27,316	25,025	23,014	21,242	19,676	18,286	17,049	15,944
50	28,915	26,303	24,036	22,060	20,331	18,812	17,472	16,284
55	30,336	27,412	24,902	22,738	20,862	19,228	17,798	16,541
60	31,597	28,373	25,636	23,299	21,291	19,557	18,050	16,734
65	32,717	29,207	26,258	23,763	21,639	19,817	18,245	16,881
70	33,712	29,931	26,785	24,148	21,920	20,023	18,396	16,992
75	34,596	30,559	27,232	24,466	22,147	20,185	18,513	17,075
80	35,380	31,103	27,611	24,730	22,331	20,314	18,603	17,138
85	36,077	31,575	27,932	24,949	22,480	20,416	18,672	17,186
90	36,695	31,985	28,203	25,129	22,600	20,496	18,726	17,222
95	37,244	32,341	28,434	25,279	22,698	20,560	18,768	17,249
100	37,732	32,649	28,629	25,403	22,777	20,610	18,800	17,270

Zinszeitraum n in Jahren

Anhang 2

KanKo

Kanalkostenberechnungsprogramm

Anleitung

von

Sascha Nolte und

Thomas Sander

Das Programm steht jedem Inhaber dieses Buches unentgeltlich und ohne jede Gewähr aller Gefahren, die von einem Programm ausgehen können (Viren, Programmfehler etc.), zur Verfügung. Ebenso wird keine Gewährleistung bezüglich des verwendeten Datenmaterials und der Rechenoperationen übernommen.

Download des Programms unter:

www.gekim.de

1 Vorbemerkung

Dieses Programm wurde unter Verwendung von Visual Basic für Applikationen auf der Microsoft Office XP Excel-Version erstellt. Damit ist es ohne zusätzliche Programm- oder Softwareinstallationen für alle Benutzer, die Excel auf ihrem Computer installiert haben, verwendbar. Um das Programm einzulesen, muss der Computer mit einem CD-ROM-Laufwerk ausgerüstet sein. Falls die Excel-Version das Eurozeichen [€] nicht erkennen und umsetzen kann, so erscheint an diesen Stellen (z.B. €/lfm, €/tfm usw.) folgendes Zeichen → □. Dieses Anleitung ist keine Schulung im Umgang mit Excel. Grundlegende Kenntnisse in der Benutzung von Excel werden vorausgesetzt.

2 Einleitung

Derzeit werden die nötigen Aufwendungen für Kanalbauvorhaben häufig auf Grundlage eigener ausgeführter Baumaßnahmen anhand der Ausschreibungsergebnisse und Abrechnungen ermittelt. Zusätzlich zu den eigenen Grundlagen stehen noch allgemeine Grundlagen für die Kostenermittlung wie z.B. Firmenangebote und -unterlagen sowie Kostenerhebungen der Fachverbände wie z.B. ATV zur Verfügung. Diese Kostenkennwerte sind wenig detailliert und gehen kaum bzw. gar nicht auf örtliche Randbedingungen und Verfahrenstechniken ein.

Damit eine individuelle, den örtlichen Verhältnissen angepasste Kostenschätzung möglich ist, wurde von der Bayerischen Wasserwirtschaftsverwaltung eine Studie beim Institut für Wasserwesen der Universität der Bundeswehr München in Auftrag gegeben, um für das Bundesland Bayern Investitionskosten bei kommunalen Kläranlagen und Kanalbauteilen zu ermitteln. Die bei Günthert und Reicherter (2001) veröffentlichten Ergebnisse wurden in Verbindung mit den in diesem Buch genannten Quellen auf einen einheitlichen Kostenstand (netto) von 2001 gebracht.

Das Programm basiert auf diesen Kostenrichtwerten für die Ermittlung von Investitionskosten für Kanalerneuerung (Kanalneubau) und Kanalrenovierung Mit dem Programm wird die aufwendige Tabellenrechnung vereinfacht und damit eine „schnelle Überschlagsrechnung" ermöglicht. Die mit dem Programm ermittelten Werte können nur als Richtwert angesehen werden, da die Baukosten konjunkturellen, regionalen (Bundesland, Kreis, Gemeinde) und Abhängigkeiten von der Bevölkerungsdichte (Stadt oder dörfliche Gegend) unterliegen.

3 Grundsätzliches zum verwendeten Datenmaterial

Das für das Programm verwendete Datenmaterial bezieht sich auf die anfallenden Kosten bei einer offenen Kanalbauweise. Die Höhe der Kosten hängen im wesentlichen von den folgenden Faktoren ab:

- Profilart, Rohr- und Schachtmaterialen
- Aufbruch und Wiederherstellung der Oberfläche (Straßenaufbau)
- Graben- und Verbauart, Baugrubensicherung
- Bodenverhältnisse (Bodenklassen), Erdaushub und Bodenabfuhr
- Tiefenlage des Kanals bzw. Arbeitstiefe
- Wasserhaltung, Drainagen
- Sichern von Gebäuden, Bauteilen, Ver- und Entsorgungsleitungen

Diese Kostenfaktoren bilden die Grundlage der Untersuchungen und werden zu verschiedenen Kostengruppen zusammengefasst. Für die bei jeder Kanalbaumaßnahme auftretenden Kostengruppen sind Funktionen hergeleitet worden.

Der Schwerpunkt der Untersuchung liegt nach der Anzahl der ausgewerteten Projekte bei den kleineren Durchmessern (DN 200 – DN 600), die größtenteils im ländlichen Bereich verlegt wurden. Aus diesem Grund unterliegt eine Kostenermittlung für eine Kanalerneuerung bzw. ein Kanalneubau mit dem Programm für den städtischen Bereich nur einer relativen Genauigkeit, da die Aufwendungen für den Straßenoberbau oder Sichern von Gebäuden, Bauteilen sowie Ver- und Entsorgungsleitungen höhere Kosten erzeugen. Eine zusätzliche Kostenerhöhung ergibt sich durch die aufwendigeren Maßnahmen für eine sichere Verkehrsführung. Ebenso bewirkt die Baustelleneinrichtung oftmals eine Kostenerhöhung. Wo in der ländlichen Gegend ausreichend günstiger Lagerraum zur Verfügung steht, müssen in der Stadt häufig teure Flächen angemietet werden.

4 Strukturierung des Datenmaterials für Kanalneubau

Die Daten für eine Kanalerneuerung bzw. einen Kanalneubau werden aufgesplittet und in die Kostengruppen Grundkosten und Zuschläge unterteilt. Durch diese Unterteilung kann eine den örtlichen Bauverhältnissen angepasste Betrachtung vorgenommen werden. Den bei jeder Baumaßnahme entstehenden Grundkosten können die durch Abweichungen von den Randbedingungen der Grundkosten anfallenden Aufwendungen optional als Zuschläge den vorhandenen Grundkosten zugerechnet werden.

4.1 Grundkosten

Die Darstellung der Grundkosten erfolgt für die Durchmesser 200, 250, 300, 400, 500 und 600 – 800 mm als tiefenabhängige Funktion. Die für die Grundkosten entstehenden Aufwendungen sind angegeben in Euro pro laufenden Meter. Sie setzen sich aus vier Untergruppen zusammen und werden wie folgt betitelt:

Erdaushub : Die Untergruppe „Erdaushub" beinhaltet die reinen Erdarbeiten sowie eine für die Baugrubenherstellung häufig notwendige Baugrubensicherung (Verbau). Die entstehenden Aufwendungen der Erdarbeiten beziehen sich auf einen anstehenden Boden der Bodenklassen 3 – 5 (leicht lösbare Bodenarten, mittelschwer lösbare Bodenarten, schwer lösbare Bodenarten). Ein durch schwierigere

Baugrundverhältnisse auftretender Kostenmehraufwand wird in den tiefenabhängigen Zuschlägen berücksichtigt.

Rohr : Die Untergruppe „Rohr" umfasst alle anfallenden Kosten, die durch das Rohr entstehen. Dazu gehören zum Einen die Kosten für das Rohr an sich (Materialkosten) und zum Anderen die Kosten für die Verlegung und Bettung des Rohres.

Straße : Die Untergruppe „Straße" setzt sich aus den entstehenden Kosten für einen Aufbruch vorhandener Straßen und deren Wiederherstellung zusammen. Bei der Wiederherstellung wird von einem „normalen Straßenaufbau", bestehend aus Straßenunterbau mit bituminöser Straßendeckschicht ausgegangen. Weitere Straßenoberflächen wie z.B. eine Pflasterung oder eine ungebundene Straßenoberfläche aus mineralischen Stoffen werden in den tiefenunabhängigen Zuschlägen berücksichtigt. Über den Kanalbaubereich herausragende Straßenbaumaßnahmen (Gehwege, Straßenerweiterungen) wurden bestmöglich aus den Kosten herausgerechnet.

Schacht : Die Untergruppe „Schacht" beschreibt die entstehenden Kosten für die einzelnen Schächte. Diese wurden auf die Haltungen aufgeteilt und sind somit ebenfalls in Kosten (€) pro laufenden Meter angegeben.

4.2 Zuschläge

Anhand der Zuschläge lassen sich örtlich auftretende Bauverhältnisse, welche nicht mit den Grundkosten abgegolten werden, in die Berechnung einbeziehen d.h. es kann ausgewählt werden, welche einzelnen Zuschlagsoptionen angesetzt und abgerechnet, und welche vernachlässigt werden sollen. Die Aufteilung der Zuschläge erfolgt in zwei Untergruppen, die tiefenunabhängigen und tiefenabhängigen Zuschläge. Alle aufgeführten Zuschlagsarten sind im Programm separat angegeben, so dass eine individuelle Auswahl ermöglicht wird.

4.3 Tiefenunabhängige Zuschläge

Die tiefenunabhängigen Zuschläge werden abgerechnet in Euro pro laufenden Meter und setzen sich zusammen aus:

Wasserhaltung :
Da die Kosten für eine Wasserhaltung sehr von den örtlichen Randbedingungen abhängen, können sie in der Planungsphase nur schwer abgeschätzt werden. Die für das Programm verwendeten Kosten für den Zuschlag „Wasserhaltung" basieren auf einer offenen (einfachen) Wasserhaltung. Zur Vervollständigung ist im Programm ein Punkt „schwere Wasserhaltung" (Grundwasserabsenkung) installiert.

Hausanschlüsse : Die Kosten für die Hausanschlüsse berücksichtigen nur die Aufwendungen für den Abzweig des Rohres vom Sammelkanal. Die Verlegung des Hausanschlusses wird hierbei komplett vernachlässigt. Dieser Punkt ist für die meisten Kanalbaumaßnahmen zu berücksichtigen, Ausnahme ist die Verlegung eines reinen Verbindungskanals ohne jegliche Abzweige.

Auffinden und Sichern von Ver- und Entsorgungsleitungen : In diesem Punkt werden alle Kosten zusammengefasst, die für das Auffinden und Sichern von Ver- und Entsorgungsleitungen benötigt werden. Kosten, die für die Absicherung von Gebäuden und Bauteilen entstehen, sind hier nicht enthalten. Treten entsprechende Kosten auf, so können diese im Programm unter dem Punkt „Zusätzliche Kosten" in ihrer Gesamthöhe eingegeben werden.

Aufschlag für Pflasterung, Abschlag für Kies oder Schotter : In den Grundkosten wird von einem „normalen Straßenaufbau" ausgegangen. Die bei einer Pflasterung aufwendigeren Arbeiten bewirken durch den größeren Arbeitsaufwand einen Anstieg der Kosten. Dieser Kostenanstieg wird in der Zuschlagsoption „Aufschlag für Pflasterung" aufgenommen und in die Kostenberechnung einbezogen. Der bei einem einfachen, ungebundenen Straßenoberbau (bestehend aus mineralischen Stoffen wie z.B. Kies oder Schotter) entstehende Minderaufwand wird in der Zu- bzw. Abschlagposition „Abschlag für Kies oder Schotter" angegeben. Diese Option bewirkt eine Kostenminderung der in die Grundkosten eingerechneten Aufwendungen der Untergruppe „Straße".

Bodenaustausch / Deponierung : Bei Auswahl des Zuschlags „Bodenaustausch / Deponierung" werden die Kosten, entstehend durch den Austausch des ausgehobenen Bodens bzw. dessen Abfuhr und Deponierung, in die Kostenermittlung einbezogen und den Grundkosten zugeschlagen.

Sonstiges: Dem Zuschlag „Sonstiges" werden alle Aufwendungen zugerechnet, die den anderen Zuschlagsoptionen und den Grundkosten nicht zuordenbar sind. Beispiele hierfür sind Kosten die durch Bachunterquerungen, Baumfällarbeiten usw. entstehen.

4.4 Tiefenabhängige Zuschläge

Die tiefenabhängigen Zuschläge beziehen sich auf örtliche Baugrundverhältnisse, welche nicht der Bodenklasse 3 - 5 (leicht, mittelschwer, schwer lösbare Bodenarten) entsprechen und somit nicht durch die Grundkosten abgedeckt werden. Sie sind angegeben in Euro pro Meter Tiefe (bezogen auf einen Meter Länge). Multipliziert man die angegebenen Kosten mit der Einbau- bzw. Arbeitstiefe, so erhält man für den entsprechenden Zuschlag die anfallenden Kosten pro laufenden Meter. Bei den tiefenabhängigen Zuschlägen entstehen teilweise auch Kosten durch Bodenaustausch und Deponierung des Erdaushubs. Deshalb ist der Zuschlag „Bodenaustausch / Deponierung" zu beachten und gegebenenfalls zu berücksichtigen. Zu den tiefenabhängigen Zuschlägen zählen:

- Spundwand (Rammarbeiten für Spundwände)
- Bodenklasse 6 -   Leicht lösbarer Fels und vergleichbare Bodenarten
- Bodenklasse 7 -   Schwer lösbarer Fels
- Bodenklasse 2 -   Fließende Bodenarten

5 Verwendetes Datenmaterial für Kanalrenovierung

Aus den verschiedenen Kostenarten sind die einer Kanalerneuerung gleichkommenden Parameter herausgefiltert und im Programm hinterlegt worden. Die verwendeten Kostenarten setzen sich zusammen aus:

Schlauchrelining :
Das Schlauchreliningverfahren bezieht sich auf längere, zu renovierende Kanäle (gesamte Haltungen). Die Kosten für die Renovierung mit dem Schlauchreliningverfahren sind als Funktion des Durchmessers angegeben und werden in Euro pro laufenden Meter berechnet.

Zuläufe öffnen :
Hierunter fallen alle zu öffnenden Zuläufe, die an den zu renovierenden Kanal anschließen und aufgefräst werden müssen. Die Preisangabe ist durchmesserunabhängig (Einheitspreis für alle Durchmesser) und erfolgt pro Stück.

Einläufe öffnen und Anbinden an Flexrohr :
Hierbei wird zusätzlich zum reinen Auffräsen der Zuläufe (s.o.) ein Übergang des Zulaufrohres zum zu renovierenden Kanal mittels einer Kunststoffmanschette geschaffen. Durch diese aufwändigere Form des Anschlusses steigt der Preis, der durchmesserunabhängig in Kosten pro Stück abgerechnet wird.

Einragende Stutzen planfräsen und verspachteln :
Diese Arbeiten müssen bei schadhaften Anschlüssen, welche in den zu renovierenden Kanal einragen, vor Beginn der eigentlichen Renovierung durchgeführt werden. Dabei wird das einragende Rohr mittels Roboter oberflächenplan abgefräst und der Anschluss neu verspachtelt. Ist bei diesen Arbeiten eindringendes Grundwasser zu erwarten, erhöhen sich die Kosten.

Zurückliegende Stutzen einbinden :
Bei diesen Arbeiten wird ein schadhafter, zurückliegender Anschluss an den zu renovierenden Kanal durch Robotereinsatz wieder angebunden. Bei eindringendem Grundwasser wird durch den erhöhten Arbeitsaufwand eine Einbindung erschwert. Deshalb ist mit einem höheren Kostenaufwand gegenüber Arbeiten ohne eindringendes Grundwasser zu rechnen.

Bei Renovierungsmaßnahmen können ca. 70 % bis über 90 % der anfallenden Kosten den Arbeiten am Kanal zugeschrieben werden. Die restlichen Kosten beinhalten z.B. die Baustelleneinrichtung, die Reinigung des Kanals, die TV- Befahrung, die Trockenlegung oder Umleitung des Kanals usw., wobei aber gerade eine Trockenlegung oder Umleitung eines Kanals in Einzelfällen einen deutlich ersichtlichen Mehraufwand erzeugen kann. Diese Punkte sind bei jeder Kanalrenovierungsmaßnahme zu beachten und können im Programm unter dem Punkt „Zusätzliche Kosten" benannt und in die Kostenrechnung aufgenommen werden.

6 Vergleich zwischen Erneuerung und Renovierung

Ein direkter Vergleich zwischen einer Kanalerneuerung und einer Kanalrenovierung ist nicht möglich, wenn differierende Nutzungsdauern angenommen werden. Um einen Vergleich zu ermöglichen, werden für die Alternativen Kostenbarwerte ermittelt, die einem gemeinsamen Planungshorizont (Betrachtungszeitraum) unterliegen. Durch Nutzungsdauerüberschreitung des Planungshorizonts entstehende Restwerte werden nach den Regeln der dynamischen Investitionsrechnung bewertet. Hierbei wird die Methode mit dem Diskontierungsfaktor nach Orth verwendet, die eine Nutzungsdauerüberschreitung des Planungshorizonts zulässt.

In Kap. 6 wird die Unabhängigkeit des für die Alternativen gewählten Planungshorizonts durch einfache Umwandlung der Gleichung nach Orth dahin gehend beschrieben, dass nur die Parameter Nutzungsdauer und kalkulatorischer Zinssatz einen beträchtlichen Einfluss auf den Vergleich besitzen. Es ergibt sich folgende Gleichung:

$$K_{Ern} = f * K_{Ren}$$

Der berechnete Aufwand bildet den Grenzwert, bis zu dem eine Erneuerung (K_{Ern} = Kosten der Erneuerung) gegenüber einer Renovierung (K_{Ren} = Kosten der Renovierung) wirtschaftlich ist. Übersteigt ein Erneuerungsaufwand diesen errechneten Grenzwert, so ist eine Renovierung wirtschaftlicher. Liegen hingegen die Erneuerungskosten unterhalb des Grenzwertes, so liegt die Erneuerungsmaßnahme im wirtschaftlichen Bereich.

Dieses Verfahren ist in das Programm integriert und findet bei der Vergleichsberechnung zwischen Kanalerneuerung und Kanalrenovierung Anwendung.

7 Programmaufbau

Das Programm ist ausgelegt für die haltungsweise Berechnung der Kosten eines Kanalneubaus und einer Kanalrenovierung sowie für eine Vergleichsrechnung zwischen einer Kanalerneuerung und einer Kanalrenovierung. Eine Projektierung mit unterschiedlichen Kanaldurchmessern wurde nicht vorgesehen und ist deshalb manuell zu erstellen. Besteht wiederum ein Projekt aus mehreren Haltungen mit gleichem Kanaldurchmesser, so ist eine Projektkostenermittlung durch Eingabe der gesamten Länge der einzelnen Haltungen möglich. Im Programm wird kein Unterschied zwischen einem Kanalneubau und einer Kanalerneuerung gemacht, da für beide Maßnahmen annähernd der gleiche Arbeitsaufwand betrieben werden muss. Fehlende Kostenpunkte wie z.B. die Entfernung des alten Rohres bei einer Kanalerneuerung können in ihrer Gesamtsumme im entsprechenden Arbeitsfeld des Programms eingegeben werden. Da sich die mit dem Programm zu berechnende Kanalrenovierung auf gesamte Haltungen bezieht, ist damit nicht nur eine Berechnung der reinen Renovierungskosten möglich, sondern es wird auf Grundlage der einer Kanalerneuerung gleichkommenden Parameter eine Vergleichbarkeit gewährleistet. Eine Berechnung für eine partielle Renovierung eines Kanals mittels Kurzschlauchrelining ist deshalb nicht vorgesehen und mit diesem Programm nicht möglich.

Auf den folgenden Abbildungen sind die Programmabläufe für eine Kanalerneuerung bzw. Kanalneubau (Abb. A.1), Kanalrenovierung (Abb. A.2) sowie der Vergleich beider Sanierungsmaßnahmen miteinander (Abb. A.3) schematisch dargestellt.

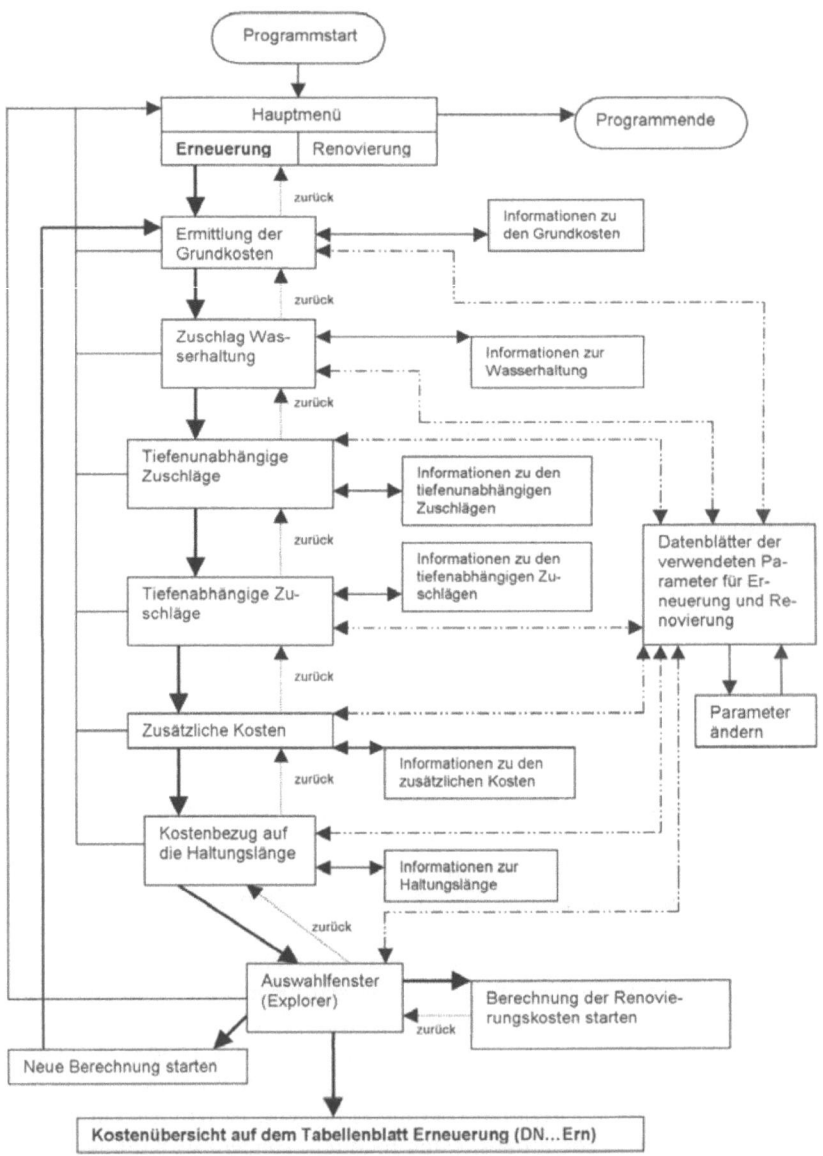

Abb. A.1   Schematische Darstellung des Programmablaufes für eine Kanalerneuerung

Die im Programm für jeden Kanaldurchmesser separat hinterlegten Kostenwerte sind als Berechnungsgrundlage anzusehen. Da diese Kostenangaben jederzeit durch eigene Werte (Erfahrungswerte) ersetzt werden können, ist das Programm nicht statisch aufgebaut, sondern für jeden Anwender individuell veränderbar. Eine Veränderung der Kostenwerte oder ein Hinzufügen neuer Kostenarten beschränkt sich auf den jeweilig ausgewählten Durchmesser. Sollen diese Kosten für alle durch das Programm abgedeckte Durchmesser identisch sein, muss eine Änderung für jeden Durchmesser einzeln erfolgen. Ein Hinzufügen neuer Kostenarten beschränkt sich auf die für jeden Kanaldurchmesser vorhandene Anzahl der Eingabefelder. Ein darüber hinausragendes Hinzufügen etwaiger Kosten ist nur mit Kenntnissen über Visual Basic für Applikationen (VBA) und Excel möglich.

Um einen Kostenvergleich zwischen einer Kanalerneuerung und einer Kanalrenovierung durchzuführen, wird mit der Kanalerneuerungsberechnung begonnen. Nach ausgeführter Erneuerungsberechnung wird zu der Berechnung der Renovierungskosten gewechselt. Abschließend werden die Kosten, bezogen auf einen gemeinsamen Betrachtungszeitraum, verglichen und gegenübergestellt.

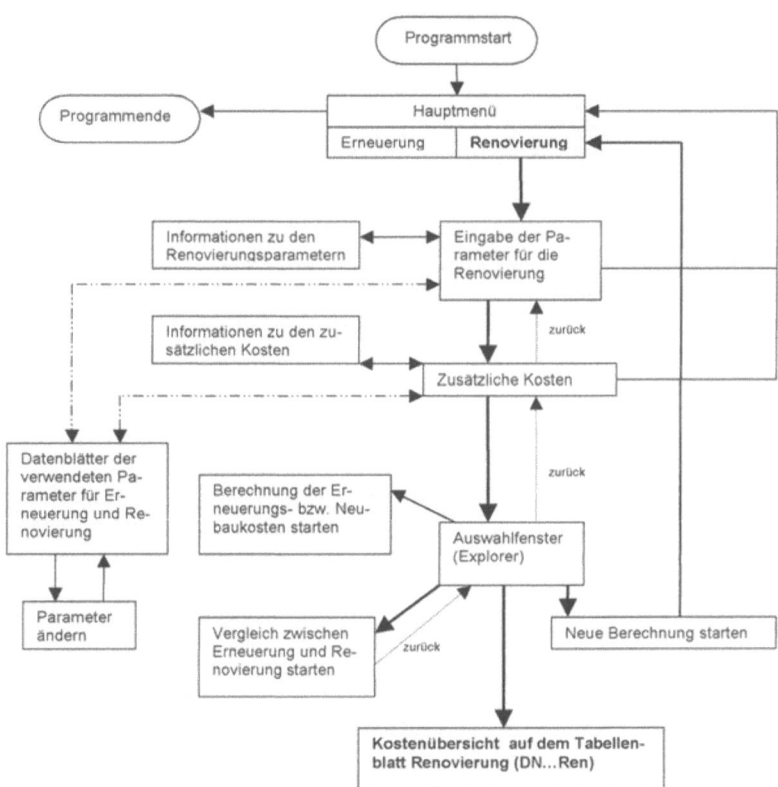

Abb. A.2   Schematische Darstellung einer Kanalrenovierung

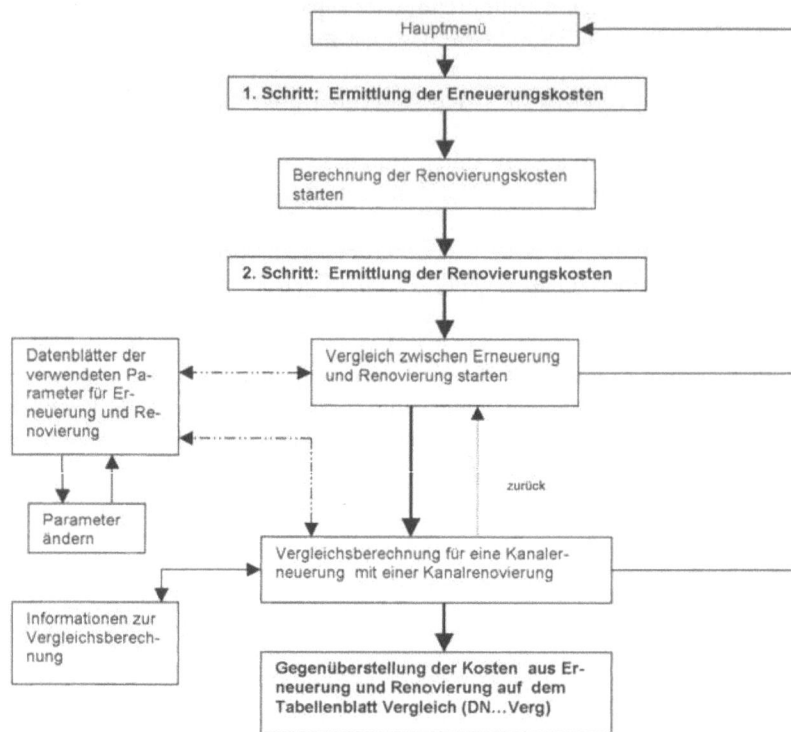

Abb. A.3 Schematische Darstellung des Vergleichs einer Kanalerneuerung mit einer Kanalrenovierung

8 Programmbeschreibung

8.1 Starten des Programms KanKo / Grundsätzliches

Klicken Sie die Datei „KanKo" doppelt an. Nach Öffnen der Datei erscheint folgende Darstellung (Abb. A.4):

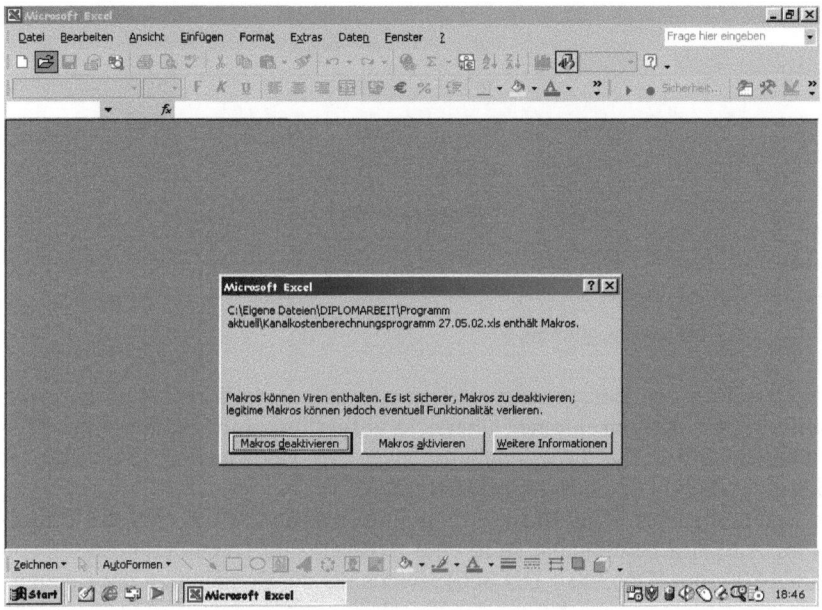

Abb. A.4   Interne Aktivierung der Arbeitsflächen

Damit alle Schaltflächen aktiviert und verwendet werden können, müssen Sie die Schaltfläche „Makros aktivieren" betätigen. Nach Betätigung der Schaltfläche „Makros aktivieren" sind alle internen Funktionen des Programms freigegeben.

Die Startseite des Kanalkostenberechnungsprogramms KanKo bietet Ihnen nun die Möglichkeit, das Programm zu starten und somit haltungsweise Berechnungen durchzuführen (Abb. A.5).

Des Weiteren können Sie zu den für jeden Durchmesser vorhandenen Berechnungsblättern, zu einer Übersicht der Grundkosten, zu einer Auflistung der Zuschläge sowie zu einer Auflistung der für die Kanalrenovierung verwendeten Kostenwerte wechseln.

Die Benennung der Berechnungsblätter ist für jeden mit dem Programm berechenbaren Durchmesser gleich. Dabei steht die Abkürzung „Ern" für die Tabellenblätter zur Erneuerungs- bzw. Neubauberechnung, „Ren" für die Tabellenblätter zur Renovierungsberechnung und „Verg" für die Tabellenblätter bei einem Vergleich zwischen einer Erneuerung und einer Renovierung.

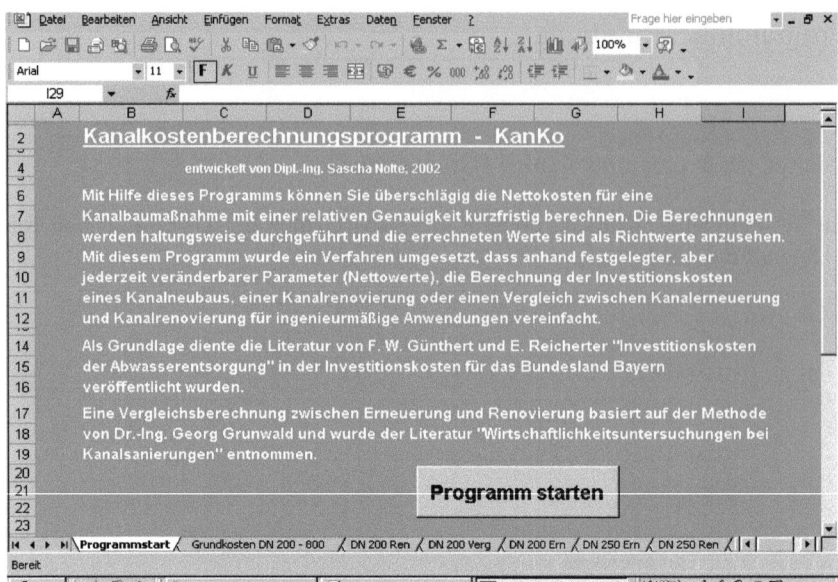

Abb. A.5   Starten des Programms

Der Wechsel zu den Berechnungsblättern ist nach einer Berechnung sinnvoll, da alle angesetzten Kosten in einer Übersicht aufgeführt sind. Während des Programmablaufs werden die Tabellenblätter zwar zur Berechnung verwendet, es kann aber nicht direkt auf sie zugegriffen werden.

Nach Betätigung der Schaltfläche „Programm starten" öffnet sich das Hauptmenü Abb. A.6). Im Hauptmenü steht eine Auswahl der Kanaldurchmesser von 200 mm bis 800 mm (DN 200 – DN 800) jeweils für die Berechnung der Kanalerneuerung sowie für die Berechnung der Kanalrenovierung zur Verfügung (blaue und gelbe Schaltflächen). Die Berechnungen mit diesem Programm sind auf einzelne Haltungen beschränkt. Die Erstellung von Projekten mit unterschiedlichen Kanaldurchmessern muss zur Zeit noch manuell erfolgen.

Weiterhin beinhaltet das Hauptmenü Hinweise auf vorhandene Schaltflächen.

H: Der Funktionsknopf „H" ist auf allen Eingabefenstern (außer den Datenblättern) vorhanden und bewirkt bei Aktivierung das Zurückspringen ins Hauptmenü. Da Sie sich im Programmfenster „Hauptmenü" befinden, ist diese Schaltfläche hier deaktiviert.

E, R: Durch Betätigung einer der Schaltflächen „E" oder „R" können Sie sich jederzeit die für die Berechnungen hinterlegten Daten anzeigen lassen und sie gegebenenfalls benutzerdefiniert verändern. Die Schaltfläche „E" steht hierbei für die verwendeten Daten bei der Erneuerung eines Kanals, wohingegen ein Anklicken der Schaltfläche „R" die verwendeten Daten für eine Kanalerneuerung aufzeigt. Beide Schaltflächen haben im Hauptmenü nur eine Hinweisfunktion, da sich die anzuzeigenden Daten auf die verschiedenen Rohrdurchmesser beziehen.

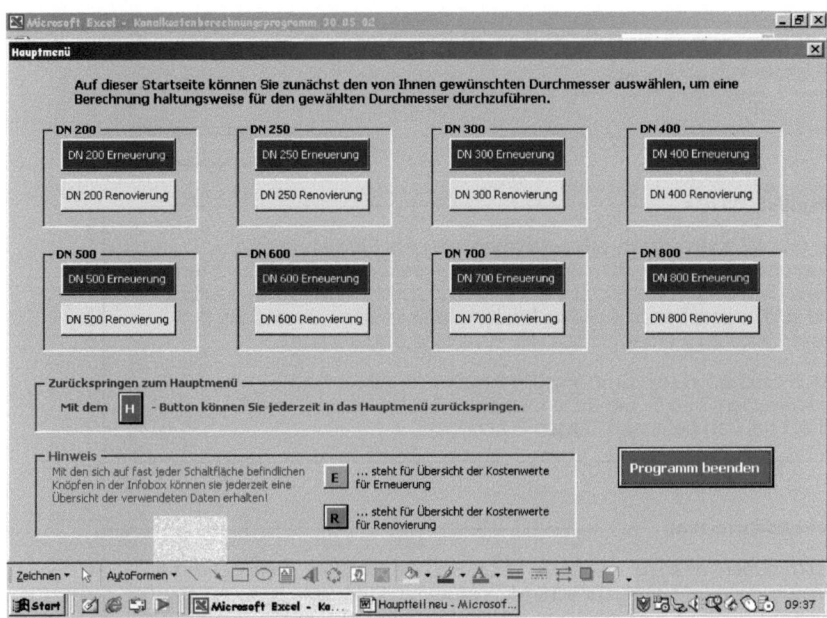

Abb. A.6 Beschreibung des Hauptmenüs

Bei Betätigung der Schaltfläche „Programm beenden" schließen und verlassen Sie das Programm und kehren zur Startseite zurück.

Zusätzlich zu den Schaltflächen „H", „E" und „R" befindet sich auf allen Programmfenstern (außer Datenblättern und Explorern) eine Funktionsschaltfläche „Info". Bei Betätigung dieser Schaltfläche erhalten Sie Informationen zu der entsprechenden Seite sowie Arbeitsanweisungen. In Abb. A.7 ist beispielhaft das Grundkostenfenster DN 400 dargestellt. Die Abb. zeigt die für die Grundkosten entsprechende Informationsseite auf. Ebenso sind die Programmfenster mit einer Schaltfläche „Zurück" ausgestattet, welche bei Aktivierung ein Zurückspringen zur vorherigen Seite bewirkt.

280   Anhang 2

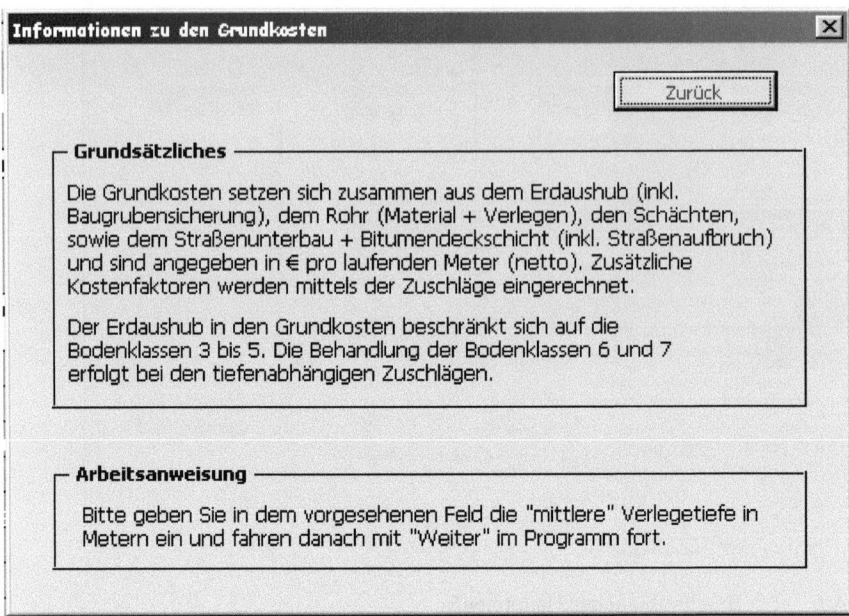

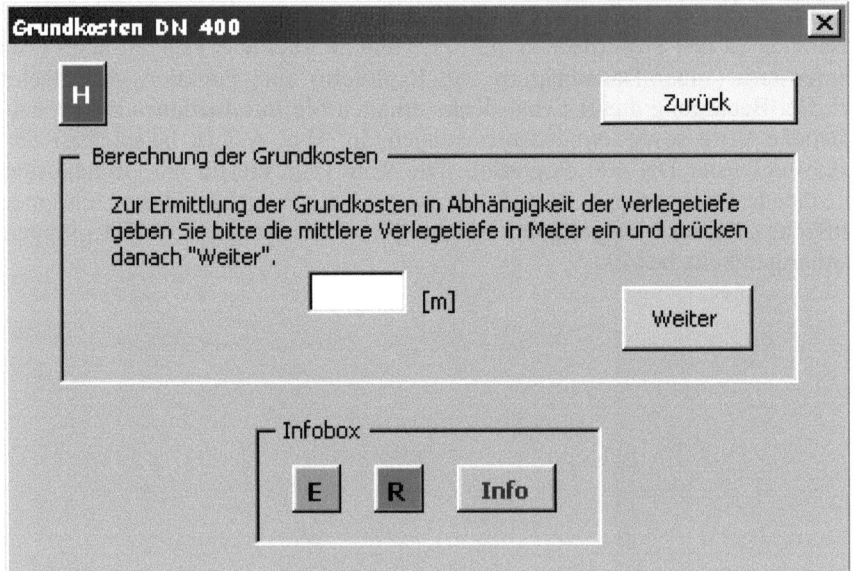

Abb. A.7   Informationsschaltfläche

8.2 Beispiel zur Programmbeschreibung

Zur Programmbeschreibung wird von einer Beispielhaltung ausgegangen, die sich in den einzelnen Kapiteln nicht ändert.

Beispiel:

Eine TV-Kanalbefahrung eines DN 400 Mischwasserkanals ergab, dass sich Beschädigungen des Kanals über die gesamte Haltungslänge von 52 Metern gleichmäßig verteilen. Deshalb wird eine partielle Renovierung des Kanals ausgeschlossen. Der untersuchte Kanal befindet sich im Mittel in einer Tiefe von 2,50 m und liegt oberhalb des Grundwasserspiegels. Von diesem Kanal zweigen 4 Hausanschlüsse ab, die zur Einleitung des Schmutz- und des Regenwassers dienen. Als Aufgabe stellt sich nun, das für diesen Kanal wirtschaftlichste Sanierungsverfahren zu ermitteln. Als Sanierungsmaßnahmen stehen eine Kanalerneuerung sowie eine Renovierung mittels Schlauchrelining zur Auswahl.

8.2.1 Ermittlung der Erneuerungskosten

Nach Betätigung der Schaltfläche „DN 400 Erneuerung" im Hauptmenü öffnet sich das Programmfenster zur Ermittlung der Grundkosten (Abb. A.8). Die Grundkosten beinhalten die Kosten für die Untergruppen Erdaushub, Rohr, Straße, Schacht und sind als tiefenabhängige Funktion im Programm hinterlegt.

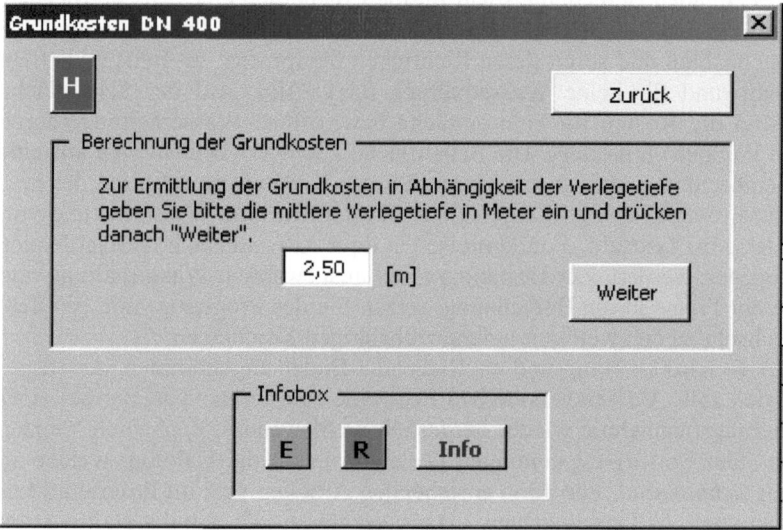

Abb. A.8   Ermittlung der Grundkosten

Geben Sie zuerst die mittlere Verlegetiefe des Kanals, hier aus dem Beispiel 2,50 m, ein und fahren danach mit „Weiter" im Programm fort.

Nach Anklicken der „Weiter-Schaltfläche" wechseln Sie im Programm zu den Zuschlagskosten, beginnend mit den tiefenunabhängigen Zuschlägen.

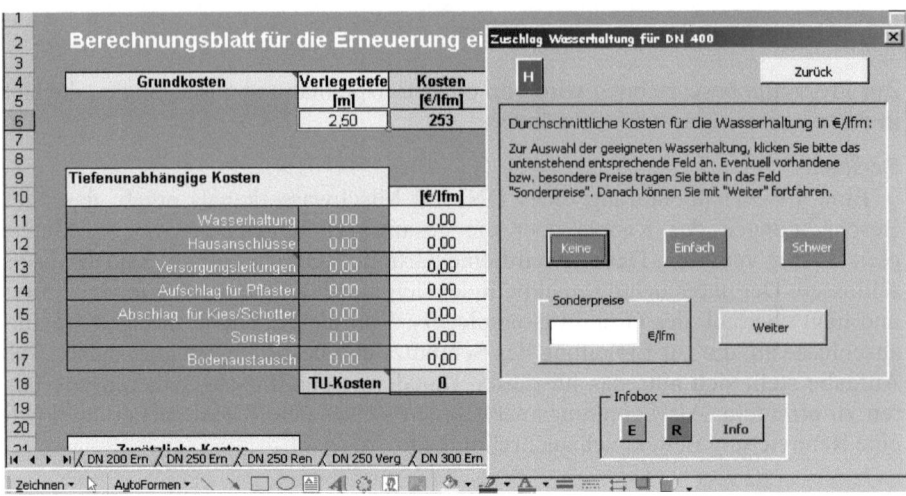

Abb. A.9   Ermittlung der Kosten für die Wasserhaltung

Auf dem Programmfenster für den Zuschlag „Wasserhaltung" (Abb. A.9) stehen Ihnen vier Auswahlmöglichkeiten zur Verfügung. Wenn keine Wasserhaltung wie im Beispiel vorgesehen ist, drücken Sie auf die Schaltfläche „Keine". Auf dem im Hintergrund laufenden Berechnungsblatt für die Erneuerung eines DN 400-Kanals (DN 400 Ern) können Sie die entstehenden Kosten für die von Ihnen durchgeführte Aktion beobachten und somit deren Richtigkeit überprüfen. Im Beispiel beträgt der Kostenaufwand für keine Wasserhaltung 0,00 €/lfm. Auf der Schaltfläche „Einfach" sind die Kosten für eine einfache bzw. offene Wasserhaltung (durch Einsatz von Pumpen) hinterlegt. Die Schaltfläche „Schwer" bezieht sich auf eine Grundwasserabsenkung und ist mit einem höheren Kostenwert aufgrund des größeren Arbeitsaufwands belegt. Liegen Ihnen Kosten für eine Wasserhaltung vor, so können diese im Textfeld „Sonderpreise" in ihrer Aufwandshöhe pro laufenden Meter eingegeben werden. Zur Bestätigung der ausgewählten Wasserhaltung und Übernahme der Preise in die Berechnung, setzen Sie das Programm mit „Weiter" fort und wechseln zu den weiteren tiefenunabhängigen Zuschlägen.

In Abb. A.10 wird als Baugrund ein fließender Boden angenommen, der ausgetauscht werden soll. Als Straßenoberbau liegt eine Pflasterung vor, die bei einer Kanalerneuerungsmaßnahme wieder hergestellt werden muss. Zusätzlich kreuzen weitere Ver- und Entsorgungsleitungen (Telekom usw.) die Haltung, welche zu orten und zu sichern sind. Für diese anstehenden Arbeiten sind im Programm folgenden Punkte bei „JA" auszuwählen: „Hausanschlüsse", da von der Haltung vier Abzweige abgehen, „Auffinden und Sichern von Versorgungsleitungen", „Aufschlag für Pflasterung", „Bodenaustausch / Deponierung", da das Aushubmaterial ausgetauscht werden soll. Weitere auf dem Programmfenster vorhandene Zuschlagsoptionen sind bei „NEIN" anzuwählen, damit deren hinterlegte Kostenwerte nicht in die Berechnung einfließen. Jedes Betätigen einer Schaltfläche kann auf dem im Hintergrund laufenden Berechnungsblatt (DN 400 Ern) nachvollzogen werden. Zeigen Ihre Erfahrungswerte Differenzen zu den hinterlegten Preisen auf, so können Sie diese jederzeit abändern. Nach Auswahl der gewünschten Zuschläge fahren Sie mit „Weiter" im Programm fort und wechseln zu den tiefenabhängigen Zuschlägen.

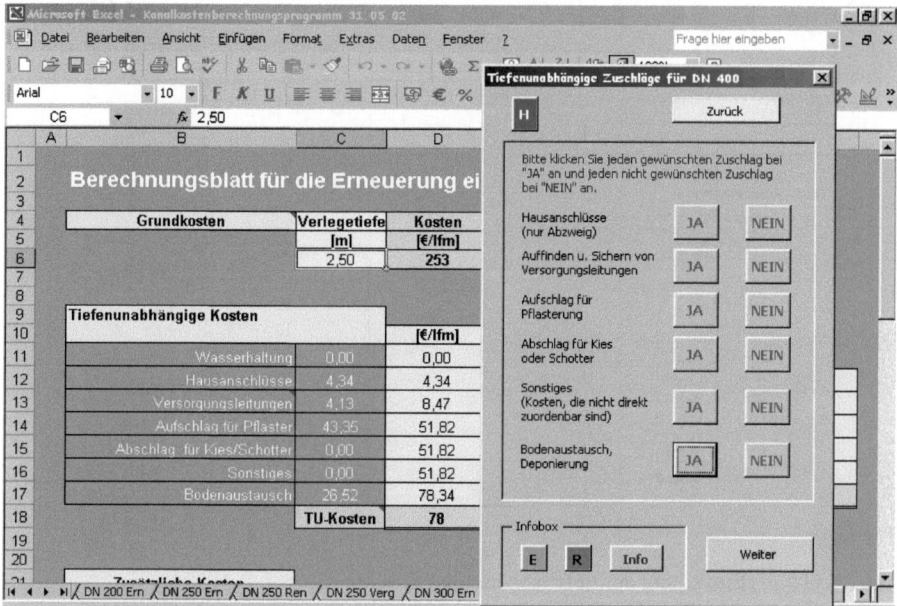

Abb. A.10   Ermittlung der tiefenunabhängigen Zuschläge

Da in diesem Beispiel von einer fließenden Bodenart als anstehenden Boden ausgegangen wird, muss zunächst das Textfeld zur Eingabe der Arbeitstiefe angewählt und die Tiefe, aus der Beispielaufgabe 2,50 m, eingegeben werden (Abb. A.11).

Der nun folgende Schritt bezieht sich auf die Auswahl der gewünschten Option. Zur Auswahl stehen neben den Zuschlagskosten für fließenden Boden drei weitere Zuschlagsoptionen, Spundwand, leichter Fels und schwerer Fels. Nach Eingabe der Tiefe und Auswahl der Zuschlagsoption fahren Sie mit „Weiter" im Programm fort. Nicht erwünschte Zuschläge müssen unbedingt vor Betätigung der „Weiter"-Taste verneint werden, um deren Berechnung zu vermeiden. Entstehen keine tiefenabhängigen Kosten, kann dieses Programmfenster übersprungen werden, indem Sie die Schaltfläche „Ohne tiefenabhängige Kosten WEITER" aktivieren. Ausgeführte Arbeitsschritte können auf dem Berechnungsblatt (DN 400 Ern) verfolgt werden. Nach Eingabe bzw. Überspringen der tiefenabhängigen Kosten folgt als nächster Punkt „Zusätzliche Kosten". Auf diesem Programmfenster haben Sie die Möglichkeit, Kosten, die im bisherigen Programmverlauf nicht aufgetreten sind (z.B. Baustelleneinrichtung, Verkehrssicherungsmaßnahmen usw.), zu benennen und den dafür entstehenden Aufwand in seiner Gesamtsumme einzutragen. Sobald das Programmfenster „Zusätzliche Kosten bei der Erneuerung" geöffnet wurde, ist es sinnvoll, sich durch Betätigung der Schaltfläche „Kosten anzeigen" zu informieren, ob bereits zusätzliche Kosten hinterlegt worden sind. Abb. A.12 weist keine zusätzlichen Kosten auf (Anzeige der Kosten in Textfeldern 1 bis 3).

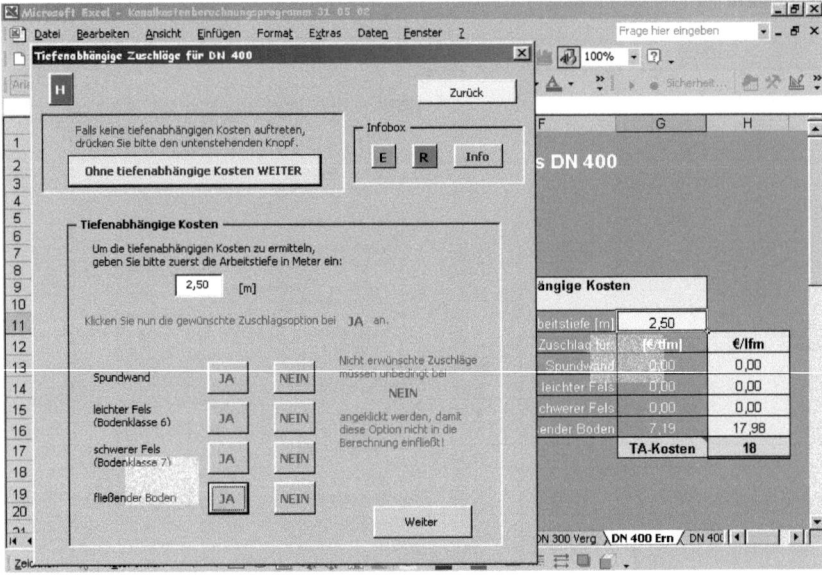

Abb. A.11   Ermittlung der tiefenabhängigen Zuschläge

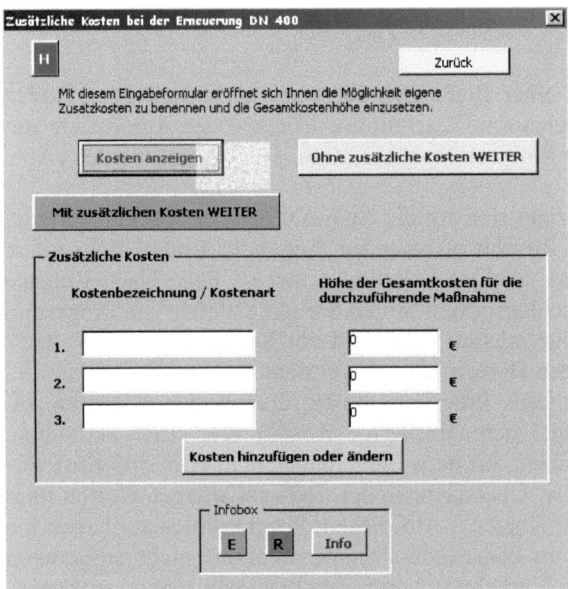

Abb. A.12   Programmfenster Zusätzliche Kosten

Bei der Beispielberechnung soll von zusätzlichen Kosten, entstehend durch Baustelleneinrichtung in Höhe von 1000,00 € ausgegangen werden. Nachdem Sie sich die Kosten haben anzeigen lassen, betätigen Sie die Schaltfläche „Kosten hinzufügen oder ändern". Nach Betätigung öffnet sich das Programmfenster zur Änderung bereits hinterlegter Kosten bzw. zum Hinzufügen neuer, zusätzlicher Kosten (Abb. A.13).

Benennen Sie im Textfeld die Kosten und tragen in zugehörigen Fenster die Höhe der anfallenden Aufwendungen ein. Hierbei handelt es sich um die Gesamtsumme, d.h. die Kosten sind nicht bezogen auf den laufenden Meter, sondern werden den Kosten für die gesamte Haltung zugerechnet. Für die Übernahme der eingetragenen Kosten und Rückkehr zum Programmfenster „Zusätzliche Kosten" betätigen Sie die Schaltfläche „Zusätzliche Kosten übernehmen". Zur Ansicht der neu benannten Kosten klicken Sie erneut die Schaltfläche „Kosten anzeigen" an und die zugefügten oder geänderten Kosten werden aufgezeigt (Abb. A.14).

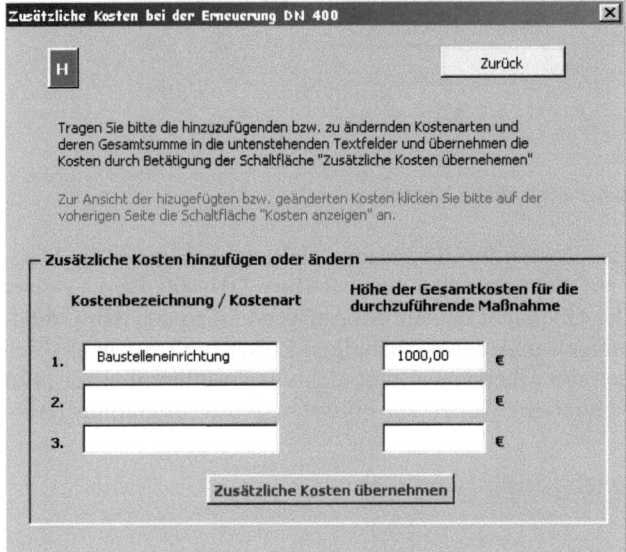

Abb. A.13   Zusätzliche Kosten hinzufügen oder ändern

Zur Übernahme der aufgeführten zusätzlichen Kosten fahren Sie durch Aktivierung der Schaltfläche „Mit zusätzlichen Kosten WEITER" im Programm fort.

Sind zu den bisherigen aufgeführten Zuschlägen keine zusätzlichen Kosten erwünscht oder sollen bereits hinterlegte zusätzliche Kosten gelöscht werden, betätigen Sie die Schaltfläche „Ohne zusätzliche Kosten WEITER"

Nachdem Sie „mit" oder „ohne" zusätzliche Kosten fortgefahren sind, öffnet sich das Programmfenster zur Ermittlung der Gesamtkosten für die Haltung.

Durch Eingabe der Haltungslänge (Abb. A.15), hier aus der Beispielberechnung 52,00 Meter, werden die derzeitig noch in Kosten pro laufenden Meter (außer zusätzliche Kosten) anfallenden Aufwendungen nach Betätigung der Schaltfläche „Berechnen" für die gesamte Haltung berechnet.

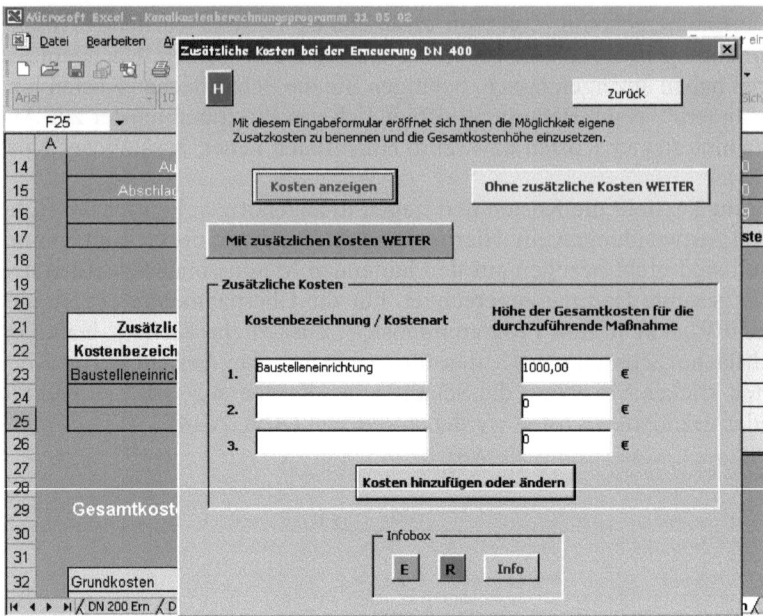

Abb. A.14   Programmfenster Zusätzliche Kosten

Nach der Berechnung der Kosten für die gesamte Haltung, haben Sie die Möglichkeit, sich die Kosten auf dem Berechnungsblatt (hier DN 400 Ern) in einer Übersicht anzuschauen. Die Übersicht enthält die Aufwendungen aus den Grundkosten, den tiefenunabhängigen und tiefenabhängigen Zuschlägen sowie aus den zusätzlichen Kosten. Neben der Übersicht öffnet sich ein Programmfenster „Explorer DN 400" mit Auswahlmöglichkeiten zur Fortsetzung des Programms (Abb. A.16).

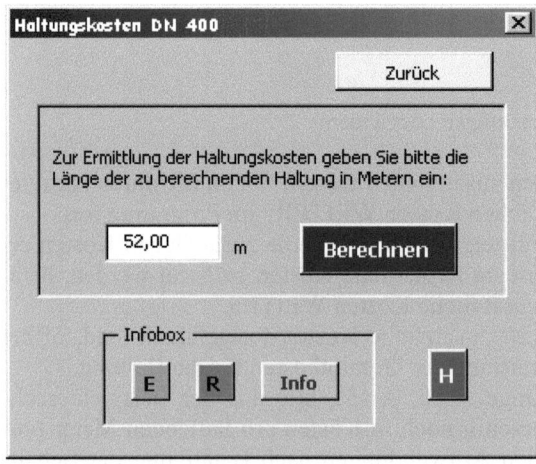

Abb. A.15   Programmfenster Haltungskosten

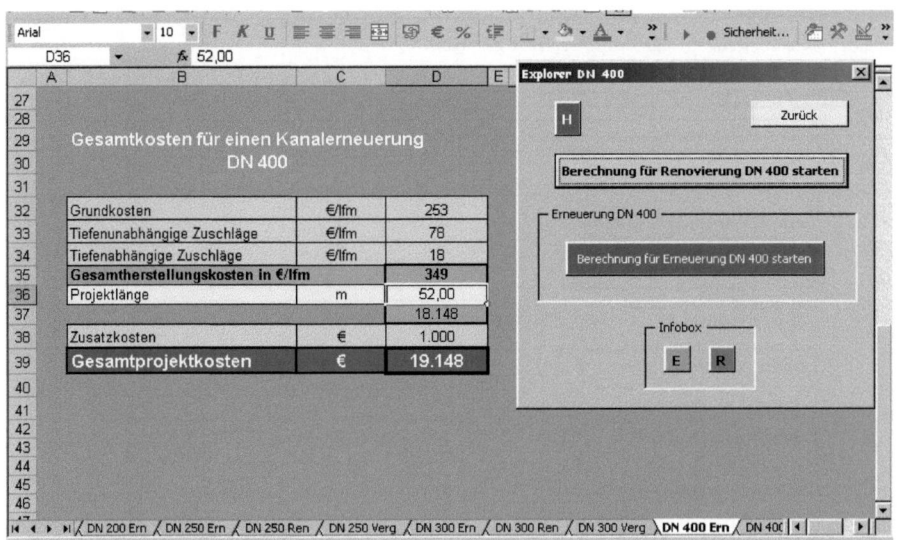

Abb. A.16 Übersicht der Erneuerungskosten auf dem Excel-Berechnungsblatt DN 400 Ern (mit Explorer)

Wenn Sie die Berechnung für eine Erneuerung noch einmal beginnen möchten, aktivieren Sie die Taste „Berechnung für Erneuerung DN 400 starten". Das Programm macht einen Sprung zum Programmfenster „Grundkosten DN 400". Nach diesem Wechsel können Sie eine neue Berechnung durchführen.

Wollen Sie eine Vergleichsberechnung zwischen einer Erneuerung und einer Renovierung durchführen, betätigen Sie die Schaltfläche „Berechnung für Renovierung DN 400 starten". Es öffnet sich das Programmfenster für die Renovierungsberechnung eines Kanals DN 400. Dieser Vorgang ist für die Beispielaufgabe vorgesehen und wird im folgenden Abschnitt erläutert.

8.2.2 Ermittlung der Renovierungskosten

Die Berechnung der Renovierungskosten kann für zwei unterschiedliche Fälle erfolgen. Um eine ausschließliche Berechnung der Renovierungskosten durchzuführen, wählen Sie im Programmfenster „Hauptmenü" die Schaltfläche „DN 400 Renovierung" an, und das Programmfenster zur Berechnung der Renovierungskosten öffnet sich (Abb. A.17). Bei dem zweiten Fall soll eine Vergleichsberechnung zwischen einer Kanalerneuerung und einer Kanalrenovierung, wie in der Beispielberechnung, durchgeführt werden. Hierzu ist es notwendig, in einem ersten Schritt die Kosten für eine Kanalerneuerung zu ermitteln. Nach durchgeführter Erneuerungsberechnung können Sie durch Betätigung der Schaltfläche „Berechnung der Renovierung DN 400 starten" die Berechnung der Renovierungskosten in dem Programmfenster „Berechnung der Renovierungskosten (Schlauchrelining) für DN 400" starten.

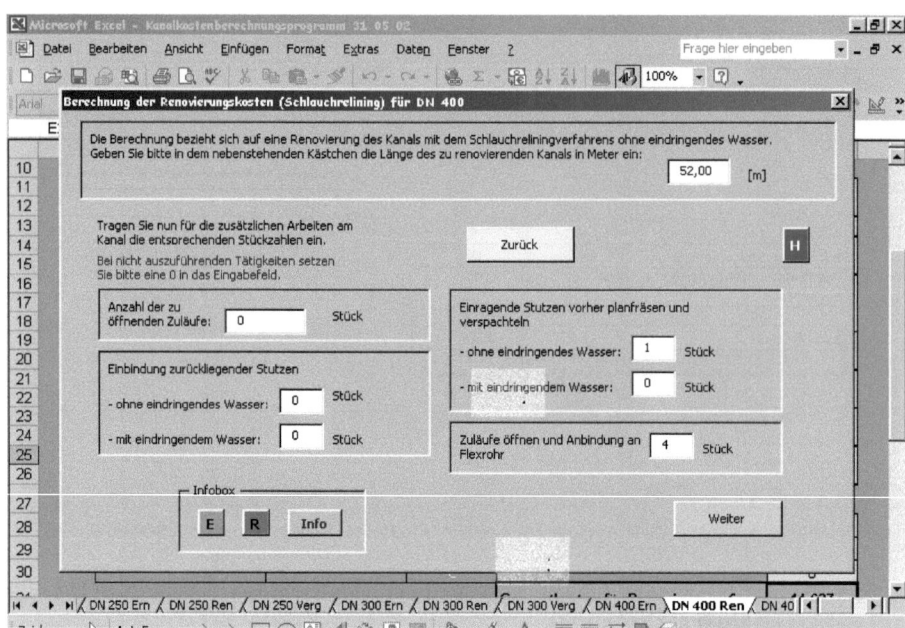

Abb. A.17 Programmfenster zur Berechnung der Renovierungskosten DN 400

In die Textfelder werden nun die für die Beispielberechnung entsprechenden Parameter eingesetzt. Die Haltungslänge (beträgt wie bei der Erneuerung 52 m), wird in das Textfeld „Haltungslänge" eingetragen und mit dem im Programm hinterlegten Preis pro laufenden Meter Schlauchrelining multipliziert. Die in dem Beispiel angegebenen vier Zuläufe sollen mittels Kunststoffmanschette an den renovierten Kanal angeschlossen werden. Deshalb kann in dem Textfeld „Anzahl der zu öffnenden Zuläufe" eine Null eingetragen werden. Die vier Zuläufe werden berücksichtigt durch Eintrag der Stückzahl im Textfeld „Zuläufe öffnen und Anbindung an Flexrohr". Einer dieser Zuläufe soll in der Beispielberechnung defekt sein, d.h. er ragt in den zu renovierenden Kanal hinein und muss vor dem Einbau des Inlinerschlauchs abgefräst und angespachtelt werden. Die zusätzlichen Arbeiten werden unterteilt in Arbeiten mit eindringendem Grundwasser und Arbeiten ohne eindringendes Grundwasser. Die Arbeiten an sich sind für beide Fälle gleich, es entsteht aber durch den gestiegenen Schwierigkeitsgrad der Arbeiten mit eindringendem Grundwasser ein höherer Kostenaufwand. Da der Beispielkanal oberhalb des Grundwasserspiegels liegt, ist eindringendes Grundwasser nicht zu erwarten. Damit dieser Punkt in der Renovierungsberechnung berücksichtigt wird, geben Sie im Textfeld „Einragende Stutzen vorher planfräsen und verspachteln - ohne eindringendes Grundwasser" die entsprechende Stückzahl, für dieses Beispiel eine 1, ein. Weitere Beschädigungen am Kanal sind in diesem Beispiel nicht vorhanden. Aus diesem Grund werden die weiterhin aufgeführten Zusatzarbeiten, wie zurückliegende Stutzen einbinden – mit und ohne eindringendes Grundwasser sowie einragende Stutzen planfräsen und verspachteln – mit eindringendem

Grundwasser mit einer Stückzahl von Null angegeben. Durch Betätigung der Schaltfläche „Weiter" werden die Angaben für die Berechnung übernommen, und das Programmfenster für die zusätzlichen Kosten öffnet sich (Abb. A.18).

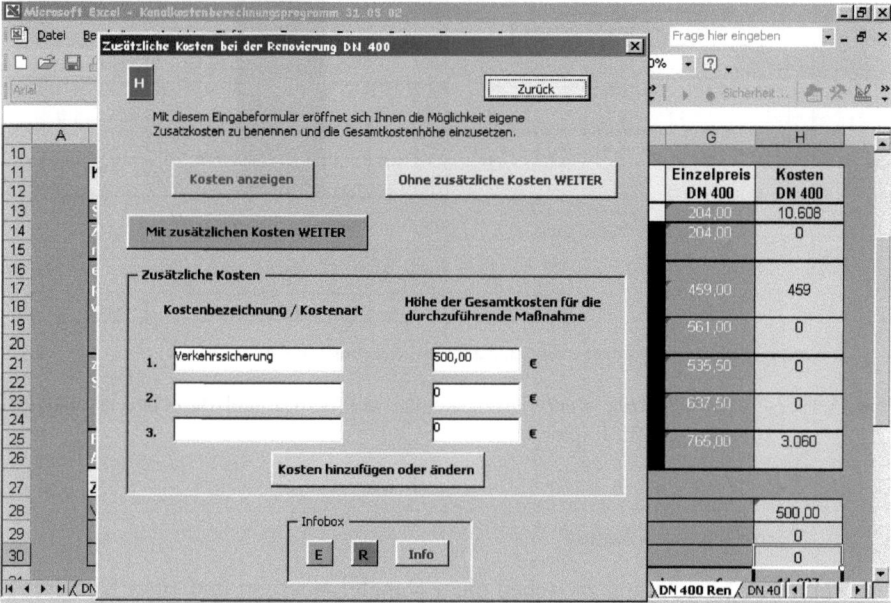

Abb. A.18   Zusätzliche Kosten bei der Renovierung DN 400

Die Vorgehensweise zum Hinzufügen oder Ändern der zusätzlichen Kosten ist identisch mit der Vorgehensweise bei einer Erneuerung.

Für dieses Berechnungsbeispiel sollen Aufwendungen für Verkehrssicherungsmaßnahmen in Höhe von 500 € abgerechnet werden. Nachdem Sie die zusätzlich hinzugefügten Kosten mittels der Schaltfläche „Kosten anzeigen" in ihrer Art und Höhe kontrolliert haben, fahren Sie mit Betätigung der Schaltfläche „Weiter" im Programm fort. Es erscheint eine Übersicht der Renovierungskosten (Abb. A.19), der Sie die Gesamtkosten der Renovierungsmaßnahme für diese Haltung entnehmen können.

Das sich neben der Übersicht öffnende „Explorer DN 400"- Programmfenster enthält verschiedene Auswahlmöglichkeiten zur Programmfortsetzung. Sie haben die Möglichkeit, zur Berechnung der Kosten für eine Erneuerung durch Anklicken der Schaltfläche „Wechseln zu Erneuerung DN 400" zu wechseln. Des Weiteren können Sie bei Aktivierung der Schaltfläche „Berechnung für Renovierung DN 400 starten" die Berechnung der Renovierungskosten erneut starten. In diesem Beispiel ist eine Vergleichsberechnung zwischen einer Erneuerungsrechnung und eine Renovierungsberechnung vorgesehen. Um zu der Excel-Berechnungsseite (DN 400 Verg) und dem dazugehörigen Programmfenster zu wechseln, muss die Schaltfläche „Vergleich Erneuerung / Renovierung" aktiviert werden.

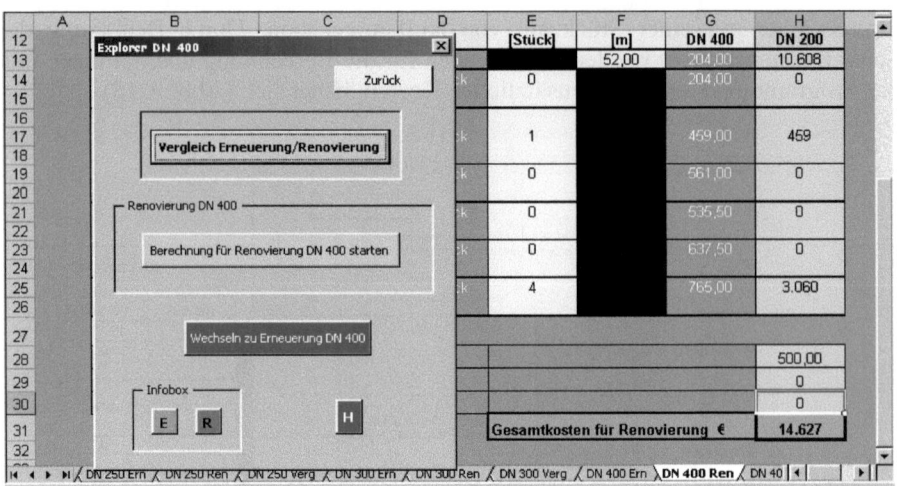

Abb. A.19 Übersicht der Renovierungskosten auf dem Excel-Berechnungsblatt DN 400 Ren (mit Explorer)

8.2.3 Vergleichsberechnung

Die Vergleichsberechnung zwischen einer Kanalerneuerung und einer Kanalrenovierung basiert auf der Methode nach Grunwald und macht einen Vergleich zwischen Alternativen mit unterschiedlichen Nutzungsdauern möglich. Nach Aktivierung der Schaltfläche „Vergleich Erneuerung / Renovierung" öffnet sich das Programmfenster zur Eingabe der Parameter für einen Vergleich (Abb. A.20).

Der Planungshorizont (Betrachtungszeitraum) ist im Programm für alle Vergleichsberechnungen (DN 200 – DN 800) der Alternativen auf 50 Jahre festgelegt. Ein für einen Vergleich notwendiger gemeinsamer Zinssatz ist in das entsprechende Textfeld „Gemeinsamer jährlicher Zinssatz" einzugeben. In der Beispielberechnung wird dieser mit 4 % angenommen. Nach Angabe der Nutzungsdauer für die Erneuerung und für die Renovierung können Sie durch Betätigung der Schaltfläche „Berechnen" die Vergleichsberechnung durchführen (Abb. A.21). Für die Beispielberechnung wird eine Nutzungsdauer von 80 Jahren für die Erneuerung und eine Nutzungsdauer von 40 Jahren für die Renovierung zugrunde gelegt.

Programmbeschreibung 291

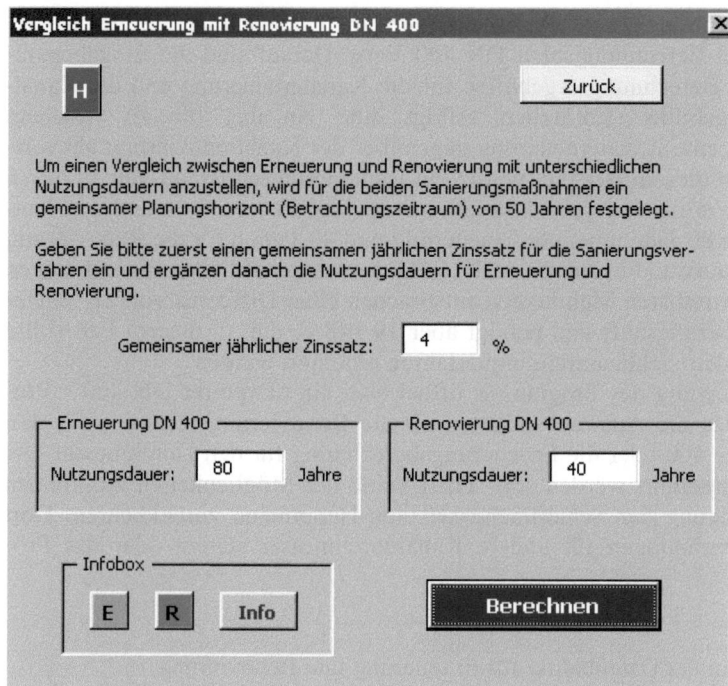

Abb. A.20　　Eingabefenster der Vergleichsparameter für DN 400

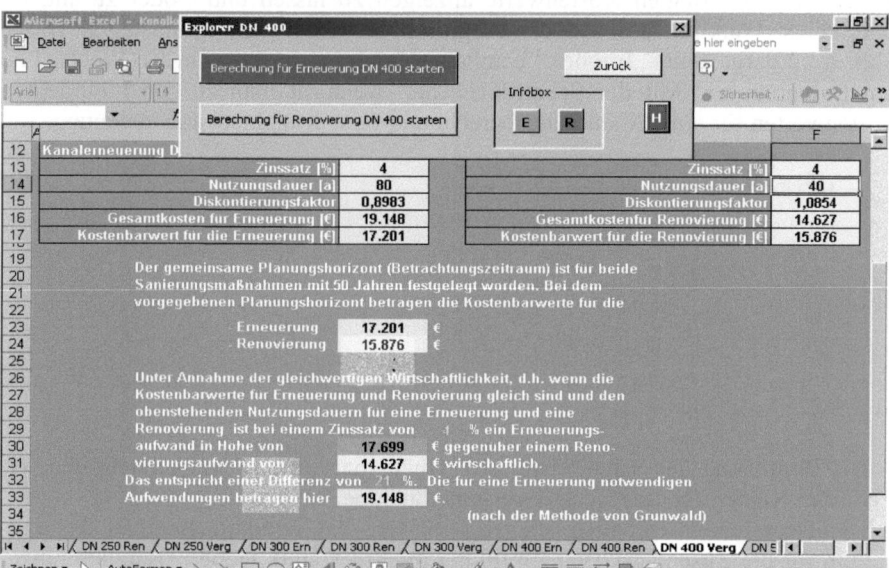

Abb. A.21　　Vergleichsübersicht auf Excel-Berechnungsblatt DN 400 Verg

Nach durchgeführter Berechung erhalten Sie eine Übersicht der Vergleichswerte auf dem Excel-Berechnungsblatt DN 400 Verg. Darauf sind die Eingabeparameter sowie die Berechnungsergebnisse für die Kanalerneuerung und die Kanalrenovierung abgebildet. Zusätzlich erfolgt eine Angabe, bis zu welchem Aufwandsbetrag eine Kanalerneuerung gegenüber der Kanalrenovierung als wirtschaftlich gilt. In diesem Beispiel wurde ein Renovierungsaufwand von 14.627 € berechnet. Der Vergleich ergab, dass bei einem Zinssatz von 4 % und den Nutzungsdauern von 80 Jahren bei der Erneuerung und 40 Jahren für die Renovierung ein Erneuerungsaufwand in Höhe von 17.699 € im wirtschaftlichen Bereich liegen würde. Diese vertretbaren Mehrkosten entsprechen einer Differenz von 21 %. Der errechnete Erneuerungsaufwand beträgt aber 19.148 €, d.h. in diesem Fall sollte die Haltung mit dem Schlauchreliningverfahren renoviert werden.

Für die Fortsetzung des Programms öffnet sich ein „Explorer DN 400"- Programmfenster, das die Auswahl anbietet, ob die Renovierungsrechnung für den Durchmesser DN 400 oder die Erneuerungsberechnung für den Durchmesser DN 400 erneut durchgeführt werden soll. Trifft keine der Möglichkeiten zu, können Sie durch Betätigung der Schaltfläche „H" ins Hauptmenü zurückkehren. Dort können Sie Berechnungen für andere Kanaldurchmesser starten oder das Programm beenden.

8.3 Bearbeitung der Datenblätter für Erneuerung und Renovierung

In diesem Programm besteht die Möglichkeit, sich jederzeit die für die Aufwandsberechnung hinterlegten Kostenwerte anzeigen zu lassen und / oder zu ändern. Durch diese Funktion lässt sich das Programm benutzerorientiert umstellen. Die in Abb. A.22 dargestellte „Infobox" beinhaltet die Schaltflächen für den Wechsel zu den Datenblättern. Mit der Schaltfläche „E" wechselt man zu den hinterlegten Kostenwerten für eine Erneuerungsberechnung bzw. Kanalneubauberechnung.

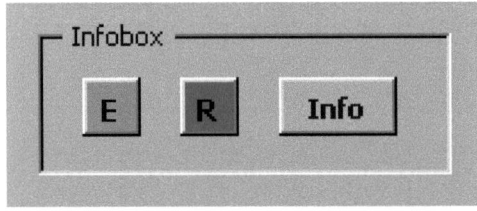

Abb. A.22   Infobox

Bei Benutzung der Schaltfläche „R" erhält man eine Datenübersicht der verwendeten Kosten für eine Renovierungsmaßnahme.

Die Datenblätter enthalten alle Kostenarten, die standardgemäß in das Programm für die Zuschlagskostenermittlung integriert sind, wobei zusätzlich hinzugefügte Kosten allerdings nicht mit aufgeführt werden. Diese können den entsprechenden Programmfenstern oder den Übersichtstabellen der Excel-Berechnungsblätter (z.B. DN 400 Ern und DN 400 Ren) entnommen werden. Der

Umgang mit den Datenblättern wird hier beispielhaft an einem Kanal DN 400 beschrieben.

Nach Betätigung der Schaltfläche „E" öffnet sich das Datenblatt für Erneuerung DN 400 (Abb. A.23). Zur Ansicht der Daten oder zur Aktualisierung der geänderten Daten klicken Sie auf die Schaltfläche „Preise anzeigen". Sollen mit den aktuell angezeigten Daten die Berechnungen unverändert fortgesetzt werden, können Sie durch Betätigung der Taste „Zurück" zu der vor der Datenblattanzeige aktuellen Seite zurückkehren.

Sollen die derzeit hinterlegten Daten verändert werden, so können Sie durch Aktivierung der Schaltfläche „Preise ändern" zu der Eingabemaske der Datenbearbeitung wechseln (Abb. A.24).

Hier kann für die aufgeführten und für die Berechnung hinterlegten Zuschlagsoptionen in den entsprechenden Textfeldern der neue Kostenwert eingesetzt werden. Durch Betätigung der Schaltfläche „Preise übernehmen / zurück" werden die neu eingefügten Werte übernommen und für die Berechnungen verwendet. Zur Kontrolle können Sie sich auf dem Programmfenster „Datenblatt für Erneuerung DN 400" durch Aktivierung der Schaltfläche „Preise anzeigen" die geänderte Preise anzeigen lassen.

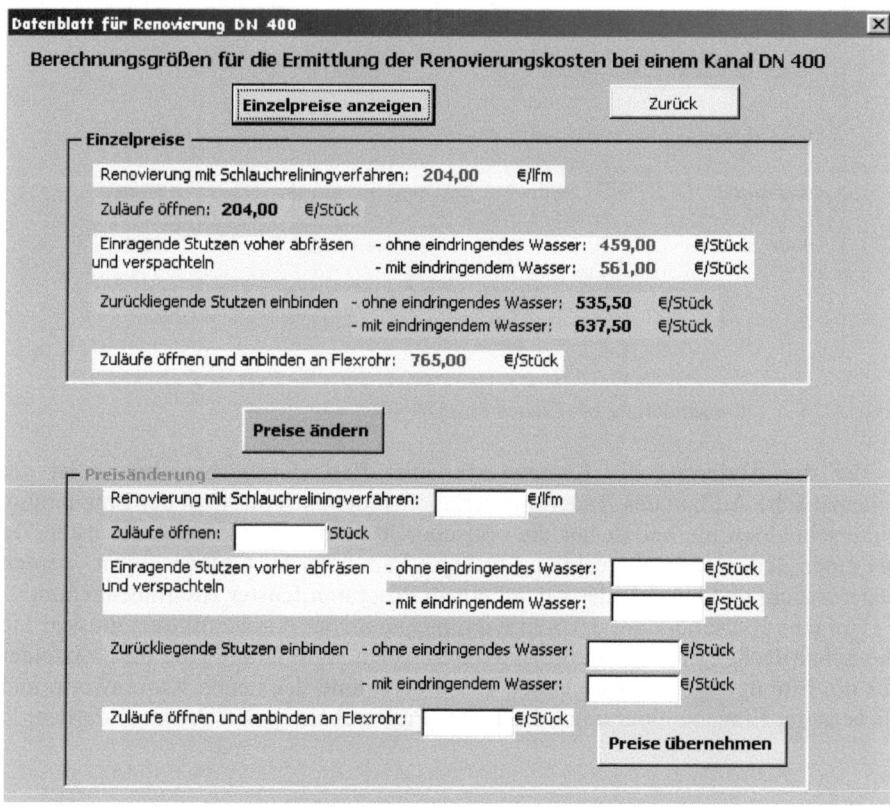

Abb. A.23   Datenblatt für Erneuerung DN 400

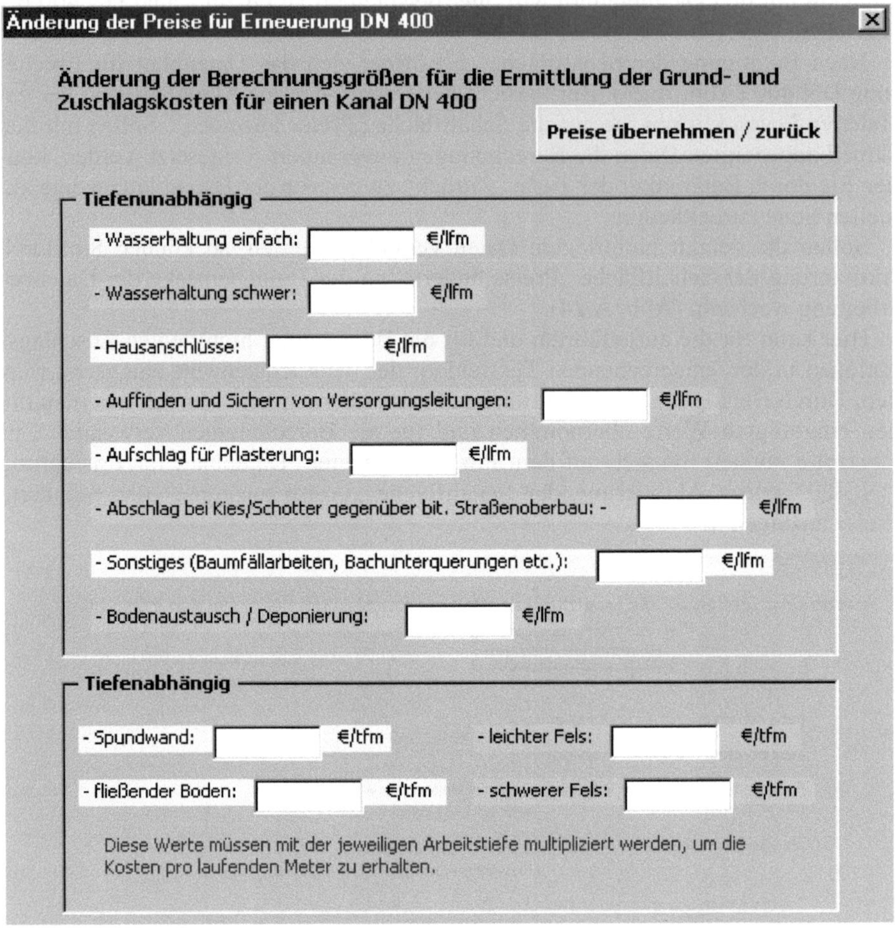

Abb. A.24   Preisänderung bei Erneuerung DN 400

Bei der Änderung der Kostenwerte einer Renovierungsberechnung ist der schematische Aufbau des Änderungsverfahrens identisch mit dem der Erneuerung. Unterschiedlich hierbei ist nur die optische Gestaltung der Programmfenster. Da bei einer Renovierungsberechnung weniger Parameter zu Grunde liegen, werden Datenansicht und Datenänderung auf einem Programmfenster zusammengefasst.

Um eine Preisänderung der Renovierungsparameter durchzuführen, müssen Sie die Schaltfläche „Preise ändern" aktivieren. Nach Aktivierung sind die Textfelder für die Eintragungen freigeschaltet. Zur Übernahme der neuen Kostenwerte und Sichern der Eingabefelder muss die Taste „Preise übernehmen" betätigt werden.

8.4 Speichern eines individuellen Kanalkostenberechnungsprogramms

Nach dem Hinzufügen zusätzlicher Kosten oder der Änderung der als Berechnungsgrundlage hinterlegten Kosten ist eine (windowsübliche) Speicherung der Daten bei Beendigung des Programms möglich. Bei der Speicherung werden alle im Programm veränderten Daten sowie die berechneten Werte gespeichert und stehen beim erneuten Starten des Programms zur Verfügung. Abb. A.25 stellt den Vorgang einer solchen Datenspeicherung graphisch dar.

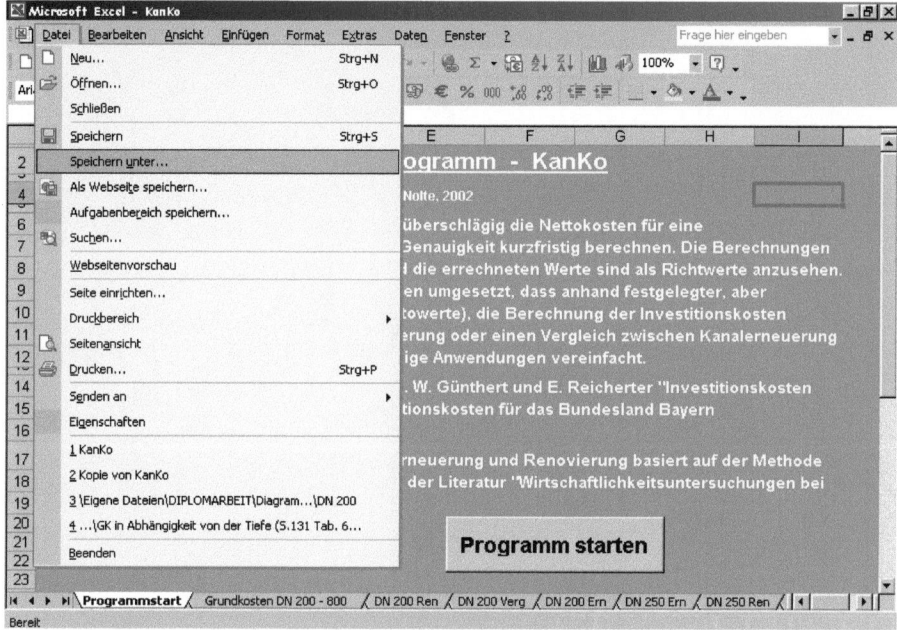

Abb. A.25 Speicherung eines Programms zum Erhalt der geänderten Daten

Klicken Sie im Menüpunkt „Datei" den Unterpunkt „Speichern unter..." an. Wählen Sie in dem sich öffnenden Programmfenster die gewünschte Zieldatei aus und benennen Sie das Programm. Durch Betätigung der Enter-Taste oder der Schaltfläche „Speichern" werden Ihre Daten gesichert.

Glossar

A

Abschreibung	Verfahren zur Berechnung der Wertminderung von Wirtschaftsgütern (buchhalterisch), vgl. auch AfA.
Absetzung	Abzug vom steuerpflichtigen Betrag.
Abwasserabgabe	Öffentliche, geldliche Abgabe des Einleiters in ein Gewässer auf Grund des Abwasserabgabengesetzes; abhängig von Abwassermenge und -verschmutzung.
Abzinsung	Verfahren zur Berechnung des Anfangskapitals oder zur Berechnung des Barwertes (Gegenwartswert) für ein bestimmtes Endkapital, auch: Diskontierung.
AfA	Absetzung für Abnutzung (steuerlich); Verteilung der Wertminderung auf die Nutzungsdauer; vgl. auch Abschreibung.
AG	Aktiengesellschaft; Kapitalgesellschaft; juristische Person; Grundlage Aktiengesetz.
akkreditiert	„beglaubigt"; akkreditierte Institutionen haben die Erlaubnis, hoheitliche bzw. quasi-hoheitliche Aufgaben zu erfüllen, z.B. die Zertifizierung von Dritten.
Akkumulation	Aufzinsung; eigentlich von Marx eingeführter Begriff für Anhäufung im Zusammenhang mit dem Kapitalismus.
Aktiva	Vermögen; linke Seite der Bilanz.
Aktivierung	Ausgleich einer Geldausgabe durch Umbuchung; eine Zahlung wird (steuerlich) auf Jahre verteilt; vgl. auch AfA; hier: Verteilung der anteiligen Gebühr aus einer Investition auf mehrere Jahre, z.B. bei der Renovierung.
Amt	Bestimmter, auf Zeit begrenzter Aufgabenkreis im Dienst anderer; hier: abgegrenzter Geschäftsbereich einer Kommune.
Anlagenkartei	System zur Erfassung des jeweils aktuellen Anlagevermögens.
Anleihe	Langfristige Schuldverschreibung.

Annuität	Jährlich zu zahlender Gesamtbetrag aus Tilgungsrate und Zinsen.
Annuitätenmethode	Hier: Methode zur Berechnung der Annuität, wobei der Gesamtbetrag über die Laufzeit nominell konstant bleibt.
Auflösung	Hier: gleichmäßige auflösende Verteilung von Zuwendungen.
Aufsichtsrat	Organ der AG oder GmbH; setzt sich zusammen aus Vertretern der Aktionäre (Gesellschafter) und Arbeitnehmer; überwacht die Geschäftsführung.
Aufwand	Wertverbrauch zur Erzielung eines Ertrages.
Aufzinsung	Verfahren zur Berechnung des Endkapitals aus einem Anfangskapital mit Zinseszinsen; auch: Akkumulation.
Ausschreibung	Öffentliche Aufforderung an Jedermann, Angebote für bestimmte Lieferungen und Leistungen abzugeben.

B, C

Barwert	Auf die Gegenwart abgezinster Wert einer zukünftigen Zahlung.
Behörde	Oberbegriff für selbstständigen, öffentlichen Verwaltungsträger ohne eigene Rechtsfähigkeit; z.B. Amt.
Beiträge	Gegenleistung für die Nutzung einer öffentlichen Leistung; hier: einmalige anteilige Zahlung (im Ggs. zur Gebühr) für z.B. eine Kanalbaumaßnahme.
Beleihung	Übertragung öffentlicher Aufgaben auf einen privaten Unternehmer.
Benchmarking	Kennzahlenvergleich verschiedener Betriebe.
Bereitschaftskosten	Kosten, die unabhängig von der produzierten Menge entstehen; vgl. auch: Fixkosten.
Betreibermodell	Allg.: Betriebsführungsmodell z.B. für Kläranlagen, an dem (auch) Private beteiligt sind.
Betriebsabrechnung	Verteilung der Kostenarten auf Kostenstellen.
Betriebskosten	Hier: Kosten des laufenden Betriebes, z.B. Personal- und Unterhaltungskosten; Ggs.: Kapitalkosten.
Betriebsnotwendiges Kapital	Im Zusammenhang mit der Ratenmethode anzusetzendes Kapital bei der Zinsberechnung; Zuwendungen sind mindernd (auflösend) berücksichtigt.

Bilanz	Gegenüberstellung von Vermögen und Kapital in Form eines Kontos; die linke Seite (Aktiva) zeigt, in welchen Vermögensgegenständen das Kapital des Betriebes angelegt ist; die rechte Seite (Passiva) zeigt, woher das Kapital stammt; die Endsummen von Aktiva und Passiva sind daher gleich; Bestandteil der doppelten Buchführung (Doppik).
Buchwert	Aktueller Wert von Anlagen am Ende einer Periode.
Controlling	Instrument der Unternehmenssteuerung zur Versorgung der Geschäftsführung mit entscheidungsrelevanten Informationen.

D

Deckungsprinzip	Grundsatz zur Finanzierung öffentlicher Ausgaben: Kredite sollen nur in der Höhe von Investitionen aufgenommen werden, andere Ausgaben sollen nur durch ordentliche Einnahmen (Steuern, Gebühren, Beiträge) finanziert werden; hier: Ausgaben und Einnahmen für die Abwasserbeseitigung sollen die gleiche Höhe haben.
Diskontierung	Abzinsung.
Doppik	Doppelte Buchführung; lückenlose, systematische Aufzeichnung aller Geschäftsvorfälle mit Vermögensaufstellung (Bilanz) und Erfolgsrechnung (GuV).

E

EFQM	European Foundation for Quality Management; geschütztes Qualitätsmanagementsystem.
Eigenbetrieb	Kommunaler Betrieb mit eigenständiger Haushaltsführung und Werkleitung; rechtlich unselbstständig.
Eigengesellschaft	Kommunale Kapitalgesellschaft (100 % der Anteile in Händen der Kommune).
Eigenkapital	Das von den Gesellschaftern selbst im Unternehmen angelegte Kapital; Ggs.: Fremdkapital (Schulden).
Eigenregie	Betätigung zur Erledigung einer Aufgabe mit eigenen Ressourcen (Personal, Geräte); Ggs.: Vergabe der Aufgabe an Dritte.
Einleitung	Überführung von gereinigtem oder nicht gereinigtem Abwasser in ein Gewässer.
EMAS	Umweltmanagement und -betriebsprüfung des Europäischen Parlaments und Rates.
Erfolgsrechnung	Gewinn- und Verlustrechnung (GuV).

Erinnerungswert	Wert von Wirtschaftsgütern, mit dem diese mindestens in der Bilanz aktiviert werden müssen (1 €).
Erlös	Kurzform für Umsatzerlös bzw. Umsatz; Menge bzw. Wert des in einem Betrieb Umgesetzten.
Ertrag	Ergebnis einer wirtschaftlichen Tätigkeit.

F

Factoring	Lieferung der Ware bei Stundung des Kaufpreises; hier: Verkauf zukünftiger Zahlungen (z.B. Gebühren) an ein Kreditinstitut; auch Forderungsverkauf.
Finanzierung	Bereitstellung aller finanziellen Mittel zur Durchführung einer Leistung.
Fixkosten	Siehe: Bereitschaftskosten.
Forderungsverkauf	Siehe Factoring.
Forfaitierung	Siehe Factoring.
Freiberufler	Nicht gewerblich tätige Person; Ausübung des (meist akademischen) Berufes, z.B. Ingenieur, Arzt, Rechtsanwalt, in freier Konkurrenz.

G

Gebühr	Abgabe an ein öffentliches Gemeinwesen für eine bestimmte Leistung (z.B. Abwassergebühr für die Leistung der Abwasserbeseitigung).
Geringwertiges Wirtschaftsgut	Wirtschaftsgut mit Anschaffungs- und/oder Herstellungskosten unterhalb einer bestimmten Geldschwelle; wird vollständig im Jahr der Anschaffung bzw. Herstellung abgeschrieben, auch GWG
Geschäftsführung	Leitung einer Unternehmung; Organ der GmbH.
Gewinn	Differenz zwischen Ertrag und Aufwand.
Gewinn- und Verlustrechnung	Berechnung des Geschäftserfolges; Bestandteil der doppelten Buchführung (Doppik).
GmbH	Gesellschaft mit beschränkter Haftung; Kapitalgesellschaft; juristische Person; Grundlage GmbH-Gesetz.

H

Halbwertmethode	Vereinfachte und nur ungefähre Berechnung der Annuität.
Handelsrecht	Rechtssätze des Handelsverkehrs; vom bürgerlichen Recht abgekoppelter Teil des Privatrechts; vor allem: Handelsgesetzbuch; Nebengesetze: z.B. Aktiengesetz.
HOAI	Honorarordnung für Architekten und Ingenieure.
Hoheitlich	Die Hoheitsrechte ausübend; dem Staat zustehende Befugnisse zur Ausübung seiner (Hoheits-)Gewalt
Hoheitsgewalt	Siehe Hoheitlich.

I, J

IMS	Integriertes Managementsystem
Index	Hier: Indexzahl; statistische Zahl zur Berechnung von relativen Veränderungen; häufig verwendet als Preisindex zur Berechnung von Preisänderungen.
Insolvenz	Zahlungsunfähigkeit.
Inventur	Erfassung des Inventars; körperliche Bestandsaufnahme des Vermögens und der Schulden.
Investition	Einsatz von Kapital zur Ausweitung der Anlagen und sonstiger Sachgüterbestände.
Juristische Person	Rechtsfähige Vereinigung von Personen und Vermögen (z.B. GmbH).

K

Kalkulatorische Kosten	Kalkulierte Kosten, wenn der Aufwand zwar bekannt, aber für die Kostenrechnung ungeeignet ist, z.B. Abschreibung; hier oft sinngleich mit Kapitalkosten
Kameralismus	Deutsche Form des Merkantilismus.
Kameralistik	Kameralistische Buchführung; Verzeichnung von Soll- und Isteinnahmen sowie Soll- und Istausgaben in der öffentlichen Verwaltung.
Kämmerei	Amt zur Verwaltung der öffentlichen Finanzen.
Kapital	Das der Gütererzeugung dienende Geld.

Kapitalgesellschaft	Gesellschaft, die die Kapitalbeteiligung und nicht deren persönliche Mitarbeit in den Fordergrund stellt; juristische Person; AG und GmbH.
Kapitalkosten	Eigentlich mit der Kapitalbeschaffung im Zusammenhang stehende Kosten; hier sinngleich mit kalkulatorischen Kosten
Kaufkraft	Fähigkeit, mit einer Geldmenge eine bestimmte Warenmenge zu erwerben. Kaufkraft ist nicht gleich Kaufmittel (Geld).
Kommunalabgabengesetz	Gesetz zur Regelung der kommunalen Abgaben und Steuern.
Kommunalkredit	Kredit, der den Kommunen zur Verfügung gestellt wird; i.d.R. mit vergünstigten Zinskonditionen, da die Kommune ein reduziertes Konkursrisiko inne hat.
Konto	Zweiseitige Rechnung, in der die Bewegungsvorgänge der einzelnen Vermögens- und Kapitalwerte erfasst werden.
Kooperationsmodell	Betriebsform, in der die Kommune und mindestens ein privater Dritter zusammenarbeiten.
Körperschaft	Juristische Person zur Erreichung eines dauerhaften Zwecks, z.B. Vereine, Genossenschaften, Gewerkschaften, GmbHs, Gemeinden, Staat; letztere sind Körperschaften des öffentlichen Rechts.
Kosten	Wert der Güter und Dienste, die zur Erstellung von Leistungen in Anspruch genommen werden.
Kosten-/Nutzenrechnung	Besser: Nutzen-Kosten-Rechnung; Rechnung im Rahmen einer Nutzen-Kosten-Analyse.
Kostenartenrechnung	Kostengliederung nach der Art der Kosten (z.B. Personal- und Instandhaltungskosten).
Kostendeckungsprinzip	Prinzip, das besagt, dass die entstehenden Kosten im Rahmen einer Maßnahme durch Einnahmen gedeckt sein sollen; keine Subventionierung.
Kosten-Nutzen-Analyse	Siehe Nutzen-Kosten-Analyse.
Kostenrechnung	Berechnung der Kosten einer Unternehmung.
Kostenstellenrechnung	Kostengliederung nach den Stellen, an denen die Kosten entstehen (z.B. im Kanalnetz oder auf der Kläranlage).
Kostenträgerrechnung	Kostengliederung nach dem Verursacher der Kosten (z.B. Menge des gereinigten Abwassers).

Kostenvergleichsrechnung	Vergleich zur Feststellung der wirtschaftlichen Vorteilhaftigkeit von Alternativen, zumeist ausgedrückt in Geldeinheiten; setzt Nutzengleichheit voraus; darf nicht mit Kostenrechnung verwechselt werden.
Kumulation	Anhäufung.

L

Leasing	Mietweise Überlassung von Anlagen oder Gütern.
Leistung	Wert der innerhalb eines Zeitraums im betrieblichen Prozess hervorgebrachten Sachgüter oder bereitgestellten Dienstleitungen.
Leistungskosten	Leistungsabhängige (variable) Kosten
Leistungsverzeichnis	Verzeichnis mit zu erbringenden Leistungen; Grundlage einer Ausschreibung.
Liquidität	Flüssigkeit; drückt die Fähigkeit eines Unternehmens aus, zur Deckung finanzieller Verpflichtungen in bestimmtem Grad bares Geld zur Verfügung zu haben.

M

Merkantilismus	Wirtschaftspolitik im Zeitalter des Absolutismus.
Mittel, liquide	Siehe Liquidität
Monetär	Geldlich
Monopol	Alleinverkauf; Marktform, bei der das Angebot in einer Hand vereint ist.

N

Natürliche Person	Mensch als Träger von Rechten; z.B. ist ein Freiberufler ein Unternehmen in Form einer natürlichen Person.
Neutraler Aufwand	Aufwand, der außerhalb der Erfüllung des eigentlichen Betriebszwecks liegt (z.B. Spenden, überhöhte Abschreibungen).
Nominalkosten	In Geldeinheiten ausgedrückte Kosten ohne Berücksichtigung deren Kaufkraft; Ggs.: Realkosten.
Nutzenbarwert	In Geldeinheiten ausgedrückter, auf einen bestimmten Zeitpunkt bezogener Wert eines Nutzens.
Nutzen-Kosten-Analyse	Methodisches Verfahren, bei dem Kosten und Nutzen bewertet und gegenüber gestellt werden.

Nutzwertanalyse	Verfahren im Rahmen von Nutzen-Kosten-Analysen, bei dem der Nutzen subjektiv bewertet wird.

O

Öffentlich-rechtlich	Im Bereich des öffentlichen Rechts befindlich.
Ökonomie	Wirtschaft oder Wirtschaftlichkeit.
Oligopol	Marktform, bei der einige dominierende Anbieter eine große Zahl von Nachfragenden beliefert.

P, Q

Passiva	Kapital; rechte Seite der Bilanz
Periode	Durch etwas bestimmtes charakterisierter Zeitabschnitt.
Preis	In Geld ausgedrücktes Austauschverhältnis von Waren und Dienstleitungen.
Preisniveaustand	Stand des Durchschnitts der gesamten Güterpreise.
Preisstand	Stand einzelner Güterpreise.
Privatisierung	Umwandlung einer öffentlichen in eine private Rechtsform.
Projektkostenbarwert	In Geld ausgedrückter, auf einen bestimmten Zeitpunkt bezogener Gesamtwert eines Projektes.
Projektsteuerung	Methode zur organisierten Abwicklung eines Projektes.
QM	Qualitätsmanagement.

R

Rahmenvorschrift, -gesetz	Übergeordnete Vorschrift bzw. Gesetz, aus der/dem weitere Vorschriften bzw. Gesetze abgeleitet werden.
Ratenmethode	Methode zur Berechnung von Zinsen und Tilgung, bei der der jeweils aktuelle Buchwert die Basis zur Zinsberechnung darstellt.
Realbewertung	Bewertung in Geldeinheiten unter Berücksichtigung der Kaufkraft
Realkosten	In Geldeinheiten ausgedrückte Kosten mit Berücksichtigung deren Kaufkraft; Ggs.: Nominalkosten
Regiebetrieb	Unternehmen innerhalb einer öffentlichen Verwaltung.

Reinvestition	Erneuter Einsatz von Kapital in Anlagen und sonstige Sachgüterbestände; i.d.R. nach Ablauf der Nutzungsdauer im Hinblick auf den Weiterbetrieb.
Rentabilität	Erfolg eines Unternehmens, gemessen am Verhältnis des Reingewinns zum Kapital.
Restbuchwert	Siehe Buchwert.
Rücklagen	I.d.R. durch Selbstfinanzierung gebildetes Eigenkapital, das nicht ausgeschüttet wird.
Rückstellung	Dem Entstehungsgrund von Verbindlichkeiten zugeordnete, aber der Höhe und dem Fälligkeitszeitpunkt nach unbestimmte Aufwendungen oder Kosten.

S

Saldo	Ausgleich; in der Buchführung der Betrag, um den die eine Seite des Kontos höher ist als die andere.
Satzung, Ortsgesetz	Rechtsvorschriften, die ein dem Staat eingeordneter selbstständiger Verband (z.B. Gemeinde) zur Regelung seiner Angelegenheiten auf Grund seiner Autonomie hoheitlich einseitig erlässt.
Sensitivitätsanalyse	Empfindlichkeitsuntersuchung.
Sonderhaushalt	Haushalt innerhalb eines Gesamthaushalts, der zwar zum Gesamthaushalt gehört, aber separat ausgewiesen wird.
Spekulationspreis	Im Rahmen einer Ausschreibung abgegebener, nicht den Kosten entsprechend kalkulierter Einheitspreis, auf dessen Auswirkung innerhalb der gesamten Maßnahme spekuliert wird.
Stille Reserve	Nicht in der Bilanz ausgewiesene Rücklagen; Überbewertung der Passivposten oder Niederbewertung der Aktiva.
Submission	Ausschreibung und Vergabe eines Auftrages an denjenigen, der das günstigste Angebot abgegeben hat; im Bauwesen i.d.R. die Eröffnung der Angebote.
Subvention	Zweckgebundene finanzielle Unterstützung einzelner Wirtschaftszweige aus öffentlichen Mitteln.

T

Tilgung	Ratenweise Rückzahlung eines Kredits.
TQM	Total Quality Management; umfassendes Qualitätsmanagement.

V

Vermögen	Alle Güter und Rechte, die einer natürlichen oder juristischen Person oder dem Staat in einem bestimmten Zeitpunkt gehören.
Vermögenshaushalt	Teil des öffentlichen Haushalts, in dem die Vermögensvorgänge erfasst werden (z.B. Kreditaufnahmen, Investitionen).
Verwaltungshaushalt	Teil des öffentlichen Haushalts, in dem die Vorgänge erfasst werden, die nicht direkt das Vermögen betreffen (z.B. Betriebskosten).
VOB	Verdingungsordnung für Bauleistungen.
VOF	Verdingungsordnung für feiberufliche Leistungen.
VOL	Verdingungsordnung für Leistungen.
Vorsteuer	Teil der eingenommenen Umsatzsteuer, der nicht zur Abführung an das Finanzamt gelangt, weil der entsprechende Wert in Form der Umsatzsteuer an Lieferanten bereits gezahlt wurde.

W

Werkleitung	Geschäftsführung eines Eigenbetriebs.
Werteverzehr	Auflösung des Vermögens durch Abnutzung mit der Zeit.
Wiederbeschaffungswert	Neue Anschaffungskosten verbrauchter Güter.
Wirtschaftlichkeit	Ökonomisches Prinzip; Bestreben einer Wirtschaftseinheit (Haushalt, Betrieb, Staat), die vorhandenen Mittel rationell einzusetzen, d.h. mit dem geringst möglichen Aufwand einen bestimmten Ertrag zu erzielen (Sparprinzip) oder mit verfügbaren Mitteln einen höchst möglichen Ertrag zu erwirtschaften (Maximalprinzip).
Wirtschaftsplan	Für eine bestimmte Periode aufgestellter Plan über beabsichtigte wirtschaftliche Tätigkeiten und Ziele; besteht aus verschiedenen Teilplänen (z.B. Finanzplan, Investitionsplan).

Z

Zertifizierung	Beglaubigung, Bescheinigung
Zuwendung	Einmaliger geldlicher Zufluss zu einer Investition; Oberbegriff für Zuschuss, Beitrag etc..
Zweckverband	Zusammenschluss von Körperschaften (i.d.R. des öffentlichen Rechts) zur Erreichung eines bestimmten Zwecks.

Literaturverzeichnis

ATV-DVWK	1994	Personalbedarf für den Betrieb kommunaler Kläranlagen Arbeitsbericht des ATV-Fachausschusses 2.12 „Betrieb von Kläranlagen", Korrespondenz Abwasser 6/1994
ATV-DVWK	1996	Arbeitsblatt A 133: Erfassung, Bewertung und Fortschreibung des Vermögens kommunaler Entwässerungseinrichtungen GFA, Hennef, 1996
ATV-DVWK	1996	Abfälle aus Abwasseranlagen - Rechengut, Sandfanggut -; Arbeitsbericht der ATV/VKS-Arbeitsgruppe 3.11.2 Korrespondenz Abwasser 11/1996
ATV-DVWK	1997	ATV-M 801 „Integriertes Qualitätsmanagement für Betreiber von Abwasseranlagen" GFA, Hennef, 1997
ATV-DVWK	1998	1. Arbeitsbericht: "Durchgängige Kostenplanung und -steuerung bei kommunalen Kläranlagen" Korrespondenz Abwasser, Nr. 3, 1998
ATV-DVWK	1998	Arbeitsbericht der ATV-Arbeitsgruppe 8.1.1 „Kostenanalyse und -steuerung"; Durchgängige Kostenplanung und -steuerung bei kommunalen Kläranlagen Korrespondenz Abwasser 3/1998
ATV-DVWK	1998	Ermittlung und Anwendung von Baupreisindizes für Ortskanalisationen und Kläranlagen Arbeitsbericht der ATV-Arbeitsgruppe 1.1.3 „Preisindex für Kanalbauten", Korrespondenz Abwasser 1/1998
ATV-DVWK	1999	Kostenstrukturen der Klärschlammbehandlung und -entsorgung, Arbeitsbericht der ATV-Arbeitsgruppe 3.1.5 „Kostenstrukturen der Klärschlammbehandlung und -entsorgung" Korrespondenz Abwasser 5/1999
ATV-DVWK	2000	Wirtschaftlichkeit von Investitionen und Transparenz von Folgekosten durch Projektcontrolling von Anfang an Arbeitsbericht der ATV-DVWK AG Wi 1.3 KA, 2000 (47) Nr. 5, S. 758 ff

Literaturverzeichnis

ATV-DVWK	2001	Benchmarking Arbeitsbericht der Ad-hoc-AG WI-00.1, ATV-DVWK, Hennef, 2001
ATV-DVWK	2002	Managementsysteme für die Abwasserwirtschaft Kurzfassung Korrespondenz Abwasser 49, 2002, Langfassung GFA, Hennef
ATV-Handbuch	1996	Bau und Betrieb der Kanalisation Ernst & Sohn Verlag, Berlin, 1996
Auner-Fellenzer, M.	2001	Finanzierung der Abwasserentsorgung ATV-DVWK-Fortbildungskurs Kostenanalyse und Kostensteuerung in der Abwasserwirtschaft; Kassel 2001
Baumbach, A. Sägebrecht, D. Heine, A.	2001	Kostenkennziffern für Abwasserpumpwerke Korrespondenz Abwasser, 11/2001
Bäumer, K. A. Coburg, R. C. Asmussen, S. Stadtfeld, R.	2000	Kosten und Finanzierung der Abwasserentsorgung in Deutschland Ergebnisse der ATV/BGW-Umfrage 1999, Korrespondenz Abwasser 5/2000
Bäumer, K.A.	2001	Möglichkeiten der Gebührenkalkulation ATV-DVWK-Fortbildungskurs Kostenanalyse und Kostensteuerung in der Abwasserwirtschaft; Kassel 2001
Bellefontaine, K. et al.	1999	Abwassergebühren in Deutschland ATV-Schriftenreihe, Band 17 ; GFA-Verlag für Abwasser, Abfall und Gewässerschutz, Hennef, 1999
Bode, H.	2001	Einflussfaktoren auf Investitions- und Betriebskosten von Abwasseranlagen ATV-DVWK-Fortbildungskurs Kostenanalyse und Kostensteuerung in der Abwasserwirtschaft; Kassel 2001
Bohn, Th. Töpfer, R.	1992	Bedeutung des Abwasserabgabengesetzes für die Betriebs- und Instandhaltungskosten kommunaler Abwasserreinigungsanlagen Korrespondenz Abwasser 4/1992
Bohn, Th.	1993	Wirtschaftlichkeit und Kostenplanung von kommunalen Abwasserreinigungsanlagen Schriftenreihe des Instituts für Baubetriebslehre der Universität Stuttgart, Expert-Verlag, 1993
Bohn, Th. Wagner, M.	1995	Behandlungskosten beim Einsatz externer Kohlenstoffquellen zur Denitrifikation Korrespondenz Abwasser 8/1995

Bohn, Thomas	1997	Kostencontrolling bei Abwasserprojekten Korrespondenz Abwasser 2/1997
Bohn, Th. Hütter, H. Funke, H.	1999	Projektmanagement im Abwasser- und Abfallwesen Kontakt & Studium, Band 589, Expert-Verlag, Renningen-Malmsheim, 1999
Böhnke, B. Bili, V. Brautlecht, P.	1998	Leistungs- und Kostenvergleich für ein- und zweistufige Belebungsverfahren Korrespondenz Abwasser 9/1998
Brandt, M.	2002	Bestimmung der Herstellungskosten von Entwässerungsanlagen Diplomarbeit an der Fachhochschule Hannover, unveröffentlicht
BRD:	1988	Zweiter Bericht über Schäden an Gebäuden Der Bundesminister für Raumordnung, Bauwesen und Städtebau, 1988
BRD	1996	Grundsätze und Richtlinien für Wettbewerbe auf dem Gebiet für Raumplanung des Städtebaus und der Raumplanung (GRW 1995) Bundesanzeiger Nr. 64 vom 30.03.1996, S. 3922 ff
BRD	2002	51. Jahresbericht der Wasserwirtschaft Bundesministerien für Umwelt und Verbraucherschutz; Wasser & Boden 54/7+8,5-13 (2002)
BRD	2003	Homepage des Statistischen Bundsamtes Datenabfrage vom 06.01.2003; www-genesis.destatis.de
Bucksteeg, K. Englmann, E.	1994	Kostensparen bei der Abwasserentsorgung Korrespondenz Abwasser 10/1994
Bucksteeg, K.	2001	Unterschiedliche Planungs-, Ausschreibungs- und Vergabearten und ihre Auswirkungen auf die Investitionskosten von Kläranlagen ATV-Fortbildungskurs Kostenanalyse und Kostensteuerung in der Abwasserwirtschaft, Kassel 2001
Burgi, M.	2002	Zitat von der wasserwirtschaftlichen Jahrestagung des BGW in Berlin 2002, zitiert in EUWID, 22/2002
DIN 276	1993	Kosten im Hochbau, 1993
DIN EN 752	1997	Entwässerungssysteme außerhalb von Gebäuden, Teil 5 Sanierung, 1997

Dudey, J.	1993	Abschätzung von Baukosten für öffentliche Kanalnetze Korrespondenz Abwasser 5/1993
Dyk, C. Lohaus, J.	1998	Der Zustand der Kanalisationen in Deutschland Ergebnisse der ATV- Umfrage 1997, Korrespondenz Abwasser 5/1998
Eck-Düpont, M. Wolf, P.	1992	Wirtschaftlichkeitsvergleich von Varianten der Abwasserbehandlung an einem Beispiel Korrespondenz Abwasser 6/1992
Eck-Düpont, M. Wolf, P.	1992	Wirtschaftlichkeitsvergleich von Varianten der Abwasserbehandlung an einem Beispiel Korrespondenz Abwasser 6/1992
Esch, B. Thaler, S.	1998	Abwasserentsorgung in Deutschland – Statistik Korrespondenz Abwasser 5/1998
Esch, K.J. v. Oomens, A.	2003	Zwischenbetrieblicher Vergleich im Kanalbereich Korrespondenz Abwasser, 1/2003
EUWID	2002	Kanalsanierung in Deutschland bedarf Investitionen von 45 Mrd. € EUWID 15/2002
Evers, P. Grünbaum, T.	2001	Anwendung der Kosten- und Leistungsrechnung in der Abwasserwirtschaft Vortrag im Rahmen des ATV-DVWK-Fortbildungskurses „Kostenanalyse und Kostensteuerung in der Abwasserwirtschaft", Kassel 2001
Friedrich, J. Klein-Schell, H.-P. Roßwag, P. Schmitt, R.	1995	Kosteneinsparungen auf Abwasserreinigungsanlagen durch Einsatz externer Kohlenstoffquellen bei der Denitrifikation Korrespondenz Abwasser 2/1995
Gerold, R.	1997	Beispiel Gemeinde Buttenwiesen (systemoffene Ausschreibung) Berichtsheft der ATV Landesgruppentagung 1997, S. 127 ff
Grunwald, G.	1997	Wirtschaftlichkeitsuntersuchungen bei Kanalsanierungen Gesellschaft zur Erforschung der Kanalisationstechnik, Gelsenkirchen
Grüske, K.-D. Recktenwald, H.C.	1995	Wörterbuch der Wirtschaft; Alfred Kröner Verlag, Stuttgart

Günther, Th. Niepel, M.	2002	Aufbau und Risiken des kommunalen US-Lease-in/Lease-out in Deutschland DStR Deutsches Steuerrecht 14/2002
Hajek, P.M.	1997	Prüfen der Wettbewerbsarbeiten zur Erweiterung der Kläranlage Korrespondenz Abwasser 9/97, S. 1602 ff.
Hamacher, R.	2000	Bau- und Betriebskosten von Anlagen zur Regenwasserversickerung Korrespondenz Abwasser 4/2000
Hosang, W. Bischof, W.	1998	Abwassertechnik Verlag B. G. Teubner Stuttgart, Leipzig, 1998
Jacobi, D.	2001	Strategien und Kosten bei der Kanalsanierung ATV-DVWK-Fortbildungskurs Kostenanalyse und Kostensteuerung in der Abwasserwirtschaft; Kassel 2001
Kehr, D. Teichmann, H.	1961	Bau- und Betriebskosten öffentlicher Kläranlagen in der Bundesrepublik Veröffentlichungen des Instituts für Siedlungswasserwirtschaft der TH Hannover, Heft 8, Hannover 1961
Kirchhoff, U.; Müller-Godeffroy, H.	1996	Finanzierungsmodelle für kommunale Investitionen Deutscher Sparkassenverlag GmbH, Stuttgart
Kroiß	2001	Auswirkung der Bemessung und Ausbildung des biologischen Abwasserreinigungsteils auf die Kosten von Kläranlagen ATV-DVWK-Fortbildungskurs Kostenanalyse und Kostensteuerung in der Abwasserwirtschaft; Kassel 2001
LAWA	1998	Leitlinien zur Durchführung dynamischer Kostenvergleichsrechnungen (KVR-Leitlinien) Länderarbeitsgemeinschaft Wasser, Kulturbuchverlag, Berlin
Mauer, G.	2002	Kaum Synergieeffekte bei Wasser/Abwasser EUWID 4/2002
Mayerhofer, W.	1996	Funktionalausschreibung im Vergleich Jahresbericht des Bayrischen Kommunalen Prüfungsverbandes 1996
Milojevi, N. Jacobi, D. Sympher, K.-J.	1999	Generelle Sanierungsplanung – Umsetzung der EN 752-5 in Berlin Korrespondenz Abwasser, Heft 2, 1999

Müller, E. A. Kobel, B.	1997	Mit Energiesparen die Betriebskosten der Kläranlage um 10 % senken Korrespondenz Abwasser 2/1997
Müller, N.	1997	Kosten der Abwasserbeseitigung - Kritische Gedanken zur allgemeinen Kostendiskussion Korrespondenz Abwasser 2/1997
Nisipeanu, P.	1998	Privatisierung der Abwasserbeseitigung Parey Buchverlag, 1998
Nisipeanu, P.	1999	Kosten der Abwasserbeseitigung Parey Buchverlag, Berlin, 1999
Nolte, S.	2002	Entwicklung eines Verfahrens zur Ermittlung von Kanalbau- bzw. Kanalsanierungskosten Diplomarbeit an der Fachhochschule Hannover 2002, unveröffentlicht
ÖNORM B 1801	1995	Kosten im Hoch- und Tiefbau Österreichisches Normungsinstitut ON, Wien 1995
Orth, H.	1988	Zur Berücksichtigung von Restwerten in Kostenvergleichsrechnungen Korrespondenz Abwasser 2/1988
OVG Münster	1994	Urteil vom 5. August 1994, AZ: 9 A 1248/92
OVG Münster	1995	Urteil vom 24. Juli 1995, AZ: 9 A 2251/93
Pecher, R.:	1992	Abwassergebühr - Quo vadis? Korrespondenz Abwasser 5/1992
Pecher, R.	1994	Bau- und Betriebskosten bestehender Anlagen zur Abwasserentsorgung in der Bundesrepublik Deutschland - Grundlagen zur Ermittlung der Abwassergebühren Korrespondenz Abwasser 12/1994
Rehr-Zimmermann, M. Hüting, R. Schmidt-Decker, N.-P.	1997	Umweltpolitik; Rechtliche und wirtschaftliche Aspekte bei der Einbeziehung privater Dritter in dem Bereich Abwasserbeseitigung Bundesministerium für Umwelt, Naturschutz und Reaktorsicherheit, 1997
Rudolph, K.-U. Gellert, M.	1989	Zum Ermessensspielraum bei der Berechnung kommunaler Abwassergebühren Korrespondenz Abwasser 2/1989

Rudolph, K.-U. Nelle, Th.	1996	Kosten von Abwasserpumpwerken Korrespondenz Abwasser 5/1996
Rudolph, K.-U. Balke, H.	2000	Wirtschaftlichkeit der naturnahen Regenwasserentsorgung Korrespondenz Abwasser 3/2000
Ruhrverband	2001	Handbuch für Funktionalausschreibungen zum Bau von kommunalen Abwasserreinigungsanlagen Ruhrverband, ca. 2001 (keine Angabe im Buch)
Sander, Th. Kock, J.-U. Probst, O.	1993	Untersuchungen zur möglichen Kosteneinsparung durch gemeindeübergreifende Abwasserbeseitigung Schriftenreihe aus dem Institut für Rohrleitungsbau an der Fachhochschule Oldenburg, Vulkan Verlag, Essen, 1993
Sander, Th.	1994	Untersuchungen zu den Kosten der Klärschlamm-Verwertung Stand 5/1994, unveröffentlicht
Sander, Th.	1998	Zur Privatisierung von kommunalen Entsorgungsbetrieben der städtetag, Verlag W. Kohlhammer, Stuttgart, 1/1998
Sander, Th. Grunwald, G. Nolte, S.	2003	Kanalrenovierung oder Kanalerneuerung? Korrespondenz Abwasser, IV. Quartal 2003
Schmidt, U.	1964	Über die Kosten der biologischen Abwasserreinigung Veröffentlichung des Instituts für Siedlungswasserwirtschaft der TH Hannover, Heft 13, Hannover 1964
Schulz, A. Schön, J. Schauerte, H. Graf, P. Averkamp, W.	1998	Benchmarking in der Abwasserbehandlung Korrespondenz Abwasser 1998 (45), Nr. 12
Schulz, A.	2001	Benchmarking in der Abwasserbehandlung ATV-DVWK-Fortbildungskurs Kostenanalyse und Kostensteuerung in der Abwasserwirtschaft; Kassel 2001
Stemplewski, J.	2001	Öffentliche und private Unternehmen ATV-DVWK-Fortbildungskurs Kostenanalyse und Kostensteuerung in der Abwasserwirtschaft; Kassel 2001
Thyen, E.	2002	Erfahrungen mit der Einführung eines Integrierten Qualitäts- und Umweltmanagementsystems Korrespondenz Abwasser 49, 2002

Uni Würzburg	2002	www.wifak.uni-wuerzburg.de vom 10.09.02
Vennebusch, K.	1997	Ideenwettbewerb: Erstes Pilotprojekt in Bayern abgeschlossen Korrespondenz Abwasser 3/97, S. 432 ff.
Wagner, W.	2000	Stellenwert der Nutzungsdauer von Abwasseranlagen unter Kostengesichtspunkten Korrespondenz Abwasser 7/2000
Weizsäcker, E.-U. von	1995	Faktor vier Verlag Droemer Knaur
Wennemar, R.	1994	Erhebliche Kostensenkung durch Anwendung neuer Technologien bei der Klärschlammbehandlung Korrespondenz Abwasser 1/1994
Wöhe	1996	Einführung in die Allgemeine Betriebswirtschaftslehre Verlag Vahlen, München, 1996
Wolf, R.	1999	Kosten der Entsorgung von Sandfanggut und Rechengut Korrespondenz Abwasser 10/1999
Zielsasek, G.	1999	Projektmanagement als Führungskonzept Springer Verlag, 2. Auflage 1999

Sachverzeichnis

Abschreibungen 9, 25, 37, 47, 68
Absetzung für Abnutzung 25
A-B-Verfahren 114
Abwasserabgabe 141, 160
Abwasserbeseitigungspflicht 5
Abwassereinleitungsverträge 20
Abwasserförderung 101
Abwassergebühren 2, 65
Abwassertransportsystem 242
Abwasserumwälzung 146
Abwasser-Verordnung 162
AfA 25
akkreditiert 233
Akkumulationsfaktor 194, 201
akkumulieren 182
Aktiva 29
Aktivierung 73
aktivierungspflichtig 73
Aktualisierung der Preisentwicklungen 176
aktuelle Preise 61
Altersverteilung 96
Anhaltwerte 123
Anlagenkartei 29, 34
Anlagevermögen 33
Annuität 40, 72
Annuitätenmethode 37, 186
Anschaffungs- und Herstellungskosten 37
Anschluss- und Benutzungszwang 6
Anstalt des öffentlichen Rechts 11

Äquivalenzprinzip 47

Arbeitsanweisungen 231
Arbeitssicherheit 233
Aufgabenübertragung 5
Auflösung 43
Aufsichtsrat 13
Aufwand 71
Ausführungsnummer 82

Ausgaben 71
Ausschreibung 222
Ausschreibungspflicht 15, 247
Außenanlagen 122
Außenfinanzierung 67
Ausstattungsniveau 239
Auszahlungen 71

Bachunterquerungen 91
Barwertvergleichsfaktor 208
Baugrundverhältnisse 91
Baukonjunktur 218
Baukostenbeiträge 42
Baukostenzuschüsse 67
Baumfällarbeiten 91
Baunebenkosten 87
Baupreisindex 75
Begutachtung 216
Beihilfen 194
Beiträge 9, 42, 67
Belebungsanlage 113
beliehener Unternehmer 13
Benchmarking 243
Bereitschaftskosten 74
Berichtswesen 244
Beteiligungsfinanzierung 67
Betreibergesellschaft 18
Betreibermodell 2, 225
Betriebs- und Instandhaltungskosten 173
Betriebsabrechnung 72
Betriebsführung 19
Betriebsgebäude 122
Betriebskosten 73, 236
betriebsnotwendiges Kapital 42
Bezugszeitpunkt 194
Bilanz 28
BnK 42
Bodenaustausch 91
Bodenfilter 137
BOT-Modell 17

Sachverzeichnis

Buchführung 10

Chemikalieneinsatz 149
cloaca maxima 1
Controlling 244
Cross-Border-Leasing 70

Deckungsprinzip 28
Denitrifikation 117
Deponiegebühren 154
Deponierung 91
DIN 276 84
DIN EN ISO 9000 227
diskontieren 182
Diskontierungsfaktor 195, 201
Diskontierungsfaktor nach Orth 208
Dokumentation 231
Doppelfinanzierung 52
doppelte Buchführung 28
Doppik 10
Durchleitungsregeln 245
dynamische Kostenvergleiche 210
dynamische Kostenvergleichsrechnung 169

EFQM 232
EG-Sektorenrichtlinie 222
Eigenbetrieb 9, 246
Eigenbetriebsgesetz 10
Eigenfinanzierung 68
Eigengeschäfte 247
Eigengesellschaft 12
Eigenkapital 67
Eigenkapitalzinsen 9
Eigenregie 8
Eigenstromerzeugung 146
Eigentumsübergang 69
Einnahmen 71
Einnahmen-Ausgaben-Rechnung 44
Einsparpotenzial 236
Einzahlungen 71
Einzelplan 45
Eiprofil 97
Elektrotechnik 123
Element 82
Elementmethode 78
EMAS-Verordnung 232
Empfindlichkeitsprüfung 181, 211
EN 752 240
Energiekosten 141, 142
Entgelte 9

Entsorgungsziele 154
Entwässerungskosten 156
Entwurfsplanung 216
Erdarbeiten 90
Erfolgs- und Vermögensplan 10
Erfolgshonorare 218
Erfolgsrechnung 244
Erheblichkeit 51
Erinnerungswert 26
Erneuerung 101, 240, 242
Eröffnungsbilanz 29
Ersatzinvestition 200
Ertrag 29, 71
Europäische Wasserrahmenrichtlinie 14
Europanorm 227

Fachlose 224
Factoring 69
Fällmittel 148
Faulbehälter 128
Faulgasverwertung 141
Feinrechen 110
Fels 92
Filteranlagen 123
Finanzierung 67
Fixkosten 58, 65, 74
Fixkostenanteil 235
Flockungsmittelbedarf 149
Forderungskauf 225
Forderungsverkauf 69
Forfaitierung 69
Forfaitierungsmodell 225
formale Privatisierung 12
Freiberufler 219
freihändige Vergabe 222
Fremdkapital 67
Funktionalausschreibungen 224
funktionelle Privatisierung 14
Funktionselement 80, 87

Gebühren 9
Gebührenkalkulation 33, 59
Gegenüberstellung der Projektkostenbarwerte 210
Generalunternehmer 224, 225
geringwertiges Wirtschaftsgut 25
Geruchsbelästigungen 107
Gesamthaushalt 8, 44
Gesamthaushaltsdeckungsprinzip 9
Geschäftsführer 10
Geschichte 1

Gesetz gegen
　Wettbewerbsbeschränkung 247
gesplittete Entgelte 51
Gesundheitsschutz 233
Gewerke 223
Gewinn- und Verlustrechnung 29
Gewinne 21
Grobelementmengen 80
Grobkostenkennwerte 80
Grundgebühr 58
Grundkosten 90
Gruppenkläranlage 242
Gutachter 220
GuV 29
GWB 247

Halbwertmethode 42
Handelsrecht 10
Hausanschlüsse 91, 99
Haushaltsplan 9, 28
Hebewerke 108
Herstellungskosten 60
historische Preise 61
HOAI 218
Hoheitsgewalt 12

IMS 233
Indexverfahren 60
Indexverläufe 177
Inflationsrate 187
Ingenieurbüro 219
Ingenieurgesellschaft 219
Ingenieurwettbewerb 216
In-House-Geschäfte 247
Innenfinanzierung 68
Insolvenzrisiko 247
Inspektionsprogramme 139
Instandhaltungskosten 140, 141, 147
Instandhaltungsmaßnahmen 99
Instandsetzung 148
interkommunale Zusammenarbeit 19
Inventur 28
Investitionen 9, 73
Investitionsbeteiligungen 67
Investitionskosten 76, 172
Investitionskostenzuschüsse 193
Investitionssumme 65
ISO 227

Jahresbericht der Wasserwirtschaft 235
Jahreskosten 167, 192

Jahreswartungspauschalen 140
jährliche Kostenreihe 181
juristische Person 7

kalkulatorische Abschreibungen 57
Kalkulatorische Kosten 72
kalkulatorische Zinsen 57
kalkulatorischer Zinssatz 37
kalkulatorische Abschreibungen 36
kalkulatorische Kosten 59
Kameralistik 27
kameralistische Buchführung 27
Kämmerei 45
Kammerfilterpresse 130, 156
Kanalbau 90
Kanalinformationssystem 34
Kanalisation 138
Kanalnetz 16, 90
Kanalsanierung 96, 240
KanKo 101, 209, 242
Kapital 67
Kapitalbeschaffung 67
Kapitalgesellschaft 12
Kapitalkosten 72, 236
Kapitalmarktzins 187
Kapitalseite 29
Kaskadenbauweise 114
Kaufkraft 175
Kennzahlen 244
KIS 34
Kläranlagen 108, 140, 238
Klärgasverwertung 146
Klärschlamm 128, 155
Klärschlammentsorgung 158
KLR 58
Kohlenstoffquellen 117
Kommunalabgabengesetz 1, 47
Kommunalaufsicht 69
Kommunalkredite 67
Kommunalkreditkonditionen 225
Kommunen 219
Konstruktionselemente 80, 88
Kooperationsmodell 18
Kosten 9, 71
Kosten- und Leistungsrechnung 58
Kostenanschlag 77
Kostenarten 36
Kostenartenrechnung 53
Kostenbarwerte 167, 169
Kostenbeeinflussung 215
Kostenberechnung 77

Kostendatenbank 80
Kostendeckungsgrundsatz 52
Kostendeckungsprinzip 47
Kostendokumentation 80
Kosteneinflussfaktoren 237
Kostenermittlung 77, 174
Kostenfeststellung 77
Kostenfunktionen 71, 74
Kostengliederung 78
Kostengruppen 84
Kostenkennwerte 218
Kostenkontrolle 77
Kosten-Nutzen-Analyse 166
Kostenplanung 77
Kostenplanungssystem 81
Kostenprogression 206
Kostenrechnung 36
Kostenschätzung 77, 218
Kostenschätzungsmodell 94
Kostensenkungspotenzial 235, 237
Kostenstellen 36
Kostenstellenrechnung 53
Kostensteuerung 78
Kostenträger 28, 36, 46, 53
Kostenvergleichsrechnungen 16, 165, 167, 218
Kreditaufnahmen 67
Kreditermächtigung 9
Kreditfinanzierung 67
Kreisprofil 97
Kurzschlauchrelining 98

Labor 122
Landeswassergesetz 3
laufende Kosten 173
Leasing 69
Lebensdauer 183
Leistung 71
Leistungsbeschreibung 223
Leistungskosten 74
Leistungsprogramm 223
Leistungsverzeichnis 223
Leitpositionen 80, 88
Lieferkoordinierungsrichtlinie 222
Lose 225

Markt 245
Marktzinssatz 188
Materialverteilung 96
materielle Privatisierung 12
Mehrwertsteuer 6, 9, 11, 31

Mengen-Index-Verfahren 60
Mengenverfahren 60
Mess-, Steuer- und Regelungstechnik 123
Methanol 117
Mindestanforderungen 162
Mischsystem 51
Mittelalter 1
Monopol 17, 21
Monopolbetriebe 245
Mulden-Rigolen-System 134
Muldenversickerung 136

Nachklärbecken 120
Nassaufstellung 106
naturnahe Regenwasserentsorgung 162
Niedersächsisches Betreibermodell 16
Niederschlagswasserbeseitigung 51
Nominalkosten 175
Nutzenbarwerte 165
Nutzengleichheit 165, 167
Nutzungsdauer 25, 48, 107, 183, 207, 209
Nutzungsverträge 16
Nutzwertanalyse 166

Oberflächenbelüfter 145
OHRIS 233
OHSAS 233

ÖNORM B 1801 86

Organisationsform 2, 219

Örtlichkeitsprinzip 247

Ortsgesetze 6

Passiva 29
Personalbedarf 150
Personalkosten 138, 141, 150, 236
Pflichtübertragung 5
Phosphatfällungsanlagen 123
Planungsabteilungen 219
Planungshorizont 207
Planungsphase 216
Preisentwicklung 200
Preisgericht 221
Preisindizes 176
Preisniveaustand 176

Preissteigerung 200
Privatisierung 2, 5, 219, 237, 245
Privatisierungsmodelle 16
Projektbudgetierung 218
Projektcontrolling 244
Projektkostenbarwert 182, 192
Projektsteuerer 216
Prozesse 228
Prozessmodell 229
Pumpkosten 242
Pumpwerke 101

QM-Handbuch 230
Qualität 227
Qualitätsmanagement 227
Quersubventionierung 9

Rahmengesetzgebung 3
Rahmenvorschriften 3
Ratenmethode 37
Realkosten 175
Rechen- und Sandfanggut 153
Rechenanlagen 110
Rechengutanfall 153
Rechengutpressen 110
Rechteckbecken 119
Regenüberlaufbecken 131
Regenwasserentsorgung 132
Regie 7
Regiebetrieb 7
Reinvestitionen 169
Renovation 240
Renovierung 101, 240, 242
Rentabilitätsschwelle 209
Reparatur 240
Reststoffentsorgung 141, 153
Restwerte 207
Retentionsbodenfilter 137
Rigole 134
Rohr 90
Rückstellungen 68
Rundräumeinrichtung 120

Sandanfall 153
Sandfanganlagen 111
Sanierungskosten 98
Sanierungsstrategie 240
Satzungen 6
Schacht 91
Schachtsanierung 100
Schadensbilder 98

Schlammentwässerung 128, 149
Schlammstabilisierung 128
Schlammstapelbehälter 130
Schlauchrelining 98
schlüsselfertig 225
Selbstbewertung 232
Sensitivitätsanalyse 211
Sicherheit 233
Siebanlagen 110
Siebbandpresse 130
sondergesetzliche Wasserverbände 14
Sonderhaushalt 10
Sondervorschläge 223
Sparten 91
Spundwände 92
Steuerpflicht 12
Stille Reserve 34
Stoffbedarf 149
Stoffkosten 141, 148
Straße 91, 122
Straßenaufbau 91
Strom- und Gaswirtschaft 245
Stromkosten 139
Strömungsgrößen 71
Synergieeffekte 243

Tarifbestimmungen 246
Tauchpumpen 140
Teillose 224
Teilnahmewettbewerb 222
TQM 232
Trennkanalisation 90
Trennsystem 51
Trockenaufstellung 106

Umsatzsteuer 6, 31
Umweltbetriebsprüfung 232
Umwelterklärung 232
Umweltgutachter 232
Umweltmanagementsystem 231
Untersuchungszeitraum 183, 185, 206

Verbandsversammlung 15
Verbandsvorsteher 15
Verbund 243
Verdingungsordnung 222
Verfahrensanweisungen 230
Vergabe 224
Vergabeeinheiten 80
Verhältnismäßigkeit 47
Verkaufserlöse 29

Verlegetiefe 94
Vermögenshaushalt 44
Vermögenslage 29
Vermögensplan 9
Vermögenswerte 59
Verschmutzungsgrad 51
Verschuldung 69
Versickerungsanlagen 133
Verteilungsverfahren 60
Verwaltungshaushalt 44
VOB 223
VOF 223
vorbeugende Instandhaltung 240
vorbeugende Sanierung 241
Vorklärbecken 118
Vorplanungen 218
Vorsteuern 31
vorweggenommene Sanierung 241

Wasser- und Bodenverband 14
Wasserabgabe 65
Wasserförderung 65
Wasserhaltung 91
Wasserhaushaltsgesetz 3

Wasserpreis 65
Wasserverband 5
Werkausschuss 10
Werkleitung 10
Werkstatt 122
Wertverzehr 25
Wettbewerb 17
Wettbewerbe 221
Wiederbeschaffungswerte 37
Wirtschaftlichkeitsberechnung 75
Wirtschaftlichkeitsuntersuchungen 165
Wirtschaftsplan 10

Zentralisierung 242
Zentrifuge 130
Zertifizierung 233
Zinsen 51
Zinssatz 185, 210
Zone 82
Zoneneinteilung 80
Zuschläge 90
Zuschuss 67, 194
Zweckverband 14

MIX
Papier aus verantwortungsvollen Quellen
Paper from responsible sources
FSC® C105338

If you have any concerns about our products,
you can contact us on
ProductSafety@springernature.com

In case Publisher is established outside the EU,
the EU authorized representative is:
**Springer Nature Customer Service Center GmbH
Europaplatz 3, 69115 Heidelberg, Germany**

Printed by Libri Plureos GmbH
in Hamburg, Germany